新世纪土木工程系列规划教材

# 建筑钢结构设计原理

主　编　何延宏　高　春
副主编　曹正罡
参　编　李英杰　李　琳

机械工业出版社

"建筑钢结构设计原理"是土木工程专业的必修课程,本书是高等院校土木工程专业教材,依据《钢结构设计标准》(GB 50017—2017)、《建筑结构荷载规范》(GB 50009—2012)以及《高层民用建筑钢结构技术规程》(JGJ 99—2015)等现行规范编写。内容包括:钢结构材料、轴心受力构件、受弯构件、拉弯和压弯构件、钢结构连接方法和节点设计、普通钢屋架设计等。书后列有附录,给出了钢结构设计所需的各种数据以及系数,仅供参考查用。为了便于学生对钢结构设计原理的学习和掌握,各章除列举了必要的设计例题外,章后还提供了大量的习题(选择、填空、简答以及计算)。

本书内容丰富、系统、理论联系实际,可作为高等学校土木工程专业本科教材,也可供钢结构设计、制作和施工人员及有关技术人员参考使用。

## 图书在版编目(CIP)数据

建筑钢结构设计原理/何延宏,高春主编.—北京:机械工业出版社,2019.1

新世纪土木工程系列规划教材

ISBN 978-7-111-61890-4

Ⅰ.①建… Ⅱ.①何… ②高… Ⅲ.①建筑结构-钢结构-结构设计-高等学校-教材 Ⅳ.①TU391.04

中国版本图书馆 CIP 数据核字(2019)第 018438 号

机械工业出版社(北京市百万庄大街22号 邮政编码100037)
策划编辑:李 帅 责任编辑:李 帅 臧程程
责任校对:刘志文 封面设计:张 静
责任印制:张 博
三河市宏达印刷有限公司印刷
2019年4月第1版第1次印刷
184mm×260mm・21.25 印张・1 插页・526 千字
标准书号:ISBN 978-7-111-61890-4
定价:49.90元

凡购本书,如有缺页、倒页、脱页,由本社发行部调换

| 电话服务 | 网络服务 |
| --- | --- |
| 服务咨询热线:010-88379833 | 机 工 官 网:www.cmpbook.com |
| 读者购书热线:010-68326294 | 机 工 官 博:weibo.com/cmp1952 |
| | 教育服务网:www.cmpedu.com |
| 封面无防伪标均为盗版 | 金 书 网:www.golden-book.com |

# 前 言

钢结构具有强度高、重量轻、抗震性能好、施工速度快、基础费用省、工业化程度高、建筑造型美观等诸多优点，与其他结构相比还具有节能环保、可回收利用等优点。在发达国家，绝大多数商业、办公、娱乐、体育、展览等公共建筑以及广播电视通信建筑均为钢结构。我国实行改革开放政策以来，经济建设突飞猛进，钢结构也有了前所未有的发展。高层和超高层房屋、多层房屋、单层轻钢房屋、体育场馆、大跨度会议中心、大型客机检修库、自动化高架仓库、城市桥梁和大跨度公路桥梁、粮仓以及海上采油平台等许多已采用钢结构。可以预见，随着我国建筑市场的发展，钢结构势必在工程建设中得到越来越广泛的应用。

建筑钢结构设计原理是土木工程专业的必修课程，本书是高等院校土木工程专业教材，依据《钢结构设计标准》（GB 50017—2017）等现行规范编写。内容包括：钢结构材料、轴心受力构件、受弯构件、拉弯和压弯构件、钢结构连接方法和节点设计、普通钢屋架设计等。

本书根据编者多年的教学经历和实践经验编写，紧密结合规范，将规范规定内容引入教材，每个设计理论均有出处，教会学生应用规范解决问题。在本书的编写过程中力求理论结合实际，所有计算简图均来自工程实际，尽量配以工程照片，并给出三维立体图形，减小理解难度。书后列有附录，给出了钢结构设计所需的各种数据以及系数，仅供参考查用。为了便于学生对建筑钢结构设计原理的学习和掌握，各章除列举了必要的设计例题外，章后还提供了大量的习题（选择、填空、简答以及计算）。

本书内容丰富、系统、理论联系实际，可作为高等学校土木工程专业本科教材，也可供钢结构设计、制作和施工人员及有关技术人员参考使用。

全书共分7章：第1章绪论，由哈尔滨工业大学曹正罡编写；第2章钢结构材料，由哈尔滨学院高春编写；第3章轴心受力构件，由中国矿业大学李英杰编写；第4章受弯构件，由哈尔滨学院李琳编写；第5章拉弯和压弯构件，第6章钢结构连接方法和节点设计，第7章普通钢屋架设计，由哈尔滨学院何延宏编写。

由于编者水平有限，书中错谬之处在所难免，敬请广大读者批评指教。

编 者

# 目 录

前言

**第1章 绪论** ......................................................................................... 1
1.1 钢结构的发展史 ............................................................................ 1
1.2 钢结构的特点 ................................................................................ 3
1.3 钢结构的分类和应用 .................................................................... 4
　　1.3.1 按应用领域分类 .................................................................. 4
　　1.3.2 按结构体系工作特点分类 ................................................ 11
1.4 钢结构的设计方法 ...................................................................... 13
　　1.4.1 概述 .................................................................................... 13
　　1.4.2 规范现行设计表达式 ........................................................ 15
1.5 钢结构的发展 .............................................................................. 16
习题 ........................................................................................................ 20

**第2章 钢结构材料** ............................................................................ 22
2.1 钢材的破坏形式 .......................................................................... 22
2.2 钢材的生产 .................................................................................. 22
　　2.2.1 钢材的冶炼 ........................................................................ 22
　　2.2.2 钢材的组织构造和缺陷 .................................................... 24
　　2.2.3 钢材的加工 ........................................................................ 25
2.3 钢材的主要性能 .......................................................................... 27
　　2.3.1 钢材在单向一次拉伸下的工作性能 ................................ 27
　　2.3.2 钢材的其他性能 ................................................................ 28
　　2.3.3 钢材在复杂应力状态下的屈服条件 ................................ 29
2.4 影响钢材性能的主要因素 .......................................................... 30
　　2.4.1 化学成分的影响 ................................................................ 30
　　2.4.2 钢材的焊接性能 ................................................................ 31
　　2.4.3 钢材的硬化 ........................................................................ 32

  2.4.4 应力集中的影响 ……………………………………………………………… 32
  2.4.5 加载速度的影响 ……………………………………………………………… 33
  2.4.6 温度的影响 …………………………………………………………………… 34
  2.4.7 循环荷载的影响 ……………………………………………………………… 35
 2.5 建筑用钢的种类、规格和选用 ………………………………………………………… 40
  2.5.1 钢材的种类 …………………………………………………………………… 40
  2.5.2 钢材的规格 …………………………………………………………………… 44
  2.5.3 钢材的选用 …………………………………………………………………… 45
 习题 …………………………………………………………………………………………… 47

## 第3章 轴心受力构件 …………………………………………………………………… 51

 3.1 轴心受力构件的应用 …………………………………………………………………… 51
 3.2 轴心受力构件的强度和刚度 …………………………………………………………… 53
  3.2.1 轴心受力构件的强度 ………………………………………………………… 53
  3.2.2 轴心受力构件的刚度 ………………………………………………………… 55
 3.3 轴心受压构件的整体稳定 ……………………………………………………………… 57
  3.3.1 理想轴心受压构件的屈曲 …………………………………………………… 58
  3.3.2 实际轴心受压构件的整体稳定 ……………………………………………… 60
  3.3.3 轴心受压构件的整体稳定计算 ……………………………………………… 63
 3.4 轴心受压构件的局部稳定 ……………………………………………………………… 71
  3.4.1 均匀受压板件的屈曲 ………………………………………………………… 71
  3.4.2 轴压构件板件的宽厚比 ……………………………………………………… 72
  3.4.3 腹板屈曲后计算 ……………………………………………………………… 74
 3.5 实腹式轴心受压构件的设计 …………………………………………………………… 75
  3.5.1 实腹式轴心受压构件的常用截面形式 ……………………………………… 75
  3.5.2 实腹式轴心受压构件的截面设计 …………………………………………… 75
 3.6 格构式轴心受压构件的设计 …………………………………………………………… 80
  3.6.1 格构式轴心受压构件的常用截面形式 ……………………………………… 80
  3.6.2 格构式轴心受压构件的整体稳定 …………………………………………… 80
  3.6.3 格构式轴心受压构件的缀材设计 …………………………………………… 84
  3.6.4 格构式轴心受压构件的截面设计 …………………………………………… 87
 习题 …………………………………………………………………………………………… 92

## 第4章 受弯构件 ………………………………………………………………………… 97

 4.1 受弯构件的形式和应用 ………………………………………………………………… 97
 4.2 梁的强度和刚度 ………………………………………………………………………… 99
  4.2.1 梁的强度 ……………………………………………………………………… 99
  4.2.2 梁的刚度 ……………………………………………………………………… 103

4.3 梁的整体稳定 ………………………………………………………………… 105
　4.3.1 梁整体稳定的概念 …………………………………………………… 105
　4.3.2 梁整体稳定的实用算法 ……………………………………………… 106
　4.3.3 影响梁整体稳定性的因素及增强梁整体稳定性的措施 …………… 107
4.4 梁的局部稳定和腹板加劲肋设计 …………………………………………… 110
　4.4.1 受弯构件局部稳定的概念 …………………………………………… 110
　4.4.2 受压翼缘的局部稳定 ………………………………………………… 110
　4.4.3 腹板的局部稳定 ……………………………………………………… 111
　4.4.4 加劲肋的构造和截面尺寸 …………………………………………… 119
　4.4.5 支承加劲肋计算 ……………………………………………………… 120
4.5 组合梁考虑腹板屈曲后强度的设计 ………………………………………… 123
　4.5.1 梁腹板屈曲后的抗剪承载力 ………………………………………… 124
　4.5.2 梁腹板屈曲后的抗弯承载力 ………………………………………… 125
　4.5.3 同时受弯和受剪的腹板 ……………………………………………… 126
　4.5.4 考虑腹板屈曲后强度的加劲肋设计 ………………………………… 127
4.6 受弯构件的截面设计 ………………………………………………………… 128
　4.6.1 型钢梁的设计 ………………………………………………………… 128
　4.6.2 组合梁的设计 ………………………………………………………… 132
习题 ………………………………………………………………………………… 139

## 第 5 章　拉弯和压弯构件 ……………………………………………………… 145

5.1 概述 …………………………………………………………………………… 145
5.2 拉弯和压弯构件强度和刚度计算 …………………………………………… 146
　5.2.1 拉弯和压弯构件的强度 ……………………………………………… 146
　5.2.2 拉弯和压弯构件的刚度 ……………………………………………… 149
5.3 实腹式压弯构件的稳定 ……………………………………………………… 150
　5.3.1 实腹式单向压弯构件弯矩作用平面内的整体稳定 ………………… 151
　5.3.2 实腹式单向压弯构件弯矩作用平面外的整体稳定 ………………… 156
　5.3.3 双向弯曲实腹式压弯构件的整体稳定 ……………………………… 158
　5.3.4 实腹式压弯构件的局部稳定 ………………………………………… 159
　5.3.5 压弯构件及框架柱的计算长度 ……………………………………… 160
5.4 实腹式压弯构件的截面设计 ………………………………………………… 163
　5.4.1 截面设计原则 ………………………………………………………… 163
　5.4.2 截面设计步骤 ………………………………………………………… 163
　5.4.3 构造要求 ……………………………………………………………… 163
5.5 格构式压弯构件 ……………………………………………………………… 165
　5.5.1 强度计算 ……………………………………………………………… 166
　5.5.2 刚度计算 ……………………………………………………………… 166

  5.5.3 稳定计算 ································································· 166
  5.5.4 缀材计算和构造要求 ······················································· 168
习题 ······················································································ 170

## 第 6 章 钢结构连接方法和节点设计 ············································· 174

6.1 钢结构的连接方法 ···················································· 174
  6.1.1 焊接连接 ································································· 175
  6.1.2 螺栓连接 ································································· 179
  6.1.3 铆钉连接 ································································· 181
6.2 焊缝连接的构造和计算 ············································· 181
  6.2.1 对接焊缝的构造与计算 ·················································· 181
  6.2.2 角焊缝的构造和计算 ···················································· 185
  6.2.3 斜角角焊缝和部分焊透的对接焊缝的计算 ····························· 205
  6.2.4 焊接残余应力和焊接变形 ··············································· 206
6.3 螺栓连接的构造和计算 ············································· 211
  6.3.1 普通螺栓连接的构造和计算 ············································ 211
  6.3.2 普通螺栓的受剪连接 ···················································· 212
  6.3.3 普通螺栓的受拉连接 ···················································· 218
  6.3.4 普通螺栓受剪力和拉力的联合作用 ····································· 223
  6.3.5 高强度螺栓连接的构造和计算 ·········································· 224
6.4 节点设计原则 ···························································· 231
6.5 次梁与主梁的连接 ···················································· 232
  6.5.1 次梁与主梁铰接 ························································· 232
  6.5.2 次梁与主梁刚接 ························································· 233
6.6 梁与柱的连接 ···························································· 233
  6.6.1 梁与柱的铰接连接 ······················································· 234
  6.6.2 梁与柱的刚接 ···························································· 235
6.7 柱头柱脚设计 ···························································· 239
  6.7.1 整体式柱脚 ······························································· 239
  6.7.2 分离式柱脚 ······························································· 240
习题 ······················································································ 241

## 第 7 章 普通钢屋架设计 ······························································ 246

7.1 屋架的选型及结构特点 ············································· 246
  7.1.1 屋架选型的原则 ························································· 246
  7.1.2 屋架的外形及结构特点 ·················································· 246
7.2 屋盖支撑体系 ···························································· 247
  7.2.1 支撑的种类 ······························································· 247

  7.2.2 支撑的作用 …………………………………………………………… 248
  7.2.3 屋盖支撑的布置 ………………………………………………………… 248
  7.2.4 屋盖支撑的形式和构造 ………………………………………………… 252
 7.3 普通钢屋架设计 ………………………………………………………………… 254
  7.3.1 钢屋架设计内容及步骤 ………………………………………………… 254
  7.3.2 钢屋架主要尺寸 ………………………………………………………… 254
  7.3.3 屋架荷载计算与组合 …………………………………………………… 255
  7.3.4 内力计算 ………………………………………………………………… 258
  7.3.5 杆件设计 ………………………………………………………………… 260
  7.3.6 节点设计 ………………………………………………………………… 265
  7.3.7 钢屋架施工图 …………………………………………………………… 273
 7.4 钢屋架设计实例 ………………………………………………………………… 274
  7.4.1 设计资料 ………………………………………………………………… 274
  7.4.2 屋架尺寸与布置 ………………………………………………………… 275
  7.4.3 设计与计算 ……………………………………………………………… 276
习题 ………………………………………………………………………………………… 286

# 附录 …………………………………………………………………………………… **288**

附录 A 常用建筑结构体系 ……………………………………………………………… 288
附录 B 钢材和连接强度设计值 ………………………………………………………… 289
附录 C 梁的整体稳定系数 ……………………………………………………………… 292
附录 D 轴心受压构件的稳定系数 ……………………………………………………… 296
附录 E 柱的计算长度系数 ……………………………………………………………… 299
附录 F 结构或构件的变形容许值 ……………………………………………………… 302
附录 G 疲劳计算的构件和连接分类 …………………………………………………… 305
附录 H 型钢表 …………………………………………………………………………… 312
附录 I 螺栓和锚栓规格 ………………………………………………………………… 330

# 参考文献 ……………………………………………………………………………… **331**

# 第1章

# 绪 论

钢结构为一种建筑结构类型,是将钢板、圆钢、钢管、钢索、各种型钢等钢材,经加工、连接、安装组成钢梁、钢柱、钢桁架等工程结构。各构件或部件之间通常采用焊缝、螺栓或铆钉连接,采用硅烷化、纯锰磷化、水洗烘干、镀锌等除锈防锈工艺。钢结构能承受各种可能的自然和人为环境作用,是具有足够可靠性和良好社会经济效益的工程结构物和构筑物。

钢结构强度高、自重轻、整体刚度好、变形能力强,且施工简便,建设工期短,工业化程度高,可进行机械化程度高的专业化生产。现已广泛应用于大型厂房、场馆、超高层建筑等领域。

## 1.1 钢结构的发展史

人类采用钢结构的历史和炼铁、炼钢技术的发展密不可分。在公元前 2000 年左右,在伊拉克两河流域就出现了早期的炼铁术。我国也是较早发明炼铁技术的国家之一。在战国时期,我国的炼铁技术已经很盛行了。战国后期(公元前 246~公元前 219 年)就已经能用铁做简单的承重结构了。约公元 1475 年(明成化年间),已经成功地用锻铁为环,相扣成链,建成世界上最早的铁链悬桥——兰津古渡的"霁虹桥"。最著名的铁链桥是建于 1705 年的长 103m 的大渡桥,九根铁链上铺板,四根铁链做扶手,如图 1-1 所示。

图 1-1 大渡桥

随着外来宗教的传入,塔寺作为宗教建筑物出现。塔寺建筑(见图 1-2)成为后来多高层钢结构建筑物以及塔桅钢结构的起源。

18~20 世纪初,随着工业革命的不断深入,资本主义经济得到快速发展,一些资本主义强国钢铁工业发展得到了有力的推动,钢结构技术得以产生和初步发展。18 世纪后半叶,铸铁开始大批量生产并开始应用于结构物，但由于铸铁是抗压性能较强的脆性材料，因此只应用于受压构件及木结构的连接部位。在1840年后，随着铆钉连接和锻铁技术的发展，铸铁结构逐渐被锻铁结构取代，1846年到1850年英国人在威尔士修建的布里塔尼亚桥就是这方面的代表。该桥共有4跨，每跨均为箱形梁式结构，由锻铁型板和角铁经铆钉连接而成。直到1870年成功轧制出工字钢后，提高了工业化大批量生产钢材的能力，强度高、韧性好的钢材才逐渐在建筑领域代替锻铁材料。

图 1-2 铁塔寺

20世纪初焊接技术和高强度螺栓的接连出现，极大地促进了钢结构的发展，除了欧洲和北美外，钢结构在苏联和日本也获得了广泛应用，逐渐成为全世界所接受的重要的结构体系。二战期间因施工速度的需要，轻钢房屋得到快速发展；40年代出现了门式刚架结构；50年代出现工业化程度较高的钢结构住宅，形成了工厂化的钢结构住宅建筑体系并延续至今；60年代住宅建筑工业化高潮遍及欧洲并发展到美、加、日等发达国家，彩色压型板及冷弯薄壁檩条组成的轻质围护体系开始大量应用。轻钢结构是发达国家目前主要的建筑结构形式。

受第二次世界大战影响，西方发达资本主义国家钢材的性能和产量取得了突破性进展，计算机也开始早期运用于钢结构建筑的辅助设计，钢结构建筑的各种结构体系日益成熟。

1977年法国蓬皮杜文化中心建成，高科技潮流开始出现；到20世纪80、90年代，雷诺汽车零件配送中心、香港汇丰银行、法国里昂机场TGV铁路客运站、日本关西国际机场等则把钢结构工程推向了一个新的高度。在新结构方面，许多国家都加大了研究力度，现在人类已具有建造跨度超过1000m的超大型穹顶与高度超过1000m最高至4000m的超高层建筑的能力。大跨建筑开合空间钢结构亦有较大的进展，如图1-3所示，1989年建成的加拿大多伦多天空穹顶体育馆，跨度205m，能容纳7万人，屋盖关合后可做全封闭有空气调节的体育场。1993年建成的日本福冈室内体育场，直径222m，是当代世界上最大的开合空间钢结构。膜结构的发展也令人瞩目，1992年在美国亚特兰大建成的奥运会主馆"佐治亚穹顶"，平面尺寸为240m×193m，是世界上最大跨度的索网与膜杂交结构屋顶。由于科技的发展及钢材品质的提高，钢结构被越来越多的国家所肯定，节能、省地、可持续发展的钢结构正面临新的发展机遇。

钢结构建筑有其他建筑体系所不具备的卓越优势，钢结构建筑因为具有施工周期短、坚

图 1-3 大跨建筑

固耐用、自重轻、环保等一些不可比拟的优点，所以发展钢结构建筑具有十分广阔的空间，符合国际发展潮流的要求，未来可能成为建筑体系中的主流。

## 1.2 钢结构的特点

钢结构在工程中得到广泛应用和发展，是由于钢结构是一种节能环保并能循环使用的结构，符合经济持续健康发展的要求。与其他结构相比钢结构具有下列特点：

**1. 强度高而重量轻**（轻质高强）

钢的密度虽然较大，但强度高，结构需要的构件截面小，因此结构自重轻。结构的轻质性可用材料的质量密度 $\rho$ 与强度 $f$ 的比值 $\alpha$ 来衡量。$\alpha$ 越小，结构相对越轻。建筑钢材的 $\alpha$ 值在 $1.7×10^{-4} \sim 3.7×10^{-4}/m$ 之间；木材的 $\alpha$ 值为 $5.4×10^{-4}/m$；钢筋混凝土的 $\alpha$ 值约为 $18×10^{-4}/m$。以同样跨度承受相同的荷载，钢屋架的重量仅有钢筋混凝土屋架的 $1/4 \sim 1/3$，若采用薄壁型钢屋架或空间结构甚至接近 $1/10$。由于重量较轻，便于运输和安装，因此钢结构特别适用于跨度大、高度高、受荷大的结构。

**2. 材质均匀，塑性、韧性好**

钢材的内部组织比较均匀，非常接近匀质体，其各个方向的物理力学性能基本相同，接近各向同性体。在使用应力阶段，钢材的弹性模量高达 206GPa，在正常使用情况下具有良好的延性，可简化为理想弹塑性体，符合一般工程力学基本假定。因此，钢结构的实际受力情况和工程力学计算结果比较符合，可靠性高。钢材塑性、韧性好。塑性是指承受静力荷载时，材料吸收变形能的能力。韧性是指承受动力荷载时，材料吸收能量的多少。由于钢材的塑性好，钢结构一般情况下不会由于偶然超载而突然断裂，只会增加变形，容易被发现。此外，尚能将局部高峰应力重新分配，使应力变化趋于平缓。韧性好，说明钢材具有良好的动力工作性能，使得钢结构具有优越的抗震性能。

**3. 钢结构制造简便、施工方便，具有良好的装配性**

钢结构由各种型材制作，采用机械加工，在专业化的金属结构厂制造，制作简便，成品的精确度高。制成的构件可运到现场拼装。因结构较轻，故施工方便，建成的钢结构也易于拆卸、加固或改建。

钢结构的制造虽需较复杂的机械设备和严格的工艺，但与其他建筑结构比较，钢结构工业化生产程度最高，能批量生产。采用工厂制造、工地安装的施工方法，可缩短工期、降低造价、提高经济效益。

**4. 钢材可重复使用**

钢结构加工制造过程中产生的余料和碎屑，以及废弃和破坏的钢结构或构件，均可回炉重新冶炼成钢材重复使用。因此，钢材被称为绿色建筑材料或可持续发展的材料。

**5. 钢结构密闭性好**

钢材本身因组织非常致密，当采用焊接连接，甚至铆钉或螺栓连接时，都易做到紧密不渗漏。因此钢材是制造容器，特别是高压容器、大型油库、气柜、输油管道的良好材料。

**6. 钢材耐腐蚀性差，应采取防护措施**

钢材在潮湿环境中，特别是处于有腐蚀性介质的环境中容易腐蚀，必须用油漆或镀锌加以保护，而且在使用期间还应定期维护。

**7. 钢结构的耐热性好，但防火性差**

钢材耐热而不防火，随着温度的升高，强度降低。温度在200℃以内时，钢的性质变化很小；温度达到300℃以后，强度逐渐下降；达到450~650℃时，强度为零。因此，钢结构的防火性较钢筋混凝土差。当周围环境存在辐射热，温度在150℃以上时，就需采取遮挡措施。我国成功研制了多种防火涂料，当涂层厚达15mm时，可使钢结构耐火极限达1.5h以上，增减涂层厚度，可满足钢结构不同耐火极限的要求。

## 1.3 钢结构的分类和应用

按照不同的标准，钢结构可有不同的分类方法，以下仅按其应用领域和结构体系进行分类说明。

### 1.3.1 按应用领域分类

**1. 民用建筑钢结构**

民用建筑钢结构以房屋钢结构为主要对象。按传统的耗钢量大小来区分，大致可分为普通钢结构、重型钢结构和轻型钢结构。其中重型钢结构指采用大截面和厚板的结构，如高层钢结构、重型厂房和某些公共建筑等；轻型钢结构指采用轻型屋面和墙面的门式刚架房屋、某些多层建筑、薄壁压型钢板拱壳屋盖等，网架、网壳等空间结构也可属于轻型钢结构范畴。除上述钢结构主要类型外，还有索膜结构、玻璃幕墙支承结构、组合和复合结构等。

按照中国钢结构协会的分类标准，民用建筑钢结构分为高层钢结构（见图1-4）、大跨度空间钢结构（图1-5）、索膜钢结构（见图1-6）、钢结构住宅（见图1-7）、幕墙钢结构（见图1-8）等。

图1-4 香港汇丰银行大楼　　　　图1-5 国家体育场"鸟巢"

**2. 一般工业建筑钢结构**

一般工业建筑钢结构主要包括单层厂房（见图1-9）、多层厂房（见图1-10）等，用于重型车间的承重骨架，例如冶金工厂的平炉车间、初轧车间、混凝土炉车间，重型机械厂的

图 1-6 深圳大梅沙海滨浴场

图 1-7 石家庄钢结构住宅

铸钢车间、水压机车间、锻压车间，造船厂的船体车间，电厂的锅炉框架，飞机制造厂的装配车间，以及其他工厂跨度较大的车间屋架、吊车梁等。我国鞍钢、武钢、包钢和上海宝钢等几个著名的冶金联合企业的许多车间都采用了各种规模的钢结构厂房，上海重型机器厂、上海江南造船厂中也都有高大的钢结构厂房。

**3. 桥梁钢结构**

钢桥建造简便、迅速，易于修复，因此钢结构广泛应用于中等跨度和大跨度桥梁，如著名的杭州

图 1-8 幕墙钢结构

钱塘江大桥（梁式桥，见图 1-11）。我国新建和在建的钢桥，其建筑跨度、建筑规模、建筑难度和建筑水平都达到了一个新的高度，如上海卢浦大桥（拱桥，见图 1-12）、矮寨特大悬索桥（见图 1-13）、苏通大桥（斜拉桥，主孔跨度 1088m，目前列世界第一，见图 1-14）等。

图 1-9 单层厂房钢结构

图 1-10 多层厂房钢结构

**4. 密闭压力容器钢结构**

密闭压力容器钢结构主要用于要求密闭的容器，如大型储液库（见图 1-15）、煤气库等炉壳，要求能承受很大内力，另外温度急剧变化的高炉结构（见图 1-16）、大直径高压输油管和煤气管道（见图 1-17）等均采用钢结构。

图 1-11 杭州钱塘江大桥

图 1-12 上海卢浦大桥

图 1-13 矮寨特大悬索桥

图 1-14 苏通大桥

图 1-15 钢结构储库

图 1-16 高炉结构

**5. 塔桅钢结构**

塔桅钢结构是指高度较大的广播和电视发射塔架（见图 1-18）、高压输电线路塔架（见图 1-19）、化工排气塔（见图 1-20）、石油钻井架（见图 1-21）、大气监测塔（见图 1-22）、火箭发射塔（见图 1-23）等。

**6. 船舶海洋钢结构**

人类在开发和利用海洋活动中，形成了海洋产业，发展了种类繁多的海洋工程结构物。

图 1-17 大直径钢管

图 1-18　广播和电视发射塔架　　图 1-19　高压输电线路塔架　　图 1-20　化工排气塔

图 1-21　石油钻井架　　图 1-22　大气监测塔　　图 1-23　火箭发射塔

人们一般将江、河、湖、海中的结构物统称为海洋钢结构（见图1-24），海洋钢结构主要用于资源勘测、采油作业、海上施工、海上运输、海上潜水作业、生活服务、海上抢险救助以及海洋调查等。

船舶海洋钢结构基本上可分为舰船和海洋工程装置两大类。我国研制了高技术、高附加值的大型与超大型新型船舶，以及具有先进技术的战斗舰船、潜艇（见图1-25、图1-26）和具有高风险、高投入、高回报、高科技、高附加值的海洋工程装置等。

图 1-24　海上钻井平台

图 1-25　舰船

图 1-26　潜艇

### 7. 水利钢结构

我国近年来大力加快基础设施建设，在建和拟建的水利工程中，钢结构占有相当大的比重。

钢结构在水利工程中用于以下方面：①钢闸门（见图 1-27），用来关闭、开启或局部开启水工建筑物中过水孔口的活动结构；②拦污栅（见图 1-28），主要包括拦污栅栅叶和栅槽两部分，栅叶结构是由栅面和支承框架所组成的；③升船机（见图 1-29），是不同于船闸的船舶通航设施；④压力管，是从水库、压力前池或调压室向水轮机输送水流的水管。

图 1-27　钢闸门

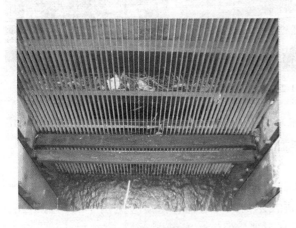
图 1-28　拦污栅

图 1-29　升船机

**8. 电力钢结构**

发电厂中的钢结构主要应用在以下方面：干煤棚（见图1-30），运煤系统皮带机支架（输煤栈桥见图1-31），火电厂主厂房、管道、烟风道及钢支架、烟气脱硫系统、粉煤灰料仓、输电塔，风力发电中的风力发电机、风叶支柱，垃圾发电厂中的焚烧炉，核电站中的压力容器、钢烟囱、水泵房、钢安全壳（见图1-32）等。

图1-30　干煤棚

图1-31　输煤栈桥

**9. 钎具和钎钢**

钎具（见图1-33）也可称为钻具，由钎头、钎杆、连接套、钎尾组成。它是钻凿、采掘、开挖用的工具，有近千个品种规格，用于矿山、隧道、涵洞、采石、城建等工程中。钎钢（见图1-34）是制作钎具的原材料，也有近百个品种规格。钎具按照凿岩工作的方式分为冲击式钎具、旋转式钎具、刮削式钎具等。随着经济建设的进一步发展，以及多处铁路、公路、水利水电、输气工程、市政基础工程的修建和开工，对钎钢、钎具产品提出了更高、更多、更新的要求。

图1-32　核电站钢安全壳

图1-33　钎具

**10. 地下钢结构**

地下钢结构主要用于桩基础、基坑支护等，如钢管桩（见图1-35）、钢板桩（见图1-36、图1-37）等。

**11. 货架、脚手架钢结构**

超市中的货架（见图1-38）和展览时用的临时设施多采用钢结构，还有建筑施工中大量使用的脚手架（见图1-39）都采用钢结构。

图 1-34 钎钢

图 1-35 钢管桩

图 1-36 钢板桩支护

图 1-37 钢板桩围堰

图 1-38 货架

图 1-39 脚手架

**12. 雕塑和小品钢结构**

钢结构因其轻盈简洁的外观而备受景观师的青睐,不仅很多雕塑是以钢结构作为骨架,而且很多城市小品(见图 1-40)和标志物(见图 1-41)的造型都是直接用钢结构完成的。

图 1-40 城市小品

图 1-41 标志物

## 1.3.2 按结构体系工作特点分类

**1. 梁状结构**

梁状结构是由受弯曲工作的梁组成的结构，如图 1-42 所示。

**2. 刚架结构**

刚架结构是由受压、弯曲工作的直梁和直柱组成的框形结构，如图 1-43 所示。

图 1-42 钢梁

图 1-43 门式刚架

**3. 拱架结构**

拱架结构是由单向弯曲构件组成的结构，如图 1-44 所示。

**4. 桁架结构**

桁架结构主要是由受拉或受压的杆件组成的结构，如图 1-45 所示。

**5. 网架结构**

网架结构是由受拉或受压的杆件组成的空间平板型网格结构，如图 1-46 所示。

**6. 网壳结构**

网壳结构主要是由受拉或受压的杆件组成的空间曲面形网格结构，如图 1-47 所示。

图 1-44 拱架结构

图 1-45 桁架结构

图 1-46 网架结构

图 1-47 网壳结构

**7. 预应力钢结构**

预应力钢结构是由张力索或链杆和受压杆件组成的结构，如图 1-48 所示。

**8. 悬索结构**

悬索结构是以张拉索为主组成的结构，如图 1-49 所示。

**9. 复合结构**

复合结构是由上述 8 种类型中的两种及两种以上结构构件组成的新型结构，如图 1-50 所示。

图 1-48 预应力钢结构

图 1-49 悬索结构

图 1-50 复合结构

## 1.4 钢结构的设计方法

### 1.4.1 概述

钢结构设计必须满足一般的设计原则,即在充分满足功能要求的基础上,做到安全可靠、技术先进,确保质量和经济合理。结构计算的目的是保证结构构件在使用荷载作用下能安全可靠地工作,既要满足使用要求,又要符合经济要求。

结构计算的一般过程是根据拟定的结构方案和构造,按所承受的荷载进行内力计算,确定出各杆件的内力,再根据所用材料的特性,对整个结构和构件及其连接进行核算,看其是否符合经济、安全、适用等方面的要求。但从一些现场记录、调查数据和试验资料来看,计算中所采用的标准荷载和结构实际承受的荷载之间、钢材力学性能的取值和材料实际数值之间、计算截面和钢材实际尺寸之间、计算所得的应力值和实际应力数值之间,以及估计的施工质量与实际质量之间,都存在着一定的差异,所以计算的结果不一定安全可靠。为了保证安全,结构设计时的计算结果必须留有余地,使之具有一定的安全度。建筑结构的安全度是保证房屋或构筑物在一定使用条件下,连续正常工作的安全储备,有了这个储备才能保证结构在各种不利条件下的正常使用。

随着科技的进步、社会的发展,我国钢结构的设计方法经历了四次变化,设计理论从弹性设计到极限状态理论,设计方法从定值法到概率法,包括容许应力设计法、破损阶段设计法、半概率极限状态设计法和基于可靠性理论的概率极限状态设计法。

**1. 容许应力设计法**

把影响结构设计的诸多因素用一个安全系数来考虑,设计表达式如下:

$$\sigma \leqslant [\sigma] = \frac{f_k}{K} \tag{1-1}$$

式中　$\sigma$——由标准荷载与构件截面设计尺寸所计算的应力($N/mm^2$);
　　　$[\sigma]$——容许应力($N/mm^2$);
　　　$f_k$——材料的标准强度($N/mm^2$),钢材为屈服强度;
　　　$K$——大于1的安全系数,考虑各种不确定性,凭工程经验取值。

容许应力法计算简单,但不能定量衡量结构可靠度。

**2. 半概率极限状态设计法**

随着工程技术的发展,建筑结构设计方法开始由定值法转向概率设计法。在概率设计法的研究过程中,首先考虑荷载和材料强度的不确定性,用概率方法确定它们的数值,根据经验确定安全系数。这种方法仍然没有将可靠度与概率联系起来,故称为半概率法。

材料强度和荷载的概率取值用下列公式计算:

$$f_k = \mu_f - \alpha_f \sigma_f \tag{1-2}$$

$$Q_k = \mu_Q - \alpha_Q \sigma_Q \tag{1-3}$$

式中　$f_k$、$Q_k$——材料强度和荷载的标准值;
　　　$\mu_f$、$\mu_Q$——材料强度和荷载的平均值;
　　　$\sigma_f$、$\sigma_Q$——材料强度和荷载的标准差;

$\alpha_f$、$\alpha_Q$——材料强度和荷载取值的保证系数,如果材料强度与荷载服从正态分布条件,当保证率为95%时,$\alpha=1.645$;当保证率为97.7%时,$\alpha=2$;当保证率为99.9%时,$\alpha=3$。

半概率法的设计表达式仍可采用容许应力法的设计表达式,但安全系数由多系数决定,如下式:

$$\sigma \leqslant \frac{f_{yk}}{K_1 K_2 K_3} = \frac{f_{yk}}{K} = [\sigma] \tag{1-4}$$

式中　　$f_{yk}$——钢材屈服强度标准值（N/mm²）;
$K_1$、$K_2$、$K_3$——荷载系数、材料系数和调整系数。

**3. 概率极限状态设计法**

极限状态是指结构或其组成部分超过某一特定状态就不能满足设计规定的某一功能要求时的特定状态。极限状态分为承载力极限状态和正常使用极限状态。

（1）承载力极限状态　结构或结构构件达到了最大承载能力或出现不适于继续承受荷载的变形,包括倾覆、强度破坏、疲劳破坏、丧失稳定、结构转变为机动体系或出现过度的塑性变形等。

（2）正常使用极限状态　结构或结构构件达到正常使用或耐久性能的某项规定限值,包括出现影响正常使用或外观的变形,出现影响正常使用或耐久性能的局部损坏以及影响正常使用的振动等。

结构工作性能可用结构功能函数来描述。若影响结构可靠度的随机变量有 $n$ 个,即 $x_1$,$x_2$,…,$x_i$,…,$x_n$,则结构的功能函数为:

$$Z = g(x_1, x_2, \cdots, x_i, \cdots, x_n) = 0 \tag{1-5}$$

为了简化,如将各因素概括为两个综合随机变量,即结构或构件的抗力 $R$ 和各种作用对结构或构件产生的效应 $S$,式（1-5）可写成:

$$Z = g(R, S) = R - S \tag{1-6}$$

式（1-6）中 $R$ 和 $S$ 都是随机变量,在实际工程中,可能出现下列三种情况:

1）当 $Z>0$ 时,结构处于可靠状态。
2）当 $Z<0$ 时,结构处于失效状态。
3）当 $Z=0$ 时,结构处于极限状态。

按照概率极限状态设计法,结构的可靠度定义为:结构在规定的时间内,在规定的条件下,完成预定功能的概率。

可靠概率以 $p_s$ 表示:

$$p_s = p(Z \geqslant 0) \tag{1-7}$$

失效概率以 $p_f$ 表示:

$$p_f = p(Z < 0) \tag{1-8}$$

设 $R$ 和 $S$ 的概率统计值均服从正态分布（设计基准期取 50 年）,可分别算出它们的平均值 $\mu_R$、$\mu_S$ 和标准差 $\sigma_R$、$\sigma_S$,则极限状态函数 $Z = R - S$ 也服从正态分布,它的平均值和标准差分别为:

$$\mu_Z = \mu_R - \mu_S \tag{1-9}$$

$$\sigma_Z = \sqrt{\sigma_R^2 + \sigma_S^2} \tag{1-10}$$

图 1-51 表示极限状态函数 $Z=R-S$ 的正态分布，图中由 $-\infty$ 到 0 的阴影面积表示 $g(R-S)<0$ 的概率，即失效概率 $p_f$ 需采用积分法求得。由图可见，平均值 $\mu_Z$ 等于 $\beta\sigma_Z$，显然 $\beta$ 值和失效概率 $p_f$ 存在如下对应关系：

$$p_f = \phi(-\beta) \tag{1-11}$$

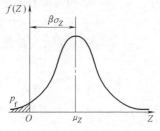

图 1-51 $Z=R-S$ 的正态分布

这样，只要计算出 $\beta$ 值就能获得对应的失效概率 $p_f$（见表 1-1）。$\beta$ 称为可靠指标，由下式计算：

$$\beta = \frac{\mu_Z}{\sigma_Z} = \frac{\mu_R - \mu_S}{\sqrt{\sigma_R^2 + \sigma_S^2}} \tag{1-12}$$

表 1-1　失效概率与可靠指标的对应

| $\beta$ | 2.5 | 2.7 | 3.2 | 3.7 | 4.2 |
|---|---|---|---|---|---|
| $p_f$ | $5\times10^{-3}$ | $3.5\times10^{-3}$ | $6.9\times10^{-4}$ | $1.1\times10^{-4}$ | $1.3\times10^{-5}$ |

当 $R$ 和 $S$ 的统计值不按正态分布时，结构构件的可靠指标应以它们的当量正态分布的平均值和标准差代入式（1-12）来计算。

由于 $R$ 和 $S$ 的实际分布规律相当复杂，因而采用典型的正态分布，这样算得的 $\beta$ 和 $p_f$ 值是近似的，故称为近似概率极限状态设计法。在推导 $\beta$ 公式时，只采用了 $R$ 和 $S$ 的二阶中心矩，同时还做了线性化的近似处理，故此设计法又称"一次二阶矩法"。

这种设计方法只需知道 $R$ 和 $S$ 的平均值和标准差或变异系数，就可以计算出构件的可靠指标 $\beta$ 值，再使 $\beta$ 值满足规定值即可。我国采用的安全指标：Q235 钢，$\beta=3\sim3.1$，对应的失效概率 $p_f=0.001$；Q345 钢，$\beta=3.2\sim3.3$，对应的 $p_f=0.0005$。

由上述公式可见，此法将构件的抗力（承载力）和作用效应的概率分析联系在一起，以安全指标作为度量结构构件安全度的尺度，可以较合理地对各类构件的安全度做定量分析比较，以达到等安全度的设计目的。但是这种设计方法比较复杂，较难掌握，很多人也不习惯，因而仍宜采用广大设计人员所熟悉的分项系数设计公式。

### 1.4.2　规范现行设计表达式

我国《钢结构设计标准》（GB 50017—2017）除疲劳计算外，采用以概率理论为基础的极限状态设计法，用分项系数的设计表达式进行计算。

**1. 承载力极限状态**

荷载效应的基本组合按下式最不利值确定：

（1）永久荷载效应控制的组合

$$S = \gamma_0 \Big( \sum_{j=1}^{m} \gamma_{G_j} S_{G_j k} + \sum_{j=1}^{n} \gamma_{Q_i} \gamma_{L_i} \psi_{ci} S_{Q_j k} \Big) \leqslant R \tag{1-13}$$

（2）可变荷载效应控制的组合

$$S = \gamma_0 \Big( \sum_{j=1}^{m} \gamma_{G_j} S_{G_j k} + \gamma_{Q_1} \gamma_{L_1} S_{Q_1 k} + \sum_{i=2}^{n} \gamma_{Q_i} \gamma_{L_i} \psi_{ci} S_{Q_i k} \Big) \leqslant R \tag{1-14}$$

式中 $\gamma_0$——结构重要性系数,结构安全等级分为一级、二级、三级,结构重要性系数分别采用 1.1、1.0 和 0.9;

$\gamma_{G_j}$——第 $j$ 个永久荷载的分项系数,当其效应对结构构件不利时,对式(1-14)取 1.2,对式(1-13)取 1.35;当其效应对结构构件有利时,一般情况下可取 1.0,对结构的倾覆、滑移或漂浮验算,应取 0.9;

$\gamma_{Q_1}$、$\gamma_{Q_i}$——第 1 个和第 $i$ 个可变荷载的分项系数,当其效应对结构构件不利时,一般情况下取 1.4,对标准值大于 $4kN/m^2$ 的工业房屋楼面结构的活荷载,应取 1.3;当其效应对结构构件有利时,可取为 0;

$S_{G_jk}$——第 $j$ 个永久荷载标准值的效应;

$S_{Q_1k}$——在基本组合中起控制作用的一个可变荷载标准值的效应;

$S_{Q_ik}$——第 $i$ 个可变荷载标准值的效应;

$\psi_{ci}$——第 $i$ 个可变荷载的组合值系数,其值不应大于 1.0,具体见《建筑结构荷载规范》(GB 50009—2012)。

当考虑地震荷载的偶然荷载组合时,应按《建筑抗震设计规范》(GB 50011—2010)(2016 年版)的规定进行。

**2. 正常使用极限状态**

按正常使用极限状态设计钢结构时,应考虑荷载效应的标准组合,对钢与混凝土组合梁,尚应考虑准永久组合。

钢结构设计主要控制变形和挠度,仅考虑荷载效应标准组合,不考虑荷载分项系数,即

$$v_{Gk} + v_{Q_1k} + \sum_{i=2}^{n} \psi_{ci} v_{Q_ik} \leq [v] \tag{1-15}$$

式中 $v_{Gk}$——永久荷载标准值在结构或构件中产生的变形值;

$v_{Q_1k}$——第 1 个可变荷载的标准值在结构或构件中产生的变形值(该值大于其他任意第 $i$ 个可变荷载标准值产生的变形值);

$v_{Q_ik}$——第 $i$ 个可变荷载标准值在结构或构件中产生的变形值;

$[v]$——结构或构件的容许变形值。

## 1.5 钢结构的发展

我国 1996 年粗钢产量突破 1 亿 t,2003 年粗钢产量突破 2 亿 t,2005 年粗钢产量突破 3 亿 t,2006 年粗钢产量突破 4 亿 t,2008 年粗钢产量突破 5 亿 t,而 2009 年粗钢产量达到 5.678 亿 t,占全球总产量的 47%。我国钢产量已跃居世界第一,且还在不断增加。世界钢铁协会 2017 年发布数据称,全球粗钢产量为 16.912 亿 t,同比增长 5.3%,中国大陆粗钢产量为 8.317 亿 t,同比增长 5.7%,仍居世界第一。我国作为世界第二大经济体、第一大工业国,钢铁产量占全球产量一半。钢结构以其独特的优势,未来在国际、国内两大市场将迎来难得的发展机遇。为了适应这一新的形势,钢结构的设计水平应该迅速提高。通过对国内外的现状分析可知,钢结构发展主要方向有以下几点。

**1. 高效性能钢材的研究和应用**

高效性能钢材(包括使用高效性能钢材生产出的具有良好截面特性的型材等)强度比

较高，塑性和韧性也比较好，耐火、耐候性能优良，且其价格比较适中。加强对高效性能钢材的研究，在钢结构的建筑建设中采用高效性能的钢材能够大大提高建筑的承载能力，并能够进一步降低钢结构建筑的造价。

### 2. 结构和构件计算的研究和改进

目前，我国钢结构建筑的设计方法是以概率理论为基础的极限状态设计法，但是这个方法还仅仅是近似概率极限状态设计法，因为它计算的可靠度还只是构件或某一截面的可靠度，而不是整个结构体系的可靠度，也不适用于在反复荷载或动力荷载作用下的结构的疲劳计算。同时，连接的极限状态的研究滞后于构件，人们对整体结构的极限状态的认识还不是十分充分。所以，钢结构设计方法的改进和完善仍是今后一个时期所面临的主要任务。

自从欧拉提出轴心受压柱的弹性稳定理论的临界力计算公式以来，迄今已有200多年。在此期间，很多学者对各类构件的稳定问题做了不少理论分析和试验研究工作，但是在结构的稳定理论计算方面还存在不少问题。例如各种压弯构件的弯扭屈曲、薄板屈曲后强度的利用、各种刚架体系的稳定以及空间结构的稳定等，所有这些方面的问题都有待深入研究。

### 3. 结构形式的创新

新的结构形式有薄壁型钢结构、悬索结构、膜结构、树状结构、开合结构、折叠结构、悬挂结构等。这些结构适用于轻型、大跨屋盖结构，高层建筑和高耸结构等，对减少耗钢量有重要意义。我国应用新结构的数量逐年增长，特别是空间网格结构发展更快，空间结构经济效果很好。

### 4. 预应力钢结构的应用

在一般钢结构中增加一些高强度钢构件，并对结构施加预应力，这是预应力钢结构中采用的最普遍的形式之一。它的实质是以高强度钢材代替部分普通钢材，从而达到节约钢材、提高结构效能和经济效益的目的。但是，两种强度不相同的钢材用于同一构件中共同受力，必须采取施加预应力的方法才能使高强度钢材充分发挥作用。我国从20世纪50年代开始对预应力钢结构进行了理论和试验研究，并在一些实际工程中采用。20世纪90年代预应力结构又有一个飞跃，弦支穹顶（见图1-52）、张弦梁（见图1-53）等复合结构开始用于很多大型体育场馆和会展中心等结构中，预应力桁架、预应力网架也在很多工程中得到了广泛应用。

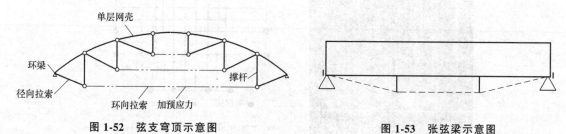

图 1-52　弦支穹顶示意图　　　　　　图 1-53　张弦梁示意图

### 5. 空间结构的发展

以空间体系的空间网格结构代替平面结构可以节约钢材，尤其是结构跨度较大时，经济效果更为显著。空间网格结构对各种平面形式的建筑物的适应性很强，近年来在我国发展很快，特别是采用了商业化的空间结构分析程序软件后，已建成诸如天津博物馆（见图1-54）、国家大剧院（见图1-55）、国家游泳中心"水立方"（见图1-56）等。

图 1-54　天津博物馆　　　图 1-55　国家大剧院　　　图 1-56　国家游泳中心"水立方"

悬索结构也属于空间结构体系，它最大限度地利用了高强度钢材，因而节省了用钢量。它对各种平面形式建筑物的适应性很强，极易满足各种建筑平面和立面的要求。但由于施工较复杂，应用受到一定的限制。今后应进一步研究各种形式的悬索结构的计算和推广应用问题。

**6. 钢-混凝土组合结构的应用**

钢材受压时常受稳定条件的控制，往往不能发挥它的强度承载力，而混凝土则宜承受压力。钢材较高的抗拉强度与混凝土较好的受压性能组合在一起，各自发挥长处，取得最大的经济效果，形成一种合理的结构形式。钢-混凝土组合结构不但具有优异的静力、动力工作性能，而且能大量节约钢材、降低工程造价和加快施工进度，对环境污染较少，符合我国建筑结构发展方向。在高层建筑方面，建成了全部采用组合结构的超高层建筑——深圳赛格广场大厦（见图 1-57），高 291.6m，属世界最高的钢-混凝土组合结构。结构采用钢管混凝土柱和钢梁构成的框筒结构体系。平面呈八角形的塔楼沿周边布置了 16 根钢管混凝土外框柱，核心筒每边布置 8 根钢管混凝土柱和钢梁连接形成框式筒壁结构。目前全国已建成的采用组合结构的高层建筑超过 40 幢。组合结构拱桥已建成的也超过 300 座。

 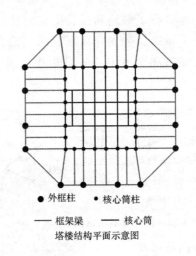

图 1-57　深圳赛格广场大厦

**7. 高层钢结构的研究和应用**

随着我国城市人口的不断增多和大城市的不断扩大，城市用地的矛盾不断上升。为了节约用地，减少城市公共设施的投资，近年来在北京、上海、深圳和广州等地，相继修建了一些高层和超高层建筑物。例如：上海环球金融中心、上海金茂大厦、上海中心大厦（见图1-58）等，这些超高层钢结构的建成，标志着我国高层钢结构的技术水平已有了长足的进步。中央电视台新台址（见图1-59）以其独特的造型和超高的施工难度成为钢结构的代表作之一。

图1-58　上海环球金融中心、上海金贸大厦、上海中心大厦

图1-59　中央电视台

**8. 优化原理的应用**

结构优化设计包括确定优化的结构形式和截面尺寸。由于计算机的普及，促使结构优化设计得到相应的发展。我国编制的钢吊车梁标准图集，就是把耗钢量最小的条件作为目标函数，把强度、稳定性、刚度等一系列设计要求作为约束条件，用计算机解得优化的截面尺寸，比过去的标准设计节省钢材5%～10%。目前优化设计已逐步推广到塔桅结构、空间结构设计等各个方面。

**9. 新型节点的应用**

除螺栓球节点（见图1-60）、焊接球节点（见图11-61）等常用节点外，近年来正在推广应用铸钢节点（见图1-62）、树状节点（见图1-63）及相贯节点（见图1-64）等新型节点。

图1-60　螺栓球节点

图1-61　焊接球节点

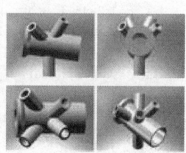

图1-62　铸钢节点

图 1-63 树状节点

图 1-64 相贯节点

## 【习题】

### 一、单选题

1. 钢结构的实际受力情况和工程力学计算结果（　　）。
   A. 完全相同　　　B. 完全不同　　　C. 比较符合　　　D. 相差较大
2. 钢材内部组织比较接近于（　　）。
   A. 各向异性体　　B. 均质同性体　　C. 完全弹性体　　D. 完全塑性体
3. 钢结构在大跨度中得到广泛应用主要是由于（　　）。
   A. 结构的计算模型与实际结构接近　　B. 钢材为各向同性体
   C. 钢材质量密度与屈服强度比值较小　　D. 钢材为理想的弹塑性体
4. 关于钢结构的特点叙述错误的是（　　）。
   A. 建筑钢材的塑性和韧性好　　B. 钢材的耐腐蚀性很差
   C. 钢材具有良好的耐热性和防火性　　D. 钢结构更适合于建造高层和大跨结构
5. 我国现行钢结构设计规范采用的是（　　）极限状态设计法。
   A. 半概率　　　B. 全概率　　　C. 近似概率　　　D. 容许应力法
6. 在结构设计中，失效概率 $P_f$ 与可靠指标 $\beta$ 的关系为（　　）。
   A. $P_f$ 越大，$\beta$ 越大，结构可靠性越差　　B. $P_f$ 越大，$\beta$ 越小，结构可靠性越差
   C. $P_f$ 越大，$\beta$ 越小，结构越可靠　　D. $P_f$ 越大，$\beta$ 越大，结构越可靠
7. 一简支梁受均布荷载作用，其中永久荷载标准值为 15kN/m，仅一个可变荷载，其标准值为 20kN/m，则强度计算时的设计荷载为（　　）kN/m。
   A. $q = 1.2 \times 15 + 1.4 \times 20$　　B. $q = 15 + 20$
   C. $q = 1.2 \times 15 + 0.85 \times 1.4 \times 20$　　D. $q = 1.2 \times 15 + 0.6 \times 1.4 \times 20$
8. 已知某一结构在 $\beta = 3$ 时，失效概率为 $P_f = 0.001$，若 $\beta$ 改变，准确的结论是（　　）。
   A. $\beta = 2.5$，$P_f < 0.001$，结构可靠性降低
   B. $\beta = 2.5$，$P_f > 0.001$，结构可靠性降低
   C. $\beta = 3.5$，$P_f > 0.001$，结构可靠性提高
   D. $\beta = 3.5$，$P_f < 0.001$，结构可靠性降低
9. 在对结构或构件进行正常使用极限状态计算时，永久荷载和可变荷载应采用（　　）。
   A. 设计值　　　　　　　　　　　B. 永久荷载为设计值，可变荷载为标准值

C. 标准值 D. 永久荷载为标准值，可变荷载为设计值

## 二、多选题

1. 钢结构具有（ ）的优点。
   A. 不会发生脆性破坏　　　　　　B. 结构自重轻
   C. 抗震性能好　　　　　　　　　D. 耐久性好
   E. 具有焊接性

2. （ ）不利于钢结构的应用和发展。
   A. 钢材密度大　　B. 耐火性差　　C. 需要焊接或螺栓连接
   D. 维护成本高　　E. 工厂化制作

3. 钢结构适用于（ ）。
   A. 重型工业厂房　　B. 电视塔　　C. 烟囱
   D. 体育馆屋盖　　　E. 处于腐蚀性环境的建筑物

4. 钢结构与钢筋混凝土结构相比（ ）。
   A. 自重轻　　　　B. 塑性好　　　C. 稳定性好
   D. 施工周期短　　E. 刚度大

5. 计算钢结构（ ）时应采用荷载的设计值。
   A. 构件静力强度　　B. 构件整体稳定　　C. 连接强度
   D. 构件变形　　　　E. 疲劳强度

6. 计算钢结构（ ）时应采用荷载的标准值。
   A. 构件静力强度　　　　　　　　B. 构件整体稳定
   C. 构件变形　　　　　　　　　　D. 连接强度
   E. 疲劳强度

## 三、简答题

1. 钢结构有哪些特点？
2. 何谓结构的可靠性？
3. 承载能力极限状态设计表达式中各参数的意义是什么？
4. 按结构体系工作特点可以将钢结构分为哪几类？

# 第 2 章 钢结构材料

钢是以铁和碳为主要成分的合金,其中铁是最基本的元素,碳和其他元素所占比例甚少,但却决定着钢材的物理和化学性能。钢材的种类繁多,性能差别很大,适用于钢结构的钢材只是其中的一小部分。为了确保质量和安全,这些钢材应具有较高的强度、塑性和韧性,以及良好的加工性能。我国《钢结构设计标准》(GB 50017—2017)规定承重结构的钢材宜采用 Q235 钢、Q345 钢 [Q355《低合金高强度结构钢》(GB/T 1591—2018)]、Q390 钢、Q420 钢、Q460 钢、Q345GJ 钢。

钢材的性能与其化学成分、组织构造、冶炼和成型方法等内在因素密切相关,同时也受到荷载类型、结构形式、连接方法和工作环境等外界因素的影响。

## 2.1 钢材的破坏形式

钢材的破坏形式分为塑性破坏与脆性破坏两类。

塑性破坏的特征是:钢材在断裂破坏时产生很大的塑性变形,又称为延性破坏,其断口呈纤维状,色泽发暗,有时能看到滑移的痕迹。钢材的塑性破坏可通过采用一种标准圆棒试件进行拉伸破坏试验加以验证。钢材在发生塑性破坏时变形特征明显,很容易被发现并及时采取补救措施,因而不致引起严重后果。而且适度的塑性变形能起到调整结构内力分布的作用,使原先结构应力不均匀的部分趋于均匀,从而提高结构的承载能力。

脆性破坏的特征是:钢材在断裂破坏时没有明显的变形征兆,其断口平齐,呈有光泽的晶粒状。钢材的脆性破坏可通过采用一种比标准圆棒试件更粗,并在其中部位置车有小凹槽(凹槽处的净截面积与标准圆棒相同)的试件进行拉伸破坏试验加以验证。由于脆性破坏具有突然性,无法预测,故比塑性破坏要危险得多,在钢结构工程设计、施工与安装中应采取适当措施尽力避免。

## 2.2 钢材的生产

### 2.2.1 钢材的冶炼

除了天外来客——陨石中可能存在少量的天然铁之外,地球上的铁都蕴藏在铁矿中。从铁矿石开始到最终产品的钢材为止,钢材的生产大致可分为炼铁、炼钢和轧制三道工序。

**1. 炼铁**

矿石中的铁是以氧化物的形态存在的,因此要从矿石中得到铁,就要用与氧的亲和力比铁更大的物质———氧化碳与碳等还原剂，通过还原作用从矿石中除去氧，还原出铁。同时，为了使砂质和黏土质的杂质（矿石中的废石）易于熔化为熔渣，常用石灰石作为熔剂。所有这些作用只有在足够的温度下才会发生，因此铁的冶炼都是在可以鼓入热风的高炉内进行。装入炉膛内的铁矿石、焦炭、石灰石和少量的锰矿石，在鼓入的热风中发生反应，在高温下成为熔融的生铁（含碳量超过 2.06% 的铁碳合金称为生铁或铸铁）和漂浮于其上的熔渣。常温下的生铁质坚而脆，但由于其熔化温度低，在熔融状态下具有足够的流动性，且价格低廉，故在机械制造业的铸件生产中有广泛的应用。铸铁管是土木建筑业中少数应用生铁的例子之一。

**2. 炼钢**

含碳量在 2.06% 以下的铁碳合金称为碳素钢。因此，当用生铁制钢时，必须通过氧化作用除去生铁中多余的碳和其他杂质，使它们转变为氧化物进入渣中，或成为气体逸出。这一作用需要在高温下进行，称为炼钢。常用的炼钢炉有三种形式：转炉、平炉和电炉。

电炉炼钢是利用电热原理，以废钢和生铁等为主要原料，在电弧炉内冶炼。由于不与空气接触，易于清除杂质和严格控制化学成分，炼成的钢质量好。但因耗电量大，成本高，一般只用来冶炼特种用途的钢材。

转炉炼钢是利用高压空气或氧气使炉内生铁熔液中的碳和其他杂质氧化，在高温下使铁液变为钢液。氧气顶吹转炉冶炼的钢中有害元素和杂质少，质量和加工性能优良，且可根据需要添加不同的元素，冶炼碳素钢和合金钢。由于氧气顶吹转炉可以利用高炉炼出的生铁熔液直接炼钢，生产周期短，效率高，质量好，成本低，已成为国内外发展最快的炼钢方法。

平炉炼钢是利用煤气或其他燃料供应热能，把废钢、生铁熔液或铸铁块和不同的合金元素等冶炼成各种用途的钢。平炉的原料广泛，容积大，产量高，冶炼工艺简单，化学成分易于控制，炼出的钢质量优良。但平炉炼钢周期长，效率低，成本高，现已逐渐被氧气顶吹转炉炼钢所取代。

**3. 钢材的浇铸和脱氧**

按钢液在炼钢炉中或盛钢桶中进行脱氧的方法和程度的不同，碳素结构钢可分为沸腾钢、半镇静钢、镇静钢和特殊镇静钢四类。沸腾钢采用脱氧能力较弱的锰作为脱氧剂，脱氧不完全，在将钢液浇铸入钢锭模时，会有气体逸出，出现钢液的沸腾现象。沸腾钢在铸模中冷却很快，钢液中的氧化铁和碳发生反应生成的一氧化碳气体不能全部逸出，凝固后在钢材中留有较多的氧化铁夹杂和气孔，钢的质量较差。镇静钢采用锰加硅作脱氧剂，脱氧较完全，硅在还原氧化铁的过程中还会产生热量，使钢液冷却缓慢，使气体充分逸出，浇铸时不会出现沸腾现象。这种钢质量好，但成本高。半镇静钢的脱氧程度介于上述二者之间。特殊镇静钢是在锰硅脱氧后，再用铝补充脱氧，其脱氧程度高于镇静钢。低合金高强度结构钢一般都是镇静钢。

随着冶炼技术的不断发展，用连续铸造法生产钢坯（用作轧制钢材的半成品）的工艺和设备已逐渐取代了笨重而复杂的铸锭—开坯—初轧的工艺流程和设备。连铸法的特点是：钢液由钢包经过中间包连续铸入被水冷却的铜制铸模中，冷却后的坯材被切割成半成品。连铸法的机械化、自动化程度高，可采用电磁感应搅拌装置等先进设施提高产品质量，生产的钢坯整体质量均匀，但只有镇静钢才适合连铸工艺。因此国内大钢厂已很少生产沸腾钢，若采用沸腾钢，不但质量差，而且供货困难，价格并不便宜。

### 2.2.2 钢材的组织构造和缺陷

**1. 钢材的组织构造**

碳素结构钢是通过在强度较低而塑性较好的纯铁中加适量的碳来提高强度的，一般常用的低碳钢含碳量不超过 0.25%。低合金结构钢则是在碳素结构钢的基础上，适当添加总量不超过 5% 的其他合金元素，来改善钢材的性能。

碳素结构钢在常温下主要由铁素体和渗碳体（Pe3C）所组成。铁素体是碳溶入体心立方晶体的 α 铁（纯铁在不同温度下有同素异构现象，在铁液凝固点 1538~1394℃ 之间为高温体心立方晶格的 δ 铁，在 912℃ 以下为 α 铁，而在 1394~912℃ 之间为面心立方晶格的 γ 铁）中的固溶体，常温下溶碳仅 0.0008%，与纯铁的显微组织没有明显的区别，其强度、硬度较低，而塑性、韧性良好。铁素体在钢中形成不同取向的结晶群（晶粒），是钢的主要成分，约占质量的 99%。渗碳体是铁碳化合物，含碳 6.67%，其熔点高，硬度大，几乎没有塑性，在钢中其与铁素体晶粒形成机械混合物——珠光体，填充在铁素体晶粒的空隙中，形成网状间层（见图 2-1）。珠光体强度很高，坚硬而富于弹性。另外，还有少量的锰、硅、硫、磷及其化合物溶解于铁素体和珠光体中。碳素钢的力学性能在很大程度上与铁素体和珠光体这两种成分的比例有关。同时，铁素体的晶粒越细小，珠光体的分布越均匀，钢的性能也就越好。

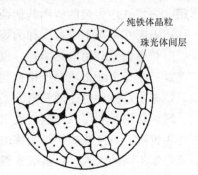

图 2-1 碳素钢多晶体示意图

低合金结构钢是在低碳钢中加入少量的锰、硅、钒、铌、钛、铝、铬、镍、铜、氮、稀土等合金元素炼成的钢材，其组织结构与碳素钢类似。合金元素及其化合物溶解于铁素体和珠光体中，形成新的固溶体——合金铁素体和新的合金渗碳体组成的珠光体类网状间层，使钢材的强度得到提高，而塑性、韧性和焊接性能并不降低。

**2. 钢材的铸造缺陷**

当采用铸模浇铸钢锭时，与连续铸造生产的钢坯质量均匀相反，由于冷却过程中向周边散热，各部分冷却速度不同，在钢锭内形成了不同的结晶带（见图 2-2）。靠近铸模外壳区形成了细小的等轴晶带，靠近中部形成了粗大的等轴晶带，在这两部分之间形成了柱状晶带。这种组织结构的不均匀性，会给钢材的性能带来差异。

钢在冶炼和浇铸过程中还会产生其他的冶金缺陷，如偏析、非金属夹杂、气孔、缩孔和裂纹等。所谓偏析是指化学成分在钢内的分布不均匀，特别是有害元素如硫、磷等在钢锭中的积聚现象；非金属夹杂是指钢中含有硫化物与氧化物等杂质；气孔是指由氧化铁与碳作用

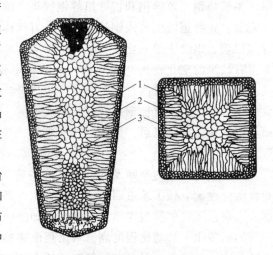

图 2-2 钢锭组织示意图
1—表面细晶粒层 2—柱状晶粒区 3—心部等轴晶粒区

生成的一氧化碳气体，在浇铸时不能充分逸出而留在钢锭中的微小孔洞；缩孔是因钢液在钢锭模中由外向内、自下而上凝固时体积收缩，因液面下降，最后凝固部位得不到钢液补充而形成；钢液在凝固中因先后次序的不同会引起内应力，拉力较大的部位可能出现裂纹。钢材的组织构造和缺陷，均会对钢材的力学性能产生重要的影响。

### 2.2.3 钢材的加工

钢材的加工分为热加工、冷加工和热处理三种。将钢坯加热至塑性状态，依靠外力改变其形状，产生出各种厚度的钢板和型钢，称为热加工。在常温下对钢材进行加工称为冷加工。通过加热、保温、冷却的操作方法，使钢的组织结构发生变化，以获得所需性能的加工工艺称为热处理。

**1. 热加工**

将钢锭或钢坯加热至一定温度时，钢的组织将完全转变为奥氏体状态，奥氏体是碳溶入面心立方晶格的γ铁的固溶体，虽然含碳量很高，但其强度较低，塑性较好，便于塑性变形。因此钢材的轧制或锻压等热加工，经常选择在形成奥氏体时的适当温度范围内进行。选择原则是开始热加工时的温度不得过高，以免钢材氧化严重，而终止热加工时的温度也不能过低，以免钢材塑性差，引发裂纹。一般开轧和锻压温度控制在1150~1300℃。钢材的轧制是通过一系列轧辊，使钢坯逐渐辊轧成所需厚度的钢板或型钢，图 2-3 是宽翼缘 H 型钢的轧制示意图。钢材的锻压是将加热了的钢坯用锤击或模压的方法加工成所需形状，钢结构中的某些连接零件常采用此种方法制造。

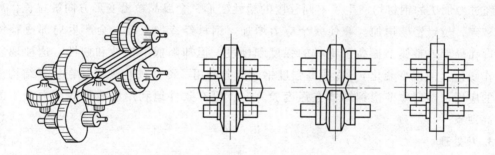

图 2-3 宽翼缘 H 型钢轧制示意图

热加工可破坏钢锭的铸造组织，使金属的晶粒变细，还可在高温和压力下压合钢坯中的气孔、裂纹等缺陷，改善钢材的力学性能。热轧薄板和壁厚较薄的热轧型钢，因辊轧次数较多，轧制的压缩比大，钢材的性能改善明显，其强度、塑性、韧性和焊接性能均优于厚板和厚壁型钢。钢材的强度按板厚分组就是这个缘故。

热加工使金属晶粒沿变形方向形成纤维组织，使钢材沿轧制方向（纵向）的性能优于垂直轧制方向（横向）的性能，即使其各向异性增大。因此对于钢板部件应沿其横向切取试件进行拉伸和冷弯试验。钢中的硫化物和氧化物等非金属夹杂，经轧制之后被压成薄片，对轧制压缩比较小的厚钢板来说，该薄片无法被焊合，会出现分层现象。分层使钢板沿厚度方向受拉的性能恶化，在焊接连接处沿板厚方向有拉力作用（包括焊接产生的约束拉应力作用）时，可能出现层状撕裂现象（见图 2-4），应引起重视。

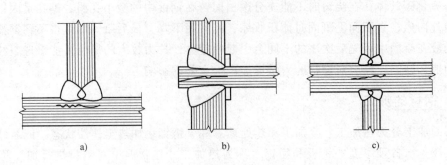

图 2-4　因焊接产生的层状撕裂

**2. 冷加工**

在常温或低于再结晶温度（当温度超过再结晶温度时，由于冷加工而破碎拉长的晶粒会转变成新的等轴晶粒，但晶格的类型不变。碳素结构钢及合金钢的再结晶温度一般为 680~720℃）情况下，通过机械的力量，使钢材产生所需要的永久塑性变形，获得需要的薄板或型钢的工艺称为冷加工。冷加工包括冷轧、冷弯、冷拔等延伸性加工，也包括剪、冲、钻、刨等切削性加工。冷轧卷板和冷轧钢板就是将热轧卷板或热轧薄板经带钢冷轧机进一步加工得到的产品。在轻钢结构中广泛应用的冷弯薄壁型钢和压型钢板也是经辊轧或模压冷弯所制成。组成平行钢丝束、钢绞线或钢丝绳等的基本材料——高强钢丝，就是由热处理的优质碳素结构钢盘条经多次连续冷拔而成的。

经过冷加工的钢材均产生了不同程度的塑性变形，金属晶粒沿变形方向被拉长，局部晶粒破碎，位错密度增加，并使残余应力增加。钢材经冷加工后，会产生局部或整体硬化，即在局部或整体上提高了钢材的强度和硬度，但却降低了塑性和韧性，这种现象称为冷作硬化（或应变硬化）。冷拔高强度钢丝充分利用了冷作硬化现象，在悬索结构中有广泛的应用。冷弯薄壁型钢结构在强度验算时，可有条件地利用因冷弯效应而产生的强度提高现象。

**3. 热处理**

钢的热处理是将钢在固态范围内，施以不同的加热、保温和冷却措施，改变其内部组织构造，达到改善钢材性能的一种加工工艺。钢材的普通热处理包括退火、正火、淬火和回火四种基本工艺。

退火和正火是应用非常广泛的热处理工艺，用其可以消除加工硬化、软化钢材、细化晶粒、改善组织以提高钢的力学性能；消除残余应力，以防钢件的变形和开裂；为进一步的热处理做好准备。对一般低碳钢和低合金钢而言，其操作方法为：在炉中将钢材加热至 850~900℃，保温一段时间后，随炉温冷却至 500℃ 以下，再放至空气中冷却的工艺称为完全退火；保温后从炉中取出在空气中冷却的工艺称为正火。正火的冷却速度比退火快，正火后的钢材组织比退火细，强度和硬度有所提高。如果钢材在终止热轧时的温度正好控制在上述范围内，可得到正火的效果，称为控轧。如果热轧卷板的成卷温度正好在上述范围内，则卷板内部的钢材可得到退火的效果，钢材会变软。

淬火工艺是将钢件加热到 900℃ 以上，保温后快速在水中或油中冷却。在极大的冷却速度下原子来不及扩散，因此含有较多碳原子的面心立方晶格的奥氏体，以无扩散方式转变为碳原子过饱和的α铁固溶体，称为马氏体。由于α铁的含碳量是过饱和状态，从而使体心立方晶格被撑长为歪曲的体心正方晶格。晶格的畸变增加了钢材的强度和硬度，同时使塑性和韧性降低。马氏体是一种不稳定的组织，不宜用于建筑结构。

回火工艺是将淬火后的钢材加热到某一温度进行保温，而后在空气中冷却。其目的是消除残余应力，调整强度和硬度，减少脆性，增加塑性和韧性，形成较稳定的组织。将淬火后的钢材加热至 500~650℃，保温后在空气中冷却，称为高温回火。高温回火后的马氏体转变为铁素体和粒状渗碳体的机械混合物，称为索氏体。索氏体钢具有强度、塑性、韧性都较好的综合力学性能。通常称淬火加高温回火的工艺为调质处理。强度较高的钢材，如 Q420 中的 C、D、E 级钢和高强度螺栓的钢材都要经过调质处理。

## 2.3 钢材的主要性能

### 2.3.1 钢材在单向一次拉伸下的工作性能

钢材的多项性能指标可通过单向一次拉伸试验获得。试验一般都是在标准条件下进行的，即：试件的尺寸符合国家标准，表面光滑，没有孔洞、刻槽等缺陷；荷载分级逐次增加，直到试件破坏；室温为 20℃ 左右。图 2-5 给出了相应钢材的单向拉伸应力-应变曲线。由低碳钢和低合金钢的试验曲线看出，在比例极限 $\sigma_p$ 以前钢材的工作是弹性的；比例极限以后，进入了弹塑性阶段；达到了屈服点 $f_y$ 后，出现了一段纯塑性变形，也称为塑性平台；此后强度又有所提高，出现所谓自强阶段，直至产生颈缩而破坏。破坏时的残余延伸率表示钢材的塑性性能。调质处理的低合金钢没有明显的屈服点和塑性平台。这类钢的屈服点是以卸载后试件中残余应变为 0.2% 所对应的应力人为定义的，称为名义屈服点。

钢材的单调拉伸应力-应变曲线提供了三个重要的力学性能指标：抗拉强度 $f_u$、伸长率 $\delta$ 和屈服点 $f_y$。抗拉强度 $f_u$ 是钢材一项重要的强度指标，它反映钢材受拉时所能承受的极限应力。伸长率 $\delta$ 是衡量钢材断裂前所具有的塑性变形能力的指标，以试件破坏后在标定长度内的残余应变表示。取圆试件直径的 5 倍或 10 倍为标定长度，其相应伸长率分别用 $\delta_5$ 或 $\delta_{10}$ 表示。屈服点 $f_y$ 是钢结构设计中应力允许达到的最大限值，因为当构件中的应力达到屈服点时，结构会因过度的塑性变形而不适于继续承载。承重结构的钢材应满足相应国家标准对上述三项力学性能指标的要求。

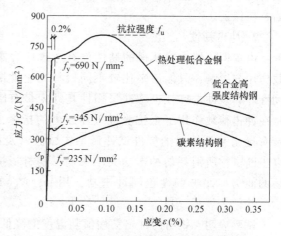

图 2-5 钢材的单向拉伸应力-应变曲线

断面收缩率 $\psi$ 是试样拉断后，颈缩处横断面积的最大缩减量与原始横断面积的百分比，也是单调拉伸试验提供的一个塑性指标。$\psi$越大,塑性越好。在国家标准《厚度方向性能钢板》(GB/T 5313—2010)中,使用沿厚度方向的标准拉伸试件的断面收缩率来定义Z向钢的种类,如$\psi$分别大于或等于15%、25%、35%时,为Z15、Z25、Z35钢。由单调拉伸试验还可以看出钢材的韧性好坏。韧性可以用材料破坏过程中单位体积吸收的总能量来衡量,包括弹性能和非弹性能两部分,其数值等于应力-应变曲线下的总面积。当钢材有脆性破坏的趋势时,裂纹扩展释放出来的弹性能往往成为裂纹继续扩展的驱动力,而扩展前所消耗的非弹性能量则属于裂纹扩展的阻力。因此,上述的静力韧性中非弹性能所占的比例越大,材料抵抗脆性破坏的能力越高。

由图2-5可以看到,屈服点以前的应变很小,如把钢材的弹性工作阶段提高到屈服点,且不考虑自强阶段,则可把应力-应变曲线简化为图2-6所示的两条直线,称为理想弹塑性体的工作曲线。它表示钢材在屈服点以前应力与应变关系符合胡克定律,接近理想弹性体工作;屈服点以后塑性平台阶段又近似于理想的塑性体工作。这一简化,与实际误差不大,却大大方便了计算,成为钢结构弹性设计和塑性设计的理论基础。

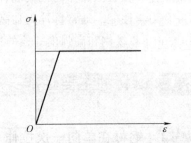

图2-6 理想弹塑性体应力-应变曲线

### 2.3.2 钢材的其他性能

**1. 冷弯性能**

钢材的冷弯性能由冷弯试验确定。试验时,根据钢材的牌号和不同的板厚,按国家相关标准规定的弯心直径,在试验机上把试件弯曲180°(见图2-7),以试件表面和侧面不出现裂纹和分层为合格。冷弯试验不仅能检验材料承受规定的弯曲变形能力的大小,还能显示其内部的冶金缺陷,因此是判断钢材塑性变形能力和冶金质量的综合指标。焊接承重结构以及重要的非焊接承重结构采用的钢材,均应具有冷弯试验的合格保证。

**2. 冲击韧性**

由单调拉伸试验获得的韧性没有考虑应力集中和动载作用的影响,只能用来比较不同钢材在正常情况下的韧性好坏。冲击韧性也称缺口韧性是评定带有缺口的钢材在冲击荷载作用下抵抗脆性破坏能力的指标,通常用带有夏比V型缺口的标准试件做冲击试验(见图2-8),以击断试件所消耗的冲击功大小来衡量钢材抵抗脆性破坏的能力。冲击韧性也叫冲击功,用$w$、$W_{KV}$或$C_V$表示,单位为焦耳(J)。

试验表明,钢材的冲击韧性值随温度的降低而降低,但不同牌号和质量等级钢材的降低规律又有很大的不同。因此,在寒冷地区承受动力作用的重要承重结构,应根据其工作温度和所用钢材牌号,对钢材提出相当温度下的冲击韧性指标的要求,以防脆性破坏发生。

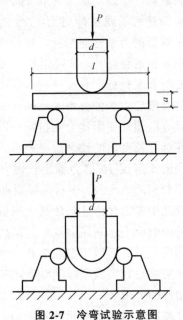

图2-7 冷弯试验示意图

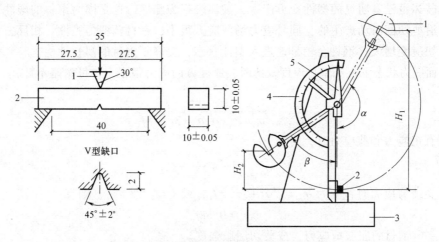

图 2-8 夏比 V 型缺口标准试件和冲击试验
1—摆锤 2—试件 3—试验机台座 4—刻度盘 5—指针

### 2.3.3 钢材在复杂应力状态下的屈服条件

单调拉伸试验得到的屈服点是钢材在单向应力作用下的屈服条件,实际结构中,钢材常常受到平面或三向应力作用,如图 2-9 所示。

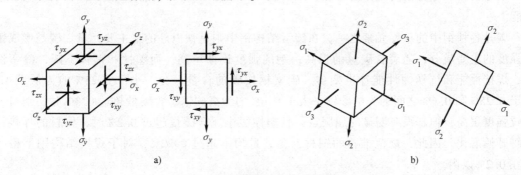

图 2-9 钢材单元体上应力状态
a) 一般应力分量状态 b) 主应力状态

根据形状改变比能理论(或称切应变能量理论),钢材在复杂应力状态由弹性过渡到塑性的条件,也称米塞斯屈服条件(Mises yield condition)。其折算应力为:

$$\sigma_{zs} = \sqrt{\sigma_x^2 + \sigma_y^2 + \sigma_z^2 + (\sigma_x\sigma_y + \sigma_y\sigma_z + \sigma_z\sigma_x) + 3(\tau_{xy}^2 + \tau_{yz}^2 + \tau_{zx}^2)} = f_y \quad (2-1)$$

或以主应力表示为:

$$\sigma_{zs} = \sqrt{\frac{1}{2}\left[(\sigma_1-\sigma_2)^2 + (\sigma_2-\sigma_3)^2 + (\sigma_3-\sigma_1)^2\right]} = f_y \quad (2-2)$$

式中 $\sigma_{zs}$——折算应力;$\sigma_{zs} \geq f_y$ 时,为塑性状态;$\sigma_{zs} < f_y$ 时,为弹性状态;

$f_y$——单向应力作用下的屈服点。

由式(2-2)可以明显看出,当 $\sigma_1$、$\sigma_2$、$\sigma_3$ 为同号应力且数值接近时,即使它们各自都远大于 $f_y$,折算应力 $\sigma_{zs}$ 仍小于 $f_y$,说明钢材很难进入塑性状态。当为三向拉应力作用时,甚至直到破坏也没有明显的塑性变形产生，破坏表现为脆性。这是因为钢材的塑性变形主要是铁素体沿剪切面滑动产生的，同号应力场剪应力很小，钢材转变为脆性。相反，在异号应力场下，切应变增大，钢材会较早地进入塑性状态，提高了钢材的塑性性能。

在平面应力状态下（如钢材厚度较薄时，厚度方向应力很小，常可忽略不计），式（2-1）成为：

$$\sigma_{zs} = \sqrt{\sigma_x^2 + \sigma_y^2 - \sigma_x\sigma_y + 3\tau_{xy}^2} = f_y \tag{2-3}$$

当只有正应力和剪应力时，为：

$$\sigma_{zs} = \sqrt{\sigma^2 + 3\tau^2} = f_y \tag{2-4}$$

当承受纯剪应力时，变为 $\sigma_{zs} = \sqrt{\sigma^2 + 3\tau^2} = f_y$，或 $\tau = f_y/\sqrt{3} = \tau_y$，则有：

$$\tau_y = 0.58 f_y \tag{2-5}$$

式中 $\tau_y$——钢材的屈服剪应力，或剪切屈服强度。

## 2.4 影响钢材性能的主要因素

### 2.4.1 化学成分的影响

钢是以铁和碳为主要成分的合金，虽然碳和其他元素所占比例很少，但却影响着钢材的性能。

碳是各种钢中的重要元素之一，在碳素结构钢中则是铁以外的最主要元素。碳是形成钢材强度的主要成分，随着含碳量的提高，钢的强度逐渐增高，而塑性和韧性下降，冷弯性能、焊接性能和抗锈蚀性能等也变劣。碳素钢按碳的含量区分，小于0.25%的为低碳钢，介于0.25%和0.6%之间的为中碳钢，大于0.6%的为高碳钢。含碳量超过0.3%时，钢材的抗拉强度很高，但却没有明显的屈服点，且塑性很小。含碳量超过0.2%时，钢材的焊接性能将开始恶化。因此，规范推荐的钢材，含碳量均不超过0.22%，对于焊接结构则严格控制在0.2%以内。

硫是有害元素，常以硫化铁形式夹杂于钢中。当温度达800~1000℃时，硫化铁会熔化使钢材变脆，因而在进行焊接或热加工时，有可能引发热裂纹，称为热脆。此外，硫还会降低钢材的冲击韧性、疲劳强度、抗锈蚀性能和焊接性能等。非金属硫化物夹杂经热轧加工后还会在厚钢板中形成局部分层现象，在采用焊接连接的节点中，沿板厚方向承受拉力时，会发生层状撕裂破坏。因而应严格限制钢材中的含硫量，随着钢材牌号和质量等级的提高，含硫量的限值由0.05%依次降至0.025%，厚度方向性能钢板（抗层状撕裂钢板）的含硫量更是限制在0.01%以下。

磷可提高钢的强度和抗锈蚀能力，但却严重地降低钢的塑性、韧性、冷弯性能和焊接性能，特别是在温度较低时促使钢材变脆，称为冷脆。因此，磷的含量也要严格控制，随着钢材牌号和质量等级的提高，含磷量的限值由0.045%依次降至0.025%。但是当采取特殊的冶炼工艺时，磷可作为一种合金元素来制造含磷的低合金钢，此时其含量可达0.12%~0.13%。

锰是有益元素，在普通碳素钢中，它是一种弱脱氧剂，可提高钢材强度，消除硫对钢的热脆影响，改善钢的冷脆倾向，同时不显著降低塑性和韧性。锰还是我国低合金钢的主要合金元素，其含量为 0.8%~1.8%。但锰对焊接性能不利，因此含量也不宜过多。

硅是有益元素，在普通碳素钢中，它是一种强脱氧剂，常与锰共同除氧，生产镇静钢。适量的硅，可以细化晶粒，提高钢的强度，而对塑性、韧性、冷弯性能和焊接性能无显著不良影响。硅的含量在一般镇静钢中为 0.12%~0.30%，在低合金钢中为 0.2%~0.55%。过量的硅会恶化焊接性能和抗锈蚀性能。

钒、铌、钛等元素在钢中形成微细碳化物，加入适量，能起细化晶粒和弥散强化作用，从而提高钢材的强度和韧性，又可保持良好的塑性。

铝是强脱氧剂，还能细化晶粒，可提高钢的强度和低温韧性，在要求低温冲击韧性合格保证的低合金钢中，其含量不小于 0.015%。

铬、镍是提高钢材强度的合金元素，用于 Q390 及以上牌号的钢材中，但其含量应受限制，以免影响钢材的其他性能。

铜和铬、镍、钼等其他合金元素，可在金属基体表面形成保护层，提高钢对大气的抗腐蚀能力，同时保持钢材具有良好的焊接性能。在我国的焊接结构用耐候钢中，铜的含量为 0.20%~0.40%。

镧、铈等稀土元素（RE）可提高钢的抗氧化性，并改善其他性能，在低合金钢中其含量按 0.02%~0.20% 控制。

氧和氮属于有害元素。氧与硫类似，会使钢热脆，氮的影响和磷类似，因此其含量均应严格控制。但当采用特殊的合金组合匹配时，氮可作为一种合金元素来提高低合金钢的强度和抗腐蚀性，如在九江长江大桥中已成功使用的 15MnVN 钢，就是 Q420 中的一种含氮钢，氮含量控制在 0.010%~0.020%。

氢是有害元素，呈极不稳定的原子状态溶解在钢中，其溶解度随温度的降低而降低，常在结构疏松区域、孔洞、晶格错位和晶界处富集，生成氢分子，产生巨大的内压力，使钢材开裂，称为氢脆。氢脆属于延迟性破坏，在拉应力作用下，常需要经过一定孕育发展期才会发生。在破裂面上常可见到白点，称为氢白点。含碳量较低且硫、磷含量较少的钢，氢脆敏感性低。钢的强度等级越高，对氢脆越敏感。

### 2.4.2　钢材的焊接性能

钢材的焊接性能受含碳量和合金元素含量的影响。当含碳量在 0.12%~0.20% 范围内时，碳素钢的焊接性能最好；含碳量超过上述范围时，焊缝及热影响区容易变脆。一般 Q235A 的含碳量较高，且含碳量不作为交货条件，因此这一牌号通常不能用于焊接构件。而 Q235B、C、D 级的含碳量控制在上述的适宜范围之内，是适合焊接使用的普通碳素钢牌号。在高强度低合金钢中，低合金元素大多对焊接性有不利影响，推荐使用碳当量来衡量低合金钢的焊接性，其计算公式如下：

$$C_E = C + \frac{Mn}{6} + \frac{Cr+Mo+V}{5} + \frac{Ni+Cu}{15} \tag{2-6}$$

式中，$C$、$Mn$、$Cr$、$Mo$、$V$、$Ni$、$Cu$ 分别为碳、锰、铬、钼、钒、镍和铜的百分含量。当 $C_E$ 不超过 0.38% 时，钢材的焊接性很好，可以不用采取措施直接施焊；当 $C_E$ 在 0.38%~0.45% 范围内时，钢材呈现淬硬倾向，施焊时需要控制焊接工艺、采用预热措施并使热影响区缓慢冷却，以免发生淬硬开裂；当 $C_E$ 大于0.45%时，钢材的淬硬倾向更加明显，需严格控制焊接工艺和预热温度才能获得合格的焊缝。

钢材焊接性能的优劣除了与钢材的碳当量有直接关系之外，还与母材厚度、焊接方法、焊接工艺参数以及结构形式等条件有关。目前，国内外都采用焊接性试验的方法来检验钢材的焊接性能，从而制定出重要结构和构件的焊接管理制度和工艺。

### 2.4.3 钢材的硬化

钢材的硬化有三种情况：时效硬化、冷作硬化（或应变硬化）和应变时效硬化。在高温时溶于铁中的少量氮和碳，随着时间的增长逐渐由固溶体中析出，生成氮化物和碳化物，散存在铁素体晶粒的滑动界面上，对晶粒的塑性滑移起到遏制作用，从而使钢材的强度提高，塑性和韧性下降（见图2-10a）。这种现象称为时效硬化（也称为老化）。产生时效硬化的过程一般较长，但在振动荷载、反复荷载及温度变化等情况下，会加速发展。

在冷加工（或一次加载）使钢材产生较大的塑性变形的情况下，卸荷后再重新加载，钢材的屈服点提高，塑性和韧性降低的现象（见图2-10a）称为冷作硬化。

在钢材产生一定数量的塑性变形后，铁素体晶体中的固溶氮和碳将更容易析出，从而使已经冷作硬化的钢材又发生时效硬化现象（见图2-10b），称为应变时效硬化。这种硬化在高温作用下会快速发展，人工时效就是据此提出来的，方法是：先使钢材产生10%左右的塑性变形，卸载后再加热至250℃，保温1h后在空气中冷却。用人工时效后的钢材进行冲击韧性试验，可以判断钢材的应变时效硬化倾向，确保结构具有足够的抗脆性破坏能力。

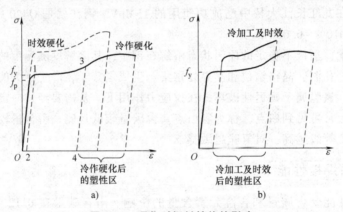

图 2-10 硬化对钢材性能的影响
a）时效硬化及冷作硬化 b）应变时效硬化

对于比较重要的钢结构，要尽量避免局部冷作硬化现象的发生。如钢材的剪切和冲孔，会使切口和孔壁发生分离式的塑性破坏，在剪断的边缘和冲出的孔壁处产生严重的冷作硬化，甚至出现微细的裂纹，促使钢材局部变脆。此时，可将剪切处刨边；冲孔用较小的冲头，冲完后再行扩钻或完全改为钻孔的办法来除掉硬化部分或根本不发生硬化。

### 2.4.4 应力集中的影响

由单调拉伸试验所获得的钢材性能，只能反映钢材在标准试验条件下的性能，即应力均匀分布且是单向的。实际结构中不可避免地存在孔洞、槽口、截面突然改变以及钢材内部缺陷等，此时截面中的应力分布不再保持均匀，由于主应力线在绕过孔口等缺陷时发生弯转，不仅在孔口边缘处会产生沿力作用方向的应力高峰，而且会在孔口附近产生垂直于力的作用方向的横向应力，甚至会产生三向拉应力（见图2-11），而且厚度越厚的钢板，在其缺口中心部位的三向拉应力也越大，这是因为在轴向拉力作用下，缺口中心沿板厚方向的收缩变形受到较大的限制，形成所谓平面应变状态。应力集中的严重程度用应力集中系数衡量，缺口边缘沿受力方向的最大应力 $\sigma_{max}$ 和按净截面的平均应力 $\sigma_0 = N/A_n$（$A_n$ 为净截面面积）的比值称为应力集中系数，即 $k = \sigma_{max}/\sigma_0$。

由式（2-1）或式（2-2）可知，当出现同号力场或同号三向力场时，钢材将变脆，而且应力集中越严重，出现的同号三向力场的应力水平越接近，钢材越趋于脆性。具有不同缺口形状的钢材拉伸试验结果也表明（如图2-12，其中第1种试件为标准试件，第2、3、4种为不同应力集中水平的对比试件），截面改变的尖锐程度越大的试件，其应力集中现象就越严重，引起钢材脆性破坏的危险性就越大。第4种试件已无明显屈服点，表现出高强钢的脆性破坏特征。

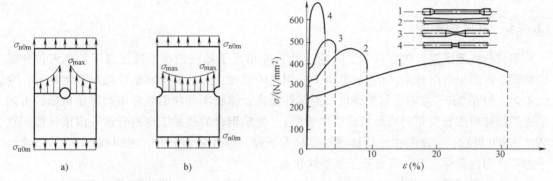

图2-11 钢材的应力集中　　图2-12 应力集中对钢材性能影响

应力集中现象还可能由内应力产生。内应力的特点是力系在钢材内自相平衡，而与外力无关，其在浇铸、轧制和焊接加工过程中，因不同部位钢材的冷却速度不同，或因不均匀加热和冷却而产生。其中焊接残余应力的量值往往很高，在焊缝附近的残余拉应力常达到屈服点，而且在焊缝交叉处经常出现双向甚至三向残余拉应力场，使钢材局部变脆。当外力引起的应力与内应力处于不利组合时，会引发脆性破坏。

因此，在进行钢结构设计时，应尽量使构件和连接节点的形状和构造合理，防止截面的突然改变。在进行钢结构的焊接构造设计和施工时，应尽量减少焊接残余应力。

### 2.4.5 加载速度的影响

荷载可分为静力荷载和动力荷载两大类。静力荷载中的永久荷载属于一次加载，活荷载可看作重复加载。动力荷载中的冲击荷载属于一次快速加载，吊车梁所受的起重机荷载以及建筑结构所承受的地震作用则属于连续交变荷载，或称为循环荷载。

在冲击荷载作用下，加载速度很高，由于钢材的塑性滑移在加载瞬间跟不上应变速率，因而反映出屈服点提高的倾向。但是，试验研究表明，在20℃左右的室温环境下，虽然钢材的屈服点和抗拉强度随应变速率的增加而提高，塑性变形能力却没有下降，反而有所提高，即处于常温下的钢材在冲击荷载作用下仍保持良好的强度和塑性变形能力。

应变速率在温度较低时对钢材性能的影响要比常温下大得多。图 2-13 给出了三条不同应变速率下的缺口韧性试验结果与温度的关系曲线，图中中等加载速率相当于应变速率 $\varepsilon = 10^{-3}/s$，即每秒施加应变 $\varepsilon = 0.1\%$，若以 100mm 为标定长度，其加载速度相当于 0.1mm/s。由图中可以看出，随着加载速率的减小，曲线向温度较低侧移动。在温度较高和较低两侧，三条曲线趋于接近，应变速率的影响变得十分不明显，但在常用温度范围内其对应变速率的影响十分敏感，即在此温度范围内，加荷速率越高，缺口试件断裂时吸收的能量越低，变得越脆。因此在钢结构防止低温脆性破坏设计中，应考虑加荷速率的影响。

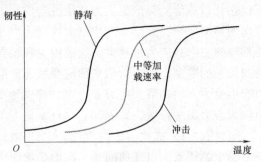

图 2-13　不同应变速率下钢材断裂吸收能量随温度的变化

### 2.4.6　温度的影响

钢材的性能受温度的影响十分明显，图 2-14 给出了低碳钢在不同正温下的单调拉伸试验结果。由图中可以看出，在 150℃ 以下，钢材的强度、弹性模量和塑性均与常温相近，变化不大。但在 250℃ 左右，抗拉强度有局部性提高，伸长率和断面收缩率均降至最低，出现了所谓的蓝脆现象（钢材表面氧化膜呈蓝色）。显然钢材的热加工应避开这一温度区段。在达到 300℃ 以后，强度和弹性模量均开始显著下降，塑性显著上升，达到 600℃ 时，强度几乎为零，塑性急剧上升，钢材处于热塑性状态。

由上述可以看出，钢材具有一定的抗热性能，但不耐火，一旦钢结构的温度达到 600℃ 及以上时，会在瞬间因热塑而倒塌。因此受高温作用的钢结构，应根据不同情况采取防护措施：当结构可能受到炽热熔化金属的侵害时，应采用砖或耐热材料做成的隔热层加以保护；当结构表面长期受辐射热达 150℃ 以上或在短时间内可能受到火焰作用时，应采取有效的防护措施（如加隔热层或水套等）。防火是钢结构设计中应考虑的一个重要问题，通常按国家有关防火的规范或标准，根据建筑物的防火等级对不同构件所要求的耐火极限进行设计，选择合适的防火保护层（包括防火涂料等的种类、涂层或防火层的厚度及质量要求等）。

当温度低于常温时，随着温度的降低，钢材的强度提高，而塑性和韧性降

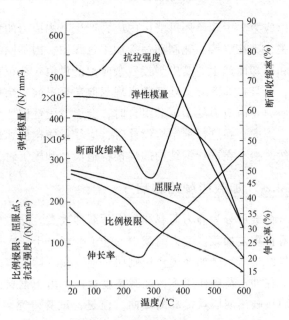

图 2-14　低碳钢在高温下性能

低，逐渐变脆，称为钢材的低温冷脆。钢材的冲击韧性对温度十分敏感，图 2-15 给出了冲击韧性与温度的关系，图中粗实线为冲击功随温度的变化曲线，虚线为试件断口中晶粒状区所占面积随温度的变化曲线，温度 $T_1$ 也称为 NDT（Nil Ductility Temperature），为脆性转变温度或零塑性转变温度，在该温度以下，冲击试件断口由 100% 晶粒状组成，表现为完全的脆性破坏。温度 $T_2$ 也称 FTP（Fracture Transition Plastic），为全塑性转变温度，在该温度以上，冲击试件的断口由 100% 纤维状组成，表现为完全的塑性破坏。温度由 $T_2$ 向 $T_1$ 降低的过程中，钢材的冲击功急剧下降，试件的破坏性质也从韧性变为脆性，故称该温度区间为脆性转变温度区。冲击功曲线的反弯点（或最陡点）对应的温度 $T_0$ 称为转变温度。不同牌号和等级的钢材具有不同的转变温度区和转变温度，均应通过试验来确定。

在直接承受动力作用的钢结构设计中，为了防止脆性破坏，结构的工作温度应大于 $T_1$，接近 $T_0$，可小于 $T_2$。但是 $T_1$、$T_2$ 和 $T_0$ 的测量是非常复杂的，对每一炉钢材，都要在不同的温度下做大量的冲击试验并进行统计分析才能得到。为了工程实用，根据大量的使用经验和试验资料的统计分析，我国有关标准对不同牌号和等级的钢材，规定了在不同温度下的冲击韧性指标，例如对 Q235 钢，除 A 级不要求外，其他各级钢均取 $C_v$ = 27J；对低合金高强度钢，除 A 级不要求外，E 级钢采用 $C_v$ = 27J，其他各级钢均取 $C_v$ = 34J。只要钢材在规定的温度下满足这些指标，那么就可按《钢结构设计标准》（GB 50017—2017）的有关规定，根据结构所处的工作温度，选择相应的钢材作为防脆断措施。

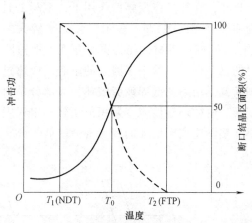

图 2-15 冲击韧性与工作温度的关系

### 2.4.7 循环荷载的影响

**1. 疲劳的定义**

钢材在连续交变荷载作用下，会逐渐累积损伤、产生裂纹及裂纹逐渐扩展，直到最后破坏，这种现象称为疲劳。按照断裂寿命和应力高低的不同，疲劳可分为高周疲劳和低周疲劳两类。高周疲劳的断裂寿命较长，断裂前的应力循环次数 $n > 5 \times 10^4$，断裂应力水平较低，$\sigma < f_y$，因此也称低应力疲劳或疲劳，一般常见的疲劳多属于这类。低周疲劳的断裂寿命较短，破坏前的循环次数 $n = 1 \times 10^2 \sim 5 \times 10^4$，断裂应力水平较高，$\sigma \geq f_y$，伴有塑性应变发生，因此也称为应变疲劳或高应力疲劳。

试验研究发现，当钢材承受拉力至产生塑性变形，卸载后，再使其受拉，其受拉的屈服强度将提高至卸载点（冷作硬化现象）；而当卸载后使其受压，其受压的屈服强度将低于一次受压时所获得的值。这种经预拉后抗拉强度提高，抗压强度降低的现象称为包辛格效应（Bauschinger effect），如图 2-16a 所示。在交变荷载作用下，随着应变幅值的增加，钢材的应力-应变曲线将形成滞回环线，如图 2-16b 所示。低碳钢的滞回环丰满而稳定，滞回环所围的面积代表荷载循环一次单位体积的钢材所吸收的能量，在多次循环荷载下，将吸收大量的能量，十分有利于抗震。

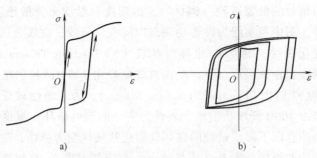

图 2-16 钢材包辛格效应和滞回曲线

显然，在循环应变幅值作用下，钢材的性能仍然用由单调拉伸试验引申出的理想应力-应变曲线（见图 2-17a）表示将会带来较大的误差，此时采用双线型和三线型曲线（见图 2-17b、c）模拟钢材性能将更为合理。钢构件和节点在循环应变幅值作用下的滞回性能要比钢材的复杂得多，受很多因素的影响，应通过试验研究或较精确的模拟分析获得。钢结构在地震荷载作用下的低周疲劳破坏，大部分是由于构件或节点的应力集中区域产生了宏观的塑性变形，由循环塑性应变累积损伤到一定程度后发生的。其疲劳寿命取决于塑性应变幅值的大小，塑性应变幅值大的疲劳寿命就低。

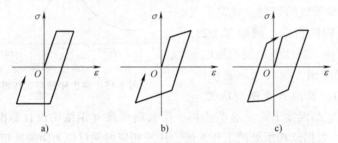

图 2-17 钢材在滞回应变荷载作用下应力-应变简化模拟

**2. 疲劳的特征**

引起疲劳破坏的交变荷载有两种类型：一种为常幅交变荷载，引起的应力称为常幅循环应力，简称循环应力，常幅是指所有应力循环内的应力幅保持不变；一种为变幅交变荷载，引起的应力称为变幅循环应力，简称变幅应力，变幅是指所有循环应力内的应力幅随机变化，如图 2-18 所示。由这两种荷载引起的疲劳分别称为常幅疲劳和变幅疲劳。转动的机械零件常发生常幅疲劳破坏，吊车桥、钢桥等则主要是变幅疲劳破坏。

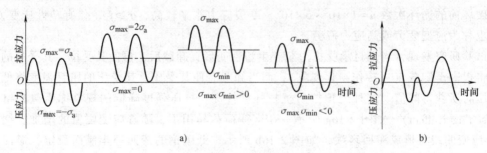

图 2-18 循环应力和变幅应力

a) 常幅循环应力　b) 变幅应力

上述两种疲劳破坏均具有以下特征：

1）疲劳破坏具有突然性，破坏前没有明显的宏观塑性变形，属于脆性断裂。但与一般脆断的瞬间断裂不同，疲劳是在名义应力低于屈服点的低应力循环下，经历了长期的累积损伤过程后才突然发生的。其破坏过程一般经历三个阶段，即裂纹的萌生、裂纹的缓慢扩展和最后迅速断裂，因此疲劳破坏是有寿命的破坏，是延时断裂。

2）疲劳破坏的断口与一般脆性断口不同，可分为三个区域：裂纹源、裂纹扩展区和断裂区（见图2-19）。裂纹扩展区表面较光滑，常可见到放射和年轮状花纹，这是疲劳断裂的主要断口特征。根据断裂力学的解释，只有当裂纹扩展到临界尺寸，发生失稳扩展后才形成瞬间断裂区，出现人字纹或晶粒状脆性断口。

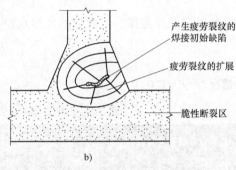

图 2-19 疲劳破坏的断口特征

3）疲劳对缺陷（包括缺口、裂纹及组织缺陷等）十分敏感。缺陷部位应力集中严重，会加快疲劳破坏的裂纹萌生和扩展。

**3. 疲劳计算**

直接承受动力荷载重复作用的钢结构构件及其连接，当应力变化的循环次数 $n \geq 5 \times 10^4$ 次时，应进行疲劳计算。

疲劳计算采用基于名义应力的容许应力幅法，名义应力按弹性状态计算，容许应力幅按构件和连接类别、应力循环次数以及计算部位的板件厚度确定。对非焊接的构件和连接，在应力循环中不出现拉应力的部位可以不计算疲劳。

（1）疲劳截止限验算

试验研究表明，无论常幅疲劳还是变幅疲劳，低于疲劳截止限的应力幅一般不会导致疲劳破坏。因此，在结构使用寿命期间，当结构所受应力幅较低时，可按下式快速验算疲劳强度

1）正应力幅的疲劳截止限验算

$$\Delta\sigma < \gamma_t [\Delta\sigma_L]_{1\times 10^8} \tag{2-7}$$

对焊接部位 $\Delta\sigma = \sigma_{max} - \sigma_{min}$；对非焊接部位 $\Delta\sigma = \sigma_{max} - 0.7\sigma_{min}$。

2）剪应力幅的疲劳截止限验算

$$\Delta\tau < [\Delta\tau_L]_{1\times 10^8} \tag{2-8}$$

对焊接部位 $\Delta\tau = \tau_{max} - \tau_{min}$；对非焊接部位 $\Delta\tau = \tau_{max} - 0.7\tau_{min}$。

式中　$\Delta\sigma$——构件或连接计算部位的正应力幅（N/mm²）；

$\sigma_{max}$——计算部位应力循环中的最大拉应力（取正值）（N/mm²）；

$\sigma_{min}$——计算部位应力循环中的最小拉应力或压应力（拉应力取正值，压应力取负

值）（N/mm²）；

$\Delta\tau$——构件或连接计算部位的剪应力幅（N/mm²）；

$\tau_{max}$——计算部位应力循环中的最大剪应力（N/mm²）；

$\tau_{min}$——计算部位应力循环中的最小剪应力（N/mm²）；

$[\Delta\sigma_L]_{1\times10^8}$——正应力幅的疲劳截止限（N/mm²），按表 2-1 采用；

$[\Delta\tau_L]_{1\times10^8}$——剪应力幅疲劳截止限（N/mm²），按表 2-2 采用；

$\gamma_t$——板厚或直径修正系数，按下列规定采用：

① 对于横向角焊缝连接和对接焊缝连接，当连接板厚 $t$ 超过 25mm 时，应按下式计算：

$$\gamma_t = \left(\frac{25}{t}\right)^{0.25} \tag{2-9a}$$

② 对于螺栓轴向受拉连接，当螺栓的公称直径 $d$ 大于 30mm 时，应按下式计算：

$$\gamma_t = \left(\frac{30}{d}\right)^{0.25} \tag{2-9b}$$

③ 其余情况取 $\gamma_t = 1.0$。

表 2-1 正应力幅的疲劳计算参数

| 构件与连接类别 | 构件与连接相关系数 | | 循环次数 $n$ 为 $2\times10^6$ 的容许正应力幅 $[\Delta\sigma]_{2\times10^6}$ /(N/mm²) | 循环次数 $n$ 为 $5\times10^6$ 的容许正应力幅 $[\Delta\sigma]_{5\times10^6}$ /(N/mm²) | 疲劳截止限 $[\Delta\sigma_L]_{1\times10^8}$ /(N/mm²) |
|---|---|---|---|---|---|
| | $C_Z$ | $\beta_Z$ | | | |
| Z1 | $1920\times10^{12}$ | 4 | 176 | 140 | 85 |
| Z2 | $861\times10^{12}$ | 4 | 144 | 115 | 70 |
| Z3 | $3.91\times10^{12}$ | 3 | 125 | 92 | 51 |
| Z4 | $2.81\times10^{12}$ | 3 | 112 | 83 | 46 |
| Z5 | $2.00\times10^{12}$ | 3 | 100 | 74 | 41 |
| Z6 | $1.46\times10^{12}$ | 3 | 90 | 66 | 36 |
| Z7 | $1.02\times10^{12}$ | 3 | 80 | 59 | 32 |
| Z8 | $0.72\times10^{12}$ | 3 | 71 | 52 | 29 |
| Z9 | $0.50\times10^{12}$ | 3 | 63 | 46 | 25 |
| Z10 | $0.35\times10^{12}$ | 3 | 56 | 41 | 23 |
| Z11 | $0.25\times10^{12}$ | 3 | 50 | 37 | 20 |
| Z12 | $0.18\times10^{12}$ | 3 | 45 | 33 | 18 |
| Z13 | $0.13\times10^{12}$ | 3 | 40 | 29 | 16 |
| Z14 | $0.09\times10^{12}$ | 3 | 36 | 26 | 14 |

注：构件与连接的分类见附录 G。

表 2-2 剪应力幅的疲劳计算参数

| 构件与连接类别 | 构件与连接相关系数 | | 循环次数 $n$ 为 $2\times10^6$ 的容许剪应力幅 $[\Delta\tau]_{2\times10^6}$ /(N/mm²) | 疲劳截止限 $[\Delta\tau_L]_{1\times10^8}$ /(N/mm²) |
|---|---|---|---|---|
| | $C_J$ | $\beta_J$ | | |
| J1 | $4.10\times10^{11}$ | 3 | 59 | 16 |
| J2 | $2.00\times10^{16}$ | 5 | 100 | 46 |
| J3 | $8.61\times10^{21}$ | 8 | 90 | 55 |

注：构件与连接的类别见附录 G。

（2）疲劳强度计算　当构件或连接计算部位的应力幅较大，超出疲劳截止限，需要对构件或连接进行疲劳强度计算。

1）常幅疲劳计算。当常幅疲劳计算不能满足式（2-7）或（2-8）时，应按以下进行疲劳计算：

① 正应力幅的疲劳计算

$$\Delta\sigma \leqslant \gamma_t [\Delta\sigma] \tag{2-10}$$

当 $n \leqslant 5 \times 10^6$ 时：

$$[\Delta\sigma] = \left(\frac{C_Z}{n}\right)^{1/\beta_Z} \tag{2-11a}$$

当 $5 \times 10^6 < n \leqslant 1 \times 10^8$ 时：

$$[\Delta\sigma] = \left[([\Delta\sigma]_{5 \times 10^6})\frac{C_Z}{n}\right]^{1/(\beta_Z + 2)} \tag{2-11b}$$

当 $n > 1 \times 10^8$ 时：

$$[\Delta\sigma] = [\Delta\sigma_L]_{1 \times 10^8} \tag{2-11c}$$

② 剪应力幅的疲劳计算

$$\Delta\tau \leqslant [\Delta\tau] \tag{2-12}$$

当 $n \leqslant 1 \times 10^8$ 时：

$$[\Delta\tau] = \left(\frac{C_J}{n}\right)^{1/\beta_J} \tag{2-13a}$$

当 $n > 1 \times 10^8$ 时：

$$[\Delta\tau] = [\Delta\tau_L]_{1 \times 10^8} \tag{2-13b}$$

式中　$[\Delta\sigma]$——常幅疲劳的容许正应力幅（N/mm²）；

$n$——应力循环次数；

$C_Z$、$\beta_Z$——构件和连接相关参数，根据附录 G 规定的构件和连接类别，按表 2-1 采用；

$[\Delta\tau]$——常幅疲劳的容许剪应力幅（N/mm²）；

$C_J$、$\beta_J$——构件和连接相关参数，根据附录 G 规定的构件和连接类别，按表 2-2 采用。

2）变幅疲劳计算

当变幅疲劳计算不能满足式（2-7）或（2-8）时，可按下式进行疲劳计算：

① 正应力幅的疲劳计算

$$\Delta\sigma_e \leqslant \gamma_t [\Delta\sigma]_{2 \times 10^6} \tag{2-14}$$

$$\Delta\sigma_e = \left[\frac{\sum n_i(\Delta\sigma_i)^{\beta_Z} + ([\Delta\sigma]_{5 \times 10^6})^{-2} \sum n_j(\Delta\sigma_j)^{\beta_Z + 2}}{2 \times 10^6}\right]^{1/\beta_Z} \tag{2-15}$$

② 剪应力幅的疲劳计算

$$\Delta\tau_e \leqslant [\Delta\tau]_{2 \times 10^6} \tag{2-16}$$

$$\Delta\tau_e = \left[\frac{\sum n_i(\Delta\tau_i)^{\beta_J}}{2 \times 10^6}\right]^{1/\beta_J} \tag{2-17}$$

式中　$\Delta\sigma_e$——由变幅疲劳预期使用寿命（总循环次数 $n = \sum n_i + \sum n_j$）折算成循环次数 $n$ 为 $2 \times 10^6$ 次的等效正应力幅（N/mm²）；

$\Delta\sigma_i$、$n_i$——应力谱中在 $\Delta\sigma_i \geqslant [\Delta\sigma]_{5 \times 10^6}$ 范围内的正应力幅（N/mm²）及其频次；

$\Delta\sigma_j$、$n_j$——应力谱中在 $[\Delta\sigma_L]_{1\times10^6} \leqslant \Delta\sigma_j < [\Delta\sigma]_{5\times10^6}$ 范围内的正应力幅（N/mm²）及其频次；

$\Delta\tau_e$——由变幅疲劳预期使用寿命（总循环次数 $n=\sum n_i$）折算成循环次数 $n$ 为 $2\times10^6$ 次常幅疲劳的等效剪应力幅（N/mm²）；

$\Delta\tau_i$、$n_i$——应力谱中在 $\Delta\tau_i \geqslant [\Delta\tau_L]_{1\times10^6}$ 范围内的剪应力幅（N/mm²）及其频次。

（3）重级工作制吊车梁和重级、中级工作制吊车桁架的变幅疲劳可取应力循环中最大应力幅进行计算：

1) 正应力幅的疲劳计算

$$\alpha_f \Delta\sigma \leqslant \gamma_t [\Delta\sigma]_{2\times10^6} \tag{2-18a}$$

2) 剪应力幅的疲劳计算

$$\alpha_f \Delta\tau \leqslant [\Delta\tau]_{2\times10^6} \tag{2-18b}$$

式中　$\alpha_f$——欠载效应的等效系数，按表 2-3 采用。

表 2-3　吊车梁和吊车桁架欠载效应的等效系数 $\alpha_f$

| 吊车类别 | $\alpha_f$ |
| --- | --- |
| A6、A7、A8 工作级别（重级）的硬钩吊车 | 1.0 |
| A6、A7 工作级别（重级）的软钩吊车 | 0.8 |
| A4、A5 工作级别（中级）的吊车 | 0.5 |

## 2.5　建筑用钢的种类、规格和选用

### 2.5.1　钢材的种类

我国的建筑用钢主要为碳素结构钢和低合金高强度结构钢两种，优质碳素结构钢在冷拔碳素钢丝和连接用紧固件中也有应用。另外，厚度方向性能钢板、焊接结构用耐候钢、铸钢等在某些情况下也有应用。

**1. 碳素结构钢**

按国家标准《碳素结构钢》（GB/T 700—2006）生产的钢材共有 Q195、Q215、Q235、Q255 和 Q275 等 5 种品牌，板材厚度不大于 16mm 的相应牌号钢材的屈服点分别为 195N/mm²、215N/mm²、235N/mm²、255N/mm² 和 275N/mm²。其中 Q235 含碳量在 0.22% 以下，属于低碳钢，钢材的强度适中，塑性、韧性均较好。该牌号钢材又根据化学成分和冲击韧性的不同划分为 A、B、C、D 共 4 个质量等级，按字母顺序由 A 到 D，表示质量等级由低到高。除 A 级外，其他三个级别的含碳量均在 0.20% 以下，焊接性能也很好。因此，《钢结构设计标准》（GB 50017—2017）将 Q235 牌号的钢材选为承重结构用钢。碳素结构钢的力学性能见表 2-4。

碳素结构钢的钢号由代表屈服点的字母 Q、屈服点数值（单位为 N/mm²）、质量等级符号、脱氧方法符号等四个部分组成。符号 "F" 代表沸腾钢，"b" 代表半镇静钢，符号 "Z" 和 "TZ" 分别代表镇静钢和特种镇静钢。在具体标注时 "Z" 和 "TZ" 可以省略。例如 Q235B 代表屈服点为 235N/mm² 的 B 级镇静钢。

表 2-4 碳素结构钢力学性能（GB/T 700—2006）

| 牌号 | 质量等级 | 屈服强度 $R_{eH}$/(N/mm²)，不小于 | | | | | 抗拉强度 $R_m$/(N/mm²) | 断后伸长率 A(%)，不小于 | | | | 冲击试验(V型) | |
|------|---------|---|---|---|---|---|---|---|---|---|---|---|---|
| | | 厚度(或直径)/mm | | | | | | 厚度(或直径)/mm | | | | 温度/℃ | 冲击吸收功(纵向)/J，不小于 |
| | | ≤16 | >16~40 | >40~60 | >60~100 | >100~150 | | ≤40 | >40~60 | >60~100 | >100~150 | | |
| Q215 | A | 215 | 205 | 195 | 185 | 175 | 335~450 | 31 | 30 | 29 | 27 | — | — |
| | B | | | | | | | | | | | +20 | 27 |
| Q235 | A | 235 | 225 | 215 | 205 | 195 | 370~500 | 26 | 25 | 24 | 22 | — | — |
| | B | | | | | | | | | | | +20 | 27 |
| | C | | | | | | | | | | | 0 | |
| | D | | | | | | | | | | | -20 | |
| Q275 | A | 275 | 265 | 255 | 245 | 225 | 410~540 | 22 | 21 | 20 | 18 | — | — |
| | B | | | | | | | | | | | +20 | 27 |
| | C | | | | | | | | | | | 0 | |
| | D | | | | | | | | | | | -20 | |

注：Q195 钢的力学性能指标未列入，厚度（或直径）大于 100~150mm 的力学性能指标未列入，冷弯试验要求未列入。

在冷弯薄壁型钢结构的压型钢板设计中，如由刚度条件而非强度条件起控制作用时，也允许采用 Q215 牌号的钢材。

**2. 低合金高强度结构钢**

按国家标准《低合金高强度结构钢》（GB/T 1591—2018）生产的钢材共有 Q295、Q355、Q390、Q420 和 Q460 等 5 种牌号，板材厚度不大于 16mm 的相应牌号钢材的屈服点分别为 295MPa、355MPa、390MPa、420MPa 和 460MPa。这些钢的含碳量均不大于 0.20%，强度的提高主要依靠添加少量几种合金元素来达到，合金元素的总量低于 5%，故称为低合金高强度钢。其中 Q355、Q390、Q420 和 Q460 均按化学成分和冲击韧性各划分为 B、C、D 共 3 个质量等级，字母顺序越靠后的钢材质量越高。这四种牌号的钢材均有较高的强度和较好的塑性、韧性、焊接性能，被规范选为承重结构用钢。这四种低合金高强度钢的牌号命名与碳素结构钢的类似，只是前者的 B 级为镇静钢，C、D 级为特种镇静钢，故可不加脱氧方法的符号。低合金结构钢的力学及工艺性能要求见表 2-5a 至表 2-5d。

表 2-5a 热轧钢材的拉伸性能

| 钢级 | 质量等级 | 上屈服强度 $R_{eH}$[①]/MPa 不小于 | | | | | | | | 抗拉强度 $R_m$/MPa | | | |
|------|---------|---|---|---|---|---|---|---|---|---|---|---|---|
| | | 公称厚度或直径/mm | | | | | | | | | | | |
| | | ≤16 | >16~40 | >40~63 | >63~80 | >80~100 | >100~150 | >150~200 | >200~250 | >250~400 | ≤100 | >100~150 | >150~250 | >250~400 |
| Q355 | B、C | 355 | 345 | 335 | 325 | 315 | 295 | 285 | 275 | — | 470~630 | 450~600 | 450~600 | — |
| | D | | | | | | | | | 265[②] | | | | 450~600[②] |
| Q390 | B、C、D | 390 | 380 | 360 | 340 | 340 | 320 | — | — | — | 490~650 | 470~620 | | |

（续）

| 牌号 | | 上屈服强度 $R_{eH}$[①]/MPa 不小于 | | | | | | | | 抗拉强度 $R_m$/MPa | | | |
|---|---|---|---|---|---|---|---|---|---|---|---|---|---|
| 钢级 | 质量等级 | 公称厚度或直径/mm | | | | | | | | | | | |
| | | ≤16 | >16~40 | >40~63 | >63~80 | >80~100 | >100~150 | >150~200 | >200~250 | >250~400 | ≤100 | >100~150 | >150~250 | >250~400 |
| Q420[③] | B、C | 420 | 410 | 390 | 370 | 370 | 350 | — | — | — | 520~680 | 500~650 | — | — |
| Q460[③] | C | 460 | 450 | 430 | 410 | 410 | 390 | — | — | — | 550~720 | 530~700 | — | — |

① 当屈服不明显时，可用规定塑性延伸强度 $R_{p0.2}$ 代替上屈服强度。
② 只适用于质量等级为 D 的钢板。
③ 只适用于型钢和棒材。

表 2-5b 热轧钢材的伸长率

| 牌号 | | 断后伸长率 $A(\%)$ 不小于 | | | | | |
|---|---|---|---|---|---|---|---|
| 钢级 | 质量等级 | 公称厚度或直径/mm | | | | | |
| | | 试样方向 | ≤40 | >40~63 | >63~100 | >100~150 | >150~250 | >250~400 |
| Q355 | B、C、D | 纵向 | 22 | 21 | 20 | 18 | 17 | 17[①] |
| | | 横向 | 20 | 19 | 18 | 18 | 17 | 17[①] |
| Q390 | B、C、D | 纵向 | 21 | 20 | 20 | 19 | — | — |
| | | 横向 | 20 | 19 | 19 | 18 | — | — |
| Q420[②] | B、C | 纵向 | 20 | 19 | 19 | 19 | — | — |
| Q460[②] | C | 纵向 | 18 | 17 | 17 | 17 | — | — |

① 只适用于质量等级为 D 的钢板。
② 只适用于型钢和棒材。

表 2-5c 夏比（V 型缺口）冲击试验的温度和冲击吸收能量

| 牌号 | | 以下试验温度的冲击吸收能量最小值 $KV_2$/J | | | | | | | | | |
|---|---|---|---|---|---|---|---|---|---|---|---|
| 钢级 | 质量等级 | 20℃ | | 0℃ | | -20℃ | | -40℃ | | -60℃ | |
| | | 纵向 | 横向 | 纵向 | 横向 | 纵向 | 横向 | 纵向 | 横向 | 纵向 | 横向 |
| Q355、Q390、Q420 | B | 34 | 27 | — | — | — | — | — | — | — | — |
| Q355、Q390、Q420、Q460 | C | — | — | 34 | 27 | — | — | — | — | — | — |
| Q355、Q390 | D | — | — | — | — | 34 | 27 | — | — | — | — |

表 2-5d 弯曲试验

| 试样方向 | 180°弯曲试验 $D$——弯曲压头直径，$a$——试样厚度或直径 | |
|---|---|---|
| | 公称厚度或直径/mm | |
| | ≤16 | >16~100 |
| 对于公称宽度不小于 600mm 的钢板及钢带，拉伸试验取横向试样；其他钢材的拉伸试验取纵向试样 | $D=2a$ | $D=3a$ |

### 3. 建筑结构用钢板

近年来《建筑结构用钢板》（GB/T 19879—2015）中的高性能建筑结构钢材（GJ）在我国已经得到应用，符合现行国家标准《建筑结构用钢板》的GJ系列钢材各项指标均优于普通钢材的同级别产品。如采用GJ钢代替普通钢材，对于设计而言可靠度更高。

GJ钢牌号由代表屈服强度的汉语拼音字母（Q）、屈服强度数值、代表高性能建筑结构用钢的汉语拼音字母（GJ）、质量等级符号（B、C、D、E）四部分按顺序组成。如：Q345GJC，Q420GJD等。对于厚度方向性能钢板，在质量后面加上厚度方向性能级别（Z15、Z25或Z35），如Q345GJCZ25。

GJ钢适用于建造高层建筑结构、大跨度结构及其他重要建筑结构。其与碳素结构钢、低合金高强度结构钢的主要差异：规定了屈强比和屈服强度的波动范围；规定了碳当量$C_E$和焊接裂纹敏感性指数$P_{cm}$；降低了P、S的含量，提高了冲击功值；降低了强度的厚度效应等。目前Q420、Q460钢厚板已在大型钢结构工程中批量应用，成为关键受力部位的主选钢材。调研和试验结果表明，其整体质量水平还有待提高，在工程应用中应加强监测。GJ钢力学与工艺性能见表2-6。

表2-6 建筑结构用钢板力学性能与工艺性能（GB/T 19879—2015）

| 牌号 | 质量等级 | 拉伸试验 | | | | | | | 断后伸长率 A(%) ≥ | | 纵向冲击试验 | | 弯曲试验[1] | |
|---|---|---|---|---|---|---|---|---|---|---|---|---|---|---|
| | | 下屈服强度 $R_{eL}$/MPa 钢板厚度/mm | | | | 抗拉强度 $R_m$/MPa 钢板厚度/mm | | | 屈强比 $R_{eL}/R_m$ 钢板厚度/mm | | 温度/℃ | 冲击吸收能量 $KV_2$/J ≥ | 180°弯曲 压头直径 D 钢板厚度/mm | |
| | | 6~16 | >16~50 | >50~100 | >100~150 | >150~200 | ≤100 | >100~150 | >150~200 | 6~150 | >150~200 | | | ≤16 | >16 |
| Q235GJ | B | ≥235 | 235~345 | 225~335 | 215~325 | — | 400~510 | 380~510 | — | ≤0.80 | — | 20 | 47 | D=2a | D=3a |
| | C | | | | | | | | | | | 0 | | | |
| | D | | | | | | | | | | | -20 | | | |
| | E | | | | | | | | | | | -40 | | | |
| Q345GJ | B | ≥345 | 345~455 | 335~445 | 325~435 | 305~415 | 490~610 | 470~610 | 470~610 | ≤0.80 | ≤0.80 | 20 | 47 | D=2a | D=3a |
| | C | | | | | | | | | | | 0 | | | |
| | D | | | | | | | | | | | -20 | | | |
| | E | | | | | | | | | | | -40 | | | |
| Q390GJ | B | ≥390 | 390~510 | 380~500 | 370~490 | — | 510~660 | 490~640 | — | ≤0.83 | — | 20 | 47 | D=2a | D=3a |
| | C | | | | | | | | | | | 0 | | | |
| | D | | | | | | | | | | | -20 | | | |
| | E | | | | | | | | | | | -40 | | | |
| Q420GJ | B | ≥420 | 420~550 | 410~540 | 400~530 | — | 530~680 | 510~660 | — | ≤0.83 | — | 20 | 47 | D=2a | D=3a |
| | C | | | | | | | | | | | 0 | | | |
| | D | | | | | | | | | | | -20 | | | |
| | E | | | | | | | | | | | -40 | | | |
| Q460GJ | B | ≥460 | 460~600 | 450~590 | 440~580 | — | 570~720 | 550~720 | — | ≤0.83 | — | 20 | 47 | D=2a | D=3a |
| | C | | | | | | | | | | | 0 | | | |
| | D | | | | | | | | | | | -20 | | | |
| | E | | | | | | | | | | | -40 | | | |

[1] $a$ 为试样厚度。

## 2.5.2 钢材的规格

钢结构所用钢材主要为热轧成型的钢板和型钢，以及冷加工成型的冷轧薄钢板和冷弯薄壁型钢等。为了减少制作工作量和降低造价，钢结构的设计和制作者应对钢材的规格有较全面的了解。

**1. 钢板**

钢板有厚钢板、薄钢板、扁钢（或带钢）之分。厚钢板常用做大型梁、柱等实腹式构件的翼缘和腹板，以及节点板等；薄钢板主要用来制造冷弯薄壁型钢；扁钢可用做焊接组合梁、柱的翼缘板、各种连接板、加劲肋等。钢板截面的表示方法为在符号"—"后加"宽度×厚度"，如—200×20 等。钢板的供应规格如下：

厚钢板：厚度 4.5~60mm，宽度 600~3000mm，长度 4~12m。

薄钢板：厚度 0.35~4mm，宽度 500~1500mm，长度 0.5~4m。

扁钢：厚度 4~60mm，宽度 12~200mm，长度 3~9m。

**2. 热轧型钢**

常用的有角钢、工字钢、槽钢等，如图 2-20a~f 所示。

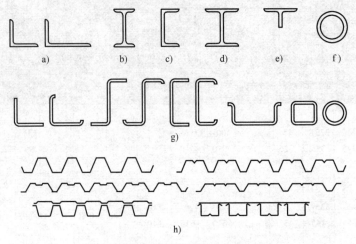

**图 2-20 热轧型钢及冷弯薄壁型钢**
a) 角钢 b) 工字钢 c) 槽钢 d) H 型钢 e) T 型钢 f) 钢管 g) 冷弯薄壁型钢 h) 压型钢板

角钢分为等边（也叫等肢）的和不等边（也叫不等肢）的两种，主要用来制作桁架等格构式结构的杆件和支撑等连接杆件。角钢型号的表示方法为在符号"L"后加"长边宽×短边宽×厚度"（对不等边角钢，如L125×80×8），或加"边长×厚度"（对等边角钢，如L125×8）。目前我国生产的角钢最大边长为 200mm，角钢的供应长度一般为 4~19m。

工字钢有普通工字钢、轻型工字钢和 H 型钢三种。普通工字钢和轻型工字钢的两个主轴方向的惯性矩相差较大，不宜单独用作受压构件，而宜用作腹板平面内受弯的构件，或由工字钢和其他型钢组成的组合构件或格构式构件。宽翼缘 H 型钢平面内外的回转半径较接近，可单独用作受压构件。

普通工字钢的型号用符号"I"后加截面高度的厘米数来表示，20 号以上的工字钢，又按腹板的厚度不同，分为 a、b 或 a、b、c 等类别，例如I20a 表示高度为 200mm，腹板厚度为 a 类的工字钢。轻型工字钢的翼缘要比普通工字钢的翼缘宽而薄，回转半径较大。普通工字钢的型号为 10~63 号，轻型工字钢为 10~70 号，供应长度均为 5~19m。

H 型钢与普通工字钢相比，其翼缘板的内外表面平行，便于与其他构件连接。H 型钢的基本类型可分为宽翼缘（HW）、中翼缘（HM）及窄翼缘（HN）三类。还可剖分成 T 型钢供应，代号分别为 TW、TM、TN。H 型钢和相应的 T 型钢的型号分别为代号后加"高度 $H×$宽度 $B×$腹板厚度 $t_1×$翼缘厚度 $t_2$"，例如 HW400×400×13×21 和 TW200×400×13×21 等。宽翼缘和中翼缘 H 型钢可用于钢柱等受压构件，窄翼缘 H 型钢则适用于钢梁等受弯构件。目前国内生产的最大型号 H 型钢为 HN700×300×13×24。供货长度可与生产厂家协商，长度大于 24m 的 H 型钢不成捆交货。

槽钢有普通槽钢和轻型槽钢两种。适于作檩条等双向受弯的构件，也可用其组成组合或格构式构件。槽钢的型号与工字钢相似，例如⊏32a 指截面高度 320mm，腹板较薄的槽钢。目前国内生产的最大型号⊏40c。供货长度为 5~19m。

钢管有无缝钢管和焊接钢管两种。由于回转半径较大，常用作桁架、网架、网壳等平面和空间结构的杆件；在钢管混凝土柱中也有广泛的应用。型号可用代号"D"后加"外径 $d×$壁厚 $t$"表示，如 D180×8 等。国产热轧无缝钢管的最大外径可达 630mm。供货长度为 3~12m。焊接钢管的外径可以做得更大，一般由施工单位卷制。

**3. 冷弯薄壁型钢**

采用 1.5~6mm 厚的钢板经冷弯和辊压成型的型材（见图 2-20g），和采用 0.4~1.6mm 的薄钢板经辊压成型的压型钢板（见图 2-20h），其截面形式和尺寸均可按受力特点合理设计，能充分利用钢材的强度、节约钢材，在国内外轻钢建筑结构中被广泛地应用。近年来，冷弯高频焊接圆管和方管、矩形管的生产和应用在国内有了很大的进展，冷弯型钢的壁厚已达 12.5mm（部分生产厂的可达 22mm，国外为 25.4mm）。

**4. 扁钢**

宽 12~300mm、厚 4~60mm、截面为长方形并稍带纯边的钢材。扁钢可以是成品钢材，也可以做焊管的坯料和叠轧薄板用的薄板坯。扁钢作为成材可用作建筑上的房架结构件、扶梯及铁路运输等机械上的钢板弹簧。

**5. 方钢**

方钢为实心棒材，区别于空心方管。方形断面的钢材，分热轧和冷拉两种。热轧方钢边长 5~250mm；冷拉方钢边长 3~100mm。类似的棒材还有圆钢、六角钢、八角钢。方钢可以分为有缝和无缝。有缝方钢是由钢板焊接在一起，做成方形钢管的。无缝方钢是由无缝钢管改拔而制的。其抗压能力远远大于有缝方钢。主要用于轧制或加工成方形截面的钢材。

### 2.5.3 钢材的选用

**1. 选用原则**

钢材选用的基本原则是：安全、可靠、经济、合理。钢材的选用既要确定所用钢材的钢号，又要提出应有的力学性能和化学成分保证项目，它是钢结构设计的首要环节。

选用钢材时通常应综合考虑以下因素：

（1）结构的重要性　根据《建筑结构可靠度设计统一标准》（GB 50068—2001）中结构破坏后的严重性，首先应判明建筑物及其构件的分类（重要、一般还是次要）及安全等级

（一级、二级还是三级）。安全等级不同，要求的钢材质量不同。对重型工业建筑结构、大跨度结构、高层和超高层的民用建筑结构，应选用质量好的钢材，对一般工业与民用建筑结构，可按工作性质选用普通质量的钢材。

（2）荷载情况　荷载可分为静态荷载和动态荷载两种。直接承受动态荷载的结构和强烈地震区的结构，应选用综合性能好的钢材；一般承受静态荷载的结构则可选用价格较低的Q235钢。

（3）连接方法　钢结构的连接方法有焊接和非焊接两种，由于焊接会产生残余变形和残余应力以及焊接缺陷等，因此，焊接结构对质量的要求应严格一些。

（4）结构的工作温度和环境　钢材处于低温时容易脆断，因此在低温条件下工作的结构，尤其是焊接结构，应选用具有良好抗低温脆断性能的镇静钢。此外，露天结构的钢材容易产生时效，有害介质作用的钢材容易腐蚀、疲劳和断裂，应加以区别，选择不同钢材。

（5）钢材的厚度　厚度大的钢材，压缩比小，强度较低，塑性、冲击韧性和焊接性能也较差，因此，厚度大的焊接结构应采用材质较好的钢材。

**2. 钢材选择的建议**

结构钢材的选用应遵循技术可靠、经济合理的原则，综合考虑结构的重要性、荷载特征、结构形式、应力状态、连接方法、工作环境、钢材厚度和价格等因素，选用合适的钢材牌号和材性保证项目。

《钢结构设计标准》（GB 50017—2017）中规定：

4.3.2　承重结构所用的钢材应具有屈服强度、抗拉强度、断后伸长率和硫、磷含量的合格保证，对焊接结构尚应具有碳当量的合格保证。焊接承重结构以及重要的非焊接承重结构采用的钢材应具有冷弯试验的合格保证；对直接承受动力荷载或需验算疲劳的构件所用钢材尚应具有冲击韧性的合格保证。

4.3.3　钢材质量等级的选用应符合下列规定：

1　A级钢仅可用于结构工作温度高于0℃的不需要验算疲劳的结构，且Q235A钢不宜用于焊接结构。

2　需验算疲劳的焊接结构用钢材应符合下列规定：

1）当工作温度高于0℃时其质量等级不应低于B级；

2）当工作温度不高于0℃但高于-20℃时，Q235、Q345钢不应低于C级，Q390、Q420及Q460钢不应低于D级；

3）当工作温度不高于-20℃时，Q235钢和Q345钢不应低于D级，Q390钢、Q420钢、Q460钢应选用E级。

3　需验算疲劳的非焊接结构，其钢材质量等级要求可较上述焊接结构降低一级但不应低于B级。吊车起重量不小于50t的中级工作制吊车梁，其质量等级要求应与需要验算疲劳的构件相同。

4.3.4　工作温度不高于-20℃的受拉构件及承重构件的受拉板材应符合下列规定：

1　所用钢材厚度或直径不宜大于40mm，质量等级不宜低于C级；

2　当钢材厚度或直径不小于40mm时，其质量等级不宜低于D级；

3　重要承重结构的受拉板材宜满足现行国家标准《建筑结构用钢板》GB/T 19879的要求。

另外,《钢结构设计标准》对节点连接中钢材的选用、连接材料的选用等做出了具体的规定。

# 【习题】

## 一、单选题

1. 钢材在低温下,强度（　　）,塑性（　　）,冲击韧性（　　）。
   A. 提高　　　　B. 下降　　　　C. 不变　　　　D. 可能提高也可能下降
2. 钢材经历了应变硬化（应变强化）之后（　　）。
   A. 强度提高　　B. 塑性提高　　C. 冷弯性能提高　D. 焊接性提高
3. 钢材是理想的（　　）。
   A. 弹性体　　　B. 塑性体　　　C. 弹塑性体　　　D. 非弹性体
4. 同类钢种的钢板,厚度越大,（　　）。
   A. 强度越低　　B. 塑性越好　　C. 韧性越好　　　D. 内部构造缺陷越少
5. 进行疲劳验算时,计算部分的设计应力幅应按（　　）。
   A. 标准荷载计算　　　　　　　B. 设计荷载计算
   C. 考虑动力系数的标准荷载计算　D. 考虑动力系数的设计荷载计算
6. 假定钢材为理想的弹塑性体,是指屈服点以前材料为（　　）。
   A. 非弹性的　　B. 塑性的　　　C. 弹塑性的　　　D. 完全弹性的
7. 钢材的冷作硬化,使（　　）。
   A. 强度提高,塑性和韧性下降　　B. 强度、塑性和韧性均提高
   C. 强度、塑性和韧性均降低　　　D. 塑性降低,强度和韧性提高
8. 承重结构用钢材应保证的基本力学性能内容是（　　）。
   A. 抗拉强度、伸长率　　　　　　B. 抗拉强度、屈服强度、冷弯性能
   C. 抗拉强度、屈服强度、伸长率　D. 屈服强度、伸长率、冷弯性能
9. 钢结构设计中钢材的设计强度为（　　）。
   A. 强度标准值 $f_k$　　　　　　　B. 钢材屈服点 $f_y$
   C. 强度极限值 $f_u$　　　　　　　D. 钢材的强度标准值除以抗力分项系数 $f_k/\gamma_R$
10. 有四种厚度不等的 Q345 钢板,其中（　　）厚的钢板设计强度最高。
    A. 12mm　　　B. 18mm　　　C. 25mm　　　D. 30mm
11. 在低温下工作（-20℃）的钢结构选择钢材除强度、塑性、冷弯性能指标外,还需考虑（　　）指标。
    A. 低温屈服强度　B. 低温抗拉强度　C. 低温冲击韧性　D. 疲劳强度
12. 应力集中越严重,钢材也就变得越脆,这是因为（　　）。
    A. 应力集中降低了材料的屈服点
    B. 应力集中产生同号应力场,使塑性变形受到约束
    C. 应力集中处的应力比平均应力高
    D. 应力集中降低了钢材的抗拉强度
13. 某元素超量严重降低钢材的塑性及韧性,特别是在温度较低时促使钢材变脆。该元素是（　　）。

A. 硫      B. 磷      C. 碳      D. 锰

14. 最易产生脆性破坏的应力状态是（   ）。
A. 单向压应力状态      B. 三向拉应力状态
C. 二向拉一向压的应力状态      D. 单向拉应力状态

15. 钢中硫和氧的含量超过限量时，会使钢材（   ）。
A. 变软      B. 热脆      C. 冷脆      D. 变硬

16. 当温度从常温开始升高时，钢的（   ）。
A. 强度随着降低，但弹性模量和塑性却提高
B. 强度、弹性模量和塑性均随着降低
C. 强度、弹性模量和塑性均随着提高
D. 强度和弹性模量随着降低，而塑性提高

17. 当温度低于常温时，随着温度降低，钢材（   ）。
A. 强度提高，韧性增大      B. 强度降低，韧性减小
C. 强度降低，韧性增大      D. 强度提高，韧性减小

18. 在钢中适当增加（   ）元素，可提高钢材的强度和抗锈蚀能力。
A. 碳      B. 硅      C. 磷      D. 硫

19. 在钢材所含化学成分中，（   ）元素为有害杂质，需严格控制其含量。
A. 碳、磷、硅      B. 硫、氧、氮      C. 硫、磷、锰      D. 碳、硫、氧

20. 钢材在多向应力作用下，进入塑性的条件为（   ）大于等于 $f_y$。
A. 设计应力      B. 计算应力      C. 容许应力      D. 折算应力

21. 广东地区某工厂一起重量为 50t 的中级工作制的钢吊车梁，宜用（   ）钢。
A. Q235-A      B. Q235-B·F      C. Q235-C      D. Q235-D

22. 北方某严寒地区（温度低于 −20℃）一露天仓库起重量大于 50t 的中级工作制吊车梁，其钢材应选择（   ）钢。
A. Q235-A      B. Q235-B      C. Q235-C      D. Q345-D

23. 钢材的脆性破坏与构件的（   ）无关。
A. 应力集中      B. 残余应力      C. 低温影响      D. 弹性模量

24. 钢结构对钢材的要求为（   ）。
A. 塑性越大越好      B. 强度越高越好
C. 强度高且塑性韧性好      D. 硬度高

25. 钢材抗拉强度与屈服点之比 $(f_u/f_y)$ 表示钢材的（   ）指标。
A. 承载能力      B. 强度储备      C. 塑性变形能力      D. 弹性变形能力

二、多选题

1. 承重用钢材应保证的基本力学性能是（   ）。
A. 抗拉强度      B. 冷弯性能      C. 伸长率
D. 冲击韧性      E. 屈服强度

2. 对于承受静荷常温工作环境下的焊接钢屋架，下列说法正确的是（   ）。
A. 可选 Q235-A      B. 可选 Q345-B
C. 可选 Q235-BF      D. 钢材应有伸长率的保证

E. 钢材应有冲击韧性的保证

3. 在钢材所含化学成分中，（　　）元素为有害杂质，需严格控制其含量。
A. 碳　　　　　　B. 硫　　　　　　C. 锰
D. 氧　　　　　　E. 磷

4. 钢材质量等级不同，则其（　　）。
A. 含碳量要求不同　　　　　　B. 抗拉强度不同
C. 冲击韧性要求不同　　　　　D. 冷弯性能要求不同
E. 伸长率要求不同

5. Q235-A 钢材出厂时，有（　　）合格保证。
A. 含磷量　　　B. 冷弯性能　　　C. 伸长率
D. 含硫量　　　E. 屈服强度

6. 影响钢材疲劳强度的因素有（　　）。
A. 应力幅　　　　　　　　B. 应力集中程度
C. 反复荷载的循环次数　　D. 钢材种类
E. 荷载作用方式

7. 下列情况不需进行疲劳验算的是（　　）。
A. 反复荷载作用的次数小于 $10^5$　　B. 仅受反复压应力作用
C. 仅受反复剪应力作用　　　　　　　D. 非焊接结构
E. 受反复拉应力作用

8. 疲劳计算的容许应力幅与（　　）无关。
A. 应力集中程度　　　　　B. 构件应力大小
C. 钢材强度　　　　　　　D. 应力循环次数
E. 应力比 $\rho = \sigma_{min}/\sigma_{max}$

9. 疲劳计算应力幅，说法正确的是（　　）。
A. 焊接部位为 $\Delta\sigma = \sigma_{max} - \sigma_{min}$　　B. 焊接部位为 $\Delta\sigma = \sigma_{max} - 0.7\sigma_{min}$
C. 非焊接部位为 $\Delta\sigma = \sigma_{max} - \sigma_{min}$　　D. 非焊接部位为 $\Delta\sigma = \sigma_{max} - 0.7\sigma_{min}$
E. 所有部位均为 $\Delta\sigma = \sigma_{max} - \sigma_{min}$

### 三、填空题

1. 钢材因具有_____特性，决定了钢材可用于临时建筑物。
2. 钢材含硫量太多，会引起钢材的_____。
3. 钢材在 250℃ 左右时抗拉强度略有提高，塑性却降低的现象称为_____现象。
4. 钢材的硬化，提高了钢材的_____，降低了钢材的_____。
5. 钢材的两种破坏形式为_____和_____。
6. 钢材在复杂应力状态下，由弹性转入塑性状态的条件是折算应力等于或大于钢材在_____。
7. 钢材设计强度 $f$ 与屈服点 $f_y$ 之间的关系为_____。
8. 钢中含磷量太多会引起钢材的_____。
9. 钢材受三向同号拉应力作用时，即使三向应力绝对值很大，甚至大大超过屈服点，但两两应力差值不大时，材料不易进入_____状态，发生的破坏为_____

破坏。

10. 衡量钢材抵抗冲击荷载能力的指标称为_____。它的值越小，表明击断试件所耗的能量越_____，钢材的韧性越_____。

## 四、简答题

1. 试述钢材的两种破坏形式及其破坏特征。
2. 选用钢材时，主要考虑的因素是什么？
3. 试述钢材的主要力学性能指标及其测试方法。
4. 影响钢材性能的主要化学元素有哪些？
5. 引起钢材脆性破坏的主要因素有哪些？
6. 何谓钢材疲劳？
7. 影响钢材疲劳的主要因素有哪些？

# 第 3 章 轴心受力构件

## 3.1 轴心受力构件的应用

厂房钢结构中的桁架、大跨结构中的网架以及塔桅结构中的塔架等结构，均由杆件通过节点连接而成，如图 3-1 所示。这些结构中的杆件有一个共同的特点，即结构仅承受节点荷载作用时，杆件内力以轴向力为主，而其他内力形式相对很小，甚至小到可以忽略的程度。因此，在进行结构受力分析时，这类结构一般都将节点简化成铰接，当结构无节间荷载作用时，则各杆件可视为轴心受力构件。

轴心受力构件是指仅承受通过截面形心轴的轴向力作用的一种受力构件。当这种轴向力为拉力时，称之为轴心受拉构件，亦简称为轴心拉杆；当这种轴心力为压力时，称之为轴心受压构件，亦简称为轴心压杆。

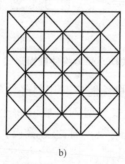
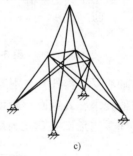

a)　　　　　　　　　　　　b)　　　　　　　　　　　c)

图 3-1　轴心受力构件结构形式

a）桁架结构　b）网架结构　c）塔架结构

工业建筑平台结构中的柱常被设计为轴心压杆，其由柱头、柱身和柱脚三部分组成，如图 3-2 所示。柱头用以支撑平台梁或桁架，柱脚将压力均匀地传给基础。预应力钢结构及悬挂（斜拉）结构中的钢索则是一种特殊的轴心受拉构件。

轴心受力构件的常用截面形式可分为实腹式和格构式两大类。实腹式轴心受力构件具有制作简单，与其他构件连接方便等优点，其常用截面形式很多，既可直接采用单个型钢截面，如圆钢、钢管、角钢、槽钢、工字钢、H 型钢等，如图 3-3a 所示，又可以采用由型钢或钢板组成的组合截面，如图 3-3b 所示。一般桁架中的弦杆和腹杆，常采用双角钢组合截面，如图 3-3c 所示。在轻钢结构中可采用冷弯薄壁型钢截面，如图 3-3d 所示。其中，圆钢和组成板件宽厚比较小的截面，材料相对于截面形心而言过于集中，抗弯刚度较小，一般较

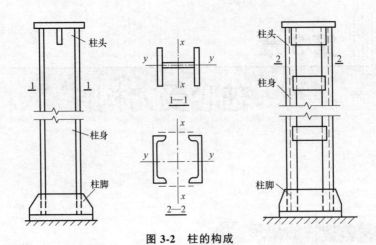

图 3-2 柱的构成

适用于轴心受拉构件；而较为开展、组成板件宽厚比较大的截面形式，由于抗弯刚度较大，较适宜于轴心受压构件。

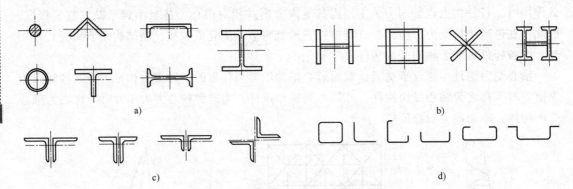

图 3-3 实腹式轴心受力构件截面形式

格构式轴心受压构件具有刚度大、抗扭性能好、用料经济等优点，且很容易实现两主轴方向等稳定的要求，其截面一般由两个或多个型钢组成（每个型钢称之为肢件），如图 3-4 所示，肢件间采用角钢（称之为缀条）或钢板（称之为缀板）连接成整体，如图 3-5 所示，

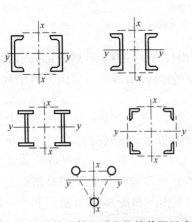

图 3-4 格构式轴心受力构件截面形式

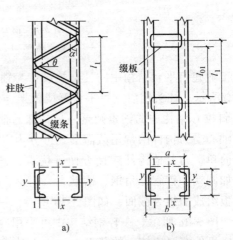

图 3-5 格构式构件缀材布置

当型钢规格无法满足设计要求时，肢件可以采用焊接组合截面。

在进行轴心受力构件的设计时，应同时满足承载能力极限状态和正常使用极限状态的要求。对于轴心受拉构件，应满足强度要求和刚度要求。对于轴心受压构件，应同时满足强度、稳定以及刚度的要求。

## 3.2 轴心受力构件的强度和刚度

### 3.2.1 轴心受力构件的强度

当轴心受力构件选用塑性性能良好的钢材时，在静力荷载作用下，即使构件截面具有局部削弱，截面上的应力也会由于材料塑性的充分发展而趋于均匀分布。因此，轴心受力构件的强度承载力不考虑应力集中的影响。

轴心受拉构件的承载能力极限状态有两种情况：

第一种：毛截面的平均应力达到材料的屈服强度，构件将产生很大的变形，即达到不适于继续承载的变形极限状态。

$$\sigma = \frac{N}{A} \leqslant \frac{f_y}{r_R} = f \tag{3-1}$$

第二种：净截面的平均应力达到材料的抗拉强度，即达到最大承载力极限状态。

$$\sigma = \frac{N}{A_n} \leqslant \frac{f_u}{\gamma_{uR}} \tag{3-2}$$

由于净截面的孔眼附近应力集中较大，容易出现裂缝，因此抗力分项系数 $\gamma_{uR}$ 应予以提高。当采用高强度钢材时宜用式（3-1）和式（3-2）来计算，以确保安全。

《钢结构设计标准》（GB 50017—2017）把轴心受力构件分为高强度螺栓摩擦型连接和非高强度螺栓摩擦型连接两类，采用不同方式计算。

1）非高强度螺栓摩擦型连接轴心受力构件，《钢结构设计标准》（GB 50017—2017）7.1.1 条规定如下：

除采用高强度螺栓摩擦型连接者外，其截面强度应采用下列公式计算：

毛截面屈服：

$$\sigma = \frac{N}{A} \leqslant f \tag{7.1.1-1}$$

净截面断裂：

$$\sigma = \frac{N}{A_n} \leqslant 0.7 f_u \tag{7.1.1-2}$$

式中 $N$——所计算截面处的拉力设计值（N）；

$f$——钢材的抗拉强度设计值（N/mm²）；

$A$——构件的毛截面面积（mm²）；

$A_n$——构件的净截面面积，当构件多个截面有孔时，取最不利的截面（mm²）；

$f_u$——钢材的抗拉强度最小值（N/mm²）。

2）采用高强度螺栓连接摩擦型连接的构件，其截面强度计算应符合下列规定：

① 当沿构件长度有排列较密的螺栓孔时，应由净截面屈服控制，以免变形过大，其强度应按式（3-3）计算：

$$\sigma = \frac{N}{A_n} \leq f \tag{3-3}$$

② 除情况①外，要分别计算毛截面和净截面承载力。

验算净截面强度则应考虑摩擦型高强度螺栓连接的工作性能，即净截面上所受的内力应扣除螺栓孔前的传力，如图 3-6 所示。因此，验算最外列螺栓处危险截面的强度时，应考虑螺栓孔前摩擦力的影响，按下式计算：

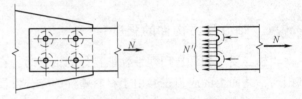

图 3-6 摩擦型高强度螺栓孔前传力

净截面断裂
$$\sigma = \frac{N'}{A_n} \leq f \tag{3-4}$$

$$N' = N - 0.5 \frac{N}{n} n_1 = N\left(1 - 0.5 \frac{n_1}{n}\right) \tag{3-5}$$

式中　$N'$——构件最外列螺栓处危险截面所受内力；

$n_1$——计算截面上的高强度螺栓数；

$n$——连接一侧高强度螺栓的总数。

验算构件的毛截面强度，公式如下：

毛截面屈服
$$\sigma = \frac{N}{A} \leq f \tag{3-6}$$

式中　$N$——构件所承受的轴心拉力设计值（N）；

$A$——构件的毛截面面积（$mm^2$）。

当轴心受力构件采用普通螺栓（或铆钉）连接时，须判断板件产生强度破坏的截面位置，如图 3-7 所示。

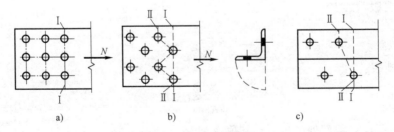

图 3-7 构件破坏截面

图 3-7a 为并列布置的螺栓连接，危险截面为靠近荷载作用端的Ⅰ—Ⅰ正交截面。在图 3-7b、c 错列布置的螺栓连接中，构件可能的破坏截面有Ⅰ—Ⅰ正交截面和Ⅱ—Ⅱ斜交截面。在可能的破坏截面中，净截面最小的截面即为危险截面。强度验算时，$A_n$ 取危险截面的净面积，计算公式如下：

对于正交截面Ⅰ—Ⅰ：

$$A_n = A_1 - n_1 d_0 t \tag{3-7}$$

对于斜交截面Ⅱ—Ⅱ：

$$A_n = A_2 - n_2 d_0 t \tag{3-8}$$

式中　$A_1$——构件的毛截面面积（$mm^2$）；
　　　$A_2$——构件的斜截面面积，取折线长度与板厚的乘积（$mm^2$）；
　　　$n_1$——正交截面上螺栓孔的个数；
　　　$n_2$——斜交截面上螺栓孔的个数；
　　　$d_0$——螺栓孔的直径（mm）；
　　　$t$——构件的厚度（mm）。

### 3.2.2 轴心受力构件的刚度

按照结构的使用要求，钢结构中的轴心受力构件不应过分柔弱而应具有足够的刚度，以保证构件不产生过大的变形。当轴心受力构件刚度不足时，会在运输和安装过程中产生过大的弯曲变形，或在使用期间因其自重而产生明显的挠曲，或在动力荷载作用下发生较大的振动，或使得轴心压杆的极限承载力显著降低。因此，应严格控制轴心受力构件的刚度。

受拉和受压构件的刚度是通过限制长细比 λ 来实现的，即：

$$\lambda_{max} = \left(\frac{l_0}{i}\right)_{max} \leq [\lambda] \tag{3-9}$$

式中　$\lambda_{max}$——构件的最大长细比；
　　　$l_0$——构件的计算长度，拉杆取几何长度，压杆应考虑杆端约束的影响（mm）；
　　　$i$——构件的截面回转半径（mm）；
　　　$[\lambda]$——构件的容许长细比，按《钢结构设计标准》（GB 50017—2017）确定。

在总结了钢结构长期使用经验的基础上，根据构件的重要性和荷载情况，规范对受拉和受压构件的容许长细比进行了规定，见表3-1和表3-2。

表3-1　受拉构件的容许长细比

| 构件名称 | 承受静力荷载或间接动力荷载的结构 | | | 直接承受动力荷载的结构 |
|---|---|---|---|---|
| | 一般建筑结构 | 对腹杆提供面外支点的弦杆 | 有重级工作制起重机的厂房 | |
| 桁架构件 | 350 | 250 | 250 | 250 |
| 吊车梁或吊车桁架以下柱间支撑 | 300 | — | 200 | — |
| 除张紧的圆钢外其他拉杆、支撑、系杆等 | 400 | — | 350 | — |

注：1. 在直接或间接承受动力荷载的结构中，计算单角钢受拉构件的长细比时，应采用角钢的最小回转半径，但计算在交叉点相互连接的交叉杆件平面外的长细比时，可采用与角钢肢边平行轴的回转半径。
　　2. 除对腹杆提供平面外支点的弦杆外，承受静力荷载的结构受拉构件，可仅计算竖向平面内的长细比。
　　3. 中、重级工作制吊车桁架下弦杆的长细比不宜超过200。
　　4. 在设有夹钳或刚性料耙等硬钩起重机的厂房中，支撑的长细比不宜超过300。
　　5. 受拉构件在永久荷载与风荷载组合作用下受压时，其长细比不宜超过250。
　　6. 跨度等于或大于60m的桁架，其受拉弦杆和腹杆的长细比，承受静力荷载或间接承受动力荷载时不宜超过300，直接承受动力荷载时，不宜超过250。

表 3-2　受压构件的容许长细比

| 构件名称 | 容许长细比 |
| --- | --- |
| 轴心受压柱、桁架和天窗架中的压件 | 150 |
| 柱的缀条、吊车梁或吊车桁架以下的柱间支撑 | 150 |
| 支撑 | 200 |
| 用以减小受压构件长细比的杆件 | 200 |

注：1. 计算单角钢受压构件的长细比时，应采用角钢的最小回转半径，但计算在交叉点相互连接的交叉杆件平面外的长细比时，可采用与角钢肢边平行轴的回转半径。
2. 跨度等于或大于 60m 的桁架，其受压弦杆、端压杆和直接承受动力荷载的受压腹杆的长细比不宜大于 120。
3. 当杆件内力设计值不大于承载能力的 50% 时，容许长细比值可取 200。
4. 验算容许长细比时，可不考虑扭转效应。

【例 3-1】 如图 3-8 所示三角形屋架的下弦杆 $AB$，杆长 9m，所受拉力 550kN。采用等边双角钢相并的 T 形截面形式，截面为 $2L100\times10$，节点板厚度为 12mm。$AB$ 杆件中点的拼接节点采用普通螺栓连接，螺栓布置采用错列式，螺栓孔径 $d_0 = 21.5$mm。已知材料为 Q235 钢，且 $A$、$B$ 两点处设有纵向系杆。试计算该杆件是否满足强度及刚度要求。

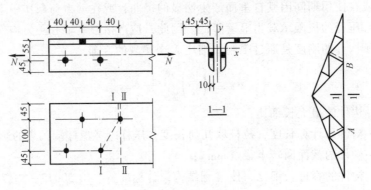

图 3-8　例 3-1 图

**解**：查型钢表取 $2L100\times10$ 的截面几何参数，$A = 3852\text{mm}^2$，$i_x = 3.05$cm，$i_y = 4.60$cm；由钢材强度表查得 $f = 215\text{N/mm}^2$，$f_u = 370\text{N/mm}^2$。角钢的肢厚为 10mm，确定危险截面时应将其按中面展开，如图 3-8 所示。

（1）强度验算

Ⅰ—Ⅰ截面的净面积

$$A_{n1} = 2\times(45+\sqrt{100^2+40^2}+45-2\times21.5)\times10\text{mm}^2 = 3094\text{mm}^2$$

Ⅱ—Ⅱ截面的净面积

$$A_{n2} = 2\times(45+100+45-21.5)\times10\text{mm}^2 = 3370\text{mm}^2$$

危险截面为Ⅰ—Ⅰ截面，净截面应力为：

毛截面屈服：

$$\sigma = \frac{N}{A} = \frac{550\times10^3\text{N}}{3852\text{mm}^2} = 142.8\text{N/mm}^2 \leq f = 215\text{N/mm}^2$$

净截面断裂：

$$\sigma = \frac{N}{A_n} = \frac{550 \times 10^3 \text{N}}{3094 \text{mm}^2} = 178 \text{N/mm}^2 \leq 0.7 f_u = 0.7 \times 370 \text{N/mm}^2 = 259 \text{N/mm}^2$$

杆件强度满足要求。

(2) 刚度验算

由表 3-1 查得容许长细比 $[\lambda] = 350$，构件的长细比为

$$\lambda_x = \frac{l_{0x}}{i_x} = \frac{9000}{30.5} = 295; \quad \lambda_y = \frac{l_{0y}}{i_y} = \frac{9000}{46.0} = 195.7$$

$$\lambda_{\max} = \max(\lambda_x, \lambda_y) = 295 \leq [\lambda] = 350$$

杆件刚度满足要求。

【例 3-2】 一实腹式轴心受压柱，承受轴压力 3000kN（设计值），计算长度 $l_{0x} = 10\text{m}$，$l_{0y} = 5\text{m}$，截面为焊接组合工字形，尺寸如图 3-9 所示，翼缘为剪切边，钢材为 Q235，容许长细比 $[\lambda] = 150$。试计算该杆件是否满足强度及刚度要求。

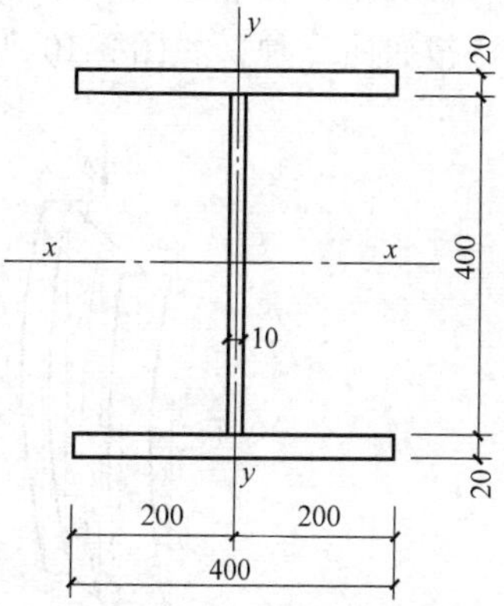

**解**：由钢材强度表查得 $f = 205 \text{N/mm}^2$。

(1) 强度验算

$$A = (400 \times 20 \times 2 + 400 \times 10) \text{mm} = 20000 \text{mm}^2$$

$$\sigma = \frac{N}{A} = \frac{3000 \times 10^3 \text{N}}{20000 \text{mm}^2} = 150 \text{N/mm}^2 < f = 215 \text{N/mm}^2$$

杆件强度满足要求。

图 3-9 例 3-2 图

(2) 验算刚度

$$I_x = \left(\frac{1}{12} \times 400 \times 20^3 + 400 \times 20 \times 210^2\right) \times 2 \text{mm}^4 + \frac{1}{12} \times 10 \times 400^3 \text{mm}^4 = 7.595 \times 10^8 \text{mm}^4$$

$$I_y = \left(\frac{1}{12} \times 20 \times 400^3 \times 2 + \frac{1}{12} \times 400 \times 10^3\right) \text{mm}^4 = 2.314 \times 10^8 \text{mm}^4$$

$$i_x = \sqrt{\frac{I_x}{A}} = \sqrt{\frac{7.595 \times 10^8 \text{mm}^4}{2 \times 10^4 \text{mm}^2}} = 194.87 \text{mm}$$

$$i_y = \sqrt{\frac{I_y}{A}} = \sqrt{\frac{2.134 \times 10^8 \text{mm}^4}{2 \times 10^4 \text{mm}^2}} = 103.3 \text{mm}$$

$$\lambda_x = \frac{l_{0x}}{i_x} = \frac{10000}{194.87} = 51.32 < [\lambda] = 150$$

$$\lambda_y = \frac{l_{0y}}{i_y} = \frac{5000}{103.3} = 48.4 < [\lambda] = 150$$

杆件刚度满足要求。

## 3.3 轴心受压构件的整体稳定

钢结构在荷载作用下外力和内力必须保持平衡状态，但平衡状态有稳定和不稳定之分。

当结构处于不稳定平衡时，轻微扰动将使结构整体或其组成构件产生很大的变形而最后丧失承载能力，这种现象称为失去稳定性。由于钢材的强度较高，一般轴心压杆都较细长，在钢结构工程事故中，因失稳导致破坏者较为常见。因此，对于钢结构的稳定问题须加以足够的重视。

### 3.3.1 理想轴心受压构件的屈曲

**1. 理想轴心受压构件的屈曲形式**

所谓理想轴心受压构件就是杆件为等截面理想直杆，压力作用线与杆件形心轴重合，材料匀质、各向同性，无限弹性且符合胡克定律，没有初始应力的轴心受压构件。此种杆件发生失稳现象，也可以称之为屈曲。理想轴心受压构件的屈曲形式可分为弯曲屈曲、扭转屈曲和弯扭屈曲三种，如图3-10所示。

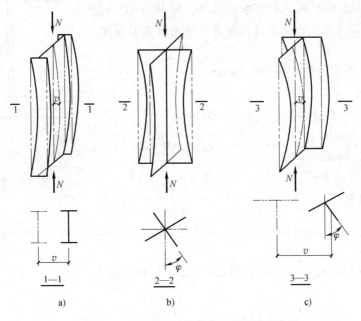

图 3-10 理想轴心受压构件的屈曲形式

a) 弯曲屈曲  b) 扭转屈曲  c) 弯扭屈曲

（1）弯曲屈曲  只发生弯曲变形，杆件的纵轴由直线变为曲线，且任一截面只绕一个主轴旋转，此种失稳即为弯曲屈曲，是双轴对称截面最常见的屈曲形式。图3-10a为两端简支的工字形截面压杆发生绕弱轴（穿过翼缘的截面主轴）的弯曲屈曲情况。

（2）扭转屈曲  发生失稳时，若杆件除支承端以外，任意截面均绕纵轴发生扭转，这是某些双轴对称截面压杆可能发生的屈曲形式。图3-10b为十字形截面短杆可能发生的扭转屈曲情况。

（3）弯扭屈曲  发生失稳时，杆件在发生弯曲变形的同时伴随着截面的扭转，这是单轴对称截面构件或无对称轴截面构件失稳的基本形式。图3-10c为T形截面构件绕对称轴的弯扭屈曲情况。

单轴对称截面构件或无对称轴截面构件之所以可能发生弯扭屈曲，是由于截面的形心$O$

与剪切中心 s 不重合所引起的，如图 3-11 所示。因此，当单轴对称截面构件绕截面的对称轴弯曲的同时，必然伴随构件的扭转变形，产生弯扭屈曲。

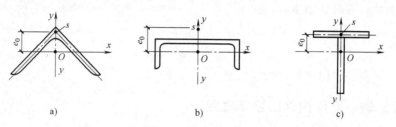

图 3-11 单轴对称截面的形心与剪切中心
a) 角钢截面 b) 槽钢截面 c) T 型钢截面

在上述三种屈曲形式中，弯曲屈曲是理想轴心受压构件最基本的一种失稳形式，它是轴心受压构件整体稳定计算的基础，以下将重点介绍弯曲屈曲的相关内容。

**2. 理想轴心受压构件的整体稳定临界力**

轴心受压构件发生屈曲时所承受的轴向力称为构件的临界承载力或临界力。理想轴心受压构件的稳定临界力应分为弹性和塑性两种状态进行讨论。

理想轴心受压构件的弹性弯曲屈曲临界力 $N_{cr}$ 和临界应力 $\sigma_{cr}$ 可由欧拉公式求得：

$$N_{cr} = \frac{\pi^2 EI}{l_0^2}$$

$$\sigma_{cr} = \frac{N_{cr}}{A} = \frac{\pi^2 E}{\lambda^2}$$

式中，$l_0$ 为杆件的计算长度，$l_0 = \mu l$，其中 $l$ 为杆件的几何，$\mu$ 为轴心受压杆件计算长度系数，见表 3-3。

表 3-3 轴心受压构件的计算长度系数

| 构件的屈曲形式 | | | | | | |
|---|---|---|---|---|---|---|
| 理论 $\mu$ 值 | 0.5 | 0.7 | 1.0 | 1.0 | 2.0 | 2.0 |
| 建议 $\mu$ 值 | 0.65 | 0.8 | 1.2 | 1.0 | 2.1 | 2.0 |
| 约束条件示意 | 无转动、无侧移 | | | 无转动、自由侧移 | | |
| | 自由转动、无侧移 | | | 自由转动、自由侧移 | | |

$\lambda$ 为构件长细比。由于欧拉公式的推导中假定构件材料为理想弹性体，当构件的长细比 $\lambda < \lambda_p$ 时，临界应力超过了材料的比例极限 $f_p$，截面材料进入弹塑性阶段，此时截面应力与应变呈现非线性关系，确定临界力较为困难。历史上出现过两种理论来解决这一问题，一种

是切线模量理论，另一种是双模量理论。经过复杂的理论分析和大量的试验研究，发现切线模量理论，如图 3-12 所示，能较好地反映轴心受压构件在弹塑性阶段的承载能力，其临界力和临界应力的计算公式如下：

$$\sigma_{cr} = \frac{\pi^2 E_t}{\lambda^2}$$

式中 $E_t$——弹塑性阶段材料的切线模量。

### 3.3.2 实际轴心受压构件的整体稳定

实际工程中所谓的轴心受压构件，都不可避免地存在着初始缺陷，即理想轴心受压构件在实际工程中是不存在的。根据初始缺陷的性质，把它分为力学缺陷和几何缺陷。力学缺陷主要包括残余应力和截面材料力学性能不均等；几何缺陷包括构件的初弯曲和荷载的初偏心等。其中对压杆弯曲失稳影响最大的是残余应力、初弯曲和初偏心。

**1. 残余应力对轴心受压构件的影响**

构件承受荷载前截面内部就存在而且自相平衡的初始应力即为残余应力。残余应力产生的主要原因有焊接时的不均匀受热和不均匀冷却；型钢热轧后的不均匀冷却；板边缘经火焰切割后的热塑性收缩；构件经冷校正产生的塑性变形。

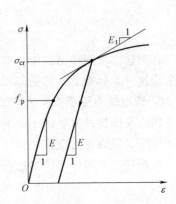

图 3-12 应力-应变曲线

对于轴心受力构件，残余应力有平行于杆轴方向的纵向残余应力和垂直于杆轴方向的横向残余应力。其中横向残余应力的数值一般较小，且对构件承载能力的影响有限，因此通常只考虑纵向残余应力对构件稳定的影响。

残余应力对轴心受压构件稳定性的影响与其在截面上的分布和大小有关。残余应力的分布和大小与构件截面的形状、尺寸、制造方法和加工方法有关，而与钢材的强度无关。构件截面实际的残余应力分布比较复杂，一般将其简化为直线或简单曲线的分布图。

现以热轧 H 型钢为例说明残余应力对轴心受压构件的影响。为了便于说明问题，截面中忽略了腹板部分（其对稳定性能影响不大），并假定纵向残余应力最大值为 $0.3f_y$，如图 3-13 所示几种不同加工方法制造的截面残余应力分布。

在图 3-14a 中，H 型钢受力前其翼缘端部存在残余压应力（阴影部分），中部存在残余拉应力。随着荷载的增加，截面残余应力之上将叠加逐渐增大的轴心压应力，当外荷载使轴心压应力增加到 $0.7f_y$ 之前，构件全截面处于弹性，如图 3-14b 所示；若外荷载继续增大，截面轴心压应力达到并超过 $0.7f_y$ 时，塑性开始逐渐由翼缘端部向内发展，构件的弹性区逐渐变小，此时截面应力分布如图 3-14c 所示；图 3-14d 为构件全截面进入塑性的状态。当构件材料进入塑性时，截面塑性部分将失去抵抗外力矩的能力，只有弹性区的材料参与抵抗外力矩，此时构件的欧拉临界力和临界应力计算公式分别如下：

$$N_{cr} = \frac{\pi^2 E I_e}{l_0^2} = \frac{\pi^2 E I}{l_0^2} \cdot \frac{I_e}{I}$$

$$\sigma_{cr} = \frac{\pi^2 E}{\lambda^2} \cdot \frac{I_e}{I}$$

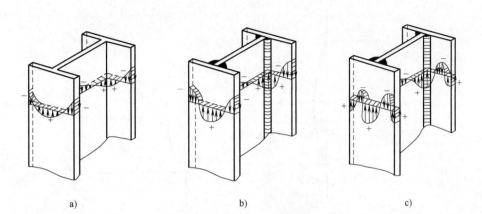

**图 3-13 热残余应力分布形式**
a) 热轧 H 型钢　b) 轧制边翼缘的焊接截面　c) 焰切边翼缘

式中　$I$——构件的全截面惯性矩；
　　　$I_e$——构件截面弹性区的惯性矩。

由于 $I_e/I<1$，从以上两式可以看出，残余应力降低了轴心受压构件的临界力和临界应力，具体影响可以通过以下公式看出：

$$\sigma_{crx} = \frac{\pi^2 E}{\lambda_x^2} \cdot \frac{I_{ex}}{I_x} = \frac{\pi^2 E}{\lambda_x^2} \cdot \frac{2t(kb)h^2/4}{2tbh^2/4} = \frac{\pi^2 E}{\lambda_x^2} \cdot k$$

$$\sigma_{cry} = \frac{\pi^2 E}{\lambda_y^2} \cdot \frac{I_{ey}}{I_y} = \frac{\pi^2 E}{\lambda_y^2} \cdot \frac{2t(kb)^3/12}{2tb^3/12} = \frac{\pi^2 E}{\lambda_y^2} \cdot k^3$$

由于 $k<1$，从以上两式可知残余应力对弱轴的影响大于对强轴的影响。

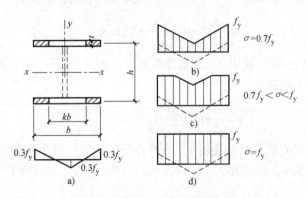

**图 3-14 残余应力对稳定的影响**

**2. 初弯曲对轴心受压构件的影响**

实际轴心受压构件在制造、运输和安装过程中，不可避免地会产生微小的初弯曲。存在初弯曲的杆件，在压力作用下，其侧向挠度从加载开始就会不断增加，因此沿杆件全长除轴心力作用外，还存在因杆件挠曲而附加产生的弯矩，从而降低杆件的稳定承载力。如图 3-15 所示两端铰接的轴心受压构件，假设其初弯曲符合正弦半波曲线。

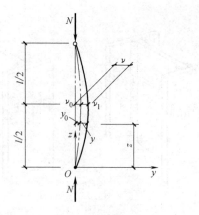
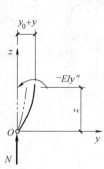

**图 3-15 有初挠曲轴心压杆的极限状态**

则其初始挠度方程为：

$$y_0 = v_0 \sin\left(\frac{\pi z}{l}\right)$$

式中，$v_0$ 为杆件中点最大的初始挠度值。《钢结构工程施工质量验收规范》（GB 50205—2001）规定 $v_0$ 不得大于 $l/1000$。

在压力 $N$ 的作用下，杆件挠度增加量为 $y$，则在距原点 $z$ 处截面外力产生的力矩为 $N(y_0+y)$，而截面内部应力形成的抵抗弯矩为 $-EIy''$（因为初始变形没有产生应力），则由图 3-15 可以得到平衡微分方程如下：

$$-EIy'' = N(y+y_0)$$

弹性阶段杆件在压力 $N$ 作用下增加的挠度 $y$ 也呈正弦曲线形状，即 $y=v_1\sin(\pi z/l)$，$v_1$ 为杆件中点增加最大的挠度值。将 $y_0$ 和 $y$ 的表达式代入上式，平衡方程变形如下：

$$\sin\frac{\pi z}{l}\left[-v_1\frac{\pi^2 EI}{l_0^2}+N(v_0+v_1)\right]$$

解上式得 $v_1 = Nv_0/(N_E-N)$，其中 $N_E$ 为欧拉临界力，即 $N_E = \pi^2 EI/l_0^2$。则轴心受压构件在压力作用下杆件中点的总挠度为：

$$v = v_1+v_0 = \frac{Nv_0}{N_E-N}+v_0 = \frac{v_0}{1-N/N_E}$$

由此可以看出，具有最大初始挠度 $v_0$ 的轴心受压构件，压力作用下达到稳定极限平衡状态时，挠度将增加到 $v$，即增加了 $1/(1-N/N_E)$ 倍。因此，将 $1/(1-N/N_E)$ 称为挠度放大系数。

假定构件材料无限弹性，则具有不同初弯曲的轴心受压构件的压力-挠度曲线如图 3-16 所示。由于材料并非无限弹性，图中虚线即为弹塑性阶段的构件压力-挠度曲线。图中 $A$（$A'$）点表示材料开始进入塑性，$B$（$B'$）点表示构件弹塑性阶段的极限点。通过图 3-16 可以得到以下几点有益的结论：

1）当轴心压力较小时，总挠度增加较慢，截面发展塑性后，总挠度增加较快；当轴心压力小于欧拉临界力时，杆件处于弯曲平衡状态，这与理想轴心压杆的直线平衡状态不同。

2）压杆的初始挠度值 $v_0$ 越大，相同压力下构件的挠度越大。

3）构件的初弯曲即使很小，其杆件临界力也小于欧拉临界力。

若以构件截面刚开始屈服作为稳定的极限状态，可以建立平衡方程如下：

$$\frac{N}{A}+\frac{Nv_0}{W(1-N/N_E)}=f_y$$

我国钢结构设计标准取 $v_0$ 为杆长的 1/1000，并引入构件初弯曲率 $\varepsilon_0$ 的概念，$\varepsilon_0=v_0/\rho$，其中 $\rho$ 为截面核心距，$\rho=W/A$。因此上式变为：

$$\frac{N}{A}\left[1+\frac{\varepsilon_0}{(1-N/N_E)}\right]=f_y$$

将欧拉临界应力 $\sigma_E=N_E/A$ 和截面均布压应力 $\sigma=N/A$ 代入上式，即可得到构件以边缘屈服为准则的临界应力 $\sigma_{cr}$ 的计算公式：

$$\sigma_{cr}=\frac{f_y+(1+\varepsilon_0)\sigma_E}{2}-\sqrt{\left[\frac{f_y+(1+\varepsilon_0)\sigma_E}{2}\right]^2-f_y\sigma_E}$$

值得注意的是，构件在初弯曲 $v_0$ 相同的情况下，由佩利（Perry）公式计算得到的绕强轴（$x$ 轴）和弱轴（$y$ 轴）弯曲的临界应力是不同的，如图 3-17 所示。

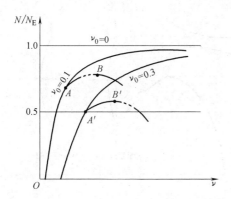

图 3-16 有初弯曲压杆的压力-挠度曲线

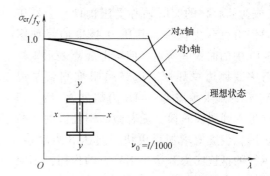

图 3-17 仅考虑初弯曲时 $\sigma_{cr}$-$\lambda$ 曲线

**3. 初偏心对轴心受压构件的影响**

当荷载存在初偏心，即轴心压力作用线与杆件的轴线不重合时，构件的受力性质将由轴心受力构件变为压弯构件，将降低构件的承载能力。具有初偏心 $e_0$ 的两端铰接轴心受压构件，其平衡状态如图 3-18a 所示，据此建立平衡方程，可得到有初偏心压杆的压力-挠度曲线，如图 3-18b 所示。图中的虚线表示杆件弹塑性阶段的压力-挠度曲线。

如图 3-18 所示，轴心受压构件压力-挠度曲线都通过原点，且对轴心受力构件的影响与初弯曲类似。但是，初弯曲对中等长细比构件的影响较大，初偏心由于数值较小，除对短杆有较明显的影响外，构件越长则影响越小。

### 3.3.3 轴心受压构件的整体稳定计算

**1. 轴心受压构件的最大强度准则**

理想轴心受压构件弯曲屈曲属于分肢屈曲，即杆件屈曲时才产生挠度。轴压构件弹性弯

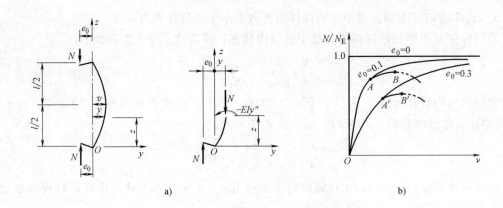

**图 3-18 有初偏心的轴心受压构件极限状态**
a) 构件平衡状态　b) 压力与挠度曲线

曲屈曲临界力为欧拉临界力 $N_E$，其压力-挠度曲线如图 3-19 中的曲线 1；弹塑性弯曲屈曲临界力为切线模量临界力 $N_t$，其压力-挠度曲线如图 3-19 中的曲线 2 所示。具有初弯曲（或初偏心）的实际轴心受压构件，一经压力作用就产生挠度，其压力-挠度曲线如图 3-19 中的曲线 3 所示，曲线上 A 点表示压杆跨中截面边缘屈服。边缘屈服准则就是以 $N_A$ 作为最大承载力。当压力超过 $N_A$ 后，构件进入弹塑性阶段，随着截面塑性区的不断扩展，挠度值增加得更快，到达 B 点之后，压杆的抵抗能力开始小于外力的作用，不能维持稳定平衡。曲线最高点 B 处的压力 $N_B$ 即为具有初弯曲压杆真正的极限承载力，若以此为准则计算压杆稳定，则称为"最大强度准则"。实腹式轴心受压构件即按此规则计算整体稳定。

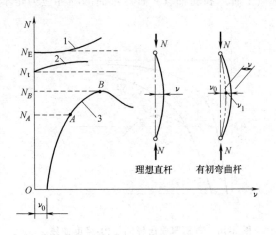

**图 3-19 轴心压杆挠度曲线**

**2. 轴心受压构件的柱子曲线**

实际轴心受压构件不可避免地存在残余应力、初弯曲、初偏心、材质不匀等缺陷，并对构件整体稳定具有一定的影响。但是从概率的角度考虑，这些因素同时存在并达到最大的可能性很低。因此，普通钢结构（由热轧钢板和型钢组成）中的轴心受压构件，可只考虑残余应力和初弯曲（取杆长的千分之一）的不利影响，忽略初偏心及材质不匀的影响。

按照最大强度理论，并同时考虑构件残余应力和初弯曲的影响，借助计算机计算技术，可以得到实际轴心受压构件的临界应力 $\sigma_{cr}$ 与长细比 $\lambda$ 的关系曲线，即柱子曲线。

由于各类轴心受压构件截面上的残余应力分布和大小差异显著，并且对稳定的影响又随构件屈曲方向而不同，而构件的初弯曲对稳定的影响也与截面形式和屈曲方向有关。因此，轴心受压构件不同的截面形式和屈曲方向都对应着不同的柱子曲线。为了便于应用，在一定的概率保证下，我国将柱子曲线按照构件的截面形式、截面尺寸、加工方法及弯曲方向等因素，划分为 a、b、c、d 四类，如图 3-20 所示。图中标示的截面和屈曲方向以外的其他情形，均属于 b 类曲线；a 类曲线截面承载力最高，主要原因是残余应力影响最小；c 类曲线承载力较低，主要原因是残余应力影响较大（包括板厚度方向的影响）；曲线 d 承载力最低，主要是由于厚板或特厚板处于最不利的屈曲方向。在图 3-20 中，$\bar{\lambda}$ 为无量纲长细比，$\bar{\lambda} = \lambda\sqrt{f_y/235}$；$\varphi$ 为轴心受压构件的整体稳定系数，大小与临界应力 $\sigma_{cr}$ 以及所用钢材屈服强度 $f_y$ 有关。

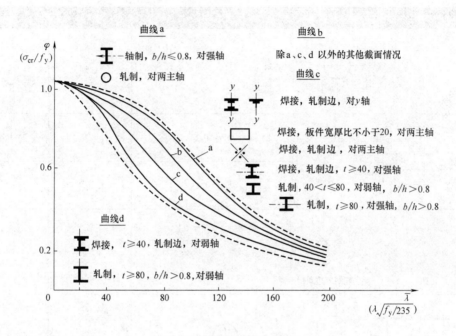

图 3-20 钢结构柱子曲线

### 3. 轴心受压构件的稳定公式

利用最大强度准则确定出轴心受压构件的临界应力 $\sigma_{cr}$，引入抗力分项系数 $\gamma_R$，则轴心受压构件的稳定计算公式如下：

$$\sigma = \frac{N}{A} \leq \frac{\sigma_{cr}}{\gamma_R} = \frac{\sigma_{cr}}{\gamma_R} \cdot \frac{f_y}{f_y} = \varphi f \tag{3-10}$$

式中 $\sigma$——轴心受压构件的截面平均应力（N/mm²）；

$N$——轴心受压构件所受轴心压力设计值（kN）；

$A$——轴心受压构件的毛截面面积（不考虑构件截面削弱）（mm²）；

$\varphi$——轴心受压构件的整体稳定系数，$\varphi = \sigma_{cr}/f_y$；

$f$——钢材强度设计值（N/mm²），$f = f_y/\gamma_R$，取值见表 B-1。

将式（3-10）变形，即可得到《钢结构设计标准》（GB 50017—2017）对轴心受压构件整体稳定的计算式：

7.2.1 除可考虑屈服后强度的实腹式构件外，轴心受压构件的稳定性计算应符合下式要求：

$$\frac{N}{\varphi A f} \leqslant 1.0 \qquad (7.2.1)$$

式中 $\varphi$——轴心受压构件的稳定系数（取截面两主轴稳定系数中的较小者），根据构件的长细比（或换算长细比）、钢材屈服强度和表 3-4、表 3-5 的截面分类，按本标准附录 D 采用。

表 3-4 轴心受压构件的截面分类（板厚 $t<40$mm）

| 截面形式 | | 对 $x$ 轴 | 对 $y$ 轴 |
|---|---|---|---|
| 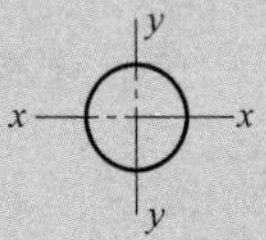 轧制（圆形） | | a 类 | a 类 |
| 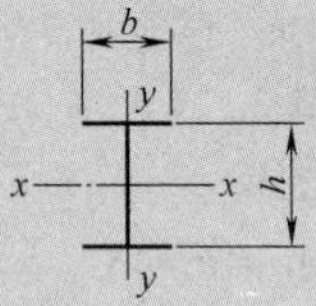 轧制工字形 | $b/h \leqslant 0.8$ | a 类 | b 类 |
| | $b/h > 0.8$ | $a^*$ 类 | $b^*$ 类 |
| 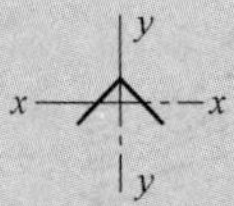 轧制等边角钢 | | $a^*$ 类 | $a^*$ 类 |
| 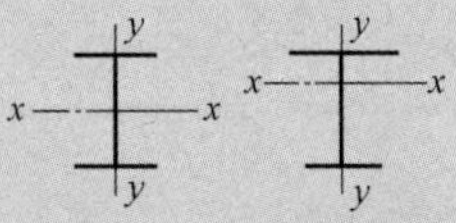 焊接、翼缘为焰切边 | 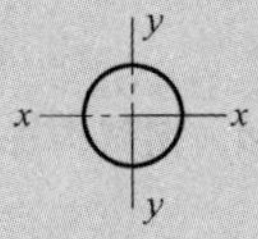 焊接（圆形） | b 类 | b 类 |
| 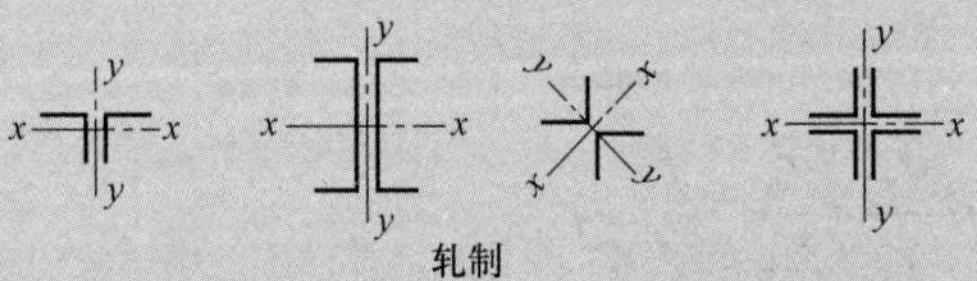 轧制 | | b 类 | b 类 |
| 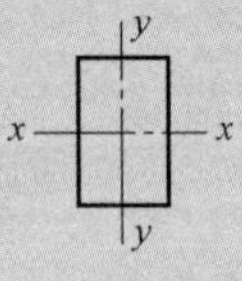 轧制、焊接(板件宽厚比>20) | 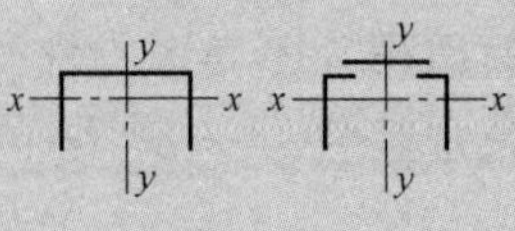 轧制或焊接 | b 类 | b 类 |

(续)

| 截面形式 | | 对 $x$ 轴 | 对 $y$ 轴 |
|---|---|---|---|
| 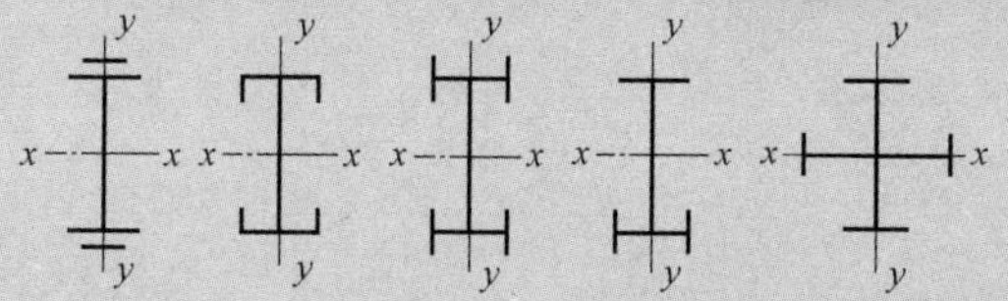 焊接 | 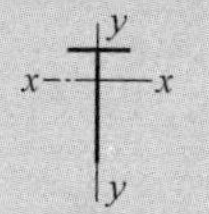 轧制截面和翼缘为焰切边的焊接截面 | b 类 | b 类 |
| 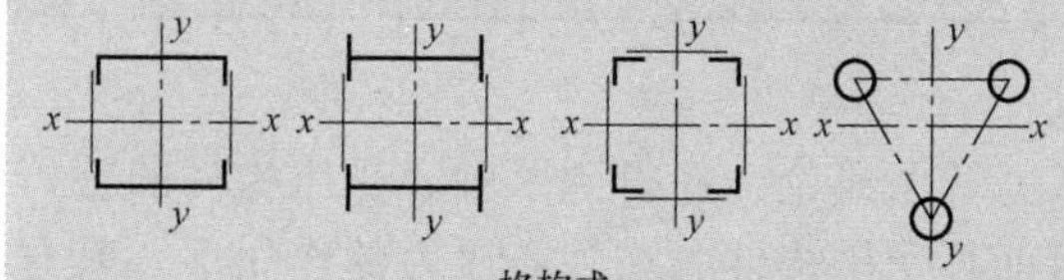 格构式 | 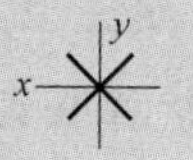 焊接，板件边缘焰切 | | |
| 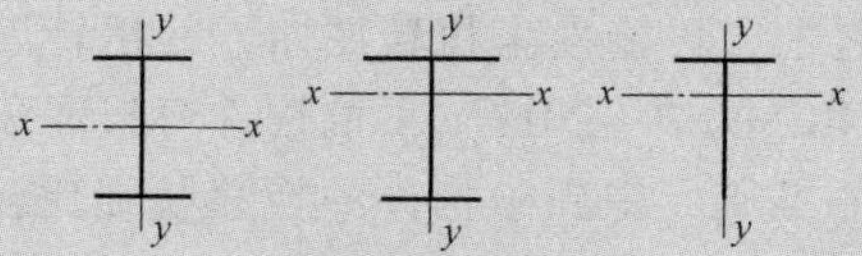 焊接，翼缘为轧制或剪切边 | | b 类 | c 类 |
| 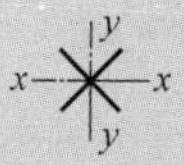 焊接，板件边缘轧制或剪切 | 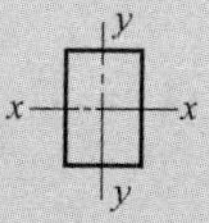 轧制、焊接（板件宽厚比≤20） | c 类 | c 类 |

注：1. $a^*$ 类含义为 Q235 钢取 b 类，Q345、Q390、Q420 和 Q460 钢取 a 类；$b^*$ 类含义为 Q235 钢取 c 类，Q345、Q390、Q420 和 Q460 钢取 b 类。
2. 无对称轴且剪心和形心不重合的截面，其截面分类可按有对称轴的类似截面确定，如不等边角钢采用等边角钢的类别；当无类似截面时，可取 c 类。

表 3-5 轴心受压构件的截面分类（板厚 $t \geqslant 40$mm）

| 截面形式 | | 对 $x$ 轴 | 对 $y$ 轴 |
|---|---|---|---|
| 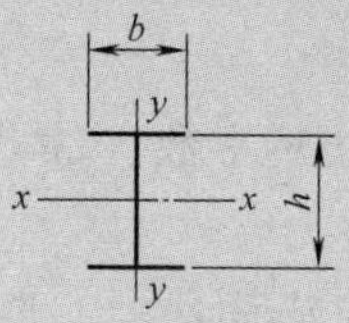 轧制工字形或H形截面 | $t<80$mm | b 类 | c 类 |
| | $t \geqslant 80$mm | c 类 | d 类 |
| 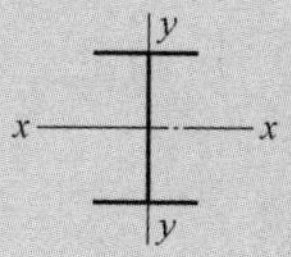 焊接工字形截面 | 翼缘为焰切边 | b 类 | b 类 |
| | 翼缘为轧制或剪切边 | c 类 | d 类 |

（续）

| 截面形式 | | 对 $x$ 轴 | 对 $y$ 轴 |
| --- | --- | --- | --- |
| 焊接箱形截面 | 板件宽厚比>20 | b 类 | b 类 |
| | 板件宽厚比≤20 | c 类 | c 类 |

**4. 轴心受压构件的长细比和换算长细比**

以上针对轴心受压构件发生弯曲失稳的情形进行了讨论，并得到了轴心受压构件的整体稳定验算公式。对于工程中应用的单轴对称截面轴心受压构件，在轴心压力的作用下，其弯扭屈曲临界力 $N_{yz}$ 一般低于弯曲屈曲临界力 $N_y$（$y$ 为截面对称轴）。对于长细比较小的双轴对称截面轴心受压构件，在发生弯曲屈曲之前，可能发生扭转屈曲，其扭转屈曲临界力为 $N_z$。为了便于应用，《钢结构设计标准》（GB 50017—2017）采取构件弯扭屈曲临界力（或扭转屈曲临界力）不低于弯曲屈曲临界力的准则，得到了构件的换算长细比，按此换算长细比即可借用弯曲屈曲的柱子曲线，查得稳定系数 $\varphi$。

（1）截面形心与剪心重合的构件

1）当计算弯曲屈曲时，长细比按下列公式计算：

$$\lambda_x = \frac{l_{0x}}{i_x} \tag{3-11}$$

$$\lambda_y = \frac{l_{0y}}{i_y} \tag{3-12}$$

式中 $l_{0x}$、$l_{0y}$——构件对截面主轴 $x$ 和 $y$ 的计算长度（mm）；

$i_x$、$i_y$——构件截面对主轴 $x$ 和 $y$ 的回转半径（mm）。

2）当计算扭转屈曲时，长细比应按下式计算，双轴对称十字形截面板件宽厚比不超过 $15\varepsilon_k$ 者，可不计算扭转屈曲（$\varepsilon_k$ 为钢号修正系数，其值为 235 与钢材牌号中屈服点数值的比值的平方根）。

$$\lambda_z = \sqrt{\frac{I_0}{I_t/25.7 + I_\omega/l_\omega^2}} \tag{3-13}$$

式中 $I_0$、$I_t$、$I_\omega$——构件毛截面对剪心的极惯性矩（mm$^4$）、自由扭转常数（mm$^4$）和扇性惯性矩（mm$^4$），对十字形截面可近似取 $I_\omega = 0$；

$l_\omega$——扭转屈曲的计算长度，两端铰支且端截面可自由翘曲者，取几何长度 $l$；两端嵌固且端部截面的翘曲完全受到约束者，取 $0.5l$（mm）。

（2）截面为单轴对称的构件

1）绕非对称主轴的弯曲屈曲，长细比应由式（3-11）和式（3-12）确定。绕对称主轴的弯扭屈曲，应取下式给出的换算长细比：

$$\lambda_{yz} = \frac{1}{\sqrt{2}} \left[ (\lambda_y^2 + \lambda_z^2) + \sqrt{(\lambda_y^2 + \lambda_z^2)^2 - 4\left(1 - \frac{y_s^2}{i_0^2}\right) \lambda_y^2 \lambda_z^2} \right]^{\frac{1}{2}} \tag{3-14}$$

式中 $y_s$——截面形心至剪心的距离（mm）；

$i_0$——截面对剪心的极回转半径，单轴对称截面 $i_0^2 = y_s^2 + i_x^2 + i_y^2$（mm）；

$\lambda_z$——扭转屈曲换算长细比，由式（3-13）确定。

2）不等边单角钢和双角钢组合 T 形截面构件绕对称轴的换算长细比 $\lambda_{yz}$ 可用简化公式确定，见表 3-6。

表 3-6 不等边单角钢和双角钢组合的 T 形截面换算长细比简化公式

| 序号 | 组合方式 | | 截面形式 | 简化计算公式 |
|---|---|---|---|---|
| 1 | 不等边单角钢 | | （不等边角钢截面图，标注 $b_1$、$b_2$、$x$、$y$） | 当 $\lambda_x \geq \lambda_z$ 时：$\lambda_{xyz} = \lambda_x \left[ 1 + 0.25 \left( \dfrac{\lambda_z}{\lambda_x} \right)^2 \right]$<br>当 $\lambda_x < \lambda_z$ 时：$\lambda_{xyz} = \lambda_z \left[ 1 + 0.25 \left( \dfrac{\lambda_x}{\lambda_z} \right)^2 \right]$<br>$\lambda_z = 4.21 \dfrac{b_1}{t}$ |
| 2 | 等边角钢相并 | | （等边角钢相并 T 形截面图，标注 $b$、$y$） | 当 $\lambda_y \geq \lambda_z$ 时：$\lambda_{xyz} = \lambda_y \left[ 1 + 0.16 \left( \dfrac{\lambda_z}{\lambda_y} \right)^2 \right]$<br>当 $\lambda_y < \lambda_z$ 时：$\lambda_{xyz} = \lambda_z \left[ 1 + 0.16 \left( \dfrac{\lambda_y}{\lambda_z} \right)^2 \right]$<br>$\lambda_z = 3.9 \dfrac{b}{t}$ |
| 3 | 不等边双角钢 | 长肢相并 | （长肢相并截面图，标注 $b_1$、$b_2$、$y$） | 当 $\lambda_y \geq \lambda_z$ 时：$\lambda_{xyz} = \lambda_y \left[ 1 + 0.25 \left( \dfrac{\lambda_z}{\lambda_y} \right)^2 \right]$<br>当 $\lambda_y < \lambda_z$ 时：$\lambda_{xyz} = \lambda_z \left[ 1 + 0.25 \left( \dfrac{\lambda_y}{\lambda_z} \right)^2 \right]$<br>$\lambda_z = 5.1 \dfrac{b_2}{t}$ |
| 4 | | 短肢相并 | （短肢相并截面图，标注 $b_1$、$b_2$、$y$） | 当 $\lambda_y \geq \lambda_z$ 时：$\lambda_{xyz} = \lambda_y \left[ 1 + 0.06 \left( \dfrac{\lambda_z}{\lambda_y} \right)^2 \right]$<br>当 $\lambda_y < \lambda_z$ 时：$\lambda_{xyz} = \lambda_z \left[ 1 + 0.06 \left( \dfrac{\lambda_y}{\lambda_z} \right)^2 \right]$<br>$\lambda_z = 3.7 \dfrac{b_1}{t}$ |

注：等边单角钢轴压构件当绕两主轴弯曲的计算长度相等时，可不计算弯扭屈曲。塔架单角钢压杆应符合《钢结构设计标准》（GB 50017—2017）第 7.6 节的相关规定。

（3）截面无对称轴且剪心和形心不重合的构件　截面无对称轴且剪心和形心不重合的构件，应采用下列换算长细比：

$$\lambda_{xyz} = \pi \sqrt{\dfrac{EA}{N_{xyz}}} \quad (3-15)$$

$$(N_x - N_{xyz})(N_y - N_{xyz})(N_z - N_{xyz}) - N_{xyz}^2 (N_x - N_{xyz}) \left( \dfrac{y_s}{i_0} \right)^2 - N_{xyz}^2 (N_y - N_{xyz}) \left( \dfrac{x_s}{i_0} \right)^2 = 0 \quad (3-16)$$

$$i_0^2 = i_x^2 + i_y^2 + x_s^2 + y_s^2 \quad (3-17)$$

$$N_x = \frac{\pi^2 EA}{\lambda_x^2} \quad (3\text{-}18)$$

$$N_y = \frac{\pi^2 EA}{\lambda_y^2} \quad (3\text{-}19)$$

$$N_z = \frac{1}{i_0^2}\left(\frac{\pi^2 EI_\omega}{l_\omega^2} + GI_t\right) \quad (3\text{-}20)$$

式中　$N_{xyz}$——弹性完善杆的弯扭屈曲临界力，由式（3-16）确定（N）；

　　　$x_s$、$y_s$——截面剪心的坐标（mm）；

　　　$i_0$——截面对剪心的极回转半径（mm）；

$N_x$、$N_y$、$N_z$——绕$x$轴和$y$轴的弯曲屈曲临界力和扭转屈曲临界力（N）；

　　　$E$、$G$——钢材弹性模量和剪变模量（N/mm²）。

【例 3-3】 验算例 3-2 中轴心受压构件的整体稳定性。

**解**：根据题意，截面为焊接工字形，翼缘为剪切边，查表 3-4，绕 $x$ 轴失稳时属于 b 类截面，$\lambda_x = 51.32$，由表 D-2 查得 $\varphi_x = 0.850$；绕 $y$ 轴失稳时属于 c 类截面，$\lambda_y = 48.4$，由表 D-3 查得 $\varphi_y = 0.784$。

构件整体稳定：

$$\frac{N}{\varphi_{\min} Af} = \frac{3000 \times 10^3 \text{N}}{0.784 \times 20000 \text{mm}^2 \times 205 \text{N/mm}^2} = 0.933 < 1.0$$

整体稳定性满足要求。

【例 3-4】（注册结构师考试题型）封闭式通廊的中间支架如图 3-21 所示，通廊和支架均为钢结构，材料为 Q235B，焊条 E43。支架柱肢的中心距为 7m 和 4m，支架的交叉腹杆按单杆受拉考虑。

（1）已知支架受压肢的压力设计值 $N = 2698$N，柱肢采用热轧 H 型钢 HW394×398×11×18，$A = 18760$mm²，$i_x = 173$mm，$i_y = 100$mm，柱肢近似作为桁架的弦杆，按轴心受压构件设计，其整体稳定应力与（　　）最接近。

提示：按 b 类截面查轴心压杆稳定系数。

A. 191.5N/mm²　　B. 179.2N/mm²　　C. 163.1N/mm²　　D. 214.3N/mm²

答案：A。

主要解答过程：

$\lambda_y = \dfrac{7000}{100} = 70$，查附 D-2 得 $\varphi_y = 0.751$。

$$\frac{N}{\varphi_y A} = \frac{2689 \times 10^3 \text{N}}{0.751 \times 18760 \text{mm}^2} = 191.5 \text{N/mm}^2 < f = 205 \text{N/mm}^2$$

（2）同上题条件，用焊接钢管代替 H 型钢，钢管 $\phi 500 \times 10$，$A = 15400$mm²，$i = 173$mm，其强度应力和稳定应力分别为（　　）。

提示：按 b 类截面查轴心压杆稳定系数。

A. 172.5N/mm²，185.8N/mm²　B. 152.3N/mm²，

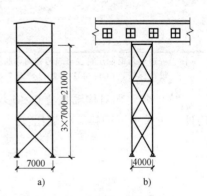

图 3-21　例 3-4 图

185.8N/mm², C. 175.2N/mm², 195.3N/mm² D. 152.3N/mm², 195.3N/mm²

答案：C。

主要解答过程：

1）强度验算：

$$\sigma = \frac{N}{A} = \frac{2698 \times 10^3 \text{N}}{15400 \text{mm}^2} = 175.2 \text{N/mm}^2 < f = 215 \text{N/mm}^2$$

2）稳定验算：

$\lambda = \dfrac{7000}{173} = 40.5$，查表 D-2 得 $\varphi = 0.897$。

$$\frac{N}{\varphi A} = \frac{2689 \times 10^3 \text{N}}{0.897 \times 15400 \text{mm}^2} = 195.3 \text{N/mm}^2 < f = 215 \text{N/mm}^2$$

## 3.4 轴心受压构件的局部稳定

实腹式轴心受压构件在轴向压力作用下，在丧失整体稳定之前，其腹板和翼缘都有可能达到极限承载力而丧失稳定，此种现象称为局部失稳。图 3-22 表示在轴心压力作用下，腹板和翼缘发生侧向鼓曲和翘曲的失稳现象。

当轴心受压构件丧失局部稳定后，由于部分板件屈曲而退出工作，使构件有效截面减少，降低了构件的刚度，从而加速了构件的整体失稳。

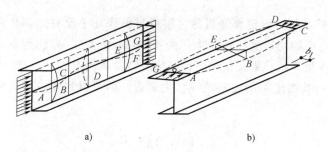

图 3-22 轴心受压构件局部失稳

### 3.4.1 均匀受压板件的屈曲

如图 3-23 所示四边简支板，在两端均布压力（单位板宽所承受的压力）$N_x$ 作用下发生屈曲变形。

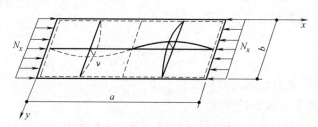

图 3-23 四边简支均匀受压板件屈曲

根据弹性理论分析，板件在失稳状态所能承受的最大应力（即临界应力）与板件的形状、尺寸、支承情况以及应力状态等有关，板件临界应力可用下式表达：

$$\sigma_{crx} = \frac{\chi K \pi^2 \sqrt{\eta} E}{12(1-\nu^2)} \left(\frac{t}{b}\right)^2 \tag{3-21}$$

式中 $\chi$——板件边缘的弹性约束系数；
$K$——屈曲系数；
$\nu$——钢材的泊松比；
$\eta$——弹性模量折减系数，$\eta = E_t/E$。

### 3.4.2 轴压构件板件的宽厚比

对于由板件组成的轴心受压构件，通过控制构件组成板件的局部稳定临界应力 $\sigma_{crx}$ 不低于构件的整体稳定临界应力 $\sigma_{cr}$ 的原则（即等稳定准则），可保证构件在整体失稳之前不会发生局部失稳。由等稳定准则可得到轴心受压构件局部稳定的宽厚比（或高厚比）应符合下式要求。

$$\frac{\chi K \pi^2 \sqrt{\eta} E}{12(1-\nu^2)} \left(\frac{t}{b_1}\right)^2 \geq \varphi f_y \tag{3-22}$$

工程中常用的轴心受压构件截面形式很多，以下以 H 形截面轴心受压构件为例，介绍构件宽厚比限值计算公式的推导过程。

**1. 翼缘**

由于 H 形截面的腹板一般比翼缘板薄，腹板对翼缘几乎没有嵌固作用，因此翼缘板可视为三边简支一边自由的均匀受压板，取屈曲系数 $K=0.425$，弹性约束系数 $\chi=1.0$，泊松比 $\nu=0.3$，而弹性模量折减系数按试验资料取值。将参数代入式（3-22）后，得到翼缘悬伸部分的宽厚比 $b_1/t$ 与长细比 $\lambda$ 的关系曲线，化简后，即可得到翼缘板不发生局部失稳的宽厚比控制式如下：

$$\frac{b_1}{t} \leq (10 + 0.1\lambda) \sqrt{\frac{235}{f_y}} \tag{3-23}$$

式中 $\lambda$——构件两方向长细比的最大值。当 $\lambda<30$ 时，取 $\lambda=30$；当 $\lambda>100$ 时，取 $\lambda=100$。

**2. 腹板**

腹板可以看作四边简支的板件，此时屈曲系数 $K=4$。当腹板发生屈曲时，翼缘板作为腹板纵向边的支承，对腹板有一定的嵌固作用，这种嵌固作用可以提高腹板的临界应力，根据试验可取弹性约束系数 $\chi=1.3$，代入式（3-22）与翼缘宽厚比限值的推导相似，仍然按照等稳定准则，可以得到腹板高厚比的简化表达式为

$$\frac{h_0}{t_w} \leq (25 + 0.5\lambda) \sqrt{\frac{235}{f_y}} \tag{3-24}$$

式中 $h_0$——轴心受压构件腹板计算高度；
$t_w$——轴心受压构件腹板的厚度。

根据以上原理及推导过程，《钢结构设计标准》（GB 50017—2017）规定了各类截面轴心受压构件板件宽厚比限值，现整理如下，见表 3-7。

表 3-7 轴心受压构件板件宽厚比限值

| 截面及板件尺寸 | 宽厚比限值 | 备注 |
|---|---|---|
| （工字形/H形截面图） | $\dfrac{b_1}{t} \leq (10+0.1\lambda)\varepsilon_k$<br>$\dfrac{h_0}{t_w} \leq (25+0.5\lambda)\varepsilon_k$ | |
| （箱形截面图） | $\dfrac{b_1}{t} \leq (10+0.1\lambda)\varepsilon_k$<br>$\dfrac{b_0}{t}$（或 $\dfrac{h_0}{t_w}$）$\leq 40\varepsilon_k$ | 当箱形截面设有纵向加劲肋时，$b_0$ 为壁板与加劲肋之间的净宽度 |
| （T形截面图） | $\dfrac{b_1}{t} \leq (10+0.1\lambda)\varepsilon_k$<br>$\dfrac{h_0}{t_w} \leq (15+0.2\lambda)\varepsilon_k$ 热轧<br>$\dfrac{h_0}{t_w} \leq (13+0.17\lambda)\varepsilon_k$ 焊接 | 焊接构件：$h_0$ 为腹板高度<br>热轧构件：取 $h_0 = h_w - t_f$，但不小于 $h_w - 20mm$ |
| （角钢截面图） | 当 $\lambda \leq 80\varepsilon_k$ 时：$w/t \leq 15\varepsilon_k$<br>当 $\lambda > 80\varepsilon_k$ 时：$w/t \leq 5\varepsilon_k + 0.125\lambda$ | $w$ 为角钢平板宽度，$w$ 可取为 $b-2t$<br>$\lambda$ 为按角钢绕非对称主轴回转半径计算的长细比 |
| （圆管截面图） | $\dfrac{d}{t} \leq 100\varepsilon_k^2$ | |

注：1. $\varepsilon_k$ 为钢号修正系数，其值为 235 与钢材牌号比值的平方根，$\varepsilon_k = \sqrt{\dfrac{235}{f_y}}$。

2. $\lambda$ 为构件两方向长细比的最大值。当 $\lambda < 30$ 时，取 $\lambda = 30$；当 $\lambda > 100$ 时，取 $\lambda = 100$。

3. $b_1$、$t$、$h_0$、$t_w$ 分别是工字形、H 形、T 形截面的翼缘外伸宽度、翼缘厚度、腹板净高和腹板厚度，对轧制型截面，不包括翼缘腹板过渡处圆弧段；对于箱形截面，$b_0$、$t$ 分别为壁板间的距离和壁板厚度；$d$ 为圆管截面外径。

4. 当轴压构件稳定承载力未用足，亦即当 $N < \varphi A f$ 时，可将其板件宽厚比限值乘以放大系数 $\alpha = \sqrt{\varphi A f / N}$。

当轴心受压构件的腹板局部稳定不满足要求时,增加板厚往往不够经济,一般采取设置纵向加劲肋加强板件的措施,如图 3-24 所示,加劲肋宜在腹板两侧成对配置,其一侧外伸宽度不应小于 $10t_w$,厚度不应小于 $0.75t_w$。在设置纵向加劲肋的情况下验算腹板的局部稳定时,注意 $h_0$ 应取为翼缘与纵向加劲肋之间的距离。

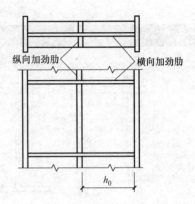

图 3-24 实腹柱腹板加劲肋设置

【例 3-5】 验算例 3-2 中轴心受压构件截面的局部稳定性。

解:由例 3-2 可知,$\lambda_x = 51.32$,Q235 钢材,$f_y = 235\text{N/mm}^2$,$\varepsilon_k = \sqrt{\dfrac{235}{f_y}} = 1.0$,根据表 3-7 对板件宽厚比验算如下:

翼缘板:

$$\frac{b_1}{t} = \frac{400-10}{2\times 20} = 9.75 < (10+0.1\lambda)\varepsilon_k = 10+0.1\times 51.32 = 15$$

腹板:

$$\frac{h_0}{t_w} = \frac{400}{10} = 40 < (25+0.5\lambda)\varepsilon_k = 25+0.5\times 51.32 = 50.7$$

截面局部稳定性满足要求。

### 3.4.3 腹板屈曲后计算

若不设置加劲肋来加强板件,则需要在计算构件的强度和稳定性时,按有效截面进行计算。由于板中面的薄膜应力作用,腹板在屈曲后仍具有承载能力,这种能力一般称之为屈曲后强度,此时板内纵向压应力出现不均匀的状况。在考虑屈曲后强度的基础上简化计算,引入了有效截面的概念。当可考虑屈曲后强度时,轴心受压杆件的强度和稳定性可按如下计算:

1)强度计算:

$$\frac{N}{A_{ne}} \leq f \tag{3-25}$$

2)稳定性计算:

$$\frac{N}{\varphi A_e f} \leq 1.0 \tag{3-26}$$

$$\left.\begin{array}{l} A_{ne} \leq \sum \rho_i A_{ni} \\ A_e \leq \sum \rho_i A_i \end{array}\right\} \tag{3-27}$$

式中 $A_{ne}$、$A_e$——有效净截面面积和有效毛截面面积($\text{mm}^2$);

$A_{ni}$、$A_i$——各板件净截面面积和有效毛截面面积($\text{mm}^2$);

$\varphi$——稳定系数,可按毛截面由附录 D 表格查得;

$\rho_i$——各板件有效截面系数,应根据截面形式按以下方式确定。

H 形、工字形、箱形和单角钢截面轴心受压杆件的有效截面系数可按以下规定计算:

1)箱形截面的壁板、H 形截面或工字形截面的腹板:

当 $b/t \leq 42\varepsilon_k$ 时:$\rho = 1.0$。

当 $b/t>42\varepsilon_k$ 时：

$$\rho = \frac{1}{\lambda_{n,p}}\left(1-\frac{0.19}{\lambda_{n,p}}\right) \quad (3\text{-}28)$$

$$\lambda_{n,p} = \frac{b/t}{56.2} \cdot \frac{1}{\varepsilon_k} \quad (3\text{-}29)$$

式中　$b$、$t$——壁板或腹板的净宽度和厚度。

当 $\lambda>52\varepsilon_k$ 时，$\rho \geqslant (29\varepsilon_k+0.25\lambda)t/b$。

2）单角钢：

当 $w/t>15\varepsilon_k$ 时：

$$\rho = \frac{1}{\lambda_{n,p}}\left(1-\frac{0.1}{\lambda_{n,p}}\right) \quad (3\text{-}30)$$

$$\lambda_{n,p} = \frac{w/t}{16.8} \cdot \frac{1}{\varepsilon_k} \quad (3\text{-}31)$$

当 $\lambda>80\varepsilon_k$ 时，$\rho \geqslant (5\varepsilon_k+0.13\lambda)t/w$。

## 3.5　实腹式轴心受压构件的设计

### 3.5.1　实腹式轴心受压构件的常用截面形式

实腹式轴心受压构件为避免弯扭失稳，一般采用双轴对称的型钢截面或实腹式组合截面。常用的截面形式有工字钢、H 型钢及型钢和钢板的组合截面，如图 3-25 所示。

为了取得经济合理、建造快捷的效果，轴心受压构件的截面形式选取时应参照下述原则。

（1）等稳定性原则　若轴心受压构件在两个主轴方向的稳定承载力相同，则可以充分发挥其承载能力。因此，应尽可能使构件两方向的稳定系数或长细比相等，即 $\varphi_x = \varphi_y$（或 $\lambda_x = \lambda_y$），以达到经济效果。

（2）宽肢薄壁原则　在满足构件组成板件宽厚比限值的条件下，选择截面形式时，应使截面面积分布尽量远离形心轴，这样可以增大截面的惯性矩和回转半径，提高杆件的整体稳定承载力和刚度，达到用料合理的目的。

（3）制造省工　在选择构件的截面形式时，应使构造做法尽可能简单，应充分利用现代化的制造设备和减少制造工作量，如选用便于采用自动焊的截面（工字形截面等）和尽量使用 H 型钢。

（4）连接简便　轴心受压构件的截面形式应便于与其他构件连接。一般情况下，选用双轴对称开敞式截面为宜。对封闭式的箱形和管形截面，由于连接困难、制作费工，只在特殊情况下使用。

### 3.5.2　实腹式轴心受压构件的截面设计

实腹式轴心受压构件的截面设计时，首先按上述原则选定合适的截面形式，再初步确定截面尺寸，然后进行强度、整体稳定、局部稳定、刚度等的验算。具体步骤如下：

1）假定构件长细比 $\lambda$，求出截面面积 $A$。

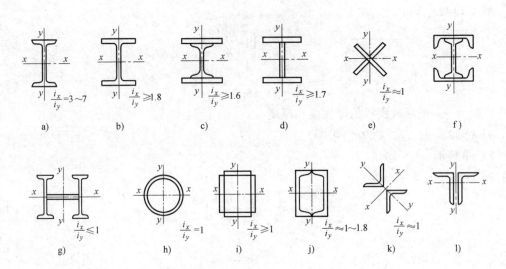

图 3-25 实腹式轴心受压构件截面形式

当轴心压力 $N$ 和钢材牌号确定后，轴心受压构件的整体稳定计算公式存在稳定系数 $\varphi$ 和截面面积 $A$ 两个参数。对于此问题，通常可先根据经验假定与 $\varphi$ 相关的长细比 $\lambda$。根据经验，长细比 $\lambda$ 可在 60~100 之间选用。当构件承受轴心压力较大且计算长度较小时，取小值，反之取大值。

根据 $\lambda$、截面类别和钢种可查得稳定系数 $\varphi$，则构件所需的截面面积为

$$A = \frac{N}{\varphi f} \tag{3-32}$$

2) 求两主轴所需的回转半径：

$$i_x = \frac{l_{0x}}{\lambda}, i_y = \frac{l_{0y}}{\lambda}$$

3) 确定构件尺寸。由截面面积 $A$ 和回转半径 $i_x$、$i_y$，优先选用型钢截面，如工字钢和 H 型钢。当现有型钢规格不满足所需尺寸时，可采用组合截面，由回转半径 $i_x$、$i_y$ 确定其截面高度 $h$ 和截面宽度 $b$：

$$h \approx \frac{i_x}{\alpha_1}, b \approx \frac{i_y}{\alpha_2}$$

$\alpha_1$、$\alpha_2$ 为系数，表示 $h$、$b$ 和 $i_x$、$i_y$ 之间的近似数值关系，常用截面可由表 3-8 查得。例如由三块钢板组成的工字形截面，$\alpha_1 = 0.43$，$\alpha_2 = 0.24$。

表 3-8 截面轮廓尺寸与回转半径近似关系

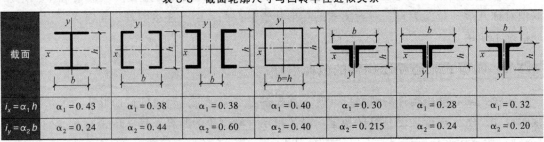

| 截面 | | | | | | | |
|---|---|---|---|---|---|---|---|
| $i_x = \alpha_1 h$ | $\alpha_1 = 0.43$ | $\alpha_1 = 0.38$ | $\alpha_1 = 0.38$ | $\alpha_1 = 0.40$ | $\alpha_1 = 0.30$ | $\alpha_1 = 0.28$ | $\alpha_1 = 0.32$ |
| $i_y = \alpha_2 b$ | $\alpha_2 = 0.24$ | $\alpha_2 = 0.44$ | $\alpha_2 = 0.60$ | $\alpha_2 = 0.40$ | $\alpha_2 = 0.215$ | $\alpha_2 = 0.24$ | $\alpha_2 = 0.20$ |

4）由所需截面面积 $A$、$h$、$b$ 等，再考虑构造状况、局部稳定以及钢材的规格，确定截面的初选尺寸。

5）截面验算。

① 强度验算。

毛截面屈服：$\sigma = \dfrac{N}{A} \leqslant f$

净截面断裂：$\sigma = \dfrac{N}{A_n} \leqslant 0.7 f_u$

② 整体稳定验算：

$$\dfrac{N}{\varphi A f} \leqslant 1.0$$

③ 局部稳定验算。应保证板件的宽厚比 $b/t$ 或高厚比 $h_0/t_w$ 的要求，按表 3-7 要求进行局部稳定性验算。

④ 刚度验算。轴心受压构件的长细比应符合规范规定的要求，即 $\lambda_{\max} \leqslant [\lambda]$，$\lambda_{\max} = (\lambda_x, \lambda_y)$。刚度验算过程可与整体稳定验算同时进行。

经过上述的验算，若所选截面同时满足要求，则所选尺寸合理，否则应调整后再重复验算，直至全部满足。

【例 3-6】 如图 3-26 所示平台结构中的轴心受压柱 $AB$，承受轴心压力设计值 1300kN。柱两端铰接，截面无削弱，钢材为 Q235。试设计此构件的截面：（1）选用普通轧制工字钢；（2）选用轧制 H 型钢；（3）选用焊接工字形截面，翼缘为焰切边。

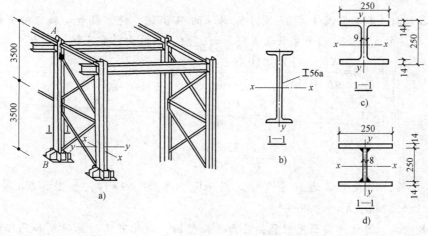

图 3-26 例 3-6 图

**解：（1）选用普通轧制工字钢**

1）试选截面。

① 假定长细比 $\lambda = 90$，对于轧制工字钢，当构件绕 $x$ 轴和 $y$ 轴弯曲失稳时，截面分别属于 a 类和 b 类，由附表可得 $\varphi_x = 0.713$，$\varphi_y = 0.621$，则 $\varphi_{\min} = 0.621$。

② 计算所需几何参数：

$$A = \frac{N}{\varphi_{\min}f} = \frac{1300 \times 10^3 \text{N}}{0.621 \times 215 \text{N/mm}^2} = 9737 \text{mm}^2 = 97.37 \text{cm}^2$$

$$i_x = \frac{l_{0x}}{\lambda} = \frac{700\text{cm}}{90} = 7.78\text{cm}$$

$$i_y = \frac{l_{0y}}{\lambda} = \frac{350\text{cm}}{90} = 3.9\text{cm}$$

③ 选择型钢。根据计算得到的参数由附录 H 的型钢表中选取适宜的工字钢。一般情况下，很难选到所有参数接近的型钢，但至少应满足两个参数的要求。本例初选工 50a，查型钢表得 $A = 119\text{cm}^2$，$i_x = 19.7\text{cm}$，$i_y = 3.07\text{cm}$。

2) 截面验算。因构件截面无削弱，可不验算强度。又因为轧制工字钢的翼缘和腹板均较厚，可不验算局部稳定。因此该构件只需验算整体稳定和刚度。

$$\lambda_x = \frac{l_{0x}}{i_x} = \frac{700}{19.7} = 35.6 < [\lambda] = 150$$

$$\lambda_y = \frac{l_{0y}}{i_y} = \frac{350}{3.07} = 114 < [\lambda] = 150$$

由 $\lambda_x = 35.6$ 查 a 类截面稳定系数表，得 $\varphi_x = 0.951$；由 $\lambda_y = 114$ 查 b 类截面稳定系数表得 $\varphi_y = 0.469$。则 $\varphi_{\min} = 0.469$。

$$\frac{N}{\varphi_{\min}A} = \frac{1300 \times 10^3 \text{N}}{0.469 \times 119 \times 10^2 \text{mm}^2} = 232.9 \text{N/mm}^2 > f = 215 \text{N/mm}^2$$

所选型钢规格满足刚度要求，但是整体稳定不满足要求，主要原因是所选截面对弱轴的回转半径过小。改选型钢为工 56a，如图 3-26b 所示，经验算满足要求。

(2) 选用轧制 H 型钢

1) 试选截面。本例假设 $\lambda = 70$。对于宽翼缘的 H 型钢，绕 $x$ 轴和 $y$ 轴弯曲失稳时，截面均属于 b 类。由 b 类截面稳定系数表查得 $\varphi = 0.751$，则截面所需几何参数为

$$A = \frac{N}{\varphi f} = \frac{1300 \times 10^3 \text{N}}{0.751 \times 215 \text{N/mm}^2} = 8052 \text{mm}^2 = 80.52 \text{cm}^2$$

$$i_x = \frac{l_{0x}}{\lambda} = \frac{700\text{cm}}{70} = 10\text{cm}$$

$$i_y = \frac{l_{0y}}{\lambda} = \frac{350\text{cm}}{70} = 5.0\text{cm}$$

由附录 H 的型钢表中试选 H 型钢。选用 HW250×250×9×14，如图 3-26c 所示，$i_x = 10.81\text{cm}$，$i_y = 6.32\text{cm}$，$A = 91.43\text{cm}^2$。

2) 截面验算。因构件截面无削弱，且为热轧型钢，因此可不验算强度和局部稳定，只需验算整体稳定和刚度。

$$\lambda_x = \frac{l_{0x}}{i_x} = \frac{700}{10.8} = 64.75 < [\lambda] = 150$$

$$\lambda_y = \frac{l_{0y}}{i_y} = \frac{350}{6.32} = 55.38 < [\lambda] = 150$$

因构件截面对 $x$ 轴和 $y$ 轴均属于 b 类，由 $\lambda_x = 64.75$ 查 b 类截面稳定系数表得 $\varphi_x = 0.782$。

$$\frac{N}{\varphi_x A} = \frac{1300 \times 10^3 \text{N}}{0.782 \times 91.43 \times 10^2 \text{mm}^2} = 181.82 \text{N/mm}^2 < f = 215 \text{N/mm}^2$$

所选 H 型钢截面满足要求。

（3）选用焊接工字形截面

1）试选截面。当无参考资料时，可先按照表 3-8 确定焊接工字形截面的轮廓尺寸，再结合所需截面面积和局部稳定的要求确定板件厚度。本例参照上述 H 型钢截面，选用图 3-26d 所示的截面，几何参数计算如下：

$$A = (2 \times 25 \times 1.4 + 25 \times 0.8) \text{cm}^2 = 90 \text{cm}^2$$

$$I_x = \frac{1}{12} \times (25 \times 27.8^3 - 24.2 \times 25^3) \text{cm}^4 = 13250 \text{cm}^4$$

$$I_y = 2 \times \frac{1}{12} \times 1.4 \times 25^3 \text{cm}^4 = 3650 \text{cm}^4$$

$$i_x = \sqrt{\frac{I_x}{A}} = \sqrt{\frac{13250}{90}} \text{cm} = 12.13 \text{cm}$$

$$i_y = \sqrt{\frac{I_y}{A}} = \sqrt{\frac{3650}{90}} \text{cm} = 6.37 \text{cm}$$

2）截面验算。构件截面无削弱，同样不需验算强度。应验算整体稳定、刚度和局部稳定。

① 整体稳定和刚度验算：

$$\lambda_x = \frac{l_{0x}}{i_x} = \frac{700}{12.13} = 57.71 < [\lambda] = 150$$

$$\lambda_y = \frac{l_{0y}}{i_y} = \frac{350}{6.37} = 54.95 < [\lambda] = 150$$

因构件截面对 $x$ 轴和 $y$ 轴均属于 b 类，由 $\lambda_x = 57.71$ 查 b 类截面稳定系数表得 $\varphi_x = 0.820$。

$$\frac{N}{\varphi_x A} = \frac{1300 \times 10^3 \text{N}}{0.820 \times 90 \times 10^2 \text{mm}^2} = 176.2 \text{N/mm}^2 < f = 215 \text{N/mm}^2$$

② 局部稳定验算：

$$\frac{b}{t} = \frac{12.5}{1.4} = 8.9 < (10 + 0.1\lambda_x)\varepsilon_k = 10 + 0.1 \times 57.71 = 15.77$$

$$\frac{h_w}{t_w} = \frac{25}{0.8} = 31.25 < (25 + 0.5\lambda_x)\varepsilon_k = 25 + 0.5 \times 57.71 = 53.85$$

所选截面满足整体稳定、局部稳定和刚度要求。

分析以上三种截面，轧制普通工字钢截面要比热轧 H 型钢截面和焊接工字形截面约大 50%，这是由于普通工字钢绕弱轴的回转半径太小。承载力由弱轴控制，强轴则有较大富余，这显然是不经济的。对于轧制 H 型钢和焊接工字形截面，由于两个方向长细比较接近，基本做到等稳定，用了经济。但焊接工字形截面的焊接工作量大，在设计轴心受压实腹柱时宜优先选用 H 型钢。

## 3.6 格构式轴心受压构件的设计

### 3.6.1 格构式轴心受压构件的常用截面形式

当轴心受压构件承受的压力较大或构件的长度较大时，采用格构式截面形式可以在不增加材料的情况下获得较大的抗弯刚度，经济效果良好，并可以很方便地做到截面对两主轴的等稳定。

格构式轴心受压柱，一般采用两槽钢或工字钢作为肢件的双轴对称截面，两肢件之间用缀条（角钢）或缀板（钢板）连成整体，即成为格构式双肢柱，如图 3-27a、b 所示。这种柱只需调整两肢间的距离，即可实现对两主轴的等稳定性。

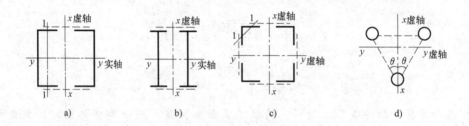

图 3-27 常用格构式轴心受压柱截面形式

在格构式柱的横截面上，穿过肢件腹板的轴叫实轴（图 3-27 中的 $y$ 轴），穿过两肢之间缀材面的轴称为虚轴（图 3-27 中的 $x$ 轴）。

当格构式轴心受压柱承受的压力较小而长度较大时，其截面设计一般由刚度控制，此时可以采用角钢组成的双轴对称截面，如图 3-27c 所示的四肢柱。这种截面形式可以充分利用小规格的型钢，具有较好的经济性。也可以采用如图 3-27d 所示钢管作为肢件的三肢柱，其受力性能较好。三肢柱和四肢柱两主轴均为虚轴，其缀材多用缀条而不用缀板，以进一步提高经济效果。

### 3.6.2 格构式轴心受压构件的整体稳定

**1. 对实轴的整体稳定计算**

格构式轴心受压柱绕实轴的稳定计算与实腹式构件相同，计算过程参见例 3-6 中的截面验算内容。

**2. 对虚轴的整体稳定计算**

格构式轴心受压柱绕虚轴的整体稳定临界力比长细比相同的实腹式构件低，主要原因是绕虚轴弯曲时构件将产生较大的剪切变形。

当轴心受压构件发生弯曲后，沿杆长各截面上将产生弯矩和剪力。对实腹式构件，剪力引起的剪切变形对临界力的影响只占 3‰ 左右。因此，在确定实腹式轴心受压构件整体稳定的临界力时，仅考虑由弯矩作用所产生的变形，忽略了剪力所产生的变形。对于格构式柱，当绕虚轴失稳时，由于肢件之间每隔一定距离才通过缀条或缀板相连，使得柱的剪切变形较大，剪力对稳定临界力的影响就不能忽略。在格构式柱的设计中，对虚轴稳定的计算，常以加大长细比的办法来考虑剪切变形的影响，加大后的长细比称为换算长细比。

《钢结构设计标准》（GB 50017—2017）对缀条柱和缀板柱采用不同的换算长细比计算公式。

(1) 双肢缀条柱的换算长细比 根据弹性稳定理论，考虑剪切变形影响，整体稳定临界力可表达为：

$$N_{crx} = \frac{\pi^2 EI_x}{l_{0x}^2} \cdot \frac{1}{1+\frac{\pi^2 EI_x}{l_{0x}^2}\cdot\gamma_1} = \frac{\pi^2 EA}{\lambda_x^2} \cdot \frac{1}{1+\frac{\pi^2 EA}{\lambda_x^2}\cdot\gamma_1} = \frac{\pi^2 EA}{\lambda_{0x}^2}$$

式中　$\gamma_1$——单位剪切角，即单位剪力作用下的杆件轴线转角；
　　　$\lambda_{0x}$——格构式轴心受压柱绕虚轴临界力换算为实腹柱临界力的换算长细比；

$$\lambda_{0x} = \sqrt{\lambda_x^2 + \pi^2 EA\gamma_1} \tag{3-33}$$

　　　$A$——格构式轴心受压构件分肢的毛截面面积之和。

双肢缀条柱的受力状态接近于桁架体系。在推导单位剪切角 $\gamma_1$ 的过程中，假设缀条与柱肢间连接节点均为铰接，并忽略横缀条的变形影响。取图3-28中双肢缀条柱长度为 $l_1$ 的柱段作为研究对象，如图3-28c所示。斜缀条长度 $l_d = l_1/\cos\alpha$，在单位剪力 $V=1$ 的作用下，其所受的轴向力为 $N_d = 1/\sin\alpha$，则斜缀条的轴向伸长量为 $\Delta_d = N_d l_d/(EA_1) = l_1/(EA_1 \sin\alpha\cos\alpha)$，进而得到 $\Delta = \Delta_d/\sin\alpha$。所以单位剪切角 $\gamma_1$ 的计算式为：

$$\gamma_1 = \frac{\Delta}{l_1} = \frac{\Delta_d}{l_1 \cos\alpha} = \frac{1}{\sin^2\alpha\cos\alpha EA_1} \tag{3-34}$$

将单位剪切角 $\gamma_1$ 代入换算长细比 $\lambda_{0x}$ 的表达式，得到如下公式：

$$\lambda_{0x} = \sqrt{\lambda_x^2 + \frac{\pi^2}{\sin^2\alpha\cos\alpha} \cdot \frac{A}{A_1}} \tag{3-35}$$

式中　$A_1$——双肢缀条柱一个节间内两侧斜缀条的横截面积之和；
　　　$\alpha$——斜缀条与柱肢件轴线间的夹角。

对于常用的双肢缀条柱，夹角 $\alpha$ 一般在 40°~70° 之间。在此范围内，$\pi^2/(\sin^2\alpha\cos\alpha)$ 变化不大，《钢结构设计标准》（GB 50017—2017）加以简化，将其取为常数27，由此得到《钢结构设计标准》规定的双肢缀条柱换算长细比：

$$\lambda_{0x} = \sqrt{\lambda_x^2 + 27\frac{A}{A_1}} \tag{3-36}$$

当 $\alpha$ 不在 40°~70° 之间时，式（3-36）计算结果偏于不安全，应按照实际的 $\alpha$ 进行计算。

(2) 双肢缀板柱的换算长细比 双肢缀板柱的肢件与缀板间采用焊接连接或高强度螺栓连接，因此构件绕虚轴弯曲时其受力状态接近于框架体系。假设双肢缀板柱变形时，其框架体系内反弯点在各杆件的中点，如图3-29b所示。

取如图3-29c所示的隔离体进行分析，可以得到单位剪切角的计算公式如下：

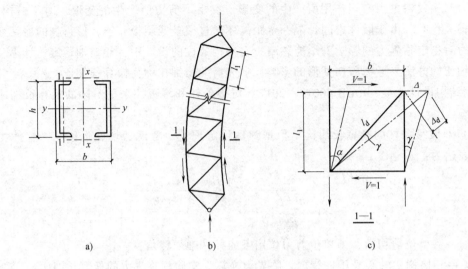

图 3-28 双肢缀条柱的剪切变形

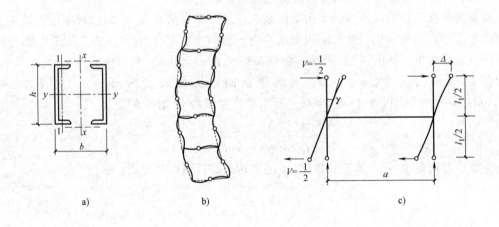

图 3-29 双肢缀板柱的剪切变形

$$\gamma_1 = \frac{l_1^2}{24EI_1}\left(1 + 2\frac{K_1}{K_2}\right)$$

式中 $l_1$——缀板轴线间的距离;

$I_1$——分肢对最小刚度轴（1—1 轴）的惯性矩;

$K_1$——一个分肢的线刚度，$K_1 = I_1/l_1$;

$K_2$——两侧缀板线刚度之和，$K_2 = I_d/a$，其中 $I_d$ 为两侧缀板的惯性矩之和，$a$ 为两分肢轴线间距。

将上式代入格构式轴心受压柱绕虚轴的换算长细比计算公式，得到缀板柱换算长细比 $\lambda_{0x}$ 的计算公式:

$$\lambda_{0x} = \sqrt{\lambda_x^2 + \frac{\pi^2 A l_1^2}{24 I_1}\left(1 + 2\frac{K_1}{K_2}\right)}$$

如图 3-29a 所示的双轴对称截面缀板柱，截面面积 $A = 2A_1$，$A_1$ 为单个肢件的面积。上式中 $Al_1^2/I_1 = 2A_1 l_1^2/I_1 = 2(l_1/i_1)^2 = 2\lambda_1^2$，则上式变形如下：

$$\lambda_{0x} = \sqrt{\lambda_x^2 + \frac{\pi^2}{12}\left(1 + 2\frac{K_1}{K_2}\right)\lambda_1^2} \tag{3-37}$$

当缀板线刚度之和 $K_2$ 与分肢的线刚度 $K_1$ 比值不小于 6 时，$\pi^2(1 + 2K_1/K_2)/12 \approx 1$。《钢结构设计标准》（GB 50017—2017）规定双肢缀板柱必须满足 $K_2/K_1 \geq 6$，则其换算长细比为

$$\lambda_{0x} = \sqrt{\lambda_x^2 + \lambda_1^2} \tag{3-38}$$

式中  $\lambda_1$——分肢对最小刚度轴（1—1 轴）的长细比，$\lambda_1 = l_{01}/i_1$，其中 $l_{01}$ 为分肢的计算长度，当缀板采用焊接时，取相邻缀板间的净距；当缀板采用螺栓连接时，取相邻缀板边缘螺栓之间的距离；$i_1$ 为分肢对最小刚度轴的回转半径。

当存在特殊原因，使得 $K_2$ 与 $K_1$ 的比值小于 6 时，应按照 $K_2$、$K_1$ 的实际值计算换算长细比。

《钢结构设计标准》（GB 50017—2017）规定：

---

**7.2.3** 格构式轴心受压构件对实轴的长细比应按本标准式（7.2.1）计算，对实轴长细比应按本标准式（7.2.2-1）或式（7.2.2-2）计算，对虚轴应取换算长细比。换算长细比应按下列公式计算：

1  双肢组合构件

当缀件为缀板时：

$$\lambda_{0x} = \sqrt{\lambda_x^2 + \lambda_1^2} \tag{7.2.3-1}$$

当缀件为缀条时：

$$\lambda_{0x} = \sqrt{\lambda_x^2 + 27\frac{A}{A_{1x}}} \tag{7.2.3-2}$$

式中  $\lambda_x$——整个构件对 $x$ 轴的长细比；

$\lambda_1$——分肢对最小刚度轴 1—1 的长细比，其计算长度取为：焊接时，为相邻两缀板的净距离；螺栓连接时，为相邻两缀板边缘螺栓的距离；

$A_{1x}$——构件截面中垂直于 $x$ 轴的各斜缀条毛截面面积之和（$mm^2$）。

---

（3）四肢和三肢格构柱的换算长细比  如图 3-27c 所示的四肢格构柱截面，其换算长细比如下：

当缀材为缀板时：

$$\lambda_{0x} = \sqrt{\lambda_x^2 + \lambda_1^2} \tag{3-39}$$

$$\lambda_{0y} = \sqrt{\lambda_y^2 + \lambda_1^2} \tag{3-40}$$

当缀材为缀条时：

$$\lambda_{0x} = \sqrt{\lambda_x^2 + 40\frac{A}{A_{1x}}} \tag{3-41}$$

$$\lambda_{0y} = \sqrt{\lambda_y^2 + 40\frac{A}{A_{1y}}} \tag{3-42}$$

式中 $\lambda_x$、$\lambda_y$——构件对 $x$ 轴和 $y$ 轴的长细比；

$A_{1x}$、$A_{1y}$——构件截面中垂直于 $x$ 轴和 $y$ 轴的各斜缀条毛截面之和。

如图 3-27d 所示的三肢格构柱截面，当缀材采用缀条时，则其换算长细比如下：

$$\lambda_{0x} = \sqrt{\lambda_x^2 + \frac{42A}{A_1(1.5-\cos^2\theta)}} \tag{3-43}$$

$$\lambda_{0y} = \sqrt{\lambda_y^2 + \frac{42A}{A_1\cos^2\theta}} \tag{3-44}$$

式中 $A_1$——构件截面中各斜缀条毛截面面积之和；

$\theta$——构件截面内缀条所在平面与 $x$ 轴的夹角。

**3. 肢件的整体稳定计算**

格构式轴心受压构件在轴心压力作用下，肢件不应先于构件丧失整体稳定。《钢结构设计标准》（GB 50017—2017）通过控制肢件对最小刚度轴的长细比 $\lambda_1$，进而保证肢件不先于构件发生失稳。标准规定，对于缀条柱，要求 $\lambda_1 \leq 0.7\lambda_{max}$；对于缀板柱，要求 $\lambda_1 \leq 0.5\lambda_{max}$，且 $\lambda_1 \leq 40\varepsilon_k$。当 $\lambda_{max}<50$ 时，取 50，$\lambda_{max}$ 为构件两个方向长细比（对虚轴取换算长细比）的较大值，计算缀条柱的 $\lambda_1$ 时，$l_{01}$ 取缀条柱的节间距离。

### 3.6.3 格构式轴心受压构件的缀材设计

**1. 格构式轴压构件的横向剪力**

格构式轴心受压构件绕虚轴弯曲时，缀材平面要承受横向剪力。若进行缀材的设计，须首先确定横向剪力的大小。

假设两端铰接轴心受压柱，当绕虚轴弯曲时，其挠曲线为正弦曲线，如图 3-30a 所示。设构件跨中最大挠度为 $v_0$，则其挠度方程为：

$$y = v_0 \sin\frac{\pi z}{l}$$

构件任一点的弯矩为：

$$M = Ny = Nv_0 \sin\frac{\pi z}{l}$$

则构件任一点的剪力为：

$$V = \frac{dM}{dz} = \frac{N\pi}{l}v_0 \cos\frac{\pi z}{l}$$

可见，格构式轴心受压柱绕虚轴弯曲时，构件截面内产生的剪力按余弦曲线分布，如图 3-30b 所示。由图可知剪力最大值在构件的两端，具体数值为：

$$V_{max} = \frac{N\pi}{l}v_0$$

当构件绕虚轴弯曲达到稳定极限状态时，跨中最大挠度值 $v_0$ 可由边缘屈服准则求得，

此时构件截面边缘最大应力达到材料屈服强度，即

$$\sigma_{\max}=\frac{N_{crx}}{A}+\frac{N_{crx}v_0}{W_x}=\frac{N_{crx}}{A}+\frac{N_{crx}v_0}{I_x}\cdot\frac{b}{2}=f_y$$

式中　$N_{crx}$——构件绕虚轴（$x$ 轴）的整体稳定临界力。

将上式变形有：

$$\frac{N_{crx}}{Af_y}\left(1+\frac{v_0}{i_x^2}\cdot\frac{b}{2}\right)=1$$

令 $N_{crx}/(Af_y)=\varphi_x$，并根据截面轮廓尺寸与回转半径的近似关系取 $i_x=0.44b$，由上式解得 $v_0$ 如下：

$$v_0=0.88i_x(1-\varphi_x)/\varphi_x$$

将 $v_0$ 表达式代入 $V_{\max}$ 表达式，并令 $\dfrac{\lambda_x}{0.88\pi(1-\varphi)}=\alpha$，则有：

$$V_{\max}=\frac{N\pi}{l}\cdot\frac{0.88i_x(1-\varphi_x)}{\varphi_x}=\frac{0.88\pi(1-\varphi_x)}{\lambda_x}\cdot\frac{N}{\varphi_x}=\frac{1}{\alpha}\cdot\frac{N}{\varphi_x}$$

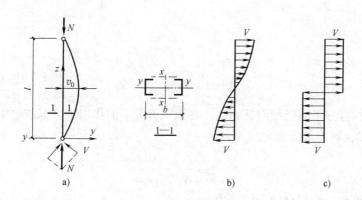

图 3-30　格构柱剪力计算

经过对双肢格构柱的分析，在常用长细比范围内，$\alpha$ 值变化不大，可取为常数。对采用 Q235 钢的构件，可取 $\alpha=85$；对采用 Q345 钢、Q390 钢和 Q420 钢的构件，可取 $\alpha\approx85\sqrt{235/f_y}$。因此双肢格构式轴心受压柱平行于缀材面的最大剪力 $V_{\max}$ 可表达为：

$$V_{\max}=\frac{N}{85\varphi_x}\sqrt{\frac{f_y}{235}}$$

式中，$\varphi_x$ 为按虚轴换算长细比确定的构件整体稳定系数。

若令 $N=N_{crx}=\varphi_x Af$，即可得到《钢结构设计标准》（GB 50017—2017）规定的缀材设计时所需的最大剪力，计算公式如下：

$$V=\frac{Af}{85}\sqrt{\frac{f_y}{235}} \tag{3-45}$$

在进行缀材的设计过程中，可以认为剪力 $V$ 沿构件的长度方向不变，均为最大值，如图 3-30c 所示。

《钢结构设计标准》（GB 50017—2017）规定：

> 7.2.7 轴心受压构件剪力 $V$ 值可认为沿构件全长不变，格构式轴心受压构件的剪力 $V$ 应由承受该剪力的缀材面（包括用整体板连接的面）分担，其值应按下式计算：
> $$V=\frac{Af}{85\varepsilon_k} \tag{7.2.7}$$

**2. 缀条的设计**

格构式缀条柱中，缀条布置方式包括单系缀条和交叉缀条两种，如图 3-31 所示。

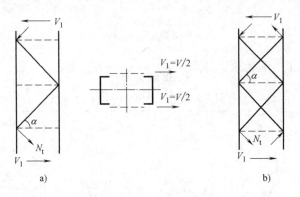

**图 3-31 缀条的内力**

缀条的内力计算方法与桁架腹杆相同。在横向剪力 $V$ 的作用下，双肢柱中每个缀材平面承受剪力 $V_1=V/2$，则缀条的轴向压力为：

$$N_t=\frac{V_1}{n\cos\alpha}=\frac{V}{2n\cos\alpha} \tag{3-46}$$

式中 $V_1$——分配到一个缀材面上的剪力；

$n$——承受剪力 $V_1$ 的斜缀条数，单系缀条为 $n=1$，交叉缀条 $n=2$；

$\alpha$——斜缀条与柱肢轴线间法线的夹角。

由于构件弯曲方向的偶然性，构件截面内横向剪力的方向也具有随机性，导致同一根斜缀条可能受拉也可能受压，因此应按照轴心受压构件选择截面。

缀条一般采用单角钢与肢件单面连接。从受力性质看，缀条实际上是偏心受压构件；从失稳形式看，缀条失稳属于弯扭失稳。为简化计算，《钢结构设计标准》（GB 50017—2017）规定，缀条的设计可以按轴心受压构件验算强度和稳定性，但是应将钢材强度进行折减。折减系数 $\gamma$ 取值如下：

1）按轴心受压计算缀条的强度和连接时，$\gamma=0.85$。

2）按轴心受压计算缀条的稳定时：等边角钢，$\gamma=0.6+0.0015\lambda$，但不大于 1.0；短边相连的不等边角钢，$\gamma=0.5+0.0025\lambda$，但不大于 1.0；长边相连的不等边角钢，$\gamma=0.70$。

在计算缀条的稳定时，折减系数 $\gamma$ 的取值与缀条的长细比 $\lambda$ 有关。对中间无连系的单角钢，按角钢最小回转半径确定。当 $\lambda<20$ 时，取 $\lambda=20$。

为减小分肢的计算长度，单系缀条体系中可以设置横缀条，如图 3-31a 中虚线所示。单系缀条体系和交叉缀条体系中的横缀条截面尺寸可取与斜缀条相同。所有缀条均应满足刚度要求。

**3. 缀板的设计**

缀板柱在轴心压力作用下，其受力体系如同柱肢为立柱，缀板为横梁的多层框架。当缀板柱绕虚轴整体挠曲时，假定各层分肢中点和缀板中点为反弯点，如图 3-32a 所示。在体系内截取隔离体如图 3-32b 所示，由此可得缀板中点剪力 $T$ 以及与肢件连接处的弯矩 $M$，计算公式如下：

$$T = \frac{V_1 l_1}{a} \tag{3-47}$$

$$M = T\frac{a}{2} = \frac{V_1 l_1}{2} \tag{3-48}$$

式中　$l_1$——相邻缀板中心线间的距离；
　　　$a$——两肢件轴线间的距离。

当缀板与肢件间用角焊缝相连时，角焊缝承受剪力 $T$ 和弯矩 $M$ 的共同作用，如图 3-32c 所示。故角焊缝只需按上述剪力 $T$ 和弯矩 $M$ 进行计算。

缀板的尺寸应满足一定的刚度要求。缀板的宽度 $d$ 一般应满足 $d \geqslant 2a/3$；厚度 $t$ 应满足 $t \geqslant a/40$，且 $t \geqslant 6\text{mm}$；端缀板应适当加宽，一般取 $d = a$，$a$ 为肢件轴线间的距离。

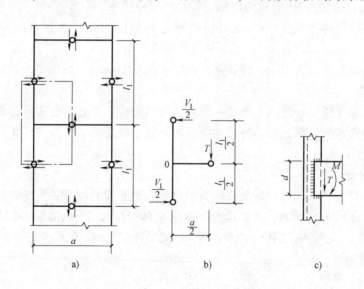

图 3-32　缀板内力计算简图

## 3.6.4　格构式轴心受压构件的截面设计

格构式轴心受压构件的设计包括初选截面、截面验算和缀材设计三部分内容。

**1. 初选截面**

（1）确定截面形式　根据轴压构件截面设计原则和构件使用要求、材料供应、加工方法、轴心压力 $N$、计算长度 $l_{0x}$ 和 $l_{0y}$ 等条件，确定采用的截面形式。中小型柱可用缀条或缀板柱，对于大型柱宜用缀条柱。

（2）选择柱肢　按实轴（$y$ 轴）的整体稳定选择柱肢的截面，方法同实腹柱。

(3) 计算虚轴长细比 构件两主轴方向的稳定性能应尽可能相等，即构件应满足 $\lambda_{0x} = \lambda_y$。据此条件可以确定肢件间的距离。

对于双肢缀条柱：

$$\lambda_{0x} = \sqrt{\lambda_x^2 + 27\frac{A}{A_1}} = \lambda_y$$

即构件应满足：

$$\lambda_x = \sqrt{\lambda_y^2 - 27\frac{A}{A_1}}$$

对于双肢缀板柱：

$$\lambda_{0x} = \sqrt{\lambda_x^2 + \lambda_1^2} = \lambda_y$$
$$\lambda_x = \sqrt{\lambda_y^2 - \lambda_1^2}$$

在利用以上公式确定构件对虚轴的长细比时，应根据经验预先选定斜缀条的规格，确定出斜缀条的截面之和 $A_1$，或根据分肢的稳定要求，假定 $\lambda_1$ 的大小。

(4) 确定分肢间距 计算出构件对虚轴的长细比 $\lambda_x$ 后，得到构件对虚轴的回转半径 $i_x = l_{0x}/\lambda_x$，根据表 3-8 中构件截面轮廓尺寸与回转半径的近似关系，可以得到构件在缀材方向的宽度 $b = i_x/\alpha_2$。此处应注意截面虚轴与实轴的对应关系。

当得到虚轴的回转半径 $i_x$ 后，也可以按照已知截面的几何参数直接计算得出柱肢的间距。

一般柱肢的间距宜取为 10mm 的倍数，且应不小于 100mm，以便于内部的防腐处理。

**2. 截面验算**

因柱肢截面是按照实轴的稳定条件确定的，所以只需按照选出的实际截面尺寸对虚轴的稳定和分肢的稳定进行验算，验算公式如前所述。如不满足要求，应进行相应的调整，直至满足为止。

**3. 缀材的设计**

按照缀材的设计方法，进行缀条或缀板的设计，包括缀材与肢件间的连接焊缝。

【例 3-7】 如图 3-33 所示，某轴心受压柱承受轴心压力 $N = 998$kN，虚轴计算长度 $l_{0x} = 6$m，实轴计算长度 $l_{0y} = 3$m。轴心受压柱采用 Q235 钢，且截面无削弱。试按 1. 缀条柱；2. 缀板柱设计该构件。

解：1. 缀条柱设计

（1）试选截面

1) 选择分肢截面。分肢的截面按照实轴的稳定要求确定。假定长细比 $\lambda = 70$，由附录 b 类截面轴心受压构件稳定系数表查得 $\varphi_y = 0.751$，则分肢所需几何参数为：

$$A = \frac{N}{\varphi_{min} f} = \frac{998 \times 10^3 N}{0.751 \times 215 N/mm^2} = 6181 mm^2 = 61.81 cm^2$$

$$i_y = \frac{l_{0y}}{\lambda} = \frac{300cm}{70} = 4.29cm$$

由表 3-8 可知截面所需高度 $h = 4.29$cm$/0.38 = 11.29$cm，结合面积要求，在附录 H 型钢表选取 2⌐20a，对应的参数 $A = 2 \times 28.84$cm$^2 = 57.68$cm$^2$，$i_y = 7.86$cm，$I_1 = 128$cm$^4$，$i_1 =$

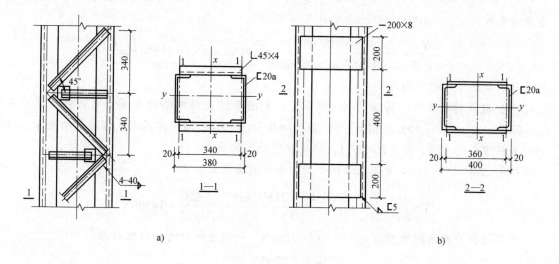

图 3-33 例 3-7 图
a) 缀条柱  b) 缀板柱

$2.11 \mathrm{cm}$，$Z_0 = 2.01 \mathrm{cm}$。

2）确定两肢件间的距离。按照虚轴和实轴等稳定的要求确定肢件之间的距离。由选定的肢件截面可知：

$$\lambda_y = \frac{l_{0y}}{i_y} = \frac{300}{7.86} = 38.2$$

按构造选取最小角钢L 45×4 作为缀材，$A_1 = 2 \times 3.49 \mathrm{cm}^2 = 6.98 \mathrm{cm}^2$，则

$$\lambda_x = \sqrt{\lambda_y^2 - 27\frac{A}{A_1}} = \sqrt{38.2^2 - 27 \times \frac{57.68}{6.98}} = 35.2$$

截面所需回转半径 $i_x = l_{0x}/\lambda_x = 600 \mathrm{cm}/35.2 = 17.0 \mathrm{cm}$，由表 3-8 可知，截面所需宽度 $b = i_x/0.44 = 38.7 \mathrm{cm}$，取 $b = 38 \mathrm{cm}$。

（2）截面验算  所选缀条柱截面尺寸如图 3-33a 所示。因构件截面无削弱，可不验算强度。

1）参数计算。构件截面对虚轴的惯性矩及回转半径计算如下：

$$I_x = 2 \times (128 + 28.84 \times 17^2) \mathrm{cm}^4 = 16926 \mathrm{cm}^4$$

$$i_x = \sqrt{I_x/A} = \sqrt{16926/57.68} = 16.81$$

2）刚度验算：

$$\lambda_y = \frac{l_{0y}}{i_y} = \frac{300}{7.86} = 38.2 < [\lambda] = 150$$

$$\lambda_x = \frac{l_{0x}}{i_x} = \frac{600}{16.81} = 35.70$$

$$\lambda_{0x} = \sqrt{\lambda_x^2 + 27\frac{A}{A_1}} = \sqrt{35.70^2 + 27 \times \frac{57.68}{6.98}} = 38.70 < [\lambda] = 150$$

所选截面刚度满足要求。

3) 整体稳定验算。已知 $\lambda_{max} = \max(\lambda_y, \lambda_{0x}) = 38.70$，由附录 b 类截面轴心受压构件稳定系数表查得 $\varphi_{min} = 0.904$。整体稳定计算如下：

$$\frac{N}{\varphi_{min}A} = \frac{998 \times 10^3 \text{N}}{0.904 \times 57.68 \times 10^2 \text{mm}^2} = 191\text{N/mm}^2 < f = 215\text{N/mm}^2$$

构件所选截面整体稳定满足要求。

（3）肢件稳定验算 将缀条按 45° 布置，采用不设置横缀条的方案，则肢件计算长度 $l_{01} = 68\text{cm}$，$\lambda_1 = l_{01}/i_1 = 68/2.11 = 32 > 0.7\lambda_{max} = 0.7 \times 38.7 = 27.1$，不满足肢件稳定的要求。改为设置横缀条的方案，$\lambda_1 = 16 < 27.1$，满足肢件稳定的要求。

（4）缀条设计 轴心受压柱缀材平面所承受的剪力为：

$$V = \frac{Af}{85}\sqrt{\frac{f_y}{235}} = \frac{5768\text{mm}^2 \times 215\text{N/mm}^2}{85} \cdot \sqrt{\frac{235}{235}} = 14590\text{N}$$

单个缀材平面承担的剪力为 $V_1 = V/2 = 7295\text{N}$，斜缀条承担的轴心压力为

$$N_t = \frac{V_1}{n\cos\alpha} = \frac{7295\text{N}}{1 \times \cos 45°} = 10318\text{N}$$

初选截面时，斜缀条采用角钢 L 45×4，此处应校核该规格是否满足使用要求。由附录中的表 H-5 可得角钢面积 $A = 3.49\text{cm}^2$，最小回转半径 $i_0 = 0.89\text{cm}$，则：

$$\lambda = l_0/i_0 = 34/0.89 = 38 < [\lambda] = 150$$

所选缀条满足刚度要求。

钢材强度折减系数为

$$\gamma = 0.6 + 0.0015\lambda = 0.6 + 0.0015 \times 38 = 0.66$$

由表 3-4 可知，轧制等边单角钢对 $x$ 轴和 $y$ 轴均属于 b 类截面，按 $\lambda = 38$ 由附录 b 类截面轴心受压构件稳定系数表查得 $\varphi = 0.906$。斜缀条的整体稳定验算如下：

$$\frac{N_t}{\varphi A} = \frac{10318\text{N}}{0.906 \times 3.49 \times 10^2 \text{mm}^2} = 33\text{N/mm}^2 < \gamma f = 142\text{N/mm}^2$$

所选缀条截面满足整体稳定要求。

（5）连接焊缝计算 缀条与肢件间的连接焊缝采用两面侧焊，取焊角尺寸 $h_f = 4\text{mm}$。采用 E43 型焊条，手工焊接。斜缀条肢背和肢尖所需的焊缝长度计算如下：

$$l_1 = \frac{0.7N_t}{h_e \gamma f_f^w} + 2h_f = \frac{0.7 \times 10318\text{N}}{0.7 \times 4\text{mm} \times 0.85 \times 160\text{N/mm}^2} + 2 \times 4\text{mm} = 27\text{mm}$$

$$l_2 = \frac{0.3N_t}{h_e \gamma f_f^w} + 2h_f = \frac{0.3 \times 10318\text{N}}{0.7 \times 4\text{mm} \times 0.85 \times 160\text{N/mm}^2} + 2 \times 4\text{mm} = 16\text{mm}$$

缀条肢背和肢尖的焊缝长度均取 40mm。横缀条连接焊缝同斜缀条。

2. 缀板柱设计

（1）试选截面

1）选择分肢截面。分肢的截面按照实轴的稳定要求确定。计算过程同缀条柱，截面仍选取 2 [ 20a，对应的参数 $A = 2 \times 28.84\text{cm}^2 = 57.68\text{cm}^2$，$i_y = 7.86\text{cm}$，$I_1 = 128\text{cm}^4$，$i_1 = 2.11\text{cm}$，$Z_0 = 2.01\text{cm}$。

2）确定两肢件间的距离。按照虚轴和实轴等稳定的要求确定肢件之间的距离。由选定

的肢件截面可知：

$$\lambda_y = \frac{l_{0y}}{i_y} = \frac{300}{7.86} = 38.2$$

假定分肢对最小刚度轴（1—1 轴）的长细比 $\lambda_1 = 19$，满足 $\lambda_1 < 0.5\lambda_y = 19.1$，且不大于 40 的分肢稳定性要求。根据等稳定要求，轴压柱虚轴长细比应为：

$$\lambda_x = \sqrt{\lambda_y^2 - \lambda_1^2} = \sqrt{38.2^2 - 19^2} = 33$$

截面所需回转半径 $i_x = l_{0x}/\lambda_x = 600\text{cm}/33 = 18.2\text{cm}$，由表 3-8 可知，截面所需宽度 $b = i_x/0.44 = 18.2\text{cm}/0.44 = 41.3\text{cm}$，取 $b = 40\text{cm}$。

（2）截面验算

1) 参数计算。所选缀板柱截面尺寸如图 3-33 所示。构件截面对虚轴的惯性矩及回转半径计算如下：

$$I_x = 2 \times (128 + 28.84 \times 18^2)\text{cm}^4 = 18944\text{cm}^4$$

$$i_x = \sqrt{I_x/A} = \sqrt{18944/57.68} = 18.12$$

2) 刚度验算：

$$\lambda_y = \frac{l_{0y}}{i_y} = \frac{300}{7.86} = 38.2 < [\lambda] = 150$$

$$\lambda_x = \frac{l_{0x}}{i_x} = \frac{600}{18.12} = 33.11$$

$$\lambda_{0x} = \sqrt{\lambda_x^2 + \lambda_1^2} = \sqrt{33.11^2 + 19^2} = 38.17 < [\lambda] = 150$$

所选截面刚度满足要求。

3) 整体稳定验算。已知 $\lambda_{max} = \max(\lambda_y, \lambda_{0x}) = 38.2$，由附录 b 类截面轴心受压构件稳定系数表查得 $\varphi_{min} = 0.905$。整体稳定计算如下：

$$\frac{N}{\varphi_{min}A} = \frac{998 \times 10^3 \text{N}}{0.905 \times 57.68 \times 10^2 \text{mm}^2} = 191\text{N}/\text{mm}^2 < f = 215\text{N}/\text{mm}^2$$

构件所选截面整体稳定满足要求。

（3）缀板设计　缀板与肢件间采用焊接连接，缀板之间的净距为

$$l_{01} = \lambda_1 i_1 = 19 \times 2.11\text{cm} = 40.09\text{cm}$$

缀板的宽度一般应满足 $d \geq 2a/3 = 2 \times 36\text{cm}/3 = 24\text{cm}$，取 $d = 20\text{cm}$；缀板的厚度一般应满足 $t \geq a/40 = 36\text{cm}/40 = 0.9\text{cm}$，取 $t = 8\text{mm}$。则缀板轴线间的距离 $l_1 = (40.09 + 20)\text{cm} = 60.09\text{cm}$，取 $l_1 = 60\text{cm}$。

分肢的线刚度为 $K_1 = I_1/l_1 = 128/60 = 2.13$，两侧缀板线刚度之和为：

$$K_2 = I_d/a = \left(2 \times \frac{1}{12} \times 0.8 \times 20^3\right)/36 = 29.6$$

刚度比 $K_2/K_1 = 29.6/2.13 = 13.9 > 6$，缀板满足刚度要求。

（4）连接焊缝计算　格构式轴压柱的横向剪力为：

$$V = \frac{Af}{85}\sqrt{\frac{f_y}{235}} = \frac{57.68 \times 10^2 \times 215}{85} \cdot \sqrt{\frac{235}{235}}\text{N} = 14590\text{N}$$

缀板中点剪力 $T$ 以及与肢件连接处的弯矩 $M$ 分别为：

$$T = \frac{V_1 l_1}{a} = \frac{V l_1}{2a} = \frac{14590 \times 60}{2 \times 36} \text{N} = 12158 \text{N}$$

$$M = T \cdot \frac{a}{2} = \frac{V_1 l_1}{2} = \frac{14590 \times 60}{4} \text{N} \cdot \text{cm} = 218850 \text{N} \cdot \text{cm}$$

采用三面围焊角焊缝，取焊角尺寸 $h_f = 5\text{mm}$，计算时偏于安全地仅考虑竖向垂直焊缝，不考虑水平焊缝的承载力。此种情况下竖向垂直焊缝的计算长度 $l_w = 200\text{mm}$。

由剪力 $T$ 产生的剪应力和由弯矩 $M$ 产生的正应力分别为：

$$\tau_f = \frac{T}{h_e l_w f_f^w} = \frac{12158}{0.7 \times 5 \times 200} \text{N/mm}^2 = 17.4 \text{N/mm}^2$$

$$\sigma_f = \frac{M}{W} = \frac{6 \times 218850 \times 10}{0.7 \times 5 \times 200^2} \text{N/mm}^2 = 93.8 \text{N/mm}^2$$

焊缝在剪力 $T$ 和弯矩 $M$ 的共同作用下，应满足下式要求：

$$\sqrt{\left(\frac{\sigma_f}{1.22}\right)^2 + \tau_f^2} = \sqrt{76.9^2 + 17.4^2} \text{N/mm}^2 = 78.8 \text{N/mm}^2 < f_f^w = 160 \text{N/mm}^2$$

所选焊角尺寸满足承载力要求。

## 【习题】

### 一、单选题

1. 格构式轴心受压柱缀材的计算内力随（　　）的变化而变化。
   A. 缀材的横截面积　　　　　　　　B. 缀材的种类
   C. 柱的计算长度　　　　　　　　　D. 柱的横截面面积

2. 实腹式轴心受拉构件计算的内容有（　　）。
   A. 强度　　　　　　　　　　　　　B. 强度和整体稳定性
   C. 强度、局部稳定和整体稳定　　　D. 强度、刚度（长细比）

3. 工字形轴心受压构件，翼缘的局部稳定条件为 $\frac{b_1}{t} \leq (10 + 0.1\lambda)\sqrt{\frac{235}{f_y}}$，其中 $\lambda$ 的含义为（　　）。
   A. 构件最大长细比，不小于 30 且不大于 100　　B. 构件最小长细比
   C. 最大长细比与最小长细比的平均值　　　　　D. 30 或 100

4. 轴心受压格构式构件在验算其绕虚轴的整体稳定时采用换算长细比，这是因为（　　）。
   A. 格构构件的整体稳定承载力高于同截面的实腹构件
   B. 考虑强度降低的影响
   C. 考虑剪切变形的影响
   D. 考虑单肢失稳对构件承载力的影响

5. 为防止钢构件中的板件失稳采取加劲措施，这一做法是为了（　　）。
   A. 改变板件的宽厚比　　　　　　　B. 增大截面面积
   C. 改变截面上的应力分布状态　　　D. 增加截面的惯性矩

6. 为提高轴心压杆的整体稳定，在杆件截面面积不变的情况下，杆件截面的形式应使其面积分布（　　）。
   A. 尽可能集中于截面的形心处　　　　B. 尽可能远离形心
   C. 任意分布，无影响　　　　　　　　D. 尽可能集中于截面的剪切中心
7. 双肢格构式轴心受压柱，实轴为 $x$-$x$ 轴，虚轴为 $y$-$y$ 轴，应根据（　　）确定肢件间距离。
   A. $\lambda_x = \lambda_y$　　　B. $\lambda_{0y} = \lambda_x$　　　C. $\lambda_{0y} = \lambda_y$　　　D. 强度条件
8. 普通轴心受压钢构件的承载力经常取决于（　　）。
   A. 扭转屈曲　　　　B. 强度　　　　C. 弯曲屈曲　　　　D. 弯扭屈曲
9. 轴心受力构件的正常使用极限状态是（　　）。
   A. 构件的变形规定　　　　　　　　B. 构件的容许长细比
   C. 构件的刚度规定　　　　　　　　D. 构件的挠度值
10. 实腹式轴心受压构件应进行（　　）。
    A. 强度计算　　　　　　　　　　　B. 强度、整体稳定、局部稳定和长细比计算
    C. 强度、整体稳定和长细比计算　　D. 强度和长细比计算
11. 轴心受压构件的整体稳定系数 $\varphi$，与（　　）等因素有关。
    A. 构件截面类别、两端连接构造、长细比
    B. 构件截面类别、钢号、长细比
    C. 构件截面类别、计算长度系数、长细比
    D. 构件截面类别、两个方向的长度、长细比
12. 工字形组合截面轴压杆局部稳定验算时，翼缘与腹板宽厚比限值是根据（　　）导出的。
    A. $\sigma_{cr局} < \sigma_{cr整}$　　B. $\sigma_{cr局} \geqslant \sigma_{cr整}$　　C. $\sigma_{cr局} \leqslant f_y$　　D. $\sigma_{cr局} \geqslant f_y$
13. 在下列因素中，（　　）对压杆的弹性屈曲承载力影响不大。
    A. 压杆的残余应力分布　　　　　　B. 构件的初始几何形状偏差
    C. 材料的屈服点变化　　　　　　　D. 荷载的偏心大小
14. a 类截面的轴心压杆稳定系数值最高是由于（　　）。
    A. 截面是轧制截面　　　　　　　　B. 截面的刚度最大
    C. 初弯曲的影响最小　　　　　　　D. 残余应力的影响最小
15. 对长细比很大的轴压构件，提高其整体稳定性最有效的措施是（　　）。
    A. 增加支座约束　　　　　　　　　B. 提高钢材强度
    C. 加大回转半径　　　　　　　　　D. 减少荷载
16. 双肢缀条式轴心受压柱绕实轴和绕虚轴等稳定的要求是（　　），$x$ 为虚轴。
    A. $\lambda_{0x} = \lambda_{0y}$　　　　　　　　B. $\lambda_y = \sqrt{\lambda_x^2 + 27\dfrac{A}{A_1}}$
    C. $\lambda_x = \sqrt{\lambda_x^2 + 27\dfrac{A}{A_1}}$　　D. $\lambda_x = \lambda_y$
17. 规定缀条柱的单肢长细比 $\lambda_1 \leqslant 0.7\lambda_{max}$（$\lambda_{max}$ 为柱两主轴方向最大长细比），是为了（　　）。

A. 保证整个柱的稳定      B. 使两单肢能共同工作
C. 避免单肢先于整个柱失稳    D. 构造要求

## 二、填空题

1. 双轴对称截面轴心受压构件发生的失稳形式是_____。
2. 确定轴心受压实腹柱腹板和翼缘宽厚比限值的原则是_____。
3. 进行缀板式格构柱的缀材设计时按_____构件计算。
4. 轴心受压格构式构件在验算其绕虚轴的整体稳定时采用换算长细比,是因为考虑_____的影响。
5. 轴心受压构件整体屈曲失稳的形式有_____、_____、_____。
6. 实腹式工字形截面轴心受压柱翼缘的宽厚比限值,根据翼缘板的临界应力大于、等于_____导出的。
7. 因为残余应力减小了构件的_____,从而降低了轴心受压构件的整体稳定承载力。
8. 格构式轴心压杆中,绕虚轴的整体稳定应考虑的_____影响,以 $\lambda_{0x}$ 代替 $\lambda_x$ 进行计算。

## 三、简答题

1. 轴心受力构件的截面形式有哪几种?
2. 轴心受力构件各需验算哪几个方面的内容?
3. 实腹式轴心受压构件的截面设计内容包括哪些?
4. 格构式轴心受压构件的计算特点是什么?
5. 简述实腹式轴心受压构件截面设计的原则。

## 四、计算题

1. 如图 3-34 所示某桁架在静力荷载作用下,其下弦杆 AB 承受轴心拉力设计值 300kN,杆件长 5m。若该杆件采用 2∟90×6 角钢组成的 T 形截面,节点板厚度为 10mm,钢材为 Q235 钢,试验算所选截面是否满足刚度及强度要求(不考虑自重线荷载)。假设在杆件的中部有四个直径 22mm 的普通螺栓孔,此时构件强度是否满足。

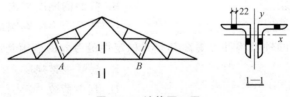

图 3-34 计算题 1 图

2. 某管道支架立柱高 3.0m,无侧向支撑。结合该柱的构造状况,可以将其按两端铰接轴心受压柱考虑。已知轴心压力 $N=300$kN。

(1) 若该支柱采用工 18 热轧型钢,钢材采用 Q235 钢,试验算其能否满足要求。

(2) 若该支柱仍采用工 18 热轧型钢,但是钢材采用 Q345 钢,验算其能否满足要求。

(3) 若由于客观条件制约,该柱只能采用工 18 热轧型钢,试问可以采取哪些措施使之满足要求。

3. 已知某平台结构柱承受轴心压力设计值 $N = 5000\text{kN}$，柱的高度为 6m，钢材为 Q235 钢。

（1）若该柱的跨中顺强轴方向存在两道侧向支撑，顺弱轴方向存在一道侧向支撑即 $l_{0y} = 2\text{m}$，$l_{0x} = 3\text{m}$。试选择工字钢型号。

（2）若该柱跨中无侧向支撑，即 $l_{0x} = l_{0y} = 6\text{m}$。试选择 H 型钢截面。

（3）若该柱 $l_{0x} = 6\text{m}$，$l_{0y} = 3\text{m}$，试设计焊接工字形截面。

（4）根据以上计算，请说明轴心受压构件稳定承载力的影响因素。

4. 验算如图 3-35 所示轴心受压柱是否满足使用要求。在柱的侧向支撑截面处，腹板有两个直径 21.5mm 的螺栓孔，材料采用 Q235 钢。$N = 1500\text{kN}$，$[\lambda] = 150$。

5. 某格构式轴心受压缀板柱如图 3-36 所示。已知轴心压力设计值为 $N = 1000\text{kN}$，$l_{0x} = 700\text{cm}$，$l_{0y} = 350\text{cm}$，钢材采用 Q235 钢。试验算该柱是否满足使用要求。

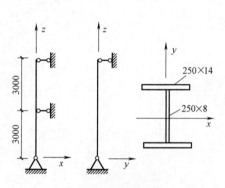

图 3-35 计算题 4 图

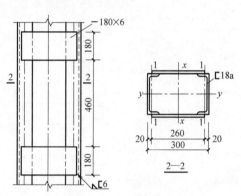

图 3-36 计算题 5 图

6. 一工字形截面轴心受压柱如图 3-37 所示，$l_{0x} = L = 9\text{m}$，$l_{0y} = 3\text{m}$，在跨中截面每个翼缘和腹板上各有两个对称布置的 $d = 24\text{mm}$ 的孔，钢材采用 Q235AF，$f = 215\text{N/mm}^2$，翼缘为焰切边。试求其最大承载能力 $N$。局部稳定已保证，不必验算。

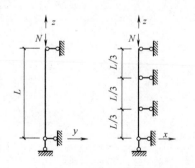

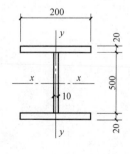

图 3-37 计算题 6 图

7. 如图 3-38 所示普通热轧工字型钢轴心压杆，采用 Q235，$f = 215\text{N/mm}^2$。

问：（1）此压杆是否满足要求？

（2）此压杆设计是否合理？为什么？

（3）当不改变截面及两端支承条件时，欲提高此杆承载力，比较合理的措施是什么？

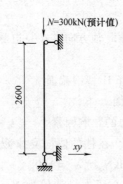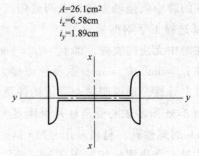

图 3-38　计算题 7 图

# 第4章 受弯构件

## 4.1 受弯构件的形式和应用

广义地讲，凡承受横向荷载和弯矩的构件都称为受弯构件，其截面形式包括实腹式和格构式两类。在钢结构中，实腹式受弯构件也常称为梁，在土木工程领域应用十分广泛，例如房屋建筑中的楼盖梁，吊车梁以及工作平台梁，桥梁，水工钢闸门、起重机、海上采油平台中的梁等，如图 4-1 所示。

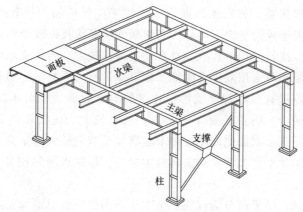

图 4-1 工作平台梁格

钢梁按受力和使用要求可以分为型钢梁和焊接梁两种。型钢梁构造简单，成本较低，但型钢截面尺寸受到一定规格的限制。当跨度与荷载较大，采用型钢截面不能满足承载力或刚度要求时，则采用组合梁。

型钢梁的截面有热轧工字钢、热轧 H 型钢和槽钢三种，如图 4-2a~c 所示。H 型钢的截面分布最为合理，翼缘内外边缘平行，与其他构件连接较为方便，用于梁的 H 型钢宜选窄翼缘型（HN 型）。槽钢梁的截面左右不对称，因其截面扭转中心在腹板外侧，在翼缘上施加荷载时梁同时受弯并产生扭转，受力不利，只有在构造上使荷载作用线接近扭转中心或能适当保证截面不发生扭转时才宜采用；但槽钢的一个侧面平整，当端部靠腹板与其他构件连接时比较方便，用于檩条等双向受弯情况也常比工字钢有利。由于轧制条件的限制，热轧型钢腹板的厚度较大，用钢量较多。某些受弯构件，如轻型檩条和墙梁等，荷载和跨度较小时也可采用比较经济的冷弯薄壁型钢，但其防腐要求较高。通常用卷边槽钢截面，如图 4-2d、 e所示，对檩条也常用卷边Z型钢截面，如图4-2f所示，倾斜放置时较强主轴接近水平线位置，对承受竖向荷载下的弯曲较有利。

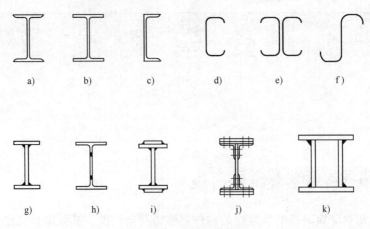

图4-2 钢梁截面形式

焊接梁由钢板或型钢用焊缝、铆钉或螺栓连接而成。一般采用三块钢板焊接而成的双轴对称或单轴对称工字形截面，如图4-2g、h所示，构造简单，制造方便，用钢梁量省。对多层翼缘板焊接组成的焊接梁，如图4-2i所示，焊接工作量增加，并会产生较大焊接应力和焊接变形，而且各层翼缘板间受力不均匀，当切断外层翼缘板以改变梁截面时，将引起力线突变和较大应力集中，故目前用得较少，通常是当荷载较大、所供应厚钢板不能满足单层翼缘板的强度或焊接性要求时采用双层翼缘板。如果厚钢板的质量不能满足焊接结构或动力荷载要求时，可采用摩擦型高强度螺栓或铆接连接的组合截面，如图4-2j所示，但这种梁费料又费工，目前用得较少。箱形截面（图4-2k）具有较大的抗扭和侧向抗弯刚度，用于荷载和跨度较大而梁高受到限制或侧向刚度要求较高或受双向较大弯矩的梁，例如水工钢闸门的支承边梁以及海上采油平台，桥式起重机的主梁等，但腹板用料较多，且构造复杂，施焊不便，制造也比较费工。

按受力情况的不同，钢梁可分为仅在一个主平面内受弯的单向弯曲梁和在两个主平面内受弯的双向弯曲梁。大多数梁都是单向弯曲，如图4-3a所示，屋面檩条（图4-2f、图4-3b）和吊车梁（图4-3c、d）等都是双向弯曲。

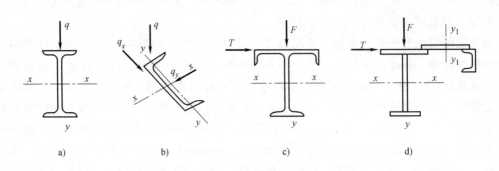

图4-3 钢梁荷载

在钢梁中，除少数情况如吊车梁、起重机大梁或上承式铁路板梁桥等可单独或成对地布置外，通常是由许多梁（常有主梁和次梁）纵横交叉连接组成梁格，并在梁格上铺放直接承受荷载的钢或钢筋混凝土面板。

梁的设计必须同时满足承载力极限状态和正常使用极限状态。钢梁的承载力极限状态包括相应强度、整体稳定和局部稳定三个方面。设计时要求在荷载设计值作用下，梁的抗弯强度、抗剪强度、局部承压强度和折算应力均不超过相应的强度设计值；整体稳定指梁不会在刚度较差的侧向发生弯扭失稳，主要通过对梁的受压翼缘设置足够的侧向支撑，或适当加大梁截面以降低弯曲应力至临界应力以下；局部稳定是指梁的翼缘和腹板等板件不会发生局部凸曲失稳，在梁中主要通过限制受压翼缘和腹板的厚度不超过规定的限值，对组合梁的腹板则常设置加劲肋以提高其局部稳定性。正常使用极限状态主要指梁的刚度，设计时要求梁具有足够的抗弯刚度，即在荷载标准值作用下，梁的最大挠度不大于《钢结构设计标准》（GB 50017—2017）规定的容许挠度。

## 4.2 梁的强度和刚度

梁的设计首先应考虑其强度和刚度（挠度）满足设计要求。梁的强度计算主要包括抗弯强度、抗剪强度、局部承压强度和折算应力的计算。梁的刚度一般按正常使用荷载引起的最大挠度来衡量，梁的刚度验算即为梁的挠度验算。

### 4.2.1 梁的强度

**1. 梁的抗弯强度**

（1）梁受力分析

理想的弹塑性假定在梁的强度计算中仍然适用，当弯矩由零逐渐加大时，截面中的应变始终符合平截面假定。所以，在弯矩作用下，截面上弯曲正应力的发展过程可分为以下三个阶段：

1）弹性工作阶段。当作用在梁上的弯矩 $M_x$ 较小时，梁全截面弹性工作，应力与应变成正比，此时截面上的应力为直线分布。当 $\sigma$ 达到钢材屈服强度 $f_y$ 时，构件截面处于弹性极限状态，如图 4-4b 所示，相应弯矩为屈服弯矩，其值为

$$M_y = f_y W_{nx} \tag{4-1}$$

式中 $W_{nx}$——对 $x$ 轴的净截面模量，$W_{nx} = I_{nx}/y_{max}$ 对称截面时为 $W_{nx} = I_{nx}/(h/2)$，$h$ 为梁高，$y_{max}$ 为边缘纤维离中和轴（形心轴）的距离。

对于"需要计算疲劳强度的梁"，按弹性阶段进行计算。

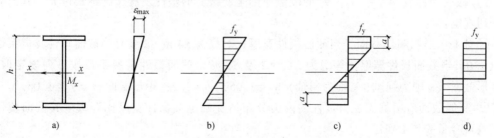

图 4-4 梁受弯时各阶段正应力分布

2) 弹塑性工作阶段。随弯矩 $M_x$ 增加，构件截面开始向内发展塑性，进入弹塑性状态，此时，应力状态如图 4-4c 所示。

3) 塑性工作阶段。随弯矩 $M_x$ 继续增加，梁截面的塑性区不断向内发展，弹性区域逐渐变小。当弹性区域几乎完全消失时，如图 4-4d 所示，弯矩 $M_x$ 不再增加，而变形却继续发展，梁在弯矩作用方向绕该截面中和轴自由转动，形成"塑性铰"，达到承载能力的极限。其最大弯矩称为塑性弯矩：

$$M_p = f_y(S_{1nx} + S_{2nx}) = f_y W_{npx} \tag{4-2}$$

式中 $S_{1nx}$、$S_{2nx}$——中和轴以上、以下净截面对中和轴 $x$ 的面积矩；

$W_{npx}$——对 $x$ 轴的净截面模量，$W_{npx} = S_{1nx} + S_{2nx}$。

通常定义 $\gamma_{xp}$ 为截面的绕 $x$ 轴的塑性发展系数，按下式计算：

$$\gamma_{xp} = \frac{M_p}{M_y} = \frac{W_{npx}}{W_{nx}} \tag{4-3}$$

(2) 梁抗弯强度计算公式　在钢梁设计中，如按照弹性阶段设计，不能发挥钢材的塑性，浪费材料；如果按照塑性铰设计，虽然可节省材料，但由于变形较大，有时会影响正常使用。因此，《钢结构设计标准》（GB 50017—2017）规定允许截面发展塑性，可通过限制塑性发展区有限地利用塑性。一般塑性发展高度限制在 1/4~1/8 截面高度范围内。根据这一阶段定出塑性发展系数 $\gamma_x$、$\gamma_y$。

《钢结构设计标准》（GB 50017—2017）规定，梁的抗弯强度按下列规定计算：

6.1.1　在主平面内受弯的实腹式构件，其受弯强度应按下式计算：

$$\frac{M_x}{\gamma_x W_{nx}} + \frac{M_y}{\gamma_y W_{ny}} \leq f \tag{6.1.1}$$

式中　$M_x$、$M_y$——同一截面处绕 $x$ 轴和 $y$ 轴的弯矩设计值（N·mm）；

$W_{nx}$、$W_{ny}$——对 $x$ 轴和 $y$ 轴的净截面模量（mm³）；

$\gamma_x$、$\gamma_y$——对主轴 $x$、$y$ 的截面塑性发展系数；

$f$——钢材的抗弯强度设计值（N/mm²）。

1) 截面模量 $W_{nx}$、$W_{ny}$ 的取值应根据表 4-2 截面板件宽厚比等级确定。当截面板件宽厚比等级为 S1、S2、S3 或 S4 级时，应取全截面模量，当截面板件宽厚比等级为 S5 级时，应取有效截面模量，均匀受压翼缘有效外伸宽度可取 $15t_1\varepsilon_k$，腹板有效截面可按压弯构件局部稳定和屈曲后有效截面确定。

2) 截面塑性发展系数 $\gamma_x$、$\gamma_y$ 的取值原则是使截面的塑性发展深度不致过大。其值应符合下列规定：

①对工字形和箱形截面，当截面板件宽厚比等级为 S4 或 S5 级时，截面塑性发展系数应取为 1.0；当截面板件宽厚比等级为 S1、S2 及 S3 时，截面塑性发展系数按下列规定取值：工字形截面（$x$ 轴为强轴，$y$ 轴为弱轴）$\gamma_x = 1.05$，$\gamma_y = 1.2$；箱形截面 $\gamma_x = \gamma_y = 1.05$。

② 其他截面应根据其受力板件的内力分布情况确定其板件宽厚比等级。其截面塑性发展系数可参见表 5-1 确定。

③ 对需要计算疲劳的梁，宜取 $\gamma_x = \gamma_y = 1.0$。

当考虑截面部分发展塑性时，为保证翼缘不丧失局部稳定，受压翼缘自由外伸宽度与其厚度之比不应大于 13 倍的钢号修正系数。直接承受动力荷载的梁也可以考虑塑性发展，但为了可靠，对需要计算疲劳的梁还是以不考虑截面塑性发展为宜。

**2. 梁的抗剪强度**

一般情况下，梁同时承受弯矩和剪力的共同作用。工字形和槽形截面梁腹板上的剪应力分布分别如图 4-5 所示。截面上的最大剪应力发生在腹板中和轴处，按照弹性设计，以最大剪应力达到钢材的抗剪屈服极限作为抗剪承载能力极限状态。

《钢结构设计标准》（GB 50017—2017）规定：

> 6.1.3 在主平面内受弯的实腹式构件，除考虑腹板屈曲后强度者外，其受剪强度应按下式计算：
> 
> $$\tau = \frac{VS}{It_w} \leq f_v \qquad (6.1.3)$$
> 
> 式中　$V$——计算截面沿腹板平面作用的剪力设计值（N）；
> 　　　$S$——计算剪应力处以上（或以下）毛截面对中和轴的面积矩（mm³）；
> 　　　$I$——构件的毛截面惯性矩（mm⁴）；
> 　　　$t_w$——构件的腹板厚度（mm）；
> 　　　$f_v$——钢材的抗剪强度设计值（N/mm²）。

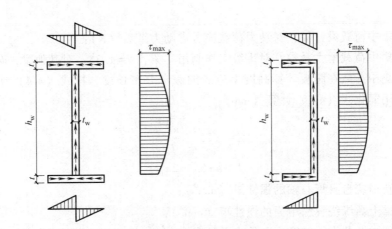

图 4-5　腹板剪应力分布图

当梁的抗剪强度不满足设计要求时，最有效的办法是增大腹板的面积，但腹板高度一般由梁的刚度条件和构造要求确定，故设计时常采用加大腹板厚度的办法来增大梁的抗剪强度。型钢由于腹板较厚，一般均能满足《钢结构设计标准》（GB 50017—2017）式（6.1.3）要求，因此只有在剪力最大截面处有较大削弱时，才需进行剪应力的计算。

**3. 梁的局部承压强度**

当梁的翼缘受沿腹板平面作用的固定集中荷载（包括支座反力）且该荷载处又未设置支撑加劲肋（图 4-6a），或受移动的集中荷载（如吊车轮压，图 4-6b）时，应验算腹板计算高度边缘的局部承压强度。

在集中荷载作用下，翼缘类似支承于腹板上的弹性地基梁。腹板计算高度边缘的局部压应力分布，如图 4-6c 的曲线所示。计算时，假定集中荷载从作用处以 1：2.5（在 $h_y$ 高度范围内）和 1：1（在 $h_R$ 高度范围内）扩散，均匀分布于腹板计算高度边缘。

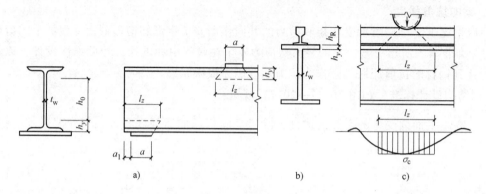

图 4-6 局部压应力

《钢结构设计标准》（GB 50017—2017）规定：

6.1.4 当梁上翼缘受有沿腹板平面作用的集中荷载且该荷载处又未设置支承加劲肋时，腹板计算高度上边缘的局部承压强度应按下列公式计算：

$$\sigma_c = \frac{\psi F}{t_w l_z} \leq f \qquad (6.1.4\text{-}1)$$

式中 $F$——集中荷载设计值，对动力荷载应考虑动力系数（N）；

$\psi$——集中荷载增大系数；对重级工作制吊车梁，$\psi = 1.35$；对其他梁，$\psi = 1.0$；

$l_z$——集中荷载在腹板计算高度上边缘的假定分布长度，按式（4-4）计算，也可采用简化式（4-5）计算（mm）；

$$l_z = 3.25 \sqrt[3]{\frac{I_R + I_f}{t_w}} \qquad (4\text{-}4)$$

或

$$l_z = a + 5h_y + 2h_R \qquad (4\text{-}5)$$

$I_R$——轨道绕自身形心轴的惯性矩（$mm^4$）；

$I_f$——梁上翼缘绕翼缘中面的惯性矩（$mm^4$）；

$a$——集中荷载沿梁跨度方向的支承长度（mm），对钢轨上的轮压可取 50mm；

$h_y$——自梁顶面至腹板计算高度上边缘的距离；对焊接梁为上翼缘厚度，对轧制工字形截面梁，是梁顶面到腹板过渡完成点的距离（mm）；

$h_R$——轨道的高度，对梁顶无轨道的梁值为 0（mm）；

$f$——钢材的抗压强度设计值（$N/mm^2$）。

在梁的支座处，当不设置支承加劲肋时，也应按上述公式计算腹板计算高度下边缘的局部压应力，但 $\psi$ 取 1.0。支座集中反力的假定分布长度，应根据支座具体尺寸按式（4-5）计算。

当局部承压不满足强度要求时，在固定集中荷载处（包括支座处），应设置支承加劲肋予以加强，并对支撑加劲肋进行计算；对移动集中荷载，则只能修改梁截面，加大腹板厚度。

### 4. 折算应力

在梁的同一部位（同一截面的同一纤维位置）处，如梁腹板计算高度边缘处，同时受较大的正应力、剪应力和局部压应力；或同时受较大的正应力和剪应力（如连续梁中部支座处或梁的翼缘截面改变处等）时，依据最大形状改变能量强度理论验算该处的折算应力。

《钢结构设计标准》（GB 50017—2017）规定：

6.1.5 在梁的腹板计算高度边缘处，若同时承受较大的正应力、剪应力和局部压应力，或同时承受较大的正应力和剪应力时，其折算应力应按下列公式计算：

$$\sqrt{\sigma^2+\sigma_c^2-\sigma\sigma_c+3\tau^2} \leqslant \beta_1 f \qquad (6.1.5-1)$$

$$\sigma = \frac{M}{I_n}y_1 \qquad (6.1.5-2)$$

式中 $\sigma$、$\tau$、$\sigma_c$ ——腹板计算高度边缘同一点上同时产生的正应力、剪应力和局部压应力，$\tau$ 和 $\sigma_c$ 应按本标准式（6.1.3）和式（6.1.4-1）计算，$\sigma$ 应按式（6.1.5-2）计算，$\sigma$ 和 $\sigma_c$ 以拉应力为正值，压应力为负值（N/mm²）；

$I_n$ ——梁净截面惯性矩（mm⁴）；

$y_1$ ——所计算点至梁中和轴的距离（mm）；

$\beta_1$ ——强度增大系数；当 $\sigma$ 与 $\sigma_c$ 异号时，取 $\beta_1$ = 1.2；当 $\sigma$ 与 $\sigma_c$ 同号或 $\sigma_c$ = 0 时，取 $\beta_1$ = 1.1。

实际工程中只是梁的某一截面处腹板边缘的折算应力达到极限承载力，几种应力都以较大值在同一处出现的概率很小，故将强度设计值乘以 $\beta_1$ 予以提高。当 $\sigma$ 和 $\sigma_c$ 异号时，其塑性变形能力比 $\sigma$ 和 $\sigma_c$ 同号时大，故前者的 $\beta_1$ 值大于后者。

#### 4.2.2 梁的刚度

梁的刚度一般按正常使用荷载引起的最大挠度来衡量，梁的刚度验算即为梁的挠度验算。梁的刚度不足，会产生较大的挠度。如平台梁的挠度超过正常使用的某一限值时，会给人产生一种不舒服和不安全的感觉，也影响结构的正常使用；吊车梁挠度过大，会使吊车不能正常工作。因此梁的刚度可按下式验算：

$$v \leqslant [v] \qquad (4-6)$$

式中 $v$——由荷载的标准值（不考虑荷载分项系数和动力系数）产生的最大挠度；

$[v]$——容许挠度值，一般情况下可参照附录 F，当有实际经验或特殊要求时，可根据不影响正常使用和观感的原则，对附录 F 的规定进行适当调整。

梁的挠度可按材料力学和结构力学方法计算，也可按结构静力计算手册取用。受多个集中荷载的梁（如吊车梁、楼盖主梁），其挠度的精确计算较为复杂，但与最大弯矩相同的均布荷载作用下的挠度接近。因此，可采用下列近似计算公式验算等截面梁的挠度：

$$\frac{v}{l} = \frac{5}{384} \cdot \frac{q_k l^3}{EI_x} = \frac{5}{48} \cdot \frac{q_k l^2 l}{8EI_x} \approx \frac{M_k l}{10EI_x} \leqslant \frac{[v]}{l} \qquad (4-7)$$

式中 $q_k$——均布荷载标准值（kN/m）；

$M_k$——荷载标准值产生的最大弯矩（kN·m）；

$I_x$——跨中毛截面惯性矩（mm⁴）。

**【例4-1】** 已知一焊接工字梁受静力荷载作用，在某一截面，弯矩和剪力均较大，$M=1050$kN·m，$V=700$kN，截面如图4-7所示。集中力处设有加劲肋。钢材采用Q235钢。试验算该截面强度。

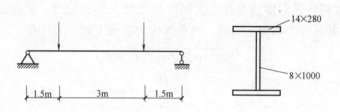

图4-7 例4-1图

**解**：查附录表B-1，钢材抗弯强度$f=215$N/mm²，钢材抗剪强度$f_v=125$N/mm²。

（1）截面特性：

$$I_x = \left(\frac{1}{12}\times 280\times 1028^3 - \frac{1}{12}\times 272\times 1000^3\right) \text{mm}^4 = 2682058880 \text{mm}^4$$

$$S_x = (8\times 500\times 250 + 14\times 280\times 507)\text{mm}^3 = 2987440 \text{mm}^3$$

$$S_1 = 14\times 280\times 507 \text{mm}^3 = 1987440 \text{mm}^3$$

$$W_{nx} = \frac{I_{nx}}{h/2} = \frac{2682058880}{514}\text{mm}^3 = 5218013 \text{mm}^3$$

（2）弯曲正应力：

梁承受静力荷载，可按有限塑性原则计算强度。

翼缘宽厚比：$\dfrac{b_1}{t}=\dfrac{136}{14}=9.7<11$，查表4-2，截面等级为S2级，截面塑性发展系数：$\gamma_x=1.05$

$$\sigma = \frac{M}{\gamma_x W_{nx}} = \frac{1050\times 10^6 \text{N·mm}}{1.05\times 5218013 \text{mm}^3} = 191.6 \text{N/mm}^2 < f = 215 \text{N/mm}^2$$

（3）剪应力：

$$\tau = \frac{V\cdot S_x}{I\cdot t} = \frac{700\times 10^3 \text{N}\times 2987440 \text{mm}^3}{2682058880 \text{mm}^4 \times 8\text{mm}} = 97.5 \text{N/mm}^2 < f_v = 125 \text{N/mm}^2$$

由于集中力设有加劲肋，局压应力不需验算。

（4）折算应力：

$$\sigma_1 = \frac{M}{I_{nx}}\cdot y_1 = \frac{1050\times 10^6 \text{N·mm}}{2682058880 \text{mm}^4}\times 500 \text{mm} = 195.7 \text{N/mm}^2$$

$$\tau_1 = \frac{V\cdot S_1}{I\cdot t} = \frac{700\times 10^3 \text{N}\times 1987440 \text{mm}^3}{2682058880 \text{mm}^4 \times 8\text{mm}} = 64.8 \text{N/mm}^2$$

$$\sqrt{\sigma_1^2 + 3\tau_1^2} = \sqrt{195.7^2 + 3\times 64.8^2}\text{ N/mm}^2 = 225.6 \text{N/mm}^2 < \beta\cdot f = 215\times 1.1 \text{N/mm}^2 = 236.5 \text{N/mm}^2$$

该截面强度满足要求。

## 4.3 梁的整体稳定

受弯构件如果没有适当的支撑体系阻止它侧向弯曲和扭转，经常会在未达到强度极限之前丧失整体稳定，也就是因弯扭屈曲而丧失承载力。梁的临界弯矩随荷载作用方式，梁的侧向弯曲刚度和扭转刚度等因素而变化。

### 4.3.1 梁整体稳定的概念

梁的截面一般做成高而窄的形式，构件在主平面内抗弯承载能力大，能充分发挥材料的强度，但其侧向抗弯刚度、抗扭刚度较小。在梁的最大刚度平面内，当荷载较小时，梁的弯曲平衡状态是稳定的。然而，当弯矩增大，在受压翼缘的最大弯曲压应力达到某一数值时，钢梁会突然在偶然的很小的侧向干扰力下，突然向刚度较小的侧向发生较大的弯曲，同时伴随发生扭转，如图4-8所示，这时即使除去侧向干扰力，侧向弯扭变形也不再消失，如弯矩再稍增大，则弯扭变形迅速继续增大，从而使梁失去承载力。这种因弯矩超过临界限值而使钢梁从稳定平衡状态转变为不稳定平衡

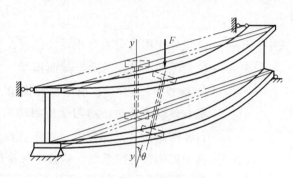

图 4-8 梁的整体失稳

状态并发生侧向弯扭屈曲的现象，称为钢梁侧扭屈曲或钢梁丧失整体稳定。梁能维持稳定平衡状态所承受的最大荷载或最大弯矩，称为临界荷载或临界弯矩。

梁整体稳定的临界荷载与梁的侧向抗弯刚度、抗扭刚度、荷载沿梁跨分布情况及其在截面上的作用点位置等因素有关。根据弹性稳定理论，双轴对称工字形截面简支梁的临界弯矩和临界应力为：

临界弯矩：

$$M_{cr} = k \frac{\sqrt{EI_y GI_t}}{l} \tag{4-8}$$

临界应力：

$$\sigma_{cr} = \frac{M_{cr}}{W_x} = \beta \frac{\sqrt{EI_y GI_t}}{lW_x} \tag{4-9}$$

式中 $W_x$——梁对 $x$ 轴的毛截面模量（$mm^3$）；

$l$——梁受压翼缘的自由长度（受压翼缘相邻侧向支撑点之间的距离）（m）；

$I_y$——梁对 $y$ 轴（弱轴）的毛截面惯性矩（$mm^4$）；

$I_t$——梁截面扭转惯性矩（$mm^4$）；

$E$、$G$——钢材的弹性模量和切变模量（$N/mm^2$）；

$k$——梁的侧扭屈曲系数，与荷载类型、梁端支承方式以及横向荷载作用位置等有关。

### 4.3.2 梁整体稳定的实用算法

**1. 单向受弯梁**

当不满足不必计算整体稳定条件时,应对梁的整体稳定进行计算,即

$$\sigma = \frac{M_x}{W_x} \leq \frac{\sigma_{cr}}{\gamma_R} = \frac{\sigma_{cr} f_y}{f_y \gamma_R} = \varphi_b f \tag{4-10}$$

或写成《钢结构设计标准》(GB 50017—2017)采用的形式。

> 6.2.2 除本标准第6.2.1条所规定情况外,在最大刚度主平面内受弯的构件,其整体稳定性应按下式计算:
>
> $$\frac{M_x}{\varphi_b W_x f} \leq 1.0 \tag{6.2.2}$$
>
> 式中 $M_x$——绕强轴作用的最大弯矩设计值(N·mm);
> $W_x$——按受压纤维确定的梁毛截面模量,当截面板件宽厚比等级为S1级、S2级、S3级或S4级时,应取全截面模量,当截面板件宽厚比等级为S5级时,应取有效截面模量,均匀受压翼缘有效外伸宽度可取$15t_1\varepsilon_k$,腹板有效截面可按压弯构件局部稳定和屈曲后有效截面确定($mm^3$);
> $\varphi_b$——梁的整体稳定性系数,应按本标准附录C确定。

关于梁整体稳定系数 $\varphi_b$,由于临界应力理论公式比较繁杂,不便应用,故《钢结构设计标准》(GB 50017—2017)简化成实用的计算公式。如各种荷载作用的双轴或单轴对称等截面组合工字形以及 H 型钢简支梁的整体稳定系数 $\varphi_b$ 简化为下式:

$$\varphi_b = \beta_b \frac{4320}{\lambda_y^2} \cdot \frac{Ah}{W_x} \left[ \sqrt{1 + \left(\frac{\lambda_y t_1}{4.4h}\right)^2} + \eta_b \right] \varepsilon_k^2 \tag{4-11}$$

式中 $\beta_b$——梁整体稳定的等效临界弯矩系数,按附录C采用;
$\lambda_y$——梁在侧向支承点间对截面弱轴(y轴)的长细比,$\lambda_y = l_1/i_y$,$i_y$ 为梁的毛截面对 y 轴的截面回转半径;
$A$——梁的毛截面面积($mm^2$);
$h$、$t_1$——梁的截面的全高和受压翼缘厚度(mm);
$\eta_b$——截面不对称影响系数,按附录C采用,对双轴对称截面 $\eta_b = 0$;
$\varepsilon_k$——钢号修正系数。

上述整体稳定系数是按弹性稳定理论求得的。研究证明,当求得的 $\varphi_b$ 大于 0.6 时,梁已进入非弹性工作阶段,整体稳定临界应力有明显的降低,必须对 $\varphi_b$ 进行修正。标准规定,当按上述公式或表格确定的 $\varphi_b > 0.6$ 时,用下式求得的 $\varphi_b'$ 代替 $\varphi_b$ 进行梁的整体稳定计算:

$$\varphi_b' = 1.07 - \frac{0.282}{\varphi_b} \leq 1.0 \tag{4-12}$$

**2. 双向受弯梁**

> 6.2.3 除本标准第6.2.1条所指情况外,在两个主平面受弯的 H 型钢截面或工字形截面构件,其整体稳定性应按下式计算:

$$\frac{M_x}{\varphi_b W_x f}+\frac{M_y}{\gamma_y W_y f}\leq 1.0 \qquad (6.2.3)$$

式中 $W_y$——按受压最大纤维确定的对 $y$ 轴的毛截面模量（mm³）；

$\varphi_b$——绕强轴弯曲所确定的梁整体稳定系数，应按本标准附录 C 计算。

**3. 支座承担负弯矩且梁顶有混凝土楼板时**

框架梁下翼缘的稳定性计算应符合下列规定。

1）当 $\lambda_{n,b}\leq 0.45$ 时，可不计算框架梁下翼缘的稳定性。

2）当不满足上述要求时，框架梁下翼缘的稳定性应按下式计算：

$$\frac{M_x}{\varphi_d W_{1x} f}\leq 1.0 \qquad (4\text{-}13)$$

$$\lambda_e = \pi\lambda_{n,b}\sqrt{\frac{E}{f_y}} \qquad (4\text{-}14)$$

$$\lambda_{n,b}=\sqrt{\frac{f_y}{\sigma_{cr}}} \qquad (4\text{-}15)$$

$$\sigma_{cr}=\frac{3.46b_1 t_1^3+h_w t_w^3(7.27\gamma+3.3)\varphi_1}{h_w^2(12b_1 t_1+1.78h_w t_w)}E \qquad (4\text{-}16)$$

$$\gamma=\frac{b_1}{t_w}\sqrt{\frac{b_1 t_1}{h_w t_w}} \qquad (4\text{-}17)$$

$$\varphi_1=\frac{1}{2}\left(\frac{5.436\gamma h_w^2}{l^2}+\frac{l^2}{5.436\gamma h_w^2}\right) \qquad (4\text{-}18)$$

式中 $b_1$——受压翼缘的宽度（mm）；

$t_1$——受压翼缘的厚度（mm）；

$W_{1x}$——弯矩作用平面内对受压最大纤维的毛截面模量（mm³）；

$\varphi_d$——稳定系数，根据换算长细比 $\lambda_e$ 按附录 D.2 采用；

$\lambda_e$——换算长细比；

$\lambda_{n,b}$——正则化长细比；

$\sigma_{cr}$——畸变屈曲临界应力（N/mm²）；

$l$——当框架主梁支承次梁且次梁高度不小于主梁高度一半时，取次梁到框架柱的净距；除此情况外，取梁净距的一半（mm）。

3）当不满足 1）、2）条时，在侧向未受约束的受压翼缘区段内，应设置隅撑或沿梁长设间距不大于 2 倍梁高并与梁等宽的横向加劲肋。

### 4.3.3 影响梁整体稳定性的因素及增强梁整体稳定性的措施

**1. 影响梁整体稳定性的因素**

影响梁整体稳定的因素非常多，但从梁整体稳定的概念和基本理论分析，可以看出：

1）梁的侧向抗弯刚度 $EI_y$、抗扭刚度 $GI_t$ 越大，临界弯矩 $M_{cr}$ 越大。

2）梁受压翼缘的自由长度 $l_1$ 越大，临界弯矩 $M_{cr}$ 越小。

3）荷载作用类型及其作用位置对临界弯矩有影响，跨中央作用一个集中荷载时临界弯矩最大，纯弯曲时临界弯矩最小；荷载作用在下翼缘比作用在上翼缘的临界弯矩 $M_{cr}$ 大，这是由于梁一旦扭转，作用在上翼缘荷载对剪心产生的附加弯矩与梁的扭转方向是相同的，如图 4-9a 所示；作用于下翼缘的荷载对剪心产生的附加弯矩与梁的扭转方向是相反的，如图 4-9b 所示，因而会减缓梁的扭转。

图 4-9 荷载作用位置图
a）荷载作用于上翼缘　b）荷载作用于下翼缘

**2. 增强梁整体稳定性的措施**

从影响梁整体稳定性的因素来看可以采用以下办法增强梁的整体稳定性：

1）增大梁截面尺寸，其中增大受压翼缘的宽度是最有效的。
2）增加侧向支撑系统，减小构件侧向支撑点间的距离 $l_1$，侧向支撑应设在受压翼缘处。
3）当跨内无法增设侧向支撑时，宜采用闭合箱形截面，因其 $I_y$、$I_x$ 和 $I_w$ 均较开口截面的大。
4）增加梁两端的约束，提高其整体稳定性。在实际设计中，必须采取措施，使梁端不能发生扭转。

在以上措施中没有提到荷载种类和荷载作用位置，这是因为在设计中它们一般并不取决于设计者。

**3. 梁整体稳定性的保证**

《钢结构设计标准》（GB 50017—2017）规定，当符合下列情况之一时，梁的整体稳定可以得到保证，不必计算：

1）有铺板（各种钢筋混凝土板和钢板）密铺在梁的受压翼缘上并与其牢固连接，能阻止梁受压翼缘的侧向位移时，可不计算梁的整体稳定性。
2）重型吊车梁和锅炉构架大板梁有时采用箱形截面梁，截面尺寸（图 4-10）截面尺寸满足 $h/b_0 \leq 6$，且 $l_1/b_0 \leq 95\varepsilon_k^2$ 即满足表 4-1 要求时，可不计算整体稳定性。

表 4-1 箱形截面梁不需计算整体稳定性 $l_1/b$ 的最大限值

| 钢材牌号 | $l_1/b$ |
|---|---|
| Q235 | 95 |
| Q345 | 64.7 |
| Q390 | 57.2 |
| Q420 | 53.2 |
| Q460 | 48.5 |

【例 4-2】如图 4-11 所示的两种简支梁截面，其截面面积大小相同，跨度均为 12m，跨间无侧向支撑点，均布荷载大小也相同，均作用在梁的上翼缘，钢材 Q235，试比较梁的整体稳定性系数 $\varphi_b$，说明哪根的稳定性更好。

**解：**

（1）截面 I，如图 4-11a 所示。

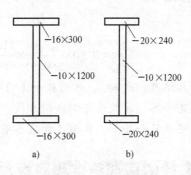

图 4-10 箱形截面梁　　　　　图 4-11 例 4-2 图

$$A = (2 \times 16 \times 300 + 1200 \times 10) \text{mm}^2 = 21600 \text{mm}^2$$

$$I_y = 2 \times \frac{1}{12} \times 16 \times 300^3 \text{mm}^4 = 7200 \times 10^4 \text{mm}^4$$

$$i_y = \sqrt{\frac{I_y}{A}} = \sqrt{\frac{7200 \times 10^4}{21600}} \text{mm} = 58 \text{mm}$$

$$\lambda_y = \frac{12000}{58} = 206.9$$

$$h = 1232 \text{mm}, t_1 = 16 \text{mm}$$

$$W_x = \frac{2I_x}{h} = \frac{2 \times \left(\frac{1}{12} \times 10 \times 1200^3 + 2 \times 16 \times 300 \times 608^2\right)}{1232} \text{mm}^3 = 8100 \times 10^3 \text{mm}^3$$

$$\xi = \frac{l_1 t_1}{b_1 h} = \frac{12000 \times 16}{300 \times 1232} = 0.52 < 2.0, 得:$$

$$\beta_b = 0.69 + 0.13\xi = 0.69 + 0.13 \times 0.52 = 0.76$$

$$\varphi_b^1 = \beta_b \frac{4320Ah}{\lambda_y^2 W_x} \sqrt{1 + \left(\frac{\lambda_y t_1}{4.4h}\right)^2} = \beta_b \frac{4320 \times 21600 \times 1232}{206.9^2 \times 8100 \times 10^3} \sqrt{1 + \left(\frac{206.9 \times 16}{4.4 \times 1232}\right)^2} = 0.3$$

（2）截面Ⅱ，如图 4-11b 所示。

$$A = (2 \times 240 \times 20 + 1200 \times 10) \text{mm} = 21600 \text{mm}^2$$

$$I_y = 2 \times \frac{1}{12} \times 20 \times 240^3 \text{mm}^4 = 4610 \times 10^4 \text{mm}^4$$

$$i_y = \sqrt{\frac{I_y}{A}} = \sqrt{\frac{4610 \times 10^4}{21600}} \text{mm} = 46 \text{mm}$$

$$\lambda_y = \frac{l}{i_y} = \frac{12000}{46} = 260.9 \quad h = 1240 \text{mm}, t_1 = 20 \text{mm}$$

$$W_x = \frac{2I_x}{h} = \frac{2 \times \left(\frac{1}{12} \times 10 \times 1200^3 + 2 \times 20 \times 240 \times 610^2\right)}{1240} \text{mm}^3 = 8080 \times 10^3 \text{mm}^3$$

$$\xi = \frac{1200 \times 2}{24 \times 124} = 0.81 < 2.0 \; 得:$$

$$\beta_b = 0.69 + 0.13 \times 0.81 = 0.80$$

$$\varphi_b^2 = 0.80 \times \frac{4320}{260.9^2} \times \frac{21600 \times 1240}{8080 \times 10^3} \times \sqrt{1 + \left(\frac{260.9 \times 20}{4.4 \times 1240}\right)^2} = 0.23$$

计算结果：$\varphi_b^1 > \varphi_b^2$，说明截面 I 的整体稳定性比截面 II 的好。因为截面 I 的翼缘板较截面 II 的宽而薄，故截面在侧向较开展，增加了抗侧弯扭的能力。因此，计算钢梁时，在满足局部稳定性的条件下，截面尺寸宜尽量开展。

## 4.4 梁的局部稳定和腹板加劲肋设计

### 4.4.1 受弯构件局部稳定的概念

由于钢材的轻质高强，在进行受弯构件截面设计时，为了节省材料，提高抗弯承载能力、整体稳定性和刚度，常选择宽而薄的截面。然而，如果板件过于宽薄，在构件发生强度破坏或丧失整体稳定之前，当板中压应力或剪应力达到某一数值（即板的临界应力）后，部分薄板受压翼缘或腹板可能突然偏离其原来的平面位置而发生显著的波形屈曲（图4-12），这种现象称为构件丧失局部稳定性。

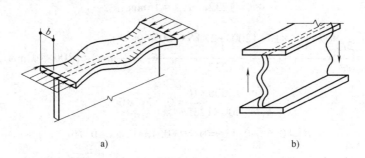

图 4-12 梁局部失稳

a) 翼缘 b) 腹板

当翼缘或腹板丧失局部稳定时，虽然不会使整个构件立即失去承载能力，但薄板局部屈曲部位会迅速退出工作，构件整体弯曲中心偏离荷载的作用平面，使构件的刚度减小，强度和整体稳定性降低，以致构件发生扭转而提早失去整体稳定。因此，设计受弯构件时，选择的板件不能过于宽而薄。

### 4.4.2 受压翼缘的局部稳定

根据弹性力学小挠度理论，由薄板屈曲平衡关系，对于简支矩形板，临界应力 $\sigma_{cr}$：

$$\sigma_{cr} = \frac{k\pi^2 E}{12(1-\nu^2)}\left(\frac{t}{b}\right)^2 = f_y \tag{4-19}$$

式中 $k$——屈曲系数；

$E$——钢材弹性模量（N/mm²）；

$f_y$——钢材屈服强度（N/mm²）；

$\nu$——钢材的泊松比。

对工字形截面的翼缘，如图 4-13 所示，三边简支一边自由的板件的屈曲系数 $k$ 为 0.43，按式（4-19）计算，临界应力达到屈服应力 $f_y = 235\text{N/mm}^2$ 时板件宽厚比 18.6。

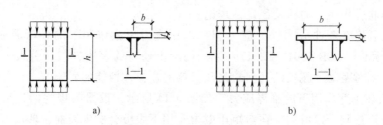

图 4-13 组合梁的受压翼缘板

$$\left(\frac{b_1}{t}\right)_y = \sqrt{\frac{k\pi^2 E}{12(1-\nu^2)f_y}}$$

S1 级、S2 级、S4 级和 S5 级分类的界限宽厚比分别是 $\left(\dfrac{b_1}{t}\right)_y$ 的 0.5、0.6、0.8 和 1.1 倍取整数。

对箱形截面的翼缘，四边简支板的屈曲系数 $k$ 为 4，按式（4-19）计算，临界应力达到屈服应力 $f_y = 235\text{N/mm}^2$ 时板件宽厚比 56.29。S1 级、S2 级、S4 级分类的界限宽厚比分别是 $\left(\dfrac{b_1}{t}\right)_y$ 的 0.5、0.6、0.8 倍取整数。对于 S5 级，因为两纵向边支承的翼缘有屈曲后强度，所以板件宽厚比不再作额外限值，见表 4-2。

表 4-2 受弯构件的截面设计等级及板件宽厚比限值

| 构件 | 截面板件宽厚比等级 | | S1 级 | S2 级 | S3 级 | S4 级 | S5 级 |
|---|---|---|---|---|---|---|---|
| 受弯构件（梁） | 工字形截面 | 翼缘 $b/t$ | $9\varepsilon_k$ | $11\varepsilon_k$ | $13\varepsilon_k$ | $15\varepsilon_k$ | 20 |
| | | 腹板 $h_0/t_w$ | $65\varepsilon_k$ | $72\varepsilon_k$ | $93\varepsilon_k$ | $124\varepsilon_k$ | 250 |
| | 箱形截面 | 壁板（腹板）间翼缘 $b_0/t$ | $25\varepsilon_k$ | $32\varepsilon_k$ | $37\varepsilon_k$ | $42\varepsilon_k$ | — |

注：1. $\varepsilon_k$ 为钢号修正系数，其值为 235 与钢材牌号中屈服点数值的比值的平方根。
2. $b$ 为工字形、H 形截面的翼缘外伸宽度，$t$、$h_0$、$t_w$ 分别是翼缘厚度、腹板净高和腹板厚度。对轧制型截面，腹板净高不包括翼缘腹板过渡处圆弧段；对于箱形截面，$b_0$、$t$ 分别为壁板间的距离和壁板厚度。
3. 箱形截面梁及单向受弯的箱形截面柱，其腹板限值可根据 H 形截面腹板采用。
4. 腹板的宽厚比可通过设置加劲肋减小。
5. 当 S5 级截面的板件宽厚比小于 S4 级经 $\varepsilon_\sigma$ 修正的板件宽厚比时，可归属为 S4 级截面。$\varepsilon_\sigma$ 为应力修正因子，$\varepsilon_\sigma = \sqrt{f_y/\sigma_{\max}}$。

### 4.4.3 腹板的局部稳定

组合梁腹板的局部稳定有两种计算方法。对于承受静力荷载和间接承受动力荷载的组合梁，允许腹板在梁整体失稳前屈曲，并利用屈曲后强度，按规定布置加劲肋并计算其抗弯和抗剪承载力。对于直接承受动力荷载的吊车梁及类似构件或其他不考虑屈曲后强度的组合，以腹板的屈曲作为承载力的极限状态，按下列原则配置加劲肋，并计算腹板的稳定。

**1. 各种应力状态下临界应力的计算**

组合梁的腹板一般都同时受几个应力作用，各项应力差异较大，研究起来较困难。通常分别研究剪应力 $\tau$、弯曲应力 $\sigma$、局部压应力 $\sigma_c$ 单独作用下的临界应力，再根据试验研究建立三项应力联合作用下的相关稳定性理论。

计算腹板区格在弯曲应力、剪应力和局部压应力单独作用下的各项屈曲临界应力时，《钢结构设计标准》（GB 50017—2017）采用国际上通行的表达方式，引入了腹板正则化宽厚比的概念，同时考虑了腹板的几何缺陷和材料的非弹性性能的影响。

（1）腹板在纯弯作用下的临界应力　如图 4-14 所示，设梁腹板为四边简支板，如果腹板过薄，当弯矩达到一定值后，在弯矩压应力作用下腹板会发生屈曲，形成多波失稳。沿横向（$h_0$ 方向）为一个半波，波峰在压力作用区偏上的位置。沿纵向形成的屈曲波数取决于波长。屈曲系数 $k$ 的大小取决于板的边长比。图 4-15 给出了 $k$ 与 $a/h_0$ 的关系，$a/h_0$ 超过 0.7 后 $k$ 值变化不大，$k_{min} = 23.9$。比较有效的措施是在腹板受压区中部偏上的部位设置纵向加劲肋，如图 4-16 所示，加劲肋距受压边的距离为 $h_1 = (1/5 \sim 1/4)h_0$，以便有效阻止腹板的屈曲。纵向加劲肋只需设在梁弯曲应力较大的区段。

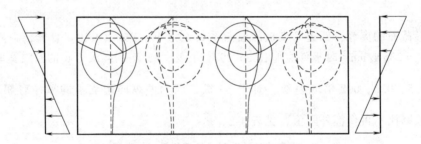

**图 4-14　腹板纯弯屈曲**

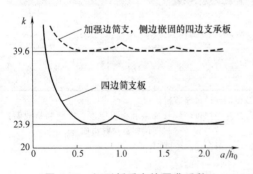

**图 4-15　矩形板受弯的屈曲系数**

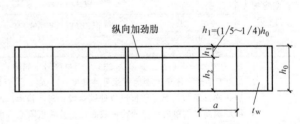

**图 4-16　焊接组合梁的纵向加劲肋**

如果不考虑上、下翼缘对腹板的转动约束作用，将 $k_{min} = 23.9$ 代入式（4-19）得：

$$\sigma_{cr} = 445 \left(\frac{t_w}{h_0}\right)^2 \times 10^4 \tag{4-20}$$

实际上，由于受拉翼缘刚度较大，腹板和受压翼缘相连接的转动基本被约束，相当于完全嵌固。此时，嵌固系数$\chi_b = 1.66$；当无构造限制其转动时，腹板上部约束介于简支和嵌固之间，嵌固系数$\chi_b = 1.0$，将式（4-20）分别乘以$\chi_b$得：

当梁的受压翼缘的扭转受到约束时：

$$\sigma_{cr} = 738 \left(\frac{t_w}{h_0}\right)^2 \times 10^4 \tag{4-21}$$

当梁的受压翼缘的扭转未受到约束时：

$$\sigma_{cr} = 445 \left(\frac{t_w}{h_0}\right)^2 \times 10^4 \tag{4-22}$$

令$\sigma_{cr} \geq f_y$，以保证腹板在最大受压边缘屈服前不发生屈曲，则分别得到腹板高厚比限制：

$$h_0/t_w \leq 177 \sqrt{\frac{235}{f_y}} \tag{4-23}$$

$$h_0/t_w \leq 138 \sqrt{\frac{235}{f_y}} \tag{4-24}$$

引入抗弯计算的腹板正则化宽厚比：

$$\lambda_{n,b} = \sqrt{\frac{f_y}{\sigma_{cr}}} \tag{4-25}$$

式中 $f_y$——钢材的屈服强度（N/mm²）；

$\sigma_{cr}$——理想平板受弯时的弹性临界应力（N/mm²）。

当梁截面为单轴对称时，为了提高梁的整体稳定，一般加强受压翼缘，这样腹板受压区高度$h_c$小于$h_0/2$，腹板边缘压应力小于边缘拉应力，这时计算临界应力$\sigma_{cr}$时，屈曲系数$k_b$应大于23.9，在实际计算中，仍取$k_b = 23.9$，而把腹板计算高度$h_0$用$2h_c$代替。

当梁的受压翼缘的扭转受到约束时：

$$\lambda_{n,b} = \frac{2h_c/t_w}{177} \cdot \frac{1}{\varepsilon_k} \tag{4-26}$$

当梁受压翼缘扭转未受到约束时

$$\lambda_{n,b} = \frac{2h_c/t_w}{138} \cdot \frac{1}{\varepsilon_k} \tag{4-27}$$

弯曲临界应力可分为塑性、弹塑性和弹性三段，计算公式如下：

当$\lambda_{n,b} \leq 0.85$时

$$\sigma_{cr} = f \tag{4-28}$$

当$0.85 < \lambda_{n,b} \leq 1.25$时

$$\sigma_{cr} = [1 - 0.75(\lambda_{n,b} - 0.85)]f \tag{4-29}$$

当$\lambda_{n,b} > 1.25$时

$$\sigma_{cr} = 1.1f/\lambda_{n,b}^2 \tag{4-30}$$

式（4-28）、式（4-29）、式（4-30）分别属于塑性、弹塑性和弹性范围，各范围之间的界限确定原则为：对于既无几何缺陷又无残余应力的理想弹塑性板，并不存在弹塑性过渡

区，塑性范围和弹性范围的分界点应是 $\lambda_{n,b}=1.0$。当 $\lambda_{n,b}=1.0$ 时，$\sigma_{cr}=f_y$。

（2）腹板在纯剪力作用下的临界应力　图 4-17 梁腹板属于四边支承的矩形板，四边均布剪力作用，处于纯剪状态。板中主应力与剪应力大小相等并成 45°角，主应力可引起板的屈曲。如不考虑发展塑性，可将式（4-19）改写为

$$\tau_{cr}=18.6k\chi\left(\frac{t_w}{b}\right)^2\times 10^4 \qquad (4\text{-}31)$$

式中　$b$——板的边长 $a$ 与 $h_0$ 中的较小者（mm）；

　　　$t_w$——腹板的厚度（mm）；

　　　$h_0$——腹板的高度（mm）。

受剪腹板的屈曲系数 $k$ 和腹板区格的长宽比 $a/h_0$ 有关。

当 $a/h_0 \leqslant 1.0$ 时

$$k=4+5.34(h_0/a)^2 \qquad (4\text{-}32)$$

当 $a/h_0 > 1.0$ 时

$$k=5.34+4(h_0/a)^2 \qquad (4\text{-}33)$$

式中　$a$——腹板横向加劲肋的间距（mm）。

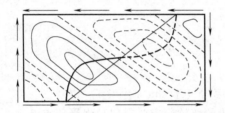
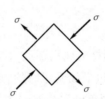

图 4-17　腹板纯剪屈曲

图 4-18 给出了 $k$ 与 $a/h_0$ 的关系。从图中可见随 $a$ 的减小，临界剪应力提高。所以，一般采用在腹板上设置横向加劲肋以减小 $a$ 的办法来提高临界剪应力，如图 4-19 所示。

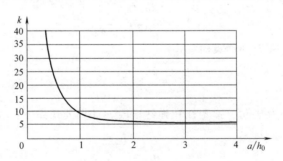

图 4-18　$k$ 与 $a/h_0$ 的关系

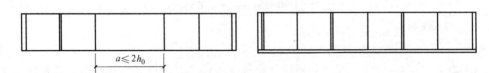

图 4-19　横向加劲肋的布置

剪应力在梁支座处最大,向跨中逐渐减小,故横向加劲肋也可不等间距布置,靠近支座处密些。但为制作和构造方便,常取等距布置。如图 4-18 所示,当 $a/h_0 > 2$ 时,$k$ 值变化不大。因此《钢结构设计标准》(GB 50017—2017) 规定横向加劲肋最大间距为 $2h_0$(对无局部压应力的梁,当 $h_0/t_w \leq 100$ 时,可放宽至 $2.5h_0$)。

腹板抗剪计算时的正则化宽厚比为

$$\lambda_{n,s} = \sqrt{\frac{f_{vy}}{\tau_{cr}}} \tag{4-34}$$

将 $\chi_b = 1.23$ 代入式 (4-31),则

$$\lambda_{n,s} = \frac{h_0/t_w}{37\eta\sqrt{k_s}}\sqrt{\frac{f_y}{235}} \tag{4-35}$$

当 $a/h_0 \leq 1.0$ 时

$$\lambda_{n,s} = \frac{h_0/t_w}{37\eta\sqrt{4+5.34\left(\dfrac{h_0}{a}\right)^2}} \cdot \frac{1}{\varepsilon_k} \tag{4-36}$$

当 $a/h_0 > 1.0$ 时

$$\lambda_{n,s} = \frac{h_0/t_w}{37\eta\sqrt{5.34+4\left(\dfrac{h_0}{a}\right)^2}} \cdot \frac{1}{\varepsilon_k} \tag{4-37}$$

根据正则化宽厚比 $\lambda_{n,s}$ 的范围不同,剪切临界应力的计算公式如下:

当 $\lambda_{n,s} \leq 0.8$ 时

$$\tau_{cr} = f_v \tag{4-38}$$

当 $0.8 < \lambda_{n,s} \leq 1.2$ 时

$$\tau_{cr} = [1-0.59(\lambda_{n,s}-0.8)]f_v \tag{4-39}$$

当 $\lambda_{n,s} > 1.2$ 时

$$\tau_{cr} = 1.1 f_v / \lambda_{n,s}^2 \tag{4-40}$$

(3) 局部应力作用下的临界应力 在集中荷载作用处未设支撑加劲肋及吊车荷载作用的情况下,都会使腹板处于局部压应力 $\sigma_c$ 作用之下。其应力分布状态如图 4-20 所示,在上边缘处最大,到下边缘减为零。其临界应力、正则化宽厚比计算式如下:

$$\sigma_{c,cr} = 18.6 k_c \chi_c \left(\frac{t_w}{h_0}\right)^2 \times 10^4 \tag{4-41}$$

屈曲系数 $k_c$ 与板的边长比有关:

1) 当 $0.5 \leq \dfrac{a}{h_0} \leq 1.5$ 时

$$k_c = \left(7.4+4.5\frac{h_0}{a}\right)\frac{h_0}{a} \tag{4-42}$$

2) 当 $1.5 < \dfrac{a}{h_0} \leq 2.0$ 时

$$k_c = \left(11 - 0.9\frac{h_0}{a}\right)\frac{h_0}{a} \qquad (4\text{-}43)$$

承受局部压力的板翼缘对腹板的嵌固系数为：

$$\chi_c = 1.81 - 0.255\frac{h_0}{a} \qquad (4\text{-}44)$$

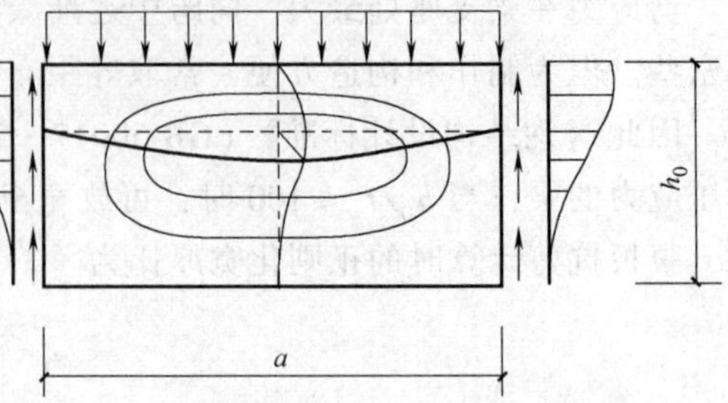

根据临界应力不小于屈服应力的准则，按 $\dfrac{a}{h_0} = 2.0$ 考虑腹板不发生局压失稳的高厚比限制：

$$\frac{h_0}{t_w} \leq 84\sqrt{\frac{235}{f_y}}$$

**图 4-20** 腹板在局部压应力作用下的失稳

取为

$$\frac{h_0}{t_w} \leq 80\sqrt{\frac{235}{f_y}} \qquad (4\text{-}45)$$

局部压力的正则化宽厚比：

$$\lambda_{n,c} = \sqrt{\frac{f_y}{\sigma_{c,cr}}} \qquad (4\text{-}46)$$

1) 当 $0.5 \leq \dfrac{a}{h_0} \leq 1.5$

$$\lambda_{n,c} = \frac{h_0/t_w}{28\sqrt{10.9 + 13.4(1.83 - a/h_0)^3}} \cdot \frac{1}{\varepsilon_k} \qquad (4\text{-}47)$$

2) 当 $1.5 < \dfrac{a}{h_0} \leq 2.0$

$$\lambda_{n,c} = \frac{h_0/t_w}{28\sqrt{18.9 - 5a/h_0}} \cdot \frac{1}{\varepsilon_k} \qquad (4\text{-}48)$$

根据正则化宽厚比 $\lambda_{n,c}$ 的范围不同，计算临界应力 $\sigma_{c,cr}$ 的公式如下：

1) 当 $\lambda_{n,c} \leq 0.9$ 时

$$\sigma_{c,cr} = f \qquad (4\text{-}49)$$

2) 当 $0.9 < \lambda_{n,c} \leq 1.2$ 时

$$\sigma_{c,cr} = [1 - 0.79(\lambda_{n,c} - 0.9)]f \qquad (4\text{-}50)$$

3) 当 $\lambda_{n,c} > 1.2$ 时

$$\sigma_{c,cr} = 1.1f/\lambda_{n,c}^2 \qquad (4\text{-}51)$$

在以上三组临界应力公式都引进了抗力分项系数，对高厚比很小的腹板，临界应力等于强度设计值 $f$ 或 $f_v$，而不是屈服强度 $f_y$ 或 $f_{vy}$，但是都乘以系数 1.1，它是抗力分项系数的近似值，即临界应力就是弹性屈服强度的理论值，即不再除以抗力分项系数。这是因为板处于弹性范围内，具有较大的屈曲后强度。

**2. 腹板加劲肋的设置规定**

综合以上，不考虑腹板屈曲后强度时，梁腹板加劲肋设置如下：

1）当 $\dfrac{h_0}{t_w} \leqslant 80\varepsilon_k$ 时，$\sigma_c \neq 0$，应按构造配置横向加劲肋；当局部压应力较小时，可不配置加劲肋。

2）直接承受动荷载的吊车梁及类似构件，应按下列规定配置加劲肋：

① 当 $\dfrac{h_0}{t_w} > 80\varepsilon_k$ 时，应配置横向加劲肋。

② 当 $\dfrac{h_0}{t_w} > 170\varepsilon_k$ 受压翼缘扭转受约束或 $\dfrac{h_0}{t_w} > 150\varepsilon_k$ 受压翼缘扭转未受约束，或按计算需要时，除配置横向加劲肋外，应在弯曲应力较大区格的受压区加配纵向加劲肋。局部压应力很大的梁，必要时尚应在受压区配置短加劲肋。

3）不考虑腹板屈曲后强度时，当 $\dfrac{h_0}{t_w} > 80\varepsilon_k$ 时，宜配置横向加劲肋。

4）任何情况下 $\dfrac{h_0}{t_w} \leqslant 250$。

5）梁的支座处和上翼缘受较大固定集中荷载处，宜配置支承加劲肋。

**3. 腹板局部稳定的计算**

以上分别介绍了腹板在几种应力作用下的屈曲问题，在实际中梁的腹板中常同时存在几种应力联合作用的情况，要提高腹板的局部稳定可以采用以下措施：加大腹板厚度和设置加劲肋。从经验来看前一种方法很不经济，后一种方法经济有效。接下来分情况介绍设置加劲肋的稳定计算方法。

（1）仅用横向加劲肋加强的腹板　如图 4-21 所示两横向加劲肋之间的腹板段，同时承受着弯曲正应力 $\sigma$，均布剪应力 $\tau$ 及局部压应力 $\sigma_c$ 的作用。当这些内力达到某种组合值时，腹板将由平板转变为微微弯曲的平衡状态，这就是腹板失稳的临界状态。其平衡方程求解运算非常繁复，此时可按《钢结构设计标准》（GB 50017—2017）提供的近似相关方程验算腹板的稳定：

$$\left(\dfrac{\sigma}{\sigma_{cr}}\right)^2 + \left(\dfrac{\tau}{\tau_{cr}}\right)^2 + \dfrac{\sigma_c}{\sigma_{c,cr}} \leqslant 1.0 \qquad (4\text{-}52)$$

式中　　　$\sigma$——计算区格内，平均弯矩作用下腹板计算高度边缘的弯曲压应力（N/mm²）；

　　　　　$\tau$——计算区格内，平均剪力作用下腹板截面剪应力（N/mm²）；

　　　　　$\sigma_c$——腹板计算高度边缘的局部压应力（N/mm²），计算时取 $\Psi = 1.0$；

$\sigma_{cr}$，$\tau_{cr}$，$\sigma_{c,cr}$——分别按式（4-28）~式（4-30），式（4-38）~式（4-40），式（4-49）~式（4-51）计算。

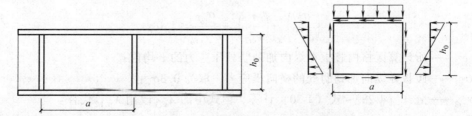

图 4-21　仅用横向加劲肋加强的腹板段

（2）同时设置横向和纵向加劲肋的腹板 同时用横向加劲肋和纵向加劲肋加强的腹板分别为上板段Ⅰ和下板段Ⅱ两种情况（图4-22），应分别验算。

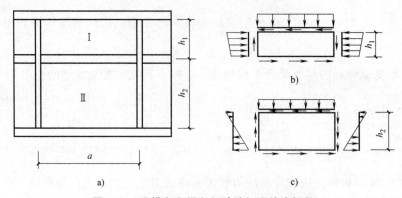

**图 4-22** 设横向和纵向加劲肋加强的腹板段

1）上板段Ⅰ。上板段Ⅰ的受力状态如图4-22b所示。两侧受近乎均匀的压应力和剪应力，上下边也按受 $\sigma_c$ 的均匀压应力考虑。这时的临界方程为：

$$\frac{\sigma}{\sigma_{cr1}}+\left(\frac{\sigma_c}{\sigma_{c,cr1}}\right)^2+\left(\frac{\tau}{\tau_{cr1}}\right)^2 \leq 1.0 \tag{4-53}$$

式中，$\sigma_{cr1}$ 按式（4-28）~式（4-30）计算，但式中的 $\lambda_{n,b}$ 改用下列 $\lambda_{n,b1}$ 计算：

① 当梁受压翼缘扭转受到约束时

$$\lambda_{n,b1}=\frac{h_1/t_w}{75\varepsilon_k} \tag{4-54}$$

② 当梁受压翼缘扭转未受到约束时

$$\lambda_{n,b1}=\frac{h_1/t_w}{64\varepsilon_k} \tag{4-55}$$

式中 $h_1$——纵向加劲肋至腹板计算高度受压翼缘的距离。

式（4-53）中 $\tau_{cr1}$ 按式（4-38）~式（4-40）计算，但式中的 $h_0$ 改为 $h_1$ 计算，$\sigma_{c,cr1}$ 也按式（4-28）~式（4-30）计算，但式中 $\lambda_{n,b}$ 改用 $\lambda_{n,c1}$ 代替：

① 当梁受压翼缘扭转受到约束时

$$\lambda_{n,c1}=\frac{h_1/t_w}{56\varepsilon_k} \tag{4-56}$$

② 当梁受压翼缘扭转未受到约束时

$$\lambda_{n,c1}=\frac{h_1/t_w}{40\varepsilon_k} \tag{4-57}$$

2）下板段Ⅱ。下板段Ⅱ受力状态如图4-22c所示，临界方程为：

$$\left(\frac{\sigma_2}{\sigma_{cr2}}\right)^2+\left(\frac{\tau}{\tau_{cr2}}\right)^2+\frac{\sigma_{c2}}{\sigma_{c,cr2}} \leq 1.0 \tag{4-58}$$

式中 $\sigma_2$——所计算区格内腹板在纵向加劲肋处压应力的平均值；

$\sigma_{c2}$——腹板在纵向加劲肋处的横向压应力，取为 $0.3\sigma_c$；

$\sigma_{cr2}$——公式（4-28）~式（4-30）计算，但式中的 $\lambda_{n,b}$ 改用 $\lambda_{n,b2}$ 代替：

$$\lambda_{n,b2} = \frac{h_2/t_w}{194\varepsilon_k} \tag{4-59}$$

$\tau_{cr2}$——按式（4-38）~式（4-40）计算，但式中的 $h_0$ 改为 $h_2$（$h_2=h_0-h_1$）；

$\sigma_{c,cr2}$——按式（4-28）~式（4-30）计算，但式中的 $h_0$ 改为 $h_2$，当 $a/h_2>2$ 时，取 $a/h_2=2$。

### 4.4.4 加劲肋的构造和截面尺寸

**1. 加劲肋布置**

焊接的加劲肋一般用钢板做成，并在腹板两侧成对布置（图4-23）。对非吊车梁的中间加劲肋，为了节约钢材和制造工作量，也可单侧布置。

焊接梁一般采用钢板制成的加劲肋，并在腹板两侧成对布置，也可单侧布置，但支承加劲肋不应单侧布置。

横向加劲肋的间距 $a$ 应满足：$0.5h_0 \leq a \leq 2h_0$。对无局部压应力的梁，即 $\sigma_c=0$，间距 $a$ 应满足：$0.5h_0 \leq a \leq 2.5h_0$。

**2. 加劲肋的截面尺寸**

加劲肋应有足够的刚度才能作为腹板的可靠支承，所以对加劲肋的截面尺寸和截面惯性矩应有一定要求。

(1) 仅设横向支承加劲肋时

1) 横向加劲肋的宽度（单位 mm）：

$$b_s = \frac{h_0}{30} + 40 \tag{4-60}$$

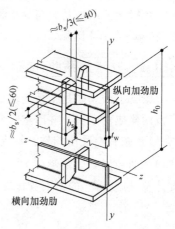

**图 4-23 腹板加劲肋**

单侧布置时，外伸宽度应比式（4-60）增大20%。

2) 加劲肋的厚度（单位 mm）：

承压加劲肋 $\quad t_s \geq \dfrac{b_s}{15}$

不受力加劲肋 $\quad t_s \geq \dfrac{b_s}{19}$ $\tag{4-61}$

(2) 同时设横向和纵向加劲肋时 当同时采用横向加劲肋和纵向加劲肋加强腹板时，横向加劲肋还作为纵向加劲肋的支承，在纵、横加劲肋相交处，应切断纵向加劲肋而使横向加劲肋直通。此时，横向加劲肋的截面尺寸除应符合上述规定外，其截面对腹板纵轴的惯性矩，尚应符合下式：

$$I_z = \frac{1}{12}t_s(2b_s+t_w)^3 \geq 3h_0 t_w^3 \tag{4-62}$$

纵向加劲肋应满足：

① 当 $a/h_0 \leq 0.85$ 时

$$I_y \geq 1.5h_0 t_w^3 \tag{4-63}$$

② 当 $a/h_0 > 0.85$ 时

$$I_y \geq \left(2.5 - 0.45\frac{a}{h_0}\right)\left(\frac{a}{h_0}\right)^2 h_0 t_w^3 \tag{4-64}$$

短加劲肋的外伸宽度应取横向加劲肋外伸宽度的 0.7~1.0 倍，厚度不应小于短加劲肋外伸宽度的 1/15，最小间距为 $0.75h_1$。

用型钢（H 型钢、工字钢、槽钢、肢尖焊于腹板的角钢）做成的加劲肋，其截面惯性矩不得小于相应钢板加劲肋的惯性矩。

计算加劲肋截面惯性矩时，双侧成对配置的加劲肋应以腹板中心线为轴线；在腹板一侧配置的加劲肋应以与加劲肋相连的腹板边缘线为轴线。

对直接承受动力荷载的梁（如吊车梁），中间横向加劲肋下端不应与受拉翼缘焊接（如果焊接，将降低受拉翼缘的疲劳强度），一般在距受拉翼缘 50~100mm 处断开，如图 4-24b 所示。

焊接梁横向加劲肋与翼缘板、腹板相接处应切角，当作为焊接工艺孔时，切角采用半径 $R = 30$mm 的 1/4 圆弧。

### 4.4.5 支承加劲肋计算

梁支承加劲肋是指承受较大固定集中荷载或者支座反力的横向加劲肋。这种加劲肋应在腹板两侧成对配置，并应进行整体稳定和端面承压计算，其截面往往比中间横向加劲肋大。

1) 按轴心受压构件计算支承加劲肋在腹板平面外的稳定性。此时受压构件的截面应包括加劲肋和加劲肋每侧各 $15t_w\sqrt{235/f_y}$ 范围内的腹板面积（图 4-24 中阴影部分）。一般近似按计算长度为 $h_0$ 的两端铰接轴心受压构件，沿构件全长承受相等压力 $F$ 计算。

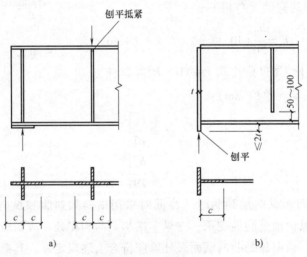

图 4-24 支承加劲肋

2) 当固定集中荷载或者支座反力 $F$ 通过支承加劲肋的端部刨平顶紧于梁翼缘或柱顶（图 4-24）传力时，通常按传递全部力 $F$ 计算端面承压应力强度：

$$\sigma_{ce} = \frac{F}{A_{ce}} \leq f_{ce} \tag{4-65}$$

式中　$F$——集中荷载或支座反力（N）；
　　　$A_{ce}$——端面承压面积（mm²）；

$f_{ce}$——钢材端面承压强度设计值（N/mm²）。

突缘支座（图 4-24）的伸出长度不得大于加劲肋厚度的 2 倍。当伸出部分大于 $2t$（$t$ 为支承加劲肋厚度）时，则式（4-65）中的 $f_{ce}$ 改为钢材抗压强度设计值 $f$，甚至取为 $\varphi f$（$\varphi$ 是将伸出部分作为轴心压杆的整体稳定系数）。

3）支承加劲肋与腹板的连接焊缝，应按承受全部集中力或支座反力 $F$ 进行计算。一般采用角焊缝连接，计算时假定应力沿焊缝长度均匀分布。

当集中荷载很小时，支承加劲肋可按构造设计而不用计算。

【例 4-3】 有一梁的受力如图 4-25a 所示（设计值），梁截面尺寸和加劲肋布置如图 4-25 d、e 所示，在离支座 1.5m 处梁翼缘的宽度改变一次（280mm 变为 140mm）。试进行梁腹板稳定的计算和加劲肋的设计，钢材为 Q235。

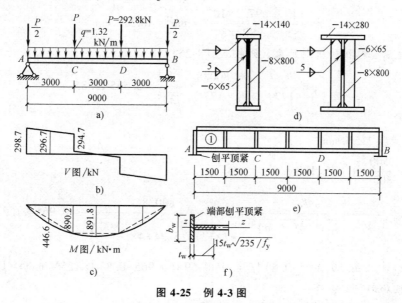

图 4-25 例 4-3 图

**解：**

（1）梁内力的计算。经计算，梁所受的弯矩 $M$ 和剪力 $V$ 如图 4-25b、c 所示。

（2）梁腹板局部稳定的计算。由于没有局部压应力，按下式验算：

$$\left(\frac{\sigma}{\sigma_{cr}}\right)^2 + \left(\frac{\tau}{\tau_{cr}}\right)^2 \leq 1$$

验算离支座处第一区格①：

支座附近截面的惯性矩：

$$I_x = \left(\frac{1}{12} \times 8 \times 800^3 + 2 \times 14 \times 140 \times 407^2\right) mm^4 = 99070 \times 10^4 mm^4$$

区格两边的弯矩：

$$M_1 = 0$$

$$M_2 = \left(298.7 \times 1.5 - \frac{1}{2} \times 1.32 \times 1.5^2\right) kN \cdot m = 446.6 kN \cdot m$$

弯矩平均值
$$M = \frac{1}{2} \times 446.6 \text{kN} \cdot \text{m} = 223.3 \text{kN} \cdot \text{m}$$

区格两边的剪力：
$$V_1 = 298.7 \text{kN}$$
$$V_2 = (298.7 - 1.32 \times 1.5) \text{kN} = 296.7 \text{kN}$$

剪力平均值
$$V = \frac{1}{2} \times (298.7 + 296.7) \text{kN} = 297.7 \text{kN}$$

$$\sigma = \frac{My_1}{I_x} = \frac{223.3 \times 10^6 \times 400}{99070 \times 10^4} \text{N/mm}^2 = 90.2 \text{N/mm}^2$$

$$\tau = \frac{V}{h_w t_w} = \frac{297.7 \times 10^3}{808 \times 8} \text{N/mm}^2 = 46.5 \text{N/mm}^2$$

假定梁受压翼缘扭转受到约束，则按式（4-26）：

$$\lambda_{n,b} = \frac{2h_c/t}{177} \cdot \frac{1}{\varepsilon_k} = \frac{800/8}{177} \times \frac{1}{\sqrt{\frac{235}{235}}} = 0.565 < 0.85$$

所以 $\sigma_{cr} = f = 215 \text{N/mm}^2$。

又 $\dfrac{a}{h_0} = \dfrac{1500}{800} = 1.875 > 1.0$

所以 $\lambda_{n,s} = \dfrac{h_0/t_w}{37\eta\sqrt{5.34 + 4(h_0/a)^2}} = \dfrac{800/8}{37 \times 1.1 \sqrt{5.34 + 4 \times \left(\dfrac{800}{1500}\right)^2}} = 0.965 \leq 1.2$

则有：$\tau_{cr} = [1 - 0.59(\lambda_{n,s} - 0.8)]f_v = [1 - 0.59 \times (0.965 - 0.8)] \times 125 \text{N/mm}^2 = 112.8 \text{N/mm}^2$

验算腹板局部稳定，有：

$$\left(\frac{\sigma}{\sigma_{cr}}\right)^2 + \left(\frac{\tau}{\tau_{cr}}\right)^2 = \left(\frac{90.2}{215}\right)^2 + \left(\frac{46.5}{112.8}\right)^2 = 0.346 < 1.0$$

因此区格①的局部稳定条件满足。

其他区格的局部稳定验算略。

（3）横向加劲肋的截面尺寸。

$$b_s = \frac{h_0}{30} + 40 \text{mm} = \left(\frac{800}{30} + 40\right) \text{mm} = 66.7 \text{mm}，采用 b_s = 65 \text{mm} \approx 66.7 \text{mm}$$

$$t_s \geq \frac{b_s}{15} = \frac{65}{15} \text{mm} = 4.33 \text{mm}，采用 t_s = 6 \text{mm}$$

选用 $b_s = 65 \text{mm}$，要使加劲肋外边缘不超过翼缘板的边缘，即：

$$2b_s + t_w = (2 \times 65 + 8) \text{mm} = 138 \text{mm} < b_1 = 140 \text{mm}$$

加劲肋与腹板的角焊缝连接，按构造要求确定。

$6 \text{mm} < t = 8 \text{mm} < 12 \text{mm}$，取 $h_{f\min} = 5 \text{mm}$，可采用 $h_f = 6 \text{mm}$。

加劲肋的截面均已确定。

（4）支座处支撑加劲肋的设计。采用突缘式支撑加劲肋如图 4-25 所示。

1) 按端面承压强度试选加劲肋厚度。
查表 B-1，Q235 钢材端部承压强度 $f_{ce} = 320 \text{N/mm}^2$。
支座反力
$$N = \left(\frac{3}{2} \times 292.8 + \frac{1}{2} \times 1.32 \times 9\right) \text{kN} = 445.1 \text{kN}$$

取 $b_s = 140\text{mm}$（与翼缘板等宽）
需要
$$t_s \geq \frac{N}{b_s f_{ce}} = \frac{445.1 \times 10^3}{140 \times 320} \text{mm} = 9.9 \text{mm}$$

考虑到支座支撑加劲肋是主要传力构件，为保证其使梁在支座处有较强的刚度，取加劲肋厚度与梁翼缘板厚度大致相同，采用 $t_s = 12\text{mm}$。加劲肋端面刨平顶紧，突伸出板梁下翼缘底面的长度为 $20\text{mm} < 2t_s$，（构造要求）。

2) 按轴心受压构件验算加劲肋在腹板平面外的稳定。支撑加劲肋的截面积（计入分腹板截面积，如图 4-25f 所示）

$$A_s = b_s t_s + 15 t_w^2 \sqrt{\frac{235}{f_y}} = (140 \times 12 + 15 \times 8^2) \text{mm}^2 = 2640 \text{mm}^2$$

$$I_s = \frac{1}{12} t_s b_s^3 = \frac{1}{12} \times 12 \times 140^3 \text{mm}^4 = 2744000 \text{mm}^4$$

$$i_z = \sqrt{\frac{I_s}{A_s}} = \sqrt{\frac{2744000}{2640}} \text{mm} = 32.2 \text{mm}$$

$$\lambda_z = \frac{h_0}{i_z} = \frac{800}{32.2} = 24.8$$

查附录 D.3（《钢结构设计标准》（GB 50017—2017）附录 D.0.3）（适用于 Q235 钢、c 类截面），得 $\varphi = 0.935$，则

$$\frac{N}{\varphi A_s} = \frac{445.1 \times 10^3}{0.935 \times 2640} \text{N/mm}^2 = 180.3 \text{N/mm}^2 < f = 215 \text{N/mm}^2，满足。$$

3) 加劲肋与腹板的角焊缝连接计算。
$$\sum l_w = 2(h_0 - 10\text{mm}) = 2 \times (800 - 10)\text{mm} = 1580\text{mm}$$
$$f_f^w = 160 \text{N/mm}^2$$

需要
$$h_f \geq \frac{N}{0.7 \sum l_w f_f^w} = \frac{445.1 \times 10^3}{0.7 \times 1580 \times 160} \text{mm} = 2.52 \text{mm}$$

根据《钢结构设计标准》（GB 50017—2017）表 11.3.5 $t = 12\text{mm}$，$h_{f\min} = 5\text{mm}$，采用 $h_f = 6\text{mm}$。

集中荷载 P 作用处的中间支撑加劲肋，其计算方法与上述支座支撑加劲肋相同，此处从略。

## 4.5 组合梁考虑腹板屈曲后强度的设计

四边支承薄板的屈曲性能不同于压杆，压杆一旦屈曲，即表明达到承载能力极限状态，

屈曲荷载也就是其极限荷载；四边支撑的薄板则不同，屈曲荷载并不是其极限荷载，薄板屈曲后还有较大的继续承载能力，称为屈曲后强度。近数十年来国内外对腹板屈曲后强度进行了大量研究，很多国家在钢结构设计规范条文中也都建议利用腹板屈曲后强度，即使在梁腹板的高厚比达到 300 左右时，也可仅仅设置横向加劲肋。

利用腹板的屈曲后强度，对大跨度薄腹板梁有很大的经济意义，同时，因为一般不再考虑设置纵向加劲肋，也给施工带来了方便。因此，新规范推荐对无局部压应力、承受静力荷载或间接承受动力荷载的组合梁宜考虑腹板屈曲后强度，但对于承受重复动态荷载且需要验算疲劳的梁（如吊车梁），如果腹板反复屈曲，可能会促使疲劳裂纹的开展，缩短梁的疲劳寿命，而且动力作用会使薄腹板产生振动，所以不宜考虑腹板的屈曲后强度。

考虑梁腹板屈曲后强度的理论分析和计算方法较多，目前各国规范大都采用张力场理论。它的基本假定是：

1）腹板剪切屈曲后将因薄膜应力而形成拉力场，腹板中的剪力，一部分由小挠度理论算出的抗剪力承担，另一部分由斜张力场作用（薄膜效应）承担。

2）翼缘的抗弯刚度小，假定不能承担腹板斜张力场产生的垂直分力的作用。

根据上述假定，如图 4-26 所示腹板屈曲后的实腹梁犹如一桁架结构，张力场带好似桁架的斜拉杆，而梁翼缘犹如弦杆，横向加劲肋则起竖杆作用。

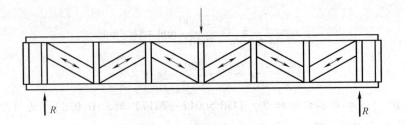

图 4-26 腹板的张力场作用

### 4.5.1 梁腹板屈曲后的抗剪承载力

根据基本假定 1）知，腹板能够承担的极限剪力 $V_u$ 应为屈曲剪力 $V_{cr}$ 和张力场剪力 $V_t$ 之和，即：

$$V_u = V_{cr} + V_t \tag{4-66}$$

屈曲剪力 $V_{cr}$ 很容易确定，即 $V_{cr} = h_w t_w \tau_{cr}$，$h_w$、$t_w$ 为腹板高度和厚度；这里 $\tau_{cr}$ 为：

$$\tau_{cr} = \frac{k \pi^2 E}{12(1-\nu^2)} \left(\frac{t_w}{h_w}\right)^2$$

根据基本假定 2），可以认为力是通过宽度为 $s$ 的带形张力场以拉应力为 $\sigma_t$ 的效应传到加劲肋上的（事实上，带形场以外部分也有少量薄膜应力），如图 4-27 所示。这些拉应力对屈曲后腹板的变形起到牵制作用，从而提高了承载能力。拉应力所提供的剪力，即张力场剪力 $V_t$ 就是腹板屈曲后的抗剪承载能力 $V_u$ 的提高部分。

根据上述理论分析和试验研究，为简化计算，我国《钢结构设计标准》（GB 50017—2017）对极限剪力 $V_u$ 采用了相当于下限的近似计算公式，并参考欧盟规范，规定抗剪承载

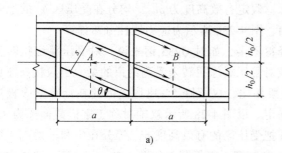 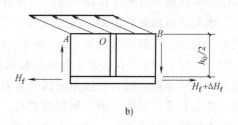

图 4-27 张力场作用下的剪力

力设计值 $V_u$ 应按下列公式计算：

① 当 $\lambda_{n,s} \leq 0.8$ 时

$$V_u = h_w t_w f_v \tag{4-67}$$

② 当 $0.8 < \lambda_{n,s} \leq 1.2$ 时

$$V_u = h_w t_w f_v [1 - 0.5(\lambda_{n,s} - 0.8)] \tag{4-68}$$

③ 当 $\lambda_{n,s} > 1.2$ 时

$$V_u = h_w t_w f_v / \lambda_{n,s}^{1.2} \tag{4-69}$$

式中　$\lambda_{n,s}$——用于腹板受剪计算时的正则化高厚比，按下式计算：

① 当 $a/h_0 \leq 1.0$ 时

$$\lambda_{n,s} = \frac{h_0/t_w}{37\eta\sqrt{4 + 5.34(h_0/a)^2}} \cdot \frac{1}{\varepsilon_k} \tag{4-70}$$

② 当 $a/h_0 > 1.0$ 时

$$\lambda_{n,s} = \frac{h_0/t_w}{37\eta\sqrt{5.34 + 4(h_0/a)^2}} \cdot \frac{1}{\varepsilon_k} \tag{4-71}$$

式中　$\eta$——简支梁取 1.11，框架梁梁端最大应力区取 1。

### 4.5.2 梁腹板屈曲后的抗弯承载力

腹板屈曲后考虑张力场的作用，抗剪承载力有所提高，但弯矩作用下腹板受压屈曲后，梁的抗弯承载力有所下降。我国规范对梁腹板受弯屈曲后强度的计算公式采用有效截面的概念。如图 4-28 所示，腹板的受压区屈曲后弯矩还可继续增大，但受压区的应力分布不再是线性的，其边缘应力达到 $f_y$ 时即认为达到承载力的极限。此时梁的中和轴略有下降，腹板

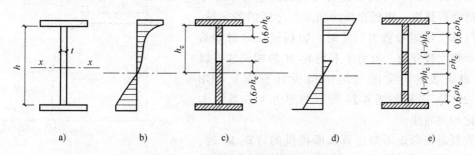

图 4-28 屈曲后梁腹板的有效高度

受拉区全部有效；受压区引入有效高度概念，假定有效高度为 $\rho h_c$，均分在受压区 $h_c$ 的上下部位。梁所能承受的弯矩即取这一有效截面，图 4-28c 所示为应力线性分布计算。

因为腹板屈曲后使梁的抗弯承载力下降得不多，如对 Q235 钢来说，对受压翼缘扭转受到约束的梁，当腹板高厚比达到 200 时（或对受压翼缘扭转未受到约束的梁，当腹板高厚比达到 175 时），抗弯承载力与全截面有效的梁相比，仅下降 5% 以内。因此在计算梁腹板屈曲后的抗弯承载力时，一般用近似公式来确定。以图 4-28 所示双轴对称工字形截面梁为例，若忽略腹板受压屈曲后梁中和轴的变动，并把受压区的有效高度 $\rho h_c$ 等分在中和轴两端，同时在受拉区也和受压区一样扣去 $(1-\rho)h_c t_w$ 的高度，腹板截面如图 4-28e 所示时，这样中和轴的位置不变。

梁截面模量折减系数为：

$$a_e = \frac{W_{xe}}{W_x} = \frac{I_{xe}}{I_x} = 1 - \frac{(1-\rho)h_c^3 t_w}{2I_x} \quad (4-72)$$

式（4-72）是按双轴对称截面塑性发展系数 $\gamma_x = 1.0$ 得出的偏安全的近似公式，也可用于 $\gamma_x = 1.05$ 的情况。同时，此式虽由双轴对称工字形截面得出，也可用于单轴对称工字形截面。

腹板受压区有效高度系数 $\rho$，与计算局部稳定中临界应力 $\sigma_{cr}$ 一样可正则化高厚比 $\lambda_{n,b} = \sqrt{f_y/\sigma_{cr}}$ 作为参数，也分为三个阶段，分界点也与计算 $\sigma_{cr}$ 相同，《钢结构设计标准》（GB 50017—2017）规定 $\rho$ 按下列公式计算：

① 当 $\lambda_{n,b} \leq 0.85$ 时

$$\rho = 1.0 \quad (4-73)$$

② 当 $0.85 < \lambda_{n,b} \leq 1.25$ 时

$$\rho = 1 - 0.82(\lambda_{n,b} - 0.85) \quad (4-74)$$

③ 当 $\lambda_{n,b} > 1.25$ 时

$$\rho = \frac{1}{\lambda_{n,b}}\left(1 - \frac{0.2}{\lambda_{n,b}}\right) \quad (4-75)$$

梁的抗弯承载力设计值即：

$$M_{eu} = \gamma_x a_e W_x f \quad (4-76)$$

以上公式中的截面数据 $W_x$、$I_x$ 以及 $h_c$ 均按截面全部有效计算。

### 4.5.3 同时受弯和受剪的腹板

承受静力荷载和间接承受动力荷载的组合梁宜考虑腹板屈曲后强度。腹板在横向加劲肋之间的各区段，通常同时承受弯矩和剪力。此时，腹板屈曲后对梁的承载力影响比较复杂，剪力 $V$ 和弯矩 $M$ 的相关性可以用某种曲线表达。我国《钢结构设计标准》（GB 50017—2017）采用如图 4-29 所示的剪力 $V$ 和弯矩 $M$ 无量纲化相关曲线。

首先假定当弯矩不超过翼缘所提供的弯矩 $M_f$ 时，腹板不参与承担弯矩作用，即在 $M \leq M_f$ 的范围内相关

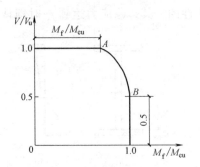

图 4-29 弯矩与剪力相关曲线

关系为一水平线，$V/V_u = 1.0$。当截面全部有效而腹板边缘屈服时，腹板可以承受剪应力的平均值约为 $0.65f_{vy}$。对于薄腹板梁，腹板也同样可以承担剪力，可偏安全地取为仅承受剪力最大值 $V_u$ 的 0.5 倍，即当 $V/V_u \leq 0.5$ 时，取 $M/M_{eu} = 1.0$。

图 4-29 所示相关曲线的 A 点（$M_f/M_{eu}$, 1）和 B 点（1, 0.5）之间的曲线可用抛物线来表达，由此抛物线确定的验算式为：

$$\left(\frac{V}{0.5V_u} - 1\right)^2 + \frac{M - M_f}{M_{eu} - M_f} \leq 1.0 \qquad (4-77)$$

$$M_f = \left(A_{f1}\frac{h_{m1}^2}{h_{m2}} + A_{f2}h_{m2}\right)f \qquad (4-78)$$

式中 $M$，$V$——梁的同一截面处同时产生的弯矩和剪力设计值（当 $V < 0.5V_u$，取 $V = 0.5V_u$；当 $M < M_f$，取 $M = M_f$）；

$M_f$——梁两翼缘所承担的弯矩设计值；

$A_{f1}$，$h_{m1}$——较大翼缘的截面面积及其形心至梁中和轴距离；

$A_{f2}$，$h_{m2}$——较小翼缘的截面面积及其形心至梁中和轴距离；

$M_{eu}$，$V_u$——梁抗弯和抗剪承载力设计值，分别按式（4-76）和式（4-69）计算。

### 4.5.4 考虑腹板屈曲后强度的加劲肋设计

利用腹板屈曲后强度，即使腹板高厚比超过 $170\sqrt{235/f_y}$，也只设置横向加劲肋，一般不再考虑设置纵向加劲肋。而且只要腹板的抗剪承载力不低于梁的实际最大剪力，可只设置支承加劲肋，而不设中间横向加劲肋。当仅布置支承加劲肋不能满足式（4-77）要求时，应在两侧成对布置中间横向加劲肋。横向加劲肋的间距应满足考虑腹板屈曲后的强度条件式（4-77）的要求；同时，也应满足构造要求，其间距一般可采用 $a = (1.0 \sim 1.5)h_0$。

**1. 横向加劲肋**

梁腹板在剪力作用下屈曲后以斜向张力场的形式继续承受剪力，梁的受力类似桁架，横向加劲肋相当于竖杆，张力场的水平分力在相邻区格腹板之间传递和平衡，而竖向分力则由加劲肋承担，为此，横向加劲肋应按轴心压杆计算其在腹板平面外的稳定，事实上，我国《钢结构设计标准》（GB 50017—2017）在计算中间加劲肋所受轴心力时，考虑了张力场拉力的水平分力的影响，其轴力按下式计算：

$$N_s = V_u - h_w t_w \tau_{cr} \qquad (4-79)$$

若中间横向加劲肋还承受固定集中荷载 $F$，则：

$$N_s = V_u - \tau_{cr} h_w t_w + F \qquad (4-80)$$

式中 $V_u$——按式（4-69）计算；

$\tau_{cr}$——按式（4-38）~式（4-40）计算；

$h_w$——腹板高度；

$F$——作用在中间支承肋加劲上端的集中荷载。

**2. 支座加劲肋**

对于梁的支承支座加劲肋，当和它相邻的板幅利用屈曲后强度时，则必须考虑拉力场水平分力的影响。规范取拉力场的水平分力 $H$ 为：

$$H = (V_u - \tau_{cr} h_w t_w)\sqrt{1+(a/h_0)^2} \tag{4-81}$$

$H$ 的作用点可取为距梁腹板计算高度上边缘 $h_0/4$ 处，如图 4-30 所示。为了增加抗弯能力，还应将梁端部延长，并设置封头板。此时，对梁支座加劲肋的计算可采用下列方法之一：

1) 将封头板与支座加劲肋之间视为竖向压弯构件，简支于梁上下翼缘，计算其强度和在腹板平面外的稳定。

2) 将支座加劲肋 1 作为承受支座反力 $R$ 的轴心压杆计算，封头板截面积则不小于 $A_c = \dfrac{3h_0 H}{16ef}$，式中 $e$ 为支座加劲肋与封头板的距离；$f$ 为钢材强度设计值。

梁端构造还可以采用另一种方案，即缩小支座加劲肋和第一道中间加劲肋的距离 $a_1$，如图 4-30b 所示，使 $a_1$ 范围内的 $t_{cr} \geq f_{vy}$，此种情况的支座加劲肋就不会受到拉力场水平分力 $H$ 的作用。这种对端节间不利用腹板屈曲后强度的办法，为世界少数国家（如美国）所采用。

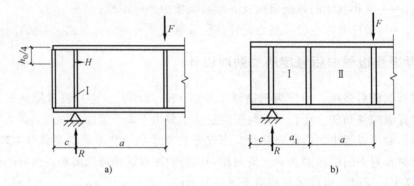

图 4-30 考虑腹板屈曲后强度时梁端的构造

## 4.6 受弯构件的截面设计

### 4.6.1 型钢梁的设计

**1. 单向弯曲型钢梁**

单向弯曲型钢梁的设计比较简单，通常先按抗弯强度（当梁的整体稳定有保证时）或整体稳定（当需要计算整体稳定时）求出需要的截面模量：

$$W_{nx} = M_{max}/(\gamma_x f) \quad \text{或} \quad W_x = M_{max}/(\varphi_b f)$$

上式中的整体稳定系数 $\varphi_b$ 可估计假定。由截面模量选择合适的型钢（一般为 H 型钢或普通工字钢），然后验算其他项目。由于型钢截面的翼缘和腹板厚度较大，不必验算局部稳定；端部无大的削弱时，也不必验算剪应力。而局部压应力也只在有较大集中荷载或支座反力处才验算。

**2. 双向弯曲型钢梁**

双向弯曲型钢梁承受两个主平面方向的荷载，设计方法与单面弯曲型钢梁相同，应考虑抗弯强度、整体稳定、挠度等的计算，而剪应力和局部稳定一般不必计算，局部压应力只有在有较大集中荷载或支座反力的情况下，必要时才验算。

双向弯曲梁的抗弯强度按下式计算，即：

$$\frac{M_x}{\gamma_x W_{nx}} + \frac{M_y}{\gamma_y W_{ny}} \leq f \tag{4-82}$$

双向弯曲梁的整体稳定的理论分析较为复杂，一般按经验近似公式计算，规范规定双向受弯的 H 型钢或工字钢截面梁应按下式计算其整体稳定：

$$\frac{M_x}{\varphi_b W_x f} + \frac{M_y}{\gamma_y W_y f} \leq 1.0 \tag{4-83}$$

式中 $\varphi_b$——绕强轴（$x$ 轴）弯曲所确定的梁整体稳定系数。

设计时应尽量满足不需计算整体稳定的条件，这样可按抗弯强度条件选择型钢截面，由式（4-82）可得：

$$W_{nx} = \left(M_x + \frac{\gamma_x}{\gamma_y} \cdot \frac{M_y}{\gamma_y W_y} M_y\right) \frac{1}{\gamma_x f} = \frac{M_x + \alpha M_y}{\gamma_x f} \tag{4-84}$$

对小型号的型钢，可近似取 $\alpha = 6$（窄翼缘 H 型钢和工字钢）或 $\alpha = 5$（槽钢）。

双向弯曲型钢梁最常用于檩条，其截面一般为 H 型钢（檩条跨度较大时）、槽钢（跨度较小时）或冷弯薄壁 Z 型钢（跨度不大且为轻型屋面时）等。这些型钢的腹板垂直于屋面放置，因而竖向线荷载 $q$ 可分解为垂直于截面两个主轴 $x$—$x$ 和 $y$—$y$ 的分荷载 $q_x = q\cos\varphi$ 和 $q_y = q\sin\varphi$（图 4-31），从而引起双向弯曲。$\varphi$ 为荷载 $q$ 与主轴 $y$—$y$ 的夹角：对 H 型钢和槽钢 $\varphi$ 等于屋面坡角 $\alpha$；对 Z 形截面 $\varphi = |\alpha - \theta|$，$\theta$ 为主轴 $x$—$x$ 与平行于屋面轴 $x_1$—$x_1$ 的夹角。

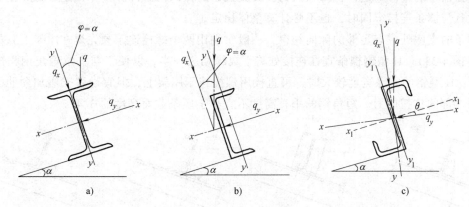

图 4-31 檩条计算简图

槽钢和 Z 型钢檩条通常用于屋面坡度较大的情况，为了减少其侧向弯矩，提高檩条的承载能力，一般在跨中平行于屋面设置 1~2 道拉条（图 4-32），把侧向变为跨度缩至 1/3~1/2 的连续梁。通常是跨度 $l \leq 6m$ 时，设置一道拉条；$l > 6m$ 时设置两道拉条。拉条一般用 $\phi 16mm$ 圆钢（最小 $\phi 12mm$）。

拉条把檩条平行于屋面的反力向上传递，直到屋脊上左右坡面的力互相平衡（图 4-32a）。为使传力更好，常在顶部区格（或天窗两侧区格）设置斜拉条和撑杆，将坡向力传至屋架（图 4-32b~f）。Z 形檩条的主轴倾斜角可能接近或超过屋面坡角，拉力是向上还

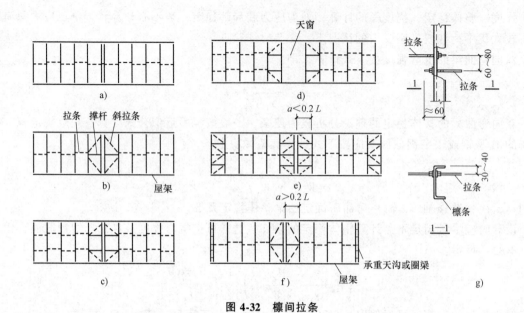

图 4-32 檩间拉条

是向下,并不十分确定,故除在屋脊处(或天窗架两侧)用上述方法固定外,还应在檐檩处设置斜拉条和撑杆(图 4-32e)或将拉条连于刚度较大的承重天沟或圈梁上(图 4-32f),以防止 Z 形檩条向上倾覆。

拉条应设置于檩条顶部下 30~40mm 处(图 4-32g)。拉条不但减少檩条的侧向弯矩,且大大增强檩条的整体稳定性,可以认为:设置拉条的檩条不必计算整体稳定。另外屋面板刚度较大且与檩条连接牢固时,也不必计算整体稳定。

檩条的支座处应有足够的侧向约束,一般每端用两个螺栓连于预先焊在屋架上弦的短角钢上(图 4-33)。H 型钢檩条宜在连接处将下翼缘切去一半,以便于与支承短角钢相连(图 4-33a);H 型钢的翼缘宽度较大时,可直接用螺栓连于屋架上,但宜设置支座加劲肋,以加强檩条端部的抗扭能力。短角钢的垂直高度不宜小于檩条截面高度的 3/4。

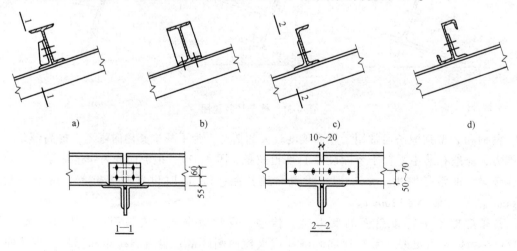

图 4-33 檩条与屋架弦杆的连接

设计檩条时，按水平投影面积计算的屋面活荷载标准值取 $0.5kN/m^2$（当受荷水平投影面积超过 $60m^2$ 时，可取为 $0.3kN/m^2$）。此荷载不与雪荷载同时考虑，取两者较大值。积灰荷载应与屋面均布活荷载或雪荷载同时考虑。

在屋面天沟、阴角、天窗挡风板内，高低跨相接等处的雪荷载和积灰荷载应考虑荷载增大系数。对设有自由锻锤、铸件水爆池等振动较大的设备的厂房，要考虑竖向振动的影响，应将屋面总荷载增大 10%~15%。

雪荷载、积灰荷载、风荷载以及增大系数、组合值系数等应按现行《建筑结构荷载规范》（GB 50009—2012）的规定采用。

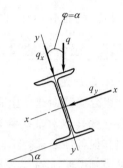

图 4-34 例 4-4 图

【例 4-4】 设计一支承压型钢板屋面的檩条，屋面坡度为 1/10，雪荷载为 $0.30N/m^2$，无积灰荷载。檩条跨度 12m，水平间距为 5m（坡向间距 5.025m）。采用 H 型钢，如图 4-34 所示，材料 Q235。

**解：** 压型钢板屋面自重约为 $0.15kN/m^2$（坡向）。檩条自重假设为 $0.5kN/m$。

檩条受荷水平投影面积为 $5m \times 12m = 60m^2$，未超过 $60m^2$，故屋面均布活荷载取 $0.5kN/m^2$，大于雪荷载，故不考虑雪荷载。

檩条线荷载为（对轻屋面，只考虑可变荷载效应控制的组合）：

标准值： $q_k = (0.15 \times 5.025 + 0.5 + 0.5 \times 5) kN/m = 3.754 kN/m$

设计值： $q = 1.2 \times (0.15 \times 5.025 + 0.5) kN/m + 1.4 \times 0.5 \times 5 kN/m = 5.005 kN/m$

$$q_x = q\cos\varphi = 5.005 kN/m \times 10/101^{0.5} = 4.98 kN/m$$
$$q_y = q\sin\varphi = 5.005 kN/m \times 1/101^{0.5} = 0.498 kN/m$$

弯矩设计值为：

$$M_x = \frac{1}{8} \times 4.98 \times 12^2 kN \cdot m = 89.64 kN \cdot m$$

$$M_y = \frac{1}{8} \times 0.498 \times 12^2 kN \cdot m = 8.964 kN \cdot m$$

采用紧固件（自攻螺钉、钢拉铆钉或射钉等）使压型钢板与檩条受压翼缘连牢，可不计算檩条的整体稳定。由抗弯强度要求的截面模量近似值为：

$$W_{nx} = \frac{M_x + \alpha M_y}{\gamma_x f} = \frac{(89.64 + 6 \times 8.964) \times 10^6}{1.05 \times 215} mm^3 = 635 \times 10^3 mm^3$$

选用 HN346×174×6×9，其 $I_x = 11200 cm^4$，$W_x = 649 cm^3$，$W_y = 91 cm^3$，$i_x = 14.5 cm$，$i_y = 3.86 cm$。自重 $0.41 kN/m$，加上连接压型钢板零件重量，与假设自重 $0.5 kN/m$ 相等。

验算强度（跨中无孔眼削弱，$W_{nx} = W_x$，$W_{ny} = W_y$）：

$$\frac{M_x}{\gamma_x W_{nx}} + \frac{M_y}{\gamma_y W_{ny}} = \left(\frac{89.64 \times 10^6}{1.05 \times 649 \times 10^3} + \frac{8.964 \times 10^6}{1.2 \times 91 \times 10^3}\right) N/mm^2 = 213.6 N/mm^2 \leq f = 215 N/mm^2$$

强度满足要求。

为使屋面平整，檩条在垂直于屋面方向的挠度 $v$（或相对挠度 $v/l$）不能超过其容许值 $[v]$（对压型钢板屋面 $[v] = l/200$）：

$$\frac{v}{l}=\frac{5}{384}\cdot\frac{q_{kx}l^3}{EI_x}=\frac{5}{384}\cdot\frac{3.754\times10/\sqrt{101}\times12000^3}{206\times10^3\times11200\times10^4}=\frac{1}{275}<\frac{[v]}{l}=\frac{1}{200}$$

刚度满足要求。

作为屋架上弦水平支撑横杆或刚性系杆的檩条，应验算其长细比（屋面坡向由于有压型钢板连牢，可不验算）：

$$\lambda_x=1200/14.5=83<[\lambda]=200$$

所选截面 HN346×174×6×9 满足设计要求。

### 4.6.2 组合梁的设计

**1. 截面选择**

组合梁截面选择应满足强度、稳定、刚度、经济性等要求。选择截面时一般是首先考虑抗弯强度（或对某些梁为整体稳定）要求，使截面有足够的抵抗矩，并在计算过程中随时兼顾其他各项要求。不同形式梁截面选择的方法和步骤基本相同。现以组合双轴对称工形截面梁为例说明（对组合梁无孔洞时可不区分净截面和毛截面）。截面共有四个基本尺寸 $h_0$（或 $h$）、$t_w$、$b_f$、$t$，如图 4-35 所示，计算顺序是先确定 $h_0$，然后确定 $t_w$，最后确定 $b_f$ 和 $t$。

(1) 截面高度 $h$（或腹板高度 $h_0$） 梁腹板高度 $h_0$ 应根据下面三个参考高度确定：建筑容许的最大梁高 $h_{max}$、刚度要求的最小梁高 $h_{min}$ 和经济梁高。

建筑高度是指梁格底面到铺板顶面之间的高度，它往往由生产工艺和使用要求决定。有了建筑高度要求，也就决定了梁的最大高度 $h_{max}$。当梁上平台面的标高已定，梁高太大将减小下层空间的净空高度，影响下层的使用、通行或设备放置。根据下层使用所要求的最小净空高度，可算出建筑容许的最大梁高 $h_{max}$（梁上次梁、楼板、面层做法和梁下吊顶、突出部分以及预计挠度留量和必要的空隙等应做扣除）。如果没有建筑高度要求，可不必规定最大梁高。

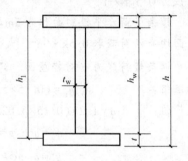

图 4-35 组合梁截面

刚度条件决定了梁的最小高度 $h_{min}$，刚度条件是要求梁在全部荷载标准值作用下的挠度 $v\leqslant[v]$。

现以承受均布荷载（全部荷载设计值 $q$，包括永久荷载与可变荷载）作用的单向受弯简支梁为例，推导最小梁高 $h_{min}$。梁的挠度按荷载标准值 $q_k(=1.3q)$ 计算（1.3 取荷载的平均分项系数 1.2 和 1.4），即：

$$\frac{v}{l}=\frac{5}{384}\frac{q_kl^3}{EI_x}=\frac{5M_kl}{48EI_x}\approx\frac{5(M/1.3)l}{48\ EW_xh/2}=\frac{1}{6.24}\frac{\sigma_{max}}{E}\frac{l}{h}\leqslant\left[\frac{v}{l}\right]$$

若此梁的抗弯强度充分发挥，可令 $\sigma=f$，由上式可求得：

$$h_{min}\geqslant\frac{10f}{48\times1.3E}\cdot\frac{l^2}{[v_T]} \tag{4-85}$$

梁的经济高度是指满足一定条件（强度、刚度、整体稳定和局部稳定）、用钢量最少的梁高度。对楼盖和平台结构来说，组合梁一般作为主梁。由于主梁的侧向有次梁支承，整体稳定不是最主要的,所以,梁的截面一般由抗弯强度控制。

由经验公式得,梁用钢量最小时经济高度为:

$$h_e \approx 2W_x^{0.4} \text{ 或 } h_e \approx 7\sqrt[3]{W_x} - 30\text{cm} \tag{4-86}$$

式(4-86)中 $h_e$ 的单位是 cm,$W_x$ 的单位是 $\text{cm}^3$。$W_x$ 可按下式估算:

$$W_x = \frac{M_x}{\alpha f} \tag{4-87}$$

式中,$\alpha$ 为系数。对一般单向弯曲梁,当最大弯矩处无孔眼时 $\alpha = \gamma_x = 1.05$;有孔眼时 $\alpha = \gamma_x = 0.85 \sim 0.9$。对于吊车梁,考虑横向水平荷载的作用可取 $\alpha = \gamma_x = 0.7 \sim 0.9$。

实际采用的梁高,应大于由刚度条件确定的最小高度 $h_{\min}$,而大约等于或略小于经济高度 $h_e$。此外,梁的高度不能影响建筑物使用要求所需的净空尺寸,即不能大于建筑物的最大允许梁高。

确定梁高时,应适当考虑腹板的规格尺寸,一般取腹板高度为 50mm 的倍数。

(2) 腹板厚度 腹板厚度 $t_w$ 应根据下面两个参考厚度确定:

1) 抗剪要求最小厚度。初选截面时,可近似地假定最大剪应力为腹板平均剪应力的 1.2 倍,腹板的抗剪强度计算公式简化为:

$$t_{\max} \approx 1.2 \frac{V_{\max}}{h_w t_w} \leq f_v$$

于是

$$t_w \geq 1.2 \frac{V_{\max}}{h_w f_v} \tag{4-88}$$

2) 考虑腹板局部稳定和构造的需要,腹板厚度一般采用下列经验公式进行估算:

$$t_w = \sqrt{h_w}/3.5 \tag{4-89}$$

实际采用的腹板厚度应考虑钢板的现有规格,一般为 2mm 的倍数。对于非吊车梁,腹板的厚度宜比式(4-89)的计算值略小;对于考虑腹板屈曲后强度的梁,腹板厚度可更小,但不得小于 6mm,也不宜使高厚比超过 250。

(3) 翼缘宽度 $b_f$ 和厚度 $t$ 由 $W_x$ 及腹板截面面积确定:

$$I_x = \frac{1}{12}t_w h_w^3 + 2b_f t \left(\frac{h_1}{2}\right)^2$$

$$W_x = \frac{2I_x}{h} = \frac{1}{6}t_w \frac{h_w^3}{h} + b_f t \frac{h_1^2}{h}$$

取:$h \approx h_1 \approx h_w$

$$W_x = \frac{t_w h_w^2}{6} + b_f t h_w \tag{4-90}$$

$$b_f t = \frac{W_x}{h_w} - \frac{t_w h_w}{6} \tag{4-91}$$

另外一般翼缘板的宽度通常为 $b_f = (1/5 \sim 1/3)h$,代入上式得厚度 $t$。翼缘板常用单层板做成,当厚度过大时,可采用双层板。

确定翼缘板的尺寸时,应注意满足局部稳定要求,使受压翼缘的外伸宽度 $b$ 与其厚度 $t$ 之比 $b/t \leq 15\sqrt{235/f_y}$(弹性设计,即取 $\gamma_x = 1.0$)或 $13\sqrt{235/f_y}$(考虑塑性发展,即取 $\gamma_x = 1.05$)。

选择翼缘尺寸时,同时应符合钢板规格,宽度取 10mm 的倍数,厚度取 2mm 的倍数。

**2. 截面验算**

截面确定后,求得截面几何参数 $I_x$、$W_x$、$I_y$、$W_y$ 等,进行验算。梁的截面验算包括强度验算、整体稳定验算、局部稳定验算(对于腹板一般通过加劲肋来保证)、刚度验算、动荷载(必要时尚应进行疲劳验算)。

**3. 梁截面沿长度的改变**

跨度较小的梁一般不改变截面。跨度稍大的组合梁,为了节省钢材,其截面可随弯矩变化而加以改变。一般来讲,截面弯矩沿长度改变,为节约钢材,将弯矩较小区段的梁截面减小,截面的改变有两种方式:

(1)改变翼缘板截面 为减少应力集中,一般改变翼缘板宽度,构造方便,且翼缘表面保持平整,不影响面板搭置或吊车轨道安放。每改变宽度处需做翼缘板对焊拼接,故通常是梁在每个半跨内只改变截面一次(图 4-36),可节约钢材 10%~20%。如改变两次,约再多节约 3%~5%,效果不显著,且制造麻烦。

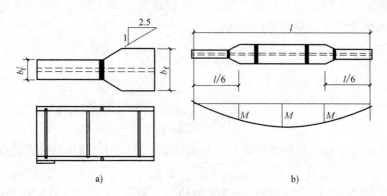

图 4-36 梁翼缘板宽度的改变

对承受均布荷载的简支梁,一般在距支座 $l/6$ 处(图 4-36b)改变截面比较经济。设计时通常先规定变截面位置,例如取最优变截面点 $l/6$ 处(遇到次梁时可适当错动);然后由该处的弯矩 $M_1$ 求需要的缩小截面的抵抗矩 $W_x = M_1/(\gamma f)$,求需要的缩小宽度 $b'$。如果求得的 $b'$ 过小,不符合构造要求,则也可先规定合适的 $b'$,按此算出 $W_x$ 和 $M_1 = \gamma f W_x$,再从弯矩图确定变截面的位置。

两层翼缘板的梁,可用截断外层板的办法来改变梁的截面,如图 4-37 所示。理论切断点的位置可由计算确定,被切断的翼缘板在理论切断处应能正常参加工作,其外伸长度 $l_1$,须满足下列要求:

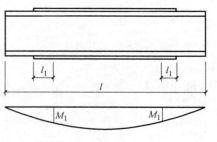

图 4-37 梁翼缘板的切断

端部有正面角焊缝:

① 当 $h_f \geq 0.75 t_1$ 时          $l_1 \geq b_1$

② 当 $h_f < 0.75 t_1$ 时          $l_1 \geq 1.5 b_1$

端部无正面角焊缝:          $l_1 \geq 2 b_1$

式中　$b_1$、$t_1$——被切断翼缘板的宽度和厚度；

　　　　$h_f$——侧面角焊缝和正面角焊缝的焊脚尺寸。

（2）改变梁高　有时对于某些结构，如跨度较大的水工平面钢闸门，为减小门槽宽度，需要降低梁的端部高度，可以在靠近支座处减小其高度，将梁的下翼缘做成折线外形而翼缘截面保持不变，如图4-38所示，这样可以降低梁相对于支撑点的中心高度而利于稳定。

**4. 翼缘焊缝的计算**

当梁弯曲时，由于相邻截面中作用在翼缘截面的弯曲正应力有差值，翼缘与腹板间将产生水平剪应力（图4-39）。沿梁单位长度的水平剪力为：

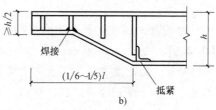

图 4-38　变高度梁

$$v_1 = \tau_1 t_w = \frac{VS_1}{I_x t_w} \cdot t_w = \frac{VS_1}{I_x}$$

式中　$\tau_1 = \dfrac{VS_1}{I_x t_w}$——腹板与翼缘交界处的水平剪应力（与竖向剪应力相等）；

　　　　$S_1$——翼缘截面对梁中和轴的面积矩。

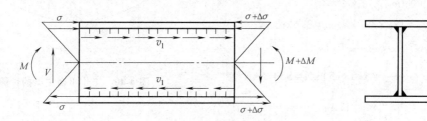

图 4-39　翼缘焊缝的水平剪力

当腹板与翼缘板用角焊缝连接时，角焊缝有效截面上承受的剪应力 $\tau_f$ 不应超过角焊缝强度设计值 $f_f^w$：

$$\tau_f = \frac{v_1}{2 \times 0.7 h_f} = \frac{VS_1}{1.4 h_f I_x} \leqslant f_f^w$$

需要的焊脚尺寸为：

$$h_f \geqslant \frac{VS_1}{1.4 I_x f_f^w} \tag{4-92}$$

当梁翼缘上承受移动集中荷载，或承受固定集中荷载而未设置支撑加劲肋时，上翼缘与腹板之间的连接焊缝，除承受沿焊缝长度方向的剪应力 $\tau_f$ 外，还承受垂直于焊缝长度方向的局部压应力：

$$\sigma_f = \frac{\Psi F}{2 h_e l_z} = \frac{\Psi F}{1.4 h_f l_z}$$

因此,受局部压应力的上翼缘与腹板之间的连接焊缝应按下式计算强度:

$$\frac{1}{1.4h_f}\sqrt{\left(\frac{\Psi F}{\beta_f l_z}\right)^2+\left(\frac{VS_1}{I_x}\right)^2}\leqslant f_f^w$$

从而

$$h_f\geqslant\frac{1}{1.4f_f^w}\sqrt{\left(\frac{\Psi F}{\beta_f l_z}\right)^2+\left(\frac{VS_1}{I_x}\right)^2} \tag{4-93}$$

式中,$\beta_f$ 为系数。对直接承受动力荷载的梁(如吊车梁),$\beta_f=1.0$;对其他梁,$\beta_f=1.22$。

【例 4-5】 如图 4-40 所示一工作平台主梁的计算简图,次梁传来的集中荷载的标准值为 $F_k=253\mathrm{kN}$,设计值 $F_d=323\mathrm{kN}$。主梁采用组合工字形截面,初选截面如图 4-41 所示,钢材采用 Q235B,焊条为 E43 型。主梁加劲肋的布置如图 4-42 所示。试进行主梁的计算(包括强度、刚度、整体稳定、局部稳定和加劲肋设计等)。

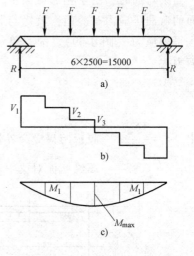

图 4-40 工作平台主梁的计算

解:(1) 主梁内力计算

梁自重为($78\mathrm{kN/m^3}$,考虑到加劲肋等乘以增大系数 1.2):

标准值 $g_k=1.2\times(0.42\times0.024\times2+1.5\times0.008)\times78\mathrm{kN/m}=3.0\mathrm{kN/m}$

设计值 $g_d=1.2\times3.0\mathrm{kN/m}=3.6\mathrm{kN/m}$

支座处最大剪力(设计值):

$$V_1=\left(323\times\frac{5}{2}+\frac{1}{2}\times3.6\times15\right)\mathrm{kN}=834.5\mathrm{kN}$$

跨中最大弯矩(设计值):

$$M_x=\left[834.5\times7.5-323\times(5+2.5)-\frac{1}{2}\times3.6\times7.5^2\right]\mathrm{kN\cdot m}=3735\mathrm{kN\cdot m}$$

(2) 强度验算

梁截面的几何模量:

$$I_x=\frac{1}{12}\times(42\times154.8^3-41.2\times150^3)\mathrm{cm^4}=1396000\mathrm{cm^4}$$

$$W_x=\frac{2I_x}{h}=\frac{2\times1396000}{154.8}\mathrm{cm^3}=18000\mathrm{cm^3}$$

$$A=(150\times0.8+2\times42\times2.4)\mathrm{cm^2}=322\mathrm{cm^2}$$

验算抗弯强度(截面无削弱):

$$\sigma=\frac{M_x}{\gamma_x W_{nx}}=\frac{3735\times10^6}{1.05\times18000\times10^3}\mathrm{N/mm^2}=197.6\mathrm{N/mm^2}<f=205\mathrm{N/mm^2}$$

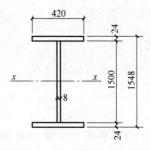

图 4-41 例 4-5 图

验算抗剪强度:

$$\tau = \frac{V_{max}S}{I_x t_w} = \frac{834.5 \times 10^3}{1396000 \times 10^4 \times 8} \times (420 \times 24 \times 762 + 750 \times 8 \times 375) \text{ N/mm}^2$$
$$= 74.2 \text{ N/mm}^2 < f_v = 125 \text{ N/mm}^2$$

主梁的支座外以及支撑次梁处均配置支撑加劲肋,故不验算局部承压强度。强度满足要求。

(3) 梁整体稳定验算

主梁上有楼板密铺受压翼缘上并牢固连接,能阻止梁侧位,根据规范,故不需验算主梁的整体稳定性。

(4) 刚度验算

挠度容许值为 $[v_T]=l/400$ (全部荷载标准值作用) 或 $[v_T]=l/500$ (仅有可变荷载标准值作用)。

全部荷载标准值在梁跨中产生的支座反力和最大弯矩:
$$R_k = (253 \times 2.5 + 3 \times 15/2) \text{ kN} = 655 \text{ kN}$$
$$M_k = [655 \times 7.5 - 253 \times (5+2.5) - 3 \times 7.5^2/2] \text{ kN} \cdot \text{m} = 2930.6 \text{ kN} \cdot \text{m}$$

所以有:
$$\frac{v_T}{l} \approx \frac{M_k l}{10 E I_x} = \frac{2930.6 \times 10^6 \times 15000}{10 \times 20600 \times 1396000 \times 10^4} = \frac{1}{654} < \frac{[v_T]}{l} = \frac{1}{400}$$

因 $[v_T]/l$ 已小于 1/500,故不必再验算仅有可变荷载作用下的挠度。刚度满足要求。

(5) 翼缘高厚比验算

翼缘板外伸宽度与厚度之比 $206/24 = 8.6 < 13\sqrt{235/f_y} = 13$,翼缘局部稳定满足要求。

(6) 腹板局部稳定计算和加劲肋设计

① 各板段的强度计算。此种梁腹板宜考虑屈曲后强度,应在支座处和每个次梁处(即固定集中荷载处)设置支撑加劲肋。另外,端部板段采用如图 4-42 所示的构造,另加横向加劲肋,使 $a_1 = 500\text{mm}$,因 $a_1/h_0 < 1$, $\lambda_s = \dfrac{h_0/t_w}{37\sqrt{4+5.34 \times (1500/500)^2}} < 0.8$,故 $\tau_{cr} = f_v$,使板段 $I_1$ 范围内不会屈曲,支座加劲肋就不会受到水平力 $H_t$ 的作用。

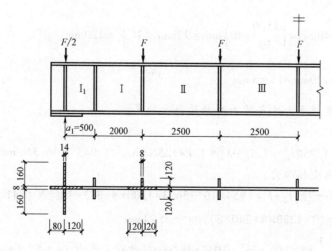

图 4-42 主梁加劲肋

对板段Ⅰ：

左侧截面剪力 $V_1 = (834.5 - 3.6 \times 0.5)\text{kN} = 832.7\text{kN}$

相应弯矩 $M_1 = (834.5 \times 0.65 - 3.6 \times 0.5^2/2)\text{kN·m} = 416\text{kN·m}$

因 $M_1 = 416\text{kN·m} < M_f = 420 \times 24 \times 1524 \times 205\text{N·mm} = 3150\text{kN·m}$

故用 $V_1 \leqslant V_u$ 验算，$a/h_0 > 1$；

$$\lambda_{n,s} = \frac{h_0/t_w}{37\sqrt{5.34+4(h_0/a)^2}} = \frac{1500/8}{37\sqrt{5.34+4\times(1500/2000)^2}} = 1.84 > 1.2$$

$V_u = h_w t_w f_v / \lambda_{n,s}^{1.2} = 1500 \times 8 \times 125/1.84^{1.2}\text{N} = 722 \times 10^3\text{N} < 832.2\text{kN}$，所以抗剪不满足要求，增加加劲肋。

对板段Ⅱ，验算右侧截面：

$$\lambda_{n,s} = \frac{h_0/t_w}{37\sqrt{5.34+4(h_0/a)^2}} = \frac{1500/8}{37\sqrt{5.34+4\times(1500/2500)^2}} = 1.945$$

$$V_u = h_w t_w f_v / \lambda_{n,s}^{1.2} = 1500 \times 8 \times 125/1.945^{1.2}\text{N} = 675 \times 10^3\text{N}$$

因 $V_3 = (834.5 - 2 \times 323 - 3.6 \times 7.5)\text{kN} = 162\text{kN} < 0.5V_u = 0.5 \times 675\text{kN} = 337.5\text{kN}$

故用 $M_3 = M_{\max} \leqslant M_{eu}$ 验算：

$$\lambda_b = \frac{h_0/t_w}{177}\sqrt{\frac{f_y}{235}} = \frac{187.5}{177} = 1.059 > 0.85，但 < 1.25$$

$$\rho = 1 - 0.82 \times (1.059 - 0.85) = 0.829$$

$$\alpha_e = 1 - \frac{(1-\rho)h_c^3 t_w}{2I_x} = 1 - \frac{(1-0.829) \times 750^3 \times 8}{2 \times 1396000 \times 10^4} = 0.979$$

$M_{eu} = \gamma_x \alpha_x W_x f = 1.05 \times 0.979 \times 18000 \times 10^3 \times 205\text{N·mm} = 3793 \times 10^6\text{N·mm}$

$\approx M_3 = 3735\text{kN·m}$（可以）

对板段Ⅲ可不验算。

② 加劲肋计算。

横向加劲肋的截面：

宽度：$b_s \geqslant \dfrac{h_0}{30} + 40\text{mm} = \left(\dfrac{1500}{30} + 40\right)\text{mm} = 90\text{mm}$，取 $b_s = 120\text{mm}$

厚度：$t_s \geqslant \dfrac{b_s}{15} = 120\text{mm}/15 = 8\text{mm}$

中部承受次梁支座反力的支撑加劲肋的截面验算：

由以上可知：

$$\lambda_s = 1.756\tau_{cr} = 1.1f_v/\lambda_s^2 = 1.1 \times 125\text{N/mm}^2/1.945^2 = 36.3\text{N/mm}^2$$

故该加劲肋所承受轴心力：

$$N_s = V_u - \tau_{cr}h_w t_w + F = (954 \times 10^3 - 36.3 \times 1500 \times 8 + 323 \times 10^3)\text{N} = 841.4\text{kN}$$

截面面积：$A_s = (2 \times 1280 \times 8 + 240 \times 8)\text{mm}^2 = 3840\text{mm}^2$

$$I_z = \frac{1}{12} \times 8 \times 250^3\text{mm}^4 = 1042 \times 10^4\text{mm}^4，所以 i_z = \sqrt{I_z/A} = 52.1\text{mm}$$

$\lambda_z = 1500/52.1 = 29$,查得 $\varphi_z = 0.939$。

靠近支座加劲肋的中间横向加劲肋仍用 $-120 \times 8$ 截面,不必验算。

支座加劲肋的验算:

承受支座反力 $R = 834.5$ kN,另外还应加上端部次梁直接传给主梁的支反力 $323$ kN/$2 = 161.5$ kN。

采用 $2-160 \times 14$ 板,$A_s = (2 \times 160 \times 14 + 200 \times 8)$ mm² $= 6080$ mm²

$I_z = \frac{1}{12} \times 14 \times 328^3$ mm⁴ $= 4118 \times 10^4$ mm⁴,所以 $i_z = \sqrt{I_z/A} = 82.3$ mm

$\lambda_z = 1500/82.3 = 18.2$,$\varphi_z = 0.974$

验算在腹板平面外稳定:

$$\frac{N_s}{\varphi_z A_s} = \frac{(834.5+161.5) \times 10^3}{0.974 \times 6080} \text{N/mm}^2 = 168 \text{N/mm}^2 < f = 215 \text{N/mm}^2$$

验算端部承压:

$$\sigma_{ce} = \frac{(834.5+161.5) \times 10^3}{2 \times (160-40) \times 14} \text{N/mm}^2 = 296 \text{N/mm}^2 < f_{ce} = 325 \text{N/mm}^2$$

计算与腹板的连接焊缝:

$$h_f \geq \frac{(834.5+161.5) \times 10^3}{4 \times 0.7 \times (1500-2 \times 10) \times 160} \text{mm} = 1.6 \text{mm}$$

$h_{fmin} = 5$ mm,取 $h_f = 6$ mm,验算结束。

## 【习题】

### 一、单选题

1. 计算梁的(  )时,应用净截面的几何参数。
    A. 正应力    B. 剪应力    C. 整体稳定    D. 局部稳定

2. 钢结构梁计算公式,$\sigma = \dfrac{M_x}{\gamma_x W_{nx}}$ 中 $\gamma_x$(  )。
    A. 与材料强度有关             B. 是极限弯矩与边缘屈服弯矩之比
    C. 表示截面部分进入塑性       D. 与梁所受荷载有关

3. 在充分发挥材料强度的前提下,Q235 钢梁的最小高度 $h_{min}$(  ) Q345 钢梁的 $h_{min}$ (其他条件均相同)。
    A. 大于     B. 小于     C. 等于     D. 不确定

4. 梁的最小高度是由(  )控制的。
    A. 强度     B. 建筑要求     C. 刚度     D. 整体稳定

5. 单向受弯梁失去整体稳定时是(  )形式的失稳。
    A. 弯曲     B. 扭转     C. 弯扭     D. 双向弯曲

6. 为了提高梁的整体稳定性,(  )是最经济有效的办法。
    A. 增大截面                    B. 增加侧向支撑点,减少 $l_1$
    C. 设置横向加劲肋              D. 改变荷载作用的位置

7. 当梁上有固定较大集中荷载作用时,其作用点处应(  )。

A. 设置纵向加劲肋 B. 设置横向加劲肋
C. 减少腹板宽度 D. 增加翼缘的厚度

8. 焊接组合梁腹板中，布置横向加劲肋对防止（ ）引起的局部失稳最有效，布置纵向加劲肋对防止（ ）引起的局部失稳最有效。
A. 剪应力 B. 弯曲应力 C. 复合应力 D. 局部压应力

9. 当梁整体稳定系数 $\varphi_b$ > 0.6 时，用 $\varphi'_b$ 代替 $\varphi_b$ 主要是因为（ ）。
A. 梁的局部稳定有影响 B. 梁已进入弹塑性阶段
C. 梁发生了弯扭变形 D. 梁的强度降低了

10. 防止梁腹板发生局部失稳，常采取加劲措施，这是为了（ ）。
A. 增加梁截面的惯性矩 B. 增加截面面积
C. 改变构件的应力分布状态 D. 改变边界约束板件的宽厚比

11. 焊接工字形截面梁腹板配置横向加劲肋的目的是（ ）。
A. 提高梁的抗弯强度 B. 提高梁的抗剪强度
C. 提高梁的整体稳定性 D. 提高梁的局部稳定性

12. 在梁的整体稳定计算中，$\varphi'_b = 1$ 说明所设计梁（ ）。
A. 处于弹性工作阶段 B. 不会丧失整体稳定
C. 梁的局部稳定必定满足要求 D. 梁不会发生强度破坏

13. 梁受固定集中荷载作用，当局部挤压应力不能满足要求时，采用较合理的措施（ ）。
A. 加厚翼缘 B. 在集中荷载作用处设支承加劲肋
C. 增加横向加劲肋的数量 D. 加厚腹板

14. 工字形梁受压翼缘宽厚比限值为：$\dfrac{b_1}{t} \leq 15 \sqrt{\dfrac{235}{f_y}}$，式中 $b_1$ 为（ ）。
A. 受压翼缘板外伸宽度 B. 受压翼缘板全部宽度
C. 受压翼缘板全部宽度的 1/3 D. 受压翼缘板的有效宽度

15. 跨中无侧向支承的组合梁，当验算整体稳定不足时，宜采用（ ）。
A. 加大梁的截面积 B. 加大梁的高度
C. 加大受压翼缘板的宽度 D. 加大腹板的厚度

16. 钢梁腹板局部稳定采用（ ）准则，实腹式轴心压杆腹板局部稳定采用（ ）准则。
A. 腹板局部屈曲应力不小于构件整体屈曲应力
B. 腹板实际应力不超过腹板屈曲应力
C. 腹板实际应力不小于板的 $f_v$
D. 腹板局部临界应力不小于钢材屈服应力

17. 双轴对称截面梁，其强度刚好满足要求，而腹板在弯曲应力下有发生局部失稳的可能，下列方案比较，应采用（ ）。
A. 在梁腹板处设置纵、横向加劲肋
B. 在梁腹板处设置横向加劲肋
C. 在梁腹板处设置纵向加劲肋
D. 沿梁长度方向在腹板处设置横向水平支撑

18. 当梁的整体稳定判别式 $\dfrac{l_1}{b_1}$ 小于规范给定数值时，可以认为其整体稳定不必验算，也就是说在 $\dfrac{M_x}{\varphi_b W_x}$ 中，可以取 $\varphi_b$ 为（   ）。

   A. 1.0　　　　　B. 0.6　　　　　C. 1.05　　　　　D. 仍需用公式计算

19. 焊接工字形截面简支梁，（   ）时，整体稳定性最好。

   A. 加强受压翼缘　　　　　　　　B. 加强受拉翼缘
   C. 双轴对称　　　　　　　　　　D. 梁截面沿长度变化

20. 简支工字形截面梁，当（   ）时，其整体稳定性最差（按各种情况最大弯矩数值相同比较）。

   A. 两端有等值同向曲率弯矩作用　　B. 满跨有均布荷载作用
   C. 跨中有集中荷载作用　　　　　　D. 两端有等值反向曲率弯矩作用

21. 双轴对称工字形截面简支梁，跨中有一向下集中荷载作用于腹板平面内，作用点位于（   ）时整体稳定性最好。

   A. 形心　　　　　　　　　　　　B. 下翼缘
   C. 上翼缘　　　　　　　　　　　D. 形心与上翼缘之间

22. 工字形或箱形截面梁、柱截面局部稳定是通过控制板件的何种参数并采取何种重要措施来保证的？（   ）。

   A. 控制板件的边长比并加大板件的宽（高）度
   B. 控制板件的应力值并减小板件的厚度
   C. 控制板件的宽（高）厚比并增设板件的加劲肋
   D. 控制板件的宽（高）厚比并加大板件的厚度

23. 为了提高荷载作用在上翼缘的简支工字形梁的整体稳定性，可在梁的（   ）加侧向支撑，以减小梁出平面的计算长度。

   A. 梁腹板高度的 $\dfrac{1}{2}$ 处　　　　　B. 靠近梁下翼缘的腹板 $\left(\dfrac{1}{5} \sim \dfrac{1}{4}\right) h_0$ 处
   C. 靠近梁上翼缘的腹板 $\left(\dfrac{1}{5} \sim \dfrac{1}{4}\right) h_0$ 处　　D. 受压翼缘处

24. 一焊接工字形截面简支梁，材料为 Q235，$f_y = 235 \text{N/mm}^2$。梁上为均布荷载作用，并在支座处已设置支承加劲肋，梁的腹板高度和厚度分别为 900mm 和 12mm，若考虑腹板稳定性，则（   ）。

   A. 布置纵向和横向加劲肋　　　　B. 无须布置加劲肋
   C. 按构造要求布置加劲肋　　　　D. 按计算布置横向加劲肋

25. 计算梁的整体稳定性时，当整体稳定性系数 $\varphi_b$ 大于（   ）时，应以 $\varphi_b'$（弹塑性工作阶段整体稳定系数）代替 $\varphi_b$。

   A. 0.8　　　　　B. 0.7　　　　　C. 0.6　　　　　D. 0.5

26. 对于组合梁的腹板，若 $\dfrac{h_0}{t_w} = 100$，按要求应（   ）。

   A. 无须配置加劲肋　　　　　　　B. 配置横向加劲肋

C. 配置纵向、横向加劲肋  D. 配置纵向，横向和短加劲肋

27. 焊接梁的腹板局部稳定常采用配置加劲肋的方法来解决，当 $\dfrac{h_0}{t_w} > 170\sqrt{\dfrac{235}{f_y}}$ 时（　　）。

A. 可能发生剪切失稳，应配置横向加劲肋
B. 可能发生弯曲失稳，应配置横向和纵向加劲肋
C. 可能发生弯曲失稳，应配置横向加劲肋
D. 可能发生剪切失稳和弯曲失稳，应配置横向和纵向加劲肋

28. 工字形截面梁腹板高厚比 $\dfrac{h_0}{t_w} = 100\sqrt{\dfrac{235}{f_y}}$ 时，梁腹板可能（　　）。

A. 因弯曲正应力引起屈曲，需设纵向加劲肋
B. 因弯曲正应力引起屈曲，需设横向加劲肋
C. 因剪应力引起屈曲，需设纵向加劲肋
D. 因剪应力引起屈曲，需设横向加劲肋

29. 当无集中荷载作用时，焊接工字形截面梁翼缘与腹板的焊缝主要承受（　　）。

A. 竖向剪力  B. 竖向剪力及水平剪力联合作用
C. 水平剪力  D. 压力

二、简答题

1. 钢梁的类型有哪些？如何分类？
2. 钢梁的强度、刚度如何验算？
3. 何谓钢梁整体失稳？钢梁的整体稳定性与哪些因素有关？
4. 钢梁的整体稳定如何验算？增强梁的整体稳定性可采用哪些有效措施？
5. 钢梁受压翼缘和腹板的局部稳定如何保证？腹板加劲肋的种类及设置原则是什么？

三、计算题

1. 简支梁受力及支承如图4-43所示，荷载标准值 $P=180$ kN，分项系数1.4，不计自重，Q235钢，$f_y=235$ N/mm$^2$，验算该梁的强度。

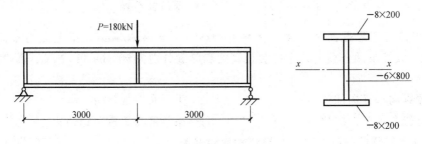

图 4-43　计算题 1 图

2. 请验算下列简支梁的强度和整体稳定性。截面尺寸如图4-44所示，不计自重，不考虑塑性发展，作用于梁上集中荷载设计值为150kN，钢材采用Q235，$f=215$ N/mm$^2$，$f_v=125$ N/mm$^2$，$E=2.06\times10^5$ N/mm$^2$，受弯构件整体稳定系数近似计算公式：$\varphi_b = 1.07 - \dfrac{\lambda_y^2}{44000} \cdot$

$\dfrac{f_y}{235}$（$\varphi_b > 1$ 取 $\varphi_b = 1$）。

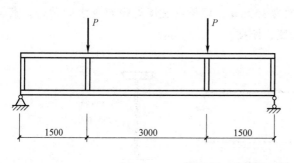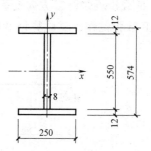

图 4-44　计算题 2 图

3. 请验算下列简支梁的强度。截面尺寸如图 4-45 所示，作用于梁上翼缘均布荷载设计值为 $q = 35\text{kN/m}$，钢材采用 Q235-B，$f = 215\text{N/mm}^2$，$f_v = 125\text{N/mm}^2$，$E = 2.06 \times 10^5 \text{N/mm}^2$。

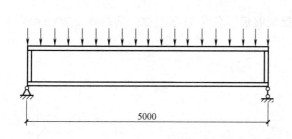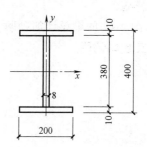

图 4-45　计算题 3 图

4. 请验算双轴对称工字形截面轴心受压焊接组合实腹柱整体稳定性。翼缘为 $-16 \times 250$，采用焰切边，腹板为 $-10 \times 400$，截面无削弱；静力荷载设计值作用下的轴心压力 $N = 1000\text{kN}$（含自重），柱计算长度在强轴方向 $l_{0x} = 6\text{m}$，在弱轴方向 $l_{0y} = 3\text{m}$；钢材采用 Q235，$f_d = 215\text{N/mm}^2$，$f_y = 235\text{N/mm}^2$，$[\lambda] = 150$。

5. 一块平台梁，梁格布置如图 4-46 所示。次梁支于主梁上面，平台板与次梁翼缘焊接牢。次梁承受板和面层自重标准值为 $3.0\text{kN/m}^2$（荷载分项系数为 1.2，未包括次梁自重），活荷载标准值为 $12\text{kN/m}^2$（荷载分项系数为 1.4，静力作用）。次梁采用轧制工字钢，钢材 Q235，焊条 E43 型，试选择次梁截面，并进行截面及刚度验算。

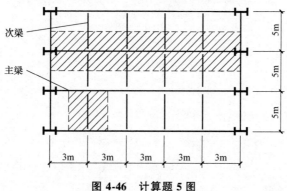

图 4-46　计算题 5 图

6. 如图4-47所示，某焊接工字形等截面简支梁，跨度10m，在跨中作用有一静力荷载，该荷载由两部分组成，一部分为恒载，标准值为200kN，另一部分为活载，标准值为300kN。荷载沿梁的跨度方向支承长度为150mm，该梁在支座处设有支承加劲肋。若该梁采用Q235B级钢制作，试验算该梁的强度、刚度。

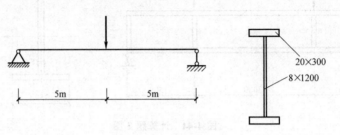

图 4-47　计算题 6 图

7. 如果图4-47中梁仅在支座处设有侧向支承，该梁整体稳定能否满足要求？如不能，采用何种措施？

8. 为图4-47的梁设计加劲肋，保证腹板不发生局部失稳。同时在支座处和集中荷载作用处设计支承加劲肋。

# 第 5 章 拉弯和压弯构件

## 5.1 概述

同时承受轴向拉力或压力以及弯矩作用的构件称为拉弯或压弯构件。弯矩可能由轴向力的偏心作用、端弯矩或横向荷载作用三种因素形成，如图 5-1 所示。当弯矩作用在截面的一个主轴平面内时称为单向拉弯（压弯）构件，作用在截面的两个主轴平面内时称为双向拉弯（压弯）构件。

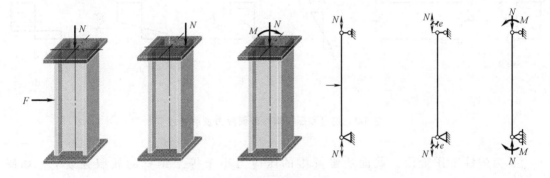

图 5-1　拉弯和压弯构件

钢结构中拉弯构件和压弯构件应用比较广泛。作用有非节点荷载的下弦杆、网架结构的下部水平杆件等都是拉弯构件，如图 5-2a 所示。有横向节间荷载作用的桁架上弦杆、屋架天窗侧立柱、单层厂房柱、多层或高层房屋的框架柱等都属于压弯构件，如图 5-2a、b 所示。

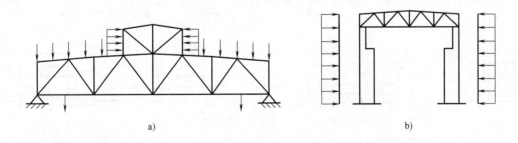

图 5-2　拉弯构件和压弯构件的应用

在设计拉弯和压弯构件时，同样应满足承载能力极限状态和正常使用极限状态的要求。拉弯构件需要计算其强度和刚度（限制长细比）；压弯构件需要计算强度、整体稳定（弯矩作用平面内稳定和弯矩作用平面外稳定）、局部稳定和刚度（限制长细比）。拉弯构件和压弯构件的容许长细比和轴心受力构件相同。

## 5.2 拉弯和压弯构件强度和刚度计算

### 5.2.1 拉弯和压弯构件的强度

拉弯构件通常发生强度破坏，截面被孔洞严重削弱或端弯矩较大的压弯构件也可能发生强度破坏，需进行强度计算。

下面通过双轴对称矩形截面压弯构件的受力状态来分析强度的承载能力。图 5-3 中的矩形截面压弯构件在轴心压力 $N$ 和弯矩 $M$ 的共同作用下，如果使轴心力 $N$ 与弯矩 $M$ 按比例递加，则随着荷载的逐渐增加，截面上的应力可大致归纳成三个发展阶段，四种应力状态。

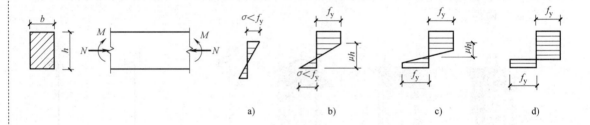

图 5-3 拉弯和压弯构件截面应力发展过程

Ⅰ 为弹性工作阶段，截面边缘纤维的压应力小于等于钢材的屈服强度 $f_y$，如图 5-3a 所示。Ⅱ 为弹塑性工作阶段，如图 5-3b、c 所示。Ⅲ 为塑性工作阶段，如图 5-3d 所示。

根据力的平衡条件，可以得到图 5-4 所示截面出现塑性铰时，轴力 $N$ 和弯矩 $M$ 分别为：

$$N = \int_A \sigma dA = 2by_0 f_y = 2\frac{y_0}{h} bh f_y = 2by_0 f_y \tag{5-1}$$

$$M = \int_A \sigma y dA = \frac{bf_y}{4}(h^2 - 4y_0^2) = \frac{bh^2}{4} f_y \left(1 - 4\frac{y_0^2}{h^2}\right) \tag{5-2}$$

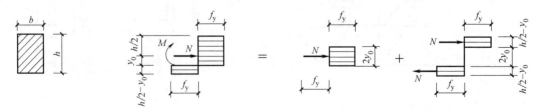

图 5-4 压弯构件截面全塑性应力图形

当只有轴心力 $N$ 作用时，$M=0$，则由式（5-2）得，$y_0=\dfrac{h}{2}$，截面所能承受的最大压力 $N_p=Af_y=bhf_y$；当只有弯矩 $M$ 作用时，$N=0$，则由式（5-1）得，$y_0=0$，截面所能承受的最大弯矩 $M_p=W_pf_y=\dfrac{bh^2}{4}f_y$。将最大压力和弯矩代入式（5-1）和式（5-2），可以得到 $N$ 和 $M$ 的相关关系式为：

$$\left(\frac{N}{N_p}\right)^2+\frac{M}{M_p}=1 \tag{5-3}$$

将式（5-3）画成相关曲线。

用同样方法可获得工字形截面压弯构件截面出现塑性铰时的相关关系式及相关曲线，如图5-5所示。为了计算偏于安全，规范用直线代替弯矩和轴力之间的曲线关系：

$$\frac{N}{N_p}+\frac{M}{M_p}=1 \tag{5-4}$$

进行拉弯和压弯构件的强度计算时，根据构件的不同受力情况，可以采用三种不同的强度计算原则：

1) 边缘纤维屈服准则：认为当构件受力最不利截面边缘纤维应力达到屈服强度时，构件即达到强度承载力极限。

2) 全截面屈服准则：认为当构件受力最不利截面出现塑性铰时，构件即达到强度承载力极限。

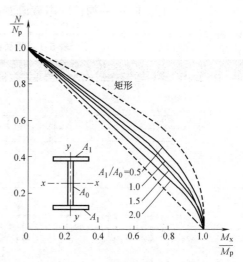

图 5-5 拉弯、压弯构件强度相关曲线

3) 截面部分发展塑性准则：认为当构件受力最不利截面部分进入塑性时，构件即达到强度承载力极限。《钢结构设计标准》（GB 50017—2017）规定，一般构件采用部分截面发展塑性准则进行压弯、拉弯构件强度计算。

---

8.1.1 弯矩作用在两个主平面内的拉弯构件和压弯构件，其截面强度应符合下列规定：

1 除圆管截面外，弯矩作用在两个主平面内的拉弯构件和压弯构件，其截面强度应按下式计算：

$$\frac{N}{A_n}\pm\frac{M_x}{\gamma_xW_{nx}}\pm\frac{M_y}{\gamma_yW_{ny}}\leqslant f \tag{8.1.1-1}$$

2 弯矩作用在两个主平面内的圆形截面拉弯构件和压弯构件，其截面强度应按下式计算：

$$\frac{N}{A_n}+\frac{\sqrt{M_x^2+M_y^2}}{\gamma_mW_n}\leqslant f \tag{8.1.1-2}$$

式中 $N$、$M_x$、$M_y$——分别为同一截面处轴心压力设计值（N）；$x$ 轴和 $y$ 轴的弯矩设计值（N·mm）；

$\gamma_x$、$\gamma_y$——截面塑性发展系数,根据其受压板的内力分布情况确定其截面板件宽厚比等级,当截面板件宽厚比等级不满足 S3 级要求时,取 1.0;满足 S3 级要求时,可按表 5-1 采用;需要验算疲劳强度的拉弯、压弯构件,宜取 1.0;

$\gamma_m$——圆形构件的截面塑性发展系数,对于实腹圆形截面取 1.2,当圆管截面板件宽厚比等级不满足 S3 级要求时取 1.0,满足 S3 级要求时取 1.15;需要验算疲劳强度的拉弯、压弯构件,宜取 1.0;

$A_n$、$W_n$——构件的净截面面积(mm²)和净截面模量(mm³)。

表 5-1 截面塑性发展系数 $\gamma_x$、$\gamma_y$

| 截面形式 | $\gamma_x$ | $\gamma_y$ |
| --- | --- | --- |
| 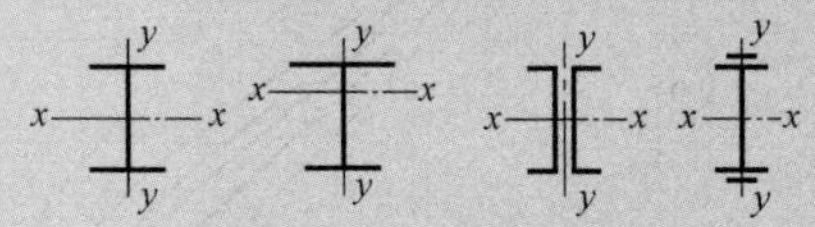 (工字形截面图示) | 1.05 | 1.2 |
| 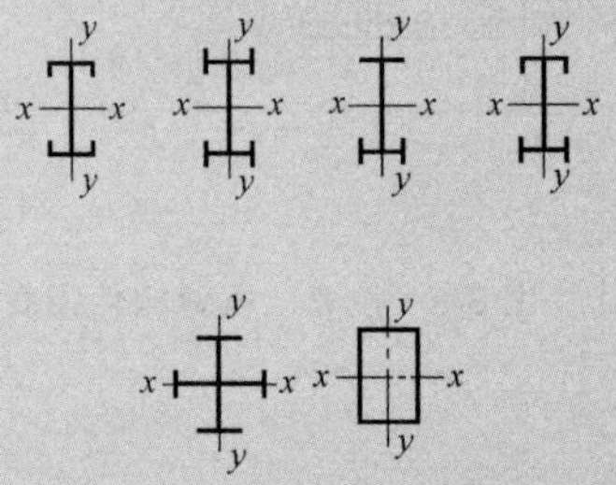 (箱形及双轴对称截面图示) | 1.05 | 1.05 |
| 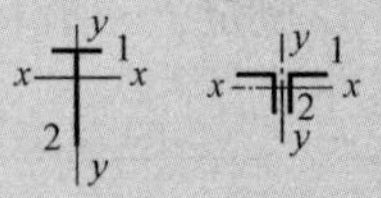 (T形截面图示 1) | $\gamma_{x1}=1.05$<br>$\gamma_{x2}=1.2$ | 1.2 |
| 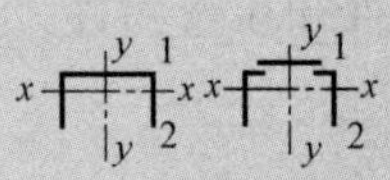 (T形截面图示 2) | | 1.05 |
| 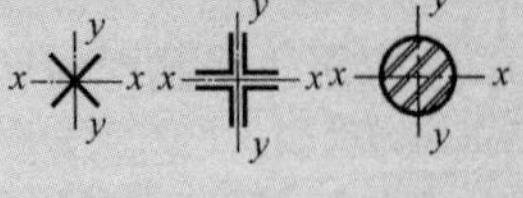 (十字形及实心圆截面图示) | 1.2 | 1.2 |
| 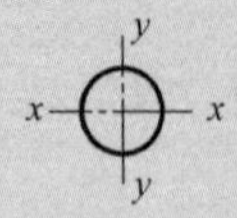 (圆管截面图示) | 1.15 | 1.15 |

（续）

| 截面形式 | $\gamma_x$ | $\gamma_y$ |
|---|---|---|
|  |  | 1.05 |
|  | 1.0 |  |
|  |  | 1.0 |

### 5.2.2 拉弯和压弯构件的刚度

与轴心受力构件相同，拉弯和压弯构件的刚度也是通过限制长细比来保证的。《钢结构设计标准》（GB 50017—2017）规定拉弯和压弯构件的容许长细比取轴心受拉或轴心受压构件的容许长细比值，即

$$\lambda \leq [\lambda] \tag{5-5}$$

式中　$\lambda$——拉弯和压弯构件绕对应主轴的长细比；

$[\lambda]$——受拉或受压构件的容许长细比。

【例 5-1】　图 5-6 所示为某桁架的下弦，跨度 $l=600\text{cm}$，静荷载作用于跨中，轴向拉力的设计值为 400kN，横向荷载产生的弯矩设计值为 72kN·m。跨中无侧向支承，截面无削弱，按两端铰接设计，钢材强度值 $f=310\text{N/mm}^2$，截面选用 2∟180×110×10，节点板厚 10mm，如图 5-6b 所示。假定截面满足 S3 级要求，验算截面强度和刚度。

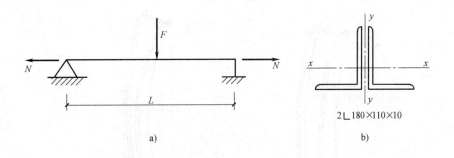

图 5-6　例 5-1 图

**解**：选用 2∟180×110×10，如图 5-6b 所示。由型钢表知双角钢 $A=56.8\text{cm}^2$，$W_{x\min}=157.746\text{cm}^3$，$W_{x\max}=324.7\text{cm}^3$，$i_x=5.81\text{cm}$

查表 5-1，得 $\gamma_{1x}=1.05$，$\gamma_{2x}=1.20$，查表 3-1 得 $[\lambda]=350$。

（1）验算强度：

$$\frac{N}{A_n}+\frac{M_x}{\gamma_{1x}W_{nx\max}}=\left(\frac{400\times 10^3}{56.8\times 10^2}+\frac{72\times 10^6}{1.05\times 324.7\times 10^3}\right)\text{N/mm}^2=281.6\text{N/mm}^2<f=310\text{N/mm}^2$$

$$\frac{N}{A_n} - \frac{M_x}{\gamma_{2x}W_{nx\max}} = \left(\frac{400\times10^3}{56.8\times10^2} - \frac{72\times10^6}{1.2\times157.92\times10^3}\right)\text{N/mm}^2 = -309.5\text{N/mm}^2 < f = 310\text{N/mm}^2$$

（2）刚度验算：

下弦杆在平面内、平面外的计算长度分别为：

$$l_{0x} = \mu l = 1.0\times600\text{cm} = 600\text{cm}$$

$$l_{0y} = \mu l = 1.0\times600\text{cm} = 600\text{cm}$$

$$i_x = 5.80\text{cm}$$

$$\lambda_x = \frac{600}{5.80} = 103.4 < [\lambda] = 350$$

$$\lambda_y = \frac{600}{4.3} = 139.5 < [\lambda] = 350$$

根据计算结果可知，选择 2⌶180×110×10 能够满足强度要求和刚度。

## 5.3 实腹式压弯构件的稳定

压弯构件的承载力通常由稳定条件决定，对于弯矩作用在一个主平面内的单向压弯构件，可能出现两种失稳形式：如图 5-7 所示，一种是弯矩作用平面内可能产生过大的侧向弯曲变形而失去整体稳定，称之为弯矩作用平面内的弯曲失稳；另一种是在弯矩作用平面外，当轴心压力或弯矩达到一定值时，构件在垂直于弯矩作用平面方向突然产生侧向弯曲和扭转变形，称之为弯矩作用平面外的弯扭失稳。为了保证压弯构件的承载能力，应分别进行弯矩作用平面内和弯矩作用平面外的稳定计算。

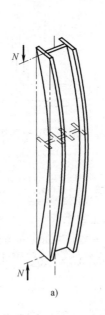
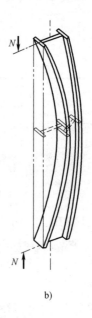

a)    b)

图 5-7 压弯构件整体失稳形式

### 5.3.1 实腹式单向压弯构件弯矩作用平面内的整体稳定

实腹式压弯构件在弯矩作用平面外的抗扭刚度较大,或截面抗扭刚度较大,或有足够的侧向支承可以阻止弯矩作用平面外的弯扭变形时,将发生弯矩作用平面内的弯曲失稳破坏。

压弯构件在弯矩作用平面内失稳时,对于具有不同截面形状及荷载组合等的构件,其中部截面塑性区分布可分为三种情况。第一,对于双轴对称截面,当压力较小,弯矩较大时,可能同时在截面两侧有塑性发展;第二,当压力较大,弯矩却较小时,可能只在受压较大一侧有塑性发展;第三,对于单轴对称截面,弯矩作用在对称轴平面内且使较大翼缘受压时,除上述两种塑性区分布情况外,还可能只在受拉一侧有塑性发展,这三种情况分别如图5-8a、b、c所示。

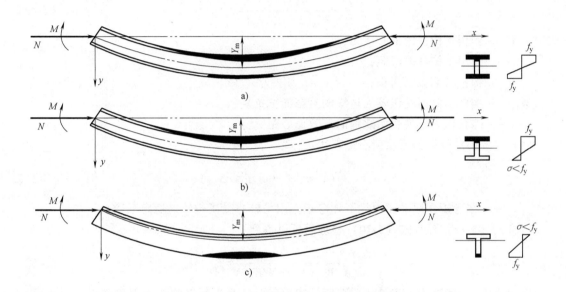

图 5-8 压弯构件平面内失稳时的塑性区

**1. 压弯构件弯矩作用平面内稳定承载能力计算准则**

确定压弯构件弯矩作用平面内稳定承载能力的方法很多,可分为两类,一类是边缘屈服准则的计算方法,一类是极限承载能力准则计算方法。

(1)边缘屈服准则 该准则是以构件截面边缘纤维最大应力开始屈服的荷载作为压弯构件的稳定承载能力。现通过两端铰接均匀受弯的等截面压弯构件来分析其平面内稳定承载能力。在轴心力 $N$ 和弯矩 $M$ 的共同作用下,构件中点的挠度为 $y_m$,在离端部 $z$ 处的挠度为 $y$,此时力的平衡方程为:

$$EI\frac{d^2y}{dz^2}+Ny=-M \tag{5-6}$$

构件中点最大挠度为:

$$y_m=\frac{M}{N}\left(\sec\frac{kl}{2}-1\right) \tag{5-7}$$

最大弯矩为:

$$M_{\max} = M + Ny_m = \frac{M}{1-N/N_{Ex}} \tag{5-8}$$

由于一般情况 $N/N_{Ex}$ 都比较小,因此可以用近似公式代替理论公式来计算附加弯矩与实际弯矩共同作用引起的最大弯矩。

考虑到构件的初偏心、初弯矩和残余应力等初始缺陷对压弯构件的影响,利用等效偏心距 $e_0$ 来综合代表,则构件中央有最大弯矩为:

$$M_{\max} = \frac{M + Ne_0}{1-N/N_{Ex}} \tag{5-9}$$

压弯构件在弹性工作阶段即受力最不利截面边缘纤维开始屈服时,压弯构件稳定承载力的表达式为

$$\frac{N}{A} + \frac{M_x + Ne_0}{W_{1x}(1-N/N_{Ex})} = f_y \tag{5-10}$$

式中 $N$——作用于构件的轴心压力;

$M_x$——作用于构件的弯矩;

$A$——构件的毛截面面积;

$W_{1x}$——构件的截面受压较大边缘的毛截面抵抗矩;

$e_0$——综合代表构件初始缺陷的等效偏心距。

由式(5-10)可得到等效偏心距表达式:

$$e_0 = \frac{W_{1x}}{\varphi_x A}(1-\varphi_x)(1-\varphi_x f_y A/N_{Ex}) \tag{5-11}$$

式中 $\varphi_x$——在弯矩作用平面内,不计弯矩作用是轴心受压构件的稳定系数。

再将式(5-11)代入式(5-10)整理后可以得到:

$$\frac{N}{\varphi_x A} + \frac{M_x}{W_{1x}(1-\varphi_x N/N_{Ex})} = f_y \tag{5-12}$$

以上 $N$ 与 $M_x$ 的相关公式是从两端铰接均匀受弯的压弯构件的弹性理论推得,当压弯构件两端偏心弯矩不等时,引入等效弯矩系数 $\beta_{mx}$,将其他约束及荷载情况的弯矩分布形式转化成均匀受弯来看待,则对式(5-12)做如下调整:

$$\frac{N}{\varphi_x A} + \frac{\beta_{mx} M_x}{W_{1x}(1-\varphi_x N/N_{Ex})} = f_y \tag{5-13}$$

式(5-13)即为压弯构件按边缘屈服准则得出的相关公式。

(2)极限承载能力准则 实腹式单向压弯构件截面边缘纤维屈服后,仍可以继续承受荷载。在这个过程中,构件截面会随着荷载的增加而出现部分屈服,进入弹塑性阶段,如图 5-8a、b、c 所示塑性区分布情况。按压弯构件 $N$-$Y_m$ 曲线极值来确定弯矩作用平面内稳定承载能力 $N_u$,称为极限承载能力准则。若要真正反映构件的实际受力情况,宜采用这一准则。

按极限承载力准则求 $N_u$ 的方法较多,最常用的是数值解法。我国《钢结构设计标准》(GB 50017—2017)采用数值分析方法对 11 种截面近 200 条压弯构件做了大量计算,形成了承载力曲线或 $N$-$M$ 曲线,得到了不同截面及其对应轴的各种不同的相关曲线族。图 5-9 是火焰切割边的焊接工字形截面压弯构件在两端相等弯矩作用下的相关曲线,其中实线为理论计算的结果。

经过对大量相关曲线族的分析，发现利用边缘屈服准则得出的相关公式的形式可以较好地描述上述规律，即：

$$\frac{N}{\varphi_x A} + \frac{M_x}{W_{px}(1-\varphi_x N/N_{Ex})} = f_y \quad (5\text{-}14)$$

对大量的计算结果进行比较，发现当括号内 $\varphi_x = 0.8$ 时，式（5-14）的计算结果与各种截面的理论计算结果误差最小，两条曲线拟合最好，如图5-9中的虚线。

**2. 弯矩作用平面内整体稳定的实用计算公式**

对于实腹式单向压弯构件，按边缘屈服准则得出的相关公式（5-13）考虑了压弯构件二阶效应和构件缺陷的影响，按照极限承载力准则得出的相关公

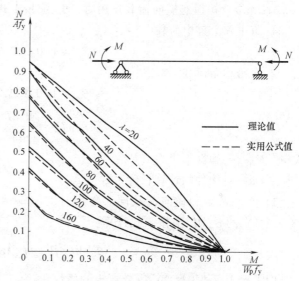

图 5-9 焊接工字形截面压弯构件的 $M$-$N$ 相关曲线

式（5-14）考虑了塑性变形的发展。《钢结构设计标准》（GB 50017—2017）将两公式进行结合，取等效弯矩 $\beta_{mx}M_x$，考虑截面部分塑性发展，引入抗力分项系数，即 $W_{px} = \gamma_x W_{1x}$，取 $\varphi_x = 0.8$，即得到实腹式压弯构件弯矩作用平面的稳定计算公式。

《钢结构设计标准》（GB 50017—2017）规定：

---

8.2.1 除圆管截面外，弯矩作用在对称轴平面内的实腹式压弯构件，弯矩作用平面内稳定性应按式（8.2.1-1）计算：

$$\frac{N}{\varphi_x Af} + \frac{\beta_{mx}M_x}{\gamma_x W_{1x}(1-0.8N/N'_{Ex})f} \leq 1.0 \quad (8.2.1\text{-}1)$$

式中　$N$——所计算构件范围内轴心压力设计值（N）；

$N'_{Ex}$——参数，$N'_{Ex} = \pi^2 EA/(1.1\lambda_x^2)$（N）；

$\varphi_x$——弯矩作用平面内轴心受压构件稳定系数；

$M_x$——所计算构件段范围内的最大弯矩设计值（N·mm）；

$W_{1x}$——在弯矩作用平面内对受压最大纤维的毛截面模量（mm³）；

$\gamma_x$——截面塑性发展系数，按表5-1取值；

$\beta_{mx}$——等效弯矩系数。

---

**3. 等效弯矩系数**

（1）无侧移框架柱和两端支承的构件

1）无横向荷载作用时，$\beta_{mx}$ 应按下式计算：

$$\beta_{mx} = 0.6 + 0.4\frac{M_2}{M_1} \quad (5\text{-}15)$$

式中，$M_1$ 和 $M_2$ 为端弯矩，构件无反弯点时取同号；构件有反弯点时取异号，$|M_1| \geq |M_2|$。

2）无端弯矩但有横向荷载作用时，$\beta_{mx}$ 应按下式计算：
① 跨中单个集中荷载

$$\beta_{mx} = 1 - 0.36 N/N_{cr} \tag{5-16}$$

② 全跨均布荷载

$$\beta_{mx} = 1 - 0.18 N/N_{cr} \tag{5-17}$$

$$N_{cr} = \frac{\pi^2 EI}{(\mu l)^2} \tag{5-18}$$

式中　$N_{cr}$——弹性临界力（N）；
　　　$\mu$——构件的计算长度系数。

3）有端弯矩和横向荷载同时作用时，《钢结构设计标准》（GB 50017—2017）中式（8.2.1-1）的 $\beta_{mx}M_x$ 应按下式计算：

$$\beta_{mx}M_x = \beta_{mqx}M_{qx} + \beta_{m1x}M_1$$

即工况 1）和工况 2）等效弯矩的代数和。
式中　$M_{qx}$——横向均布荷载产生的弯矩最大值（N·mm）；
　　　$M_1$——跨中单个横向集中荷载产生的弯矩（N·mm）；
　　　$\beta_{mqx}$——按式（5-17）计算；
　　　$\beta_{m1x}$——按式（5-15）计算。

（2）有侧移框架柱和悬臂构件
1）除 2）项规定之外的框架柱，$\beta_m = 1 - 0.36 N/N_{cr}$。
2）有横向荷载的柱脚铰接的单层框架柱和多层框架的底层柱，$\beta_m = 1.0$。
3）自由端作用有弯矩的悬臂柱，$\beta_m = 1 - 0.36(1-m)N/N_{cr}$。

式中，$m$ 为自由端弯矩与固定端弯矩之比，当弯矩图无反弯点时取正号，有反弯点时取负号。

当框架内力采用二阶分析时，柱弯矩由无侧移弯矩和放大的侧移弯矩组成，此时可对两部分弯矩分别乘以无侧移柱和有侧移柱的等效弯矩系数。

**4. 单轴对称的压弯构件计算规定**

对于截面单轴对称的压弯构件，弯矩作用在对称轴平面内且使较大翼缘受压时，截面塑性区除了存在前述受压区屈服和受压、受拉区同时屈服两种情况外，还可能在受拉区首先出现屈服而导致构件失去承载能力，如图 5-8c 所示，故除了按《钢结构设计标准》式（8.2.1-1）计算外，还应按下式计算：

$$\left| \frac{N}{Af} - \frac{\beta_{mx}M_x}{\gamma_x W_{2x}(1-1.25N/N'_{Ex})f} \right| \leq 1.0 \tag{5-19}$$

式中　$W_{2x}$——无翼缘端的毛截面模量（mm³）；
　　　$\gamma_x$——与 $W_{2x}$ 相应的截面塑性发展系数。

**【例 5-2】** 某压弯构件的截面尺寸、受力和侧向支承情况如图 5-10 所示，钢材为 Q235B，$f = 215 \text{N/mm}^2$，翼缘为焰切边，构件承受静力荷载的设计值分别为轴心压力 $N = 800 \text{kN}$，水平力 $H = 100 \text{kN}$。试验算其弯矩作用平面内的整体稳定是否满足要求。

**解：** 构件内力：

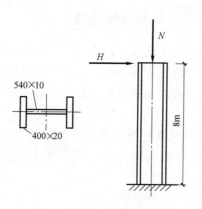
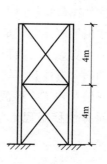

图 5-10 例 5-2 图

$$M_x = Hl = 100 \times 8 \text{kN} \cdot \text{m} = 800 \text{kN} \cdot \text{m}, N = 800 \text{kN}$$

构件截面几何特征：

$$l_{0x} = 16\text{m}, l_{0y} = 4\text{m}, A = (40 \times 2 \times 2 + 54 \times 1) \text{cm}^2 = 214 \text{cm}^2$$

$$I_x = \frac{1}{12} \times (40 \times 58^3 - 39 \times 54^3) \text{cm}^4 = 138615 \text{cm}^4$$

$$W_{1x} = \frac{2I_x}{h} = \frac{2 \times 138615}{58} \text{cm}^3 = 4779.8 \text{cm}^3$$

$$i_x = \sqrt{\frac{I_x}{A}} = \sqrt{\frac{138615}{214}} \text{cm} = 25.5 \text{cm}$$

$$\lambda_x = \frac{l_{0x}}{i_x} = \frac{1600}{25.5} = 62.7$$

查轴心受压构件 b 类截面稳定系数表：$\lambda_x = 62.7$，$\varphi_x = 0.793$（b 类截面）。

$$N'_{Ex} = \frac{\pi^2 EA}{1.1\lambda_x^2} = \frac{\pi^2 \times 206 \times 10^3 \times 21400}{1.1 \times 62.7^2} \text{N} = 10051.1 \times 10^3 \text{N} = 10051.1 \text{kN}$$

$$N_{cr} = \frac{\pi^2 EI}{(\mu l)^2} = \frac{\pi^2 \times 206 \times 10^3 \times 138615 \times 10^4}{16000^2} \text{kN} = 10997.57 \text{kN}$$

等效弯矩系数为 $\beta_{mx} = 1 - 0.36 \dfrac{N}{N_{cr}} = 1 - 0.36 \times \dfrac{800}{10997.57} = 0.974$

截面塑性发展系数为 $\gamma_x = 1.05$

$$\frac{N}{\varphi_x A f} + \frac{\beta_{mx} M_x}{\gamma_x W_{1x}(1 - 0.8 N/N'_{Ex}) f}$$

$$= \frac{800 \times 10^3}{0.793 \times 21400 \times 215} + \frac{0.974 \times 800 \times 10^6}{1.05 \times 4779.8 \times 10^3 \times \left(1 - 0.8 \times \dfrac{800}{10051}\right) \times 215}$$

$$= 0.219 + 0.771 = 0.99 < 1.0$$

弯矩在平面内的稳定性满足要求。

## 5.3.2 实腹式单向压弯构件弯矩作用平面外的整体稳定

当实腹式压弯构件在弯矩作用平面外的抗弯刚度较小，或截面抗扭刚度较小，或侧向支承不足以阻止弯矩作用平面外的弯矩变形时，将发生弯矩作用平面外的弯扭失稳破坏。弯矩作用平面外的弯扭失稳实际上是四种变形的叠加，即失稳前的轴压变形、弯矩作用平面内的弯曲变形、失稳时的侧向弯曲和扭转变形。

以两端铰接的双轴对称工字形截面压弯构件弯扭失稳为例，如图 5-11 所示，不考虑初始缺陷的影响，按照弹性稳定理论分析，可以得到构件在发生弯扭失稳时的 $M$-$N$ 相关方程，即

$$\left(1-\frac{N}{N_{Ey}}\right)\left(1-\frac{N}{N_{Ey}}\cdot\frac{E_{Ey}}{N_z}\right)-\left(\frac{M_x}{M_{crx}}\right)^2=0 \tag{5-20}$$

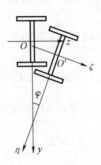

**图 5-11 压弯构件在弯矩作用平面外弹性弯扭失稳**

以 $N_z/N_{Ey}$ 的不同比值代入式（5-20），可以画出 $N/N_{Ey}$ 和 $M_x/M_{crx}$ 之间的相关曲线如图 5-12 所示。从图 5-12 中可看出，构件的抗扭性能和抗侧向弯曲性能越强，$N_z/N_{Ey}$ 值越大，

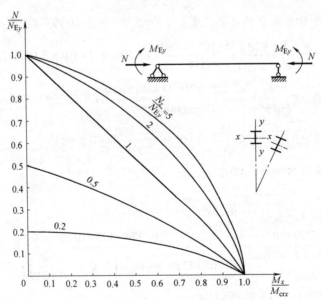

**图 5-12 压弯构件弹性弯曲失稳相关曲线**

曲线越外凸。钢结构中常用的双轴对称工字形截面，其 $N_z/N_{Ey}$ 总是大于 1.0，若偏安全地取 $N_z/N_{Ey}=1.0$，则式（5-20）可写成：

$$\frac{N}{E_{Ey}}+\frac{M_x}{M_{crx}}=1 \tag{5-21}$$

式（5-21）是由双轴对称工字形截面压弯构件的弹性屈曲公式近似推导得到的。经分析该式对弹塑性屈曲以及单轴对称截面构件也适用。

将 $N_{Ey}=\varphi_y f_y A$，$M_{crx}=\varphi_b f_y W_x$ 代入式（5-21），并将 $M_x$ 乘以等效弯矩系数 $\beta_{tx}$，使其他荷载及约束情况等效地转化为均匀受弯的情况。考虑荷载分项系数用 $f$ 代替 $f_y$，写成设计式的形式后即得到《钢结构设计标准》(GB 50017—2017) 关于实腹式压弯构件在弯矩作用平面外的稳定计算公式，即

8.2.1 除圆管截面外，弯矩作用在对称轴平面内的实腹式压弯构件，弯矩作用平面外稳定性应按式 (8.2.1-3) 计算：

$$\frac{N}{\varphi_y Af}+\eta\frac{\beta_{tx} M_x}{\varphi_b W_{1x} f}\leq 1.0 \tag{8.2.1-3}$$

式中  $M_x$——所计算构件段范围内最大弯矩设计值（N·mm）；

$\varphi_y$——弯矩作用平面外的轴心受压构件稳定系数；

$\varphi_b$——均匀弯曲的受弯构件整体稳定系数，按本标准附录 C 计算，其中对工字形和 T 形截面的非悬臂构件，可按本标准附录 C 第 C.0.5 条的规定确定；对闭口截面，$\varphi_b=1.0$；

$\eta$——截面影响系数，闭口截面 $\eta=0.7$，其他截面 $\eta=1.0$；

$\beta_{tx}$——等效弯矩系数。

$\beta_{tx}$ 按下列规定采用：

（1）弯矩作用平面外有支承的构件，应根据两相邻支承间的构件段内荷载和内力情况确定。

1）无横向荷载作用时 $\beta_{tx}=0.65+0.35\dfrac{M_2}{M_1}$。

2）端弯矩和横向荷载同时作用时：使构件产生同向曲率时，$\beta_{tx}=1.0$；使构件产生反向曲率时 $\beta_{tx}=0.85$。

3）无端弯矩有横向荷载作用时，$\beta_{tx}=1.0$。

（2）弯矩作用平面外为悬臂的构件，$\beta_{tx}=1.0$。

【例 5-3】 试验算例 5-2 中的弯矩作用平面外的整体稳定是否满足要求。

**解：**构件内力如图 5-13 所示。

$$M_x=Hl=100\times 8\mathrm{kN\cdot m}=800\mathrm{kN\cdot m}, N=800\mathrm{kN}$$

构件截面几何特征：

$$l_{0x}=16\mathrm{m}, l_{0y}=4\mathrm{m}, A=(40\times 2\times 2+54\times 1)\mathrm{cm}^2=214\mathrm{cm}^2$$

$$W_{1x}=4779.8\mathrm{cm}^3$$

$$I_y = \frac{1}{12} \times (2 \times 40^3 \times 2 + 54 \times 1^3)\,\mathrm{cm}^4 = 21338\,\mathrm{cm}^4$$

$$i_y = \sqrt{\frac{I_y}{A}} = \sqrt{\frac{21338}{214}}\,\mathrm{cm} = 10.0\,\mathrm{cm},\quad \lambda_y = \frac{l_{0y}}{i_y} = \frac{400}{10.0} = 40$$

查轴心受压构件 b 类截面稳定系数表：$\varphi_y = 0.899$（b 类截面）

工字形双轴对称受弯构件整体稳定系数：$\lambda_y < 120$ 可按下面公式近似计算 $\varphi_b$：

$$\varphi_b = 1.07 - \frac{\lambda_y^2}{44000\varepsilon_k^2} = 1.07 - \frac{40^2}{44000} = 1.03,\ 取\ \varphi_b = 1.0$$

截面影响系数：$\eta = 1.0$

弯矩等效系数

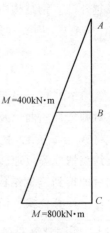

图 5-13　例 5-3 图

$$\beta_{tx} = 0.65 + 0.35\frac{M_2}{M_1} = 0.65 + 0.35 \times \frac{400}{800} = 0.825$$

$$\frac{N}{\varphi_y A f} + \eta\frac{\beta_{tx} M_x}{\varphi_b W_{1x} f} = \frac{800 \times 10^3}{0.899 \times 21400 \times 215} + 1.0 \times \frac{0.825 \times 800 \times 10^6}{1.0 \times 4779.8 \times 10^3 \times 215} = 0.835 < 1.0$$

平面外稳定满足要求。

### 5.3.3　双向弯曲实腹式压弯构件的整体稳定

弯矩作用在截面两个主平面内的压弯构件是双向压弯构件。这种构件丧失整体稳定性属于空间失稳，理论计算非常复杂，为便于应用，与单向弯曲压弯构件计算相衔接，多采用相关公式形式计算。《钢结构设计标准》（GB 50017—2017）规定，实腹式工字形截面和箱形截面双向受弯构件的稳定计算：

8.2.5　弯矩作用在两个主平面内的双轴对称实腹式工字形和箱形截面的压弯构件，其稳定性应按下列公式计算：

$$\frac{N}{\varphi_x A f} + \frac{\beta_{mx} M_x}{\gamma_x W_x \left(1 - 0.8\dfrac{N}{N'_{Ex}}\right)f} + \eta\frac{\beta_{ty} M_y}{\varphi_{by} W_y f} \leqslant 1.0 \quad (8.2.5\text{-}1)$$

$$\frac{N}{\varphi_y A f} + \eta\frac{\beta_{tx} M_x}{\varphi_{bx} W_x f} + \frac{\beta_{my} M_y}{\gamma_y W_y \left(1 - 0.8\dfrac{N}{N'_{Ey}}\right)f} \leqslant 1.0 \quad (8.2.5\text{-}2)$$

$$N'_{Ey} = \pi^2 E A / (1.1\lambda_y^2) \quad (8.2.5\text{-}3)$$

式中　$\varphi_x$、$\varphi_y$——对强轴 $x$—$x$ 和弱轴 $y$—$y$ 的轴心受压构件整体稳定系数；

　　　$\varphi_{bx}$、$\varphi_{by}$——均匀弯曲的受弯构件整体稳定性系数，应按本标准附录 C 计算，其中工字形截面的非悬臂构件的 $\varphi_{bx}$ 可按本标准附录 C 第 C.0.5 条的规定确定，$\varphi_{by}$ 可取为 1.0；对闭合截面，$\varphi_{bx} = \varphi_{by} = 1.0$；

　　　$M_x$、$M_y$——所计算构件段范围内对强轴和弱轴的最大弯矩设计值（N·mm）；

$W_x$、$W_y$——对强轴和弱轴的毛截面模量（$mm^3$）；

$\beta_{mx}$、$\beta_{my}$——等效弯矩系数，应按本标准第8.2.1条弯矩作用平面内的稳定计算有关规定采用；

$\beta_{tx}$、$\beta_{ty}$——等效弯矩系数，应按本标准第8.2.1条弯矩作用平面外的稳定计算有关规定采用。

### 5.3.4 实腹式压弯构件的局部稳定

与轴心受压构件和受弯构件相似，实腹式压弯构件可能因强度不足或丧失整体稳定而破坏，也可能因丧失局部稳定而降低其承载力。压弯构件丧失局部稳定是指构件在均匀的压应力、不均匀压应力或剪力作用下，当压应力达到一定值时，可能偏离其平面位置发生波状凸曲的现象。

**1. 翼缘宽厚比限值**

实腹式压弯构件翼缘受力情况与轴心受压构件及受弯构件的受压翼缘基本相同，因而，采用受弯构件受压翼缘局部稳定性的控制方法。

为保证压弯构件中板件的局部稳定，《钢结构设计标准》采取了与轴心受压构件相同的方法，限制翼缘和腹板的宽厚比及高厚比。

工字形和T形截面翼缘外伸宽度与厚度之比为

$$\frac{b}{t} \leq 13\sqrt{\frac{235}{f_y}} \tag{5-22}$$

当构件按弹性设计，即强度和稳定计算中取 $\gamma_x = 1.0$ 时，可放宽到 $\frac{b}{t} \leq 15\sqrt{\frac{235}{f_y}}$。

**2. 腹板的高厚比限值**

实腹式工字形截面压弯构件的腹板，其受力状态如图5-14所示，相当于四边简支，受到按直线分布的非均匀压应力和均匀分布的剪应力共同作用。

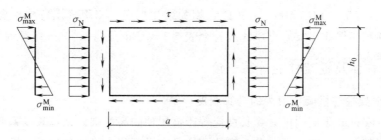

图5-14 压弯构件腹板受力状态

工字形截面压弯构件腹板中剪应力 $\tau$ 的影响不大，经分析，平均剪应力可取 $\tau = 0.3\sigma_M$（$\sigma_M$ 为弯曲压应力），这样可得到腹板弹性屈曲时的临界应力，即：

$$\sigma_{cr} = \beta_e \frac{\pi^2 E}{12(1-v^2)} \left(\frac{t_w}{h_0}\right)^2 \tag{5-23}$$

式中，$\beta_e$ 为弹性稳定系数，取决于应力梯度 $\alpha_0$ 和 $\tau$。

实际压弯构件通常多在截面受压较大的一侧，有不同程度的塑性发展。考虑塑性影响，引入弹塑性稳定系数 $\beta_p$，其值取决于应力梯度 $\alpha_0$ 和截面塑性发展深度。则压弯构件弹塑性屈曲的临界应力为：

$$\sigma_{cr} = \beta_p \frac{\pi^2 E}{12(1-\upsilon^2)}\left(\frac{t_w}{h_0}\right)^2 \qquad (5-24)$$

为与压弯构件整体稳定控制取得一致，这里取塑性发展深度的上限值 $h/4 \approx h_0/4$，求得的 $\beta_e$、$\beta_p$ 值见表 5-2。

表 5-2 压弯构件腹板的屈曲系数和高厚比 $h_0/t_w$

| $\alpha_0$ | 0.0 | 0.2 | 0.4 | 0.6 | 0.8 | 1.0 | 1.2 | 1.4 | 1.6 | 1.8 | 2.0 |
|---|---|---|---|---|---|---|---|---|---|---|---|
| $\beta_e$ | 4.000 | 4.443 | 4.992 | 5.689 | 6.505 | 7.812 | 9.503 | 11.868 | 15.183 | 19.524 | 23.922 |
| $\beta_p$ | 4.000 | 3.914 | 3.874 | 4.242 | 4.681 | 5.214 | 5.886 | 6.678 | 7.576 | 9.378 | 11.301 |
| $h_0/t_w$ | 56.24 | 55.64 | 55.35 | 57.92 | 60.84 | 64.21 | 68.23 | 72.67 | 77.40 | 87.76 | 94.54 |

注：$\alpha_0$ 为应力梯度：$\alpha_0 = (\sigma_{max} - \sigma_{min})/\sigma_{max}$，$\sigma_{max}$ 为腹板边缘最大应力；$\sigma_{min}$ 为腹板边缘最小应力。

为保证压弯构件中板件的局部稳定，《钢结构设计标准》（GB 50017—2017）采取了与轴心受压构件相同的方法，限制翼缘和腹板的宽厚比及高厚比，见表 5-3。

表 5-3 压弯构件截面等级及板件宽厚比限值

| 构件 | 截面板件宽厚比等级 | | S1 级 | S2 级 | S3 级 | S4 级 | S5 级 |
|---|---|---|---|---|---|---|---|
| 压弯构件（框架柱） | H 形截面 | 翼缘 $b/t$ | $9\varepsilon_k$ | $11\varepsilon_k$ | $13\varepsilon_k$ | $15\varepsilon_k$ | 20 |
| | | 腹板 $h_0/t_w$ | $(33+13\alpha_0^{1.3})\varepsilon_k$ | $(38+13\alpha_0^{1.39})\varepsilon_k$ | $(40+18\alpha_0^{1.5})\varepsilon_k$ | $(45+25\alpha_0^{1.66})\varepsilon_k$ | 250 |
| | 箱形截面 | 壁板（腹板）间翼缘 $b_0/t$ | $30\varepsilon_k$ | $35\varepsilon_k$ | $40\varepsilon_k$ | $45\varepsilon_k$ | — |
| | 圆钢管截面 | 径厚比 $D/t$ | $50\varepsilon_k^2$ | $70\varepsilon_k^2$ | $90\varepsilon_k^2$ | $100\varepsilon_k^2$ | — |

《钢结构设计标准》（GB 50017—2017）相关条文规定：实腹式压弯构件要求不出现局部失稳者，其腹板高厚比、翼缘宽厚比应符合表 5-3 规定的压弯构件 S4 级截面要求。

### 5.3.5 压弯构件及框架柱的计算长度

**1. 等截面框架柱在框架平面内的计算长度**

等截面柱，在框架平面内的计算长度应等于该层柱的高度乘以计算长度系数 $\mu$。

框架柱在框架平面内的失稳，分为有侧移失稳和无侧移失稳两种形式。无侧移失稳的框架，其承载能力比具有相同尺寸和连接条件的有侧移框架失稳的承载能力大很多。

在进行框架的整体稳定性分析时，一般取平面框架作为计算模型，不考虑空间作用。通常根据弹性稳定理论确定框架的计算长度，并对单层单跨对称框架等截面柱作以下近似假定：

1) 框架只承受作用于节点的竖向荷载，忽略横梁荷载和水平荷载产生梁端弯矩的影响。

2) 所有框架柱同时丧失稳定。

3）材料是弹性的，变形是在弹性的小变形范围内。

4）失稳时无侧移框架横梁两端转角大小相等，方向相反。有侧移框架横梁两端转角大小相等，方向相同，如图5-15所示。

5）对于多层多跨框架的框架柱失稳时，相交于同一节点的横梁对柱子所提供的约束弯矩按上下两柱的线刚度之比分配给柱子。

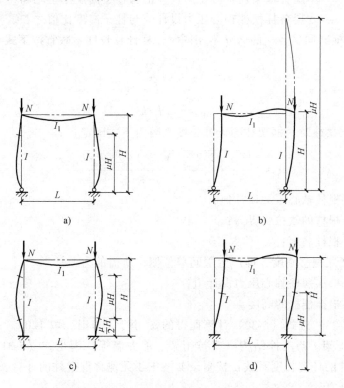

图 5-15　单层单跨框架变截面柱失稳形式及计算长度

经分析得到框架柱计算长度为：

$$H_0 = \mu H \tag{5-25}$$

式中　$H$——框架几何长度；

　　　$\mu$——计算长度系数。

当采用二阶弹性分析方法计算内力且在每层柱顶附加考虑假想水平力 $H_{ni}$ 时，框架柱的计算长度系数 $\mu=1.0$。当采用一阶弹性分析方法计算内力时，框架柱的计算长度系数 $\mu$ 应按照下列规定确定：

（1）无支撑框架

1）框架柱的计算长度系数 $\mu$ 按附录 E 表 E-2 有侧移框架柱的计算长度系数确定，也可按下式计算：

$$\mu = \sqrt{\frac{7.5K_1K_2 + 4(K_1+K_2) + 1.52}{7.5K_1K_2 + K_1 + K_2}} \tag{5-26}$$

式中　$K_1$、$K_2$——相交于柱上端、柱下端的横梁线刚度之和与柱线刚度之和的比值。$K_1$、$K_2$ 的修正见附录 E 表 E-2。

2）设有摇摆柱时，摇摆柱本身的计算长度系数取 1.0，框架柱的计算长度系数应乘以放大系数 $n$，$\eta$ 应按下式计算：

$$\eta = \sqrt{1 + \frac{\sum(N_1/h_1)}{\sum(N_f/h_f)}} \tag{5-27}$$

式中 $\sum(N_f/h_f)$ ——本层各框架柱轴心压力设计值与柱子高度比值之和；

$\sum(N_1/h_1)$ ——本层各摇摆柱轴心压力设计值与柱子高度比值之和。

3）当有侧移框架同层各柱的 $N/I$ 不相同时，柱计算长度系数宜按下式计算：

$$\mu_i = \sqrt{\frac{N_{Ei}}{N_i} \cdot \frac{1.2}{K} \sum \frac{N_i}{h_i}} \tag{5-28}$$

$$N_{Ei} = \pi^2 EI_i / h_i^2 \tag{5-29}$$

当框架附有摇摆柱时，框架柱的计算长度系数由下式确定：

$$\mu_i = \sqrt{\frac{N_{Ei}}{N_i} \cdot \frac{1.2\sum(N_i/h_i) + \sum(P_j/h_j)}{K}} \tag{5-30}$$

式中 $N_i$ ——第 $i$ 根柱轴心压力设计值；

$N_{Ei}$ ——第 $i$ 根柱的欧拉临界力；

$h_i$ ——第 $i$ 根柱高度；

$K$ ——框架层侧移刚度，即产生层间单位侧移所需的力；

$P_j$ ——第 $j$ 根摇摆柱轴心压力设计值；

$h_j$ ——第 $j$ 根摇摆柱的高度。

当根据式（5-28）或式（5-30）计算而得的 $\mu_i$ 小于 1.0 时，取 1.0。

（2）有支撑框架 当支撑结构（支撑桁架、剪力墙等）满足式（5-31）要求时，为强支撑框架，框架柱的计算长度系数 $\mu$ 按附录 E 表 E-1 无侧移框架柱的计算长度系数确定，也可按式（5-32）计算：

$$S_b \geq 4.4\left[\left(1 + \frac{100}{f_y}\right)\sum N_{bi} - \sum N_{0i}\right] \tag{5-31}$$

$$\mu = \sqrt{\frac{(1+0.41K_1)(1+0.41K_2)}{(1+0.82K_1)(1+0.82K_2)}} \tag{5-32}$$

式中 $\sum N_{bi}$、$\sum N_{0i}$ ——第 $i$ 层层间所有框架柱用无侧移框架和有侧移框架柱计算长度系数算得的轴压稳定承载力之和；

$K_1$、$K_2$ ——相交于柱上端、柱下端的横梁线刚度之和与柱线刚度之和的比值。

$K_1$、$K_2$ 的修正见附录 E 表 E-1 注；

$S_b$ ——支撑系统的层侧移刚度。

**2. 柱在框架平面外的计算长度**

框架柱在框架平面外的计算长度取决于支承构件的布置。柱在框架平面外有支承点时，其计算长度等于支承点之间的距离，无支承点时，柱在平面外的计算长度为该柱全长。如单层厂房框架柱，柱下端的支承点常常是基础的表面和吊车梁的下翼缘处，柱上端的支承点是吊车梁上翼缘的制动梁和屋架下弦纵向水平支撑或者托架的弦杆，因此可取各支承点间的实际长度 $H_1$ 和 $H_2$，即 $\mu = 1.0$。

空间框架通常承受双向弯矩，两个方向的计算长度可以采用同样的方法求得。

## 5.4 实腹式压弯构件的截面设计

### 5.4.1 截面设计原则

实腹式压弯构件的截面设计应满足强度、刚度、整体稳定、局部稳定的要求。在满足局部稳定和使用与构造要求时，截面应做得轮廓尺寸大而板件较薄，以获得较大的惯性矩和回转半径，充分发挥钢材的有效性，从而节约钢材。

### 5.4.2 截面设计步骤

截面设计步骤如下：

1) 确定弯矩、轴心压力、剪力等压弯构件的内力设计值。
2) 选择截面的形式。

根据弯矩和轴力的大小和方向决定截面形式。当弯矩较小或弯矩可能反向作用时，截面形式与轴心受压构件相同。一般采用双轴对称截面；当只有一个方向弯矩较大时，宜采用单轴对称截面，并使较大截面翼缘位于受压区。所选的截面形式力求制造简单，连接方便。

3) 确定钢材及其强度设计值。
4) 计算弯矩作用平面内和平面外的计算长度 $l_{0x}$、$l_{0y}$。
5) 初选截面尺寸。

根据经验和已有的资料，在满足构造要求的前提下，依照弯矩作用平面内和平面外的稳定性近于相等，构件截面宽阔，壁薄但不会发生局部失稳等原则初步选定截面尺寸。

6) 验算截面，包括强度验算、弯矩作用平面内整体稳定验算、弯矩作用平面外整体稳定验算、局部稳定验算、刚度验算等。

由于压弯构件的验算公式中所牵涉的未知量较多，根据估计所初选的截面尺寸不一定合适，当验算不满足要求时，往往需要对初选截面进行修正，重新计算直到满足计算要求为止。

### 5.4.3 构造要求

实腹式压弯构件的构造要求与实腹式轴心受压构件相似，请参阅轴心受压构件有关构造要求的内容。

【例 5-4】 图 5-16 所示为双轴对称焊接工字形截面压弯构件的截面。已知翼缘板为剪切边，截面无削弱。承受的荷载设计值为轴心压力 $N=850\text{kN}$，构件跨度中点横向集中荷载 $F=100\text{kN}$。构件长 $l=15\text{m}$，两端铰接并在跨中各设两个侧向支承点。材料用 Q235-B 钢。试验算该构件。

**解**：(1) 内力设计值：$N=850\text{kN}$，$M_{\max}=FL/4=100\times15\text{kN}\cdot\text{m}/4=375\text{kN}\cdot\text{m}$。

(2) 钢材为 Q235-B，$f=215\text{N/mm}^2$。

(3) 弯矩作用平面内外计算长度 $l_{0x}=15\text{m}$，$l_{0y}=5\text{m}$。

(4) 截面的几何特性

$$A = 2bt + h_w t_w = (2\times40\times1.4 + 50\times0.8)\text{cm}^2 = 152\text{cm}^2$$

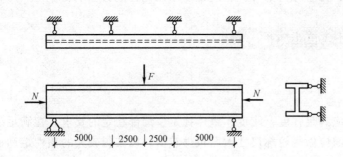
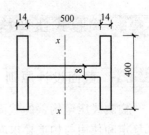

图 5-16 例 5-4 图

$$I_x = \frac{1}{12}bh^3 - \frac{1}{12}(b-t_w)h_w^3 = \left(\frac{1}{12}\times40\times52.8^3 - \frac{1}{12}\times39.2\times50^3\right)\mathrm{cm}^4 = 82327\mathrm{cm}^4$$

$$I_y = 2\times\frac{1}{12}tb^3 = \frac{1}{6}\times1.4\times40^3\mathrm{cm}^4 = 14933\mathrm{cm}^4$$

$$W_{1x} = W_x = \frac{2I_x}{h} = \frac{2\times82327}{52.8}\mathrm{cm}^3 = 3118\mathrm{cm}^3$$

$$i_x = \sqrt{\frac{I_x}{A}} = \sqrt{\frac{82327}{152}}\mathrm{cm} = 23.27\mathrm{cm}$$

$$i_y = \sqrt{\frac{I_y}{A}} = \sqrt{\frac{14933}{152}}\mathrm{cm} = 9.91\mathrm{cm}$$

（5）截面验算

1）强度验算：

受压翼缘板的自由外伸宽度比为

$\dfrac{b}{t} = \dfrac{(400-8)/2}{14} = 14 > 13\sqrt{\dfrac{235}{f_y}} = 13\sqrt{\dfrac{235}{235}} = 13$，不满足 S3 级要求，故取截面塑性发展系数 $\gamma_x = 1.0$。

$$\frac{N}{A_n} + \frac{M_x}{\gamma_x W_{nx}} = \left(\frac{850\times10^3}{152\times10^2} + \frac{375\times10^6}{1.0\times3118\times10^3}\right)\mathrm{N/mm}^2 = 176.2\mathrm{N/mm}^2 < f = 215\mathrm{N/mm}^2$$

2）刚度验算：

$$\lambda_x = l_{0x}/i_x = 15000/232.7 = 64.5 < [\lambda] = 150$$
$$\lambda_y = l_{0y}/i_y = 5000/99.1 = 50.5 < [\lambda] = 150$$

3）弯矩作用平面内整体稳定验算：

$\lambda_x = 64.5$，$\varphi_x = 0.782$（b 类截面，查表 D-2）

$$N'_{\mathrm{E}x} = \frac{\pi^2 EA}{1.1\lambda_x^2} = \frac{\pi^2\times206\times10^3\times15200}{1.1\times64.5^2}\mathrm{N} = 6746\mathrm{kN}$$

$$N_{\mathrm{cr}} = \frac{\pi^2 EA}{\lambda_x^2} = \frac{\pi^3\times206\times10^3\times15200}{64.5^2}\mathrm{N} = 7421\mathrm{kN}$$

弯矩作用平面内的等效弯矩系数：无端弯矩但有横向荷载作用时

$$\beta_{mx} = 1 - 0.36\frac{N}{N_{cr}} = 1 - 0.36 \times \frac{850}{7421} = 0.959$$

$$\frac{N}{\varphi_x Af} + \frac{\beta_{mx} M_x}{\gamma_x W_{1x}(1 - 0.8N/N'_{Ex})f}$$

$$= \frac{850 \times 10^3}{0.782 \times 15200 \times 215} + \frac{0.959 \times 375 \times 10^6}{1.0 \times 3118 \times 10^3 \times (1 - 0.8 \times 850/6746) \times 215} = 0.929 < 1.0$$

弯矩在平面内的稳定性满足要求。

4) 弯矩作用平面外整体稳定验算：

$$\lambda_y = 50.5, \quad \varphi_y = 0.771 \text{（c类截面，查表 D-3）}$$

$\lambda_y < 120$ 可按下面公式近似计算 $\varphi_b$：

$$\varphi_b = 1.07 - \frac{\lambda_y^2}{44000} \cdot \frac{f_y}{235} = 1.07 - \frac{50.5^2}{44000} \times \frac{235}{235} = 1.012 > 1.0, \text{ 取 } \varphi_b = 1.0。$$

等效弯矩系数（无端弯矩但有横向荷载作用）：$\beta_{tx} = 1.0$

截面影响系数：$\eta = 1.0$

$$\frac{N}{\varphi_y Af} + \eta \frac{\beta_{tx} M_x}{\varphi_b W_{1x} f} = \frac{850 \times 10^3}{0.771 \times 15200 \times 215} + 1.0 \times \frac{1.0 \times 375 \times 10^6}{1.0 \times 3118 \times 10^3 \times 215} = 0.897 < 1.0$$

弯矩在平面外的稳定性满足要求。

5) 局部稳定性验算：

翼缘：$\frac{b}{t} = 14 < \left[\frac{b}{t}\right] = 15\sqrt{\frac{235}{f_y}} = 15$，翼缘宽厚比等级为 S4 级，满足局部稳定要求。

腹板：$\begin{aligned}\sigma_{max}\\\sigma_{min}\end{aligned} = \frac{N}{A} \pm \frac{M_x}{I_x} \cdot \frac{h_0}{2} = \left(\frac{850 \times 10^3}{15200} \pm \frac{375 \times 10^6}{82327 \times 10^4} \times \frac{500}{2}\right) \text{N/mm}^2$

$$= (55.9 \pm 136.7) \text{N/mm}^2 = \begin{aligned}192.6\\-80.8\end{aligned} \text{N/mm}^2$$

$$\alpha_0 = (\sigma_{max} - \sigma_{min})/\sigma_{max} = (192.6 + 80.8)/192.6 = 1.42$$

查表 5-3，S4 级截面腹板高厚比限值为 $(45 + 25\alpha_0^{1.66})\varepsilon_k$。

$$\left[\frac{h_0}{t_w}\right] = (45 + 25\alpha_0^{1.66})\varepsilon_k = 45 + 25 \times 1.42^{1.66} = 89.7$$

$$\frac{h_0}{t_w} = \frac{500}{8} = 62.5 < \left[\frac{h_0}{t_w}\right] = 89.7$$

压弯构件的局部稳定满足要求。
经验算该构件承载力满足要求。

## 5.5 格构式压弯构件

压弯构件的截面高度较大时，采用格构式可以节省材料，因此，厂房的框架柱和高大的独立支柱常设为格构式压弯构件。格构式压弯构件的主体由分肢和缀材组成。当构件所受的弯矩不大或正负弯矩的绝对值相差较小时，可用对称的截面形式；否则，常采用不对称截面，并将较大分肢放在受压较大的一侧。

格构式压弯构件与实腹式压弯构件一样，要分别进行强度、刚度、整体稳定和局部稳定等方面的计算，并对弯矩绕实轴作用和弯矩绕虚轴作用两种情况的计算有些不同。

### 5.5.1 强度计算

与实腹式压弯构件一样按下式计算：

$$\frac{N}{A_n} \pm \frac{M_x}{\gamma_x W_{nx}} + \frac{M_y}{\gamma_y W_{ny}} \leq f \tag{5-33}$$

式中塑性发展系数 $\gamma_x$，$\gamma_y$，当弯矩绕实轴作用时，按表 5-1 取值。

### 5.5.2 刚度计算

长细比验算：

$$\lambda_{0x} \leq [\lambda] \tag{5-34}$$

$$\lambda_y \leq [\lambda] \tag{5-35}$$

式中 $\lambda_{0x}$——对虚轴的换算长细比。

### 5.5.3 稳定计算

**1. 弯矩绕实轴作用的格构式压弯构件**

弯矩绕实轴作用的格构式压弯构件，应考虑在弯矩作用平面内和弯矩作用平面外构件的整体稳定，其计算方法与实腹式压弯构件相同，但在计算平面外整体稳定时，长细比应取换算长细比，$\varphi_b$ 应取 1.0。

**2. 弯矩绕虚线作用的格构式压弯构件**

（1）弯矩作用平面内的整体稳定计算　构件在绕虚轴作用的弯矩和轴心压力的共同作用下，当受压较大一侧分肢的腹板屈服或受压较大一侧分肢的翼缘部分屈服时，构件即丧失整体稳定。由于几乎没有塑性发展，弯矩作用平面内整体稳定按弹性计算。

$$\frac{N}{\varphi_x A f} + \frac{\beta_{mx} M_x}{W_{1x}(1 - N/N'_{Ex})f} \leq 1.0 \tag{5-36}$$

式中　$\varphi_x$ 和 $N'_{Ex}$——轴心受压构件的整体稳定系数和考虑抗力分项系数 $\gamma_R$ 的欧拉临界力，按对虚轴的换算长细比 $\lambda_{0x}$ 确定；

$W_{1x}$——构件截面较大受压边缘的毛截面模量，$W_{1x} = \frac{I_x}{y_0}$；

$y_0$——由 $x$ 轴到压力较大侧分肢的轴线或腹板边缘的距离，取两者中较大者。

（2）分肢稳定计算　实腹式压弯构件在弯矩作用平面外失稳通常呈现弯扭屈曲变形，而格构式压弯构件由于缀件比较柔弱，在较大的压力作用下，构件趋向弯矩作用平面外弯曲时，分肢之间的整体性不强，以致呈现为单肢失稳。因此，弯矩绕虚轴作用的格构式压弯构件在弯矩作用平面外的整体稳定计算用各个分肢的稳定计算代替。

双肢格构式压弯构件的分肢，可以视为平行弦桁架的弦杆，弯矩绕虚轴作用时，每一分肢所受的轴心力（图 5-17）分别为：

① 对分肢1，有

$$N_1 = N\frac{y_2}{a} + \frac{M}{a} \quad (5\text{-}37)$$

② 对分肢2，有

$$N_2 = N - N_1 \quad (5\text{-}38)$$

对于缀条式压弯构件的分肢按轴心受压构件计算。分肢的计算长度，在缀材平面内（如图5-17中的1—1轴）取缀条体系的节间长度；在缀条平面外，取整个构件两侧向支承点间的距离。

当缀材采用缀板式时分肢除受轴心力 $N_1$（或 $N_2$）作用外，还应考虑剪力作用引起的局部弯矩，按实腹式压弯构件验算单肢的稳定性。

**3. 格构式双向压弯构件**

根据实腹式双向压弯构件，《钢结构设计标准》（GB 50017—2017）采用由边缘屈服准则得出的弯矩绕虚轴作用的格构式单向压弯构件平面内整体稳定相关公式：

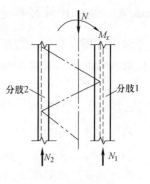
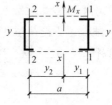

图 5-17 分肢的内力计算

8.2.6 弯矩作用在两个主平面内的双肢格构式压弯构件，其稳定性应按下列规定计算：

1 按整体计算：

$$\frac{N}{\varphi_x A f} + \frac{\beta_{mx} M_x}{W_{1x}\left(1 - \frac{N}{N'_{Ex}}\right)f} + \frac{\beta_{ty} M_y}{W_{1y} f} \leqslant 1.0 \quad (8.2.6\text{-}1)$$

式中 $W_{1y}$——在 $M_y$ 作用下，对较大受压纤维的毛截面模量（mm³）。

2 按分肢计算：

在 $N$ 和 $M_x$ 作用下，将分肢作为桁架弦杆计算其轴心力，$M_y$ 按式（8.2.6-2）和式（8.2.6-3）分配给两分肢（图8.2.6），然后按本标准第8.2.1条的规定计算分肢稳定性。

分肢1：

$$M_{y1} = \frac{I_1/y_1}{I_1/y_1 + I_2/y_2} \cdot M_y \quad (8.2.6\text{-}2)$$

分肢2：

$$M_{y2} = \frac{I_2/y_2}{I_1/y_1 + I_2/y_2} \cdot M_y \quad (8.2.6\text{-}3)$$

式中 $I_1$、$I_2$——分肢1、分肢2对 $y$ 轴的惯性矩（mm⁴）；

$y_1$、$y_2$——$M_y$ 作用的主轴平面至分肢1、分肢2的轴线距离（mm）。

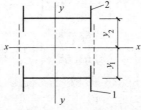

图 8.2.6 格构式构件截面
1—分肢1  2—分肢2

### 5.5.4 缀材计算和构造要求

格构式压弯构件在弯矩作用平面内宽度较大,因此在构件肢件间常采用缀条连接。格构式压弯构件的缀材计算与格构式轴心受压构件的缀材计算相同,但剪力应取实际剪力和按 $V=\dfrac{Af}{85}\sqrt{\dfrac{f_y}{235}}$ 式算得的剪力两者中较大者。

格构式压弯构件的构造要求与格构式轴心构件相同。

**【例 5-5】** 有一多层框架底层柱,单向压弯构件,截面形式为格构式双肢缀条柱,其缀条和截面的规格尺寸如图 5-18 所示。柱高 $H=6.0\text{m}$,在弯矩作用平面内,上端为有侧移的弱支撑,下端固定,其计算长度 $l_{0x}=8.0\text{m}$;在弯矩作用平面外,柱两端铰接,计算长度 $l_{0y}=H=6.0\text{m}$。轴心压力设计值 $N=400\text{kN}$,弯矩设计值 $M_x=\pm120\text{kN}$,剪力设计值 $V=30\text{kN}$。截面无削弱,材料采用 Q235 钢,焊条 E43 型,手工焊。试验算该柱,承载力是否满足要求。

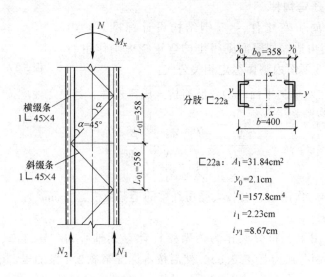

**图 5-18 例 5-5 图**

**解:**(1) 柱内力设计值
$$N=400\text{kN},\ M_x=\pm120\text{kN},\ V=30\text{kN}$$

(2) 截面几何特征

2⊏22a 的截面积为 $A=2A_1=2\times31.84\text{cm}^2=63.68\text{cm}^2$

$$I_x=2\left[I_1+A_1\left(\dfrac{b_0}{2}\right)^2\right]=2\times\left[157.8+31.84\times\left(\dfrac{40-2\times2.1}{2}\right)^2\right]\text{cm}^4=20719\text{cm}^4$$

$$i_x=\sqrt{\dfrac{I_x}{A}}=\sqrt{\dfrac{20719}{63.68}}\text{cm}=18.04\text{cm}$$

$$W_x=\dfrac{2I_x}{b}=\dfrac{2\times20719}{40}\text{cm}^3=1035.95\text{cm}^3$$

$$W_{1x}=\dfrac{I_x}{y_0}=\dfrac{I_x}{b/2}=1035.95\text{cm}^3$$

(3) 强度验算

查表 5-1 得,格构式构件对虚轴的截面塑性发展系数 $\gamma_x = 1.0$。

$$\frac{N}{A_n} + \frac{M_x}{\gamma_x W_{nx}} = \left(\frac{400 \times 10^3}{63.68 \times 10^2} + \frac{120 \times 10^6}{1.0 \times 1035.95 \times 10^3}\right) \text{N/mm}^2$$

$$= 179 \text{N/mm}^2 < f = 215 \text{N/mm}^2,\text{强度满足要求}。$$

(4) 刚度验算

对 $x$ 轴的长细比为 $\lambda_x = \dfrac{l_{0x}}{i_x} = \dfrac{8.0 \times 10^2}{18.04} = 44.3$

垂直于 $x$ 轴的缀条 $\llcorner 45 \times 4$ 毛截面面积之和为

$$A_{1x} = 2 \times 3.49 \text{cm}^2 = 6.98 \text{cm}^2$$

换算长细比 $\lambda_{0x} = \sqrt{\lambda_x^2 + 27 \dfrac{A}{A_{1x}}} = \sqrt{44.3^2 + 27 \times \dfrac{63.68}{6.98}} = 47 < [\lambda] = 150$

分肢对 1—1 轴的长细比 $\lambda_1 = l_{01}/i_1 = 35.8/2.23 = 16.1 < [\lambda] = 150$

分肢对 $y$ 轴的长细比 $\lambda_{y1} = l_{0y}/i_{y1} = 600/8.67 = 69.2 < [\lambda] = 150$,刚度满足要求。

(5) 弯矩作用平面内的整体稳定性

$\lambda_{0x} = 47$,则 $\varphi_x = 0.870$(b 类截面,查附表 D-2)

$$N'_{Ex} = \frac{\pi^2 EA}{\gamma_R \lambda_x^2} = \frac{\pi^2 \times 206 \times 10^3 \times 6368}{1.1 \times 47^2} \text{N} = 5328 \text{N}$$

有侧移多层框架底层柱,$\beta_{mx} = 1.0$

$$\frac{N}{\varphi_x A f} + \frac{\beta_{mx} M_x}{W_{1x}(1 - N/N'_{Ex})f} = \frac{400 \times 10^3}{0.870 \times 63.68 \times 10^2 \times 215} + \frac{1.0 \times 120 \times 10^6}{1035.95 \times 10^3 \times (1 - 400/5328) \times 215}$$

$$= 0.919 < 1.0,\text{稳定性满足要求}。$$

(6) 分肢稳定计算

$$N_1 = \frac{N}{2} + \frac{M_x}{b_0} = \left(\frac{400}{2} + \frac{120 \times 10^2}{40 - 2 \times 2.1}\right) \text{kN} = 535.2 \text{kN}$$

根据 $\lambda_{y1} = 69.2$ 查表 D-2,得分肢稳定系数 $\varphi_1 = 0.756$,则

$$\frac{N_1}{\varphi_1 A_1} = \frac{535.2 \times 10^3}{0.756 \times 31.84 \times 10^2} \text{N/mm}^2 = 222.3 \text{N/mm}^2 > f = 215 \text{N/mm}^2,\text{分肢稳定满足要求,可加大槽钢截面型号}。$$

不必验算分肢的局部稳定性(钢材 Q235 的热轧普通槽钢,其局部稳定性有保证)。

(7) 缀条验算

$$V = \frac{Af}{85}\sqrt{\frac{f_y}{235}} = \frac{2 \times 31.84 \times 10^2 \times 215}{85}\sqrt{\frac{235}{235}} \times 10^{-3} \text{kN} = 16.1 \text{kN} < 30 \text{kN}$$

计算缀条内力时取 $V = 30 \text{kN}$,每个缀条截面承担的剪力为 $V_1 = \dfrac{1}{2}V = 15 \text{kN}$

缀条内力 $N_1 = \dfrac{V_1}{\sin \alpha} = \dfrac{15}{\sin 45°} \text{kN} = 21.2 \text{kN}$

缀条计算长度 $l_d = \dfrac{b_0}{\sin\alpha} = \dfrac{40-2\times 2.1}{\sin 45°}\text{cm} = 50.6\text{cm}$

缀条 1∟45×4，$A_d = 3.49\text{cm}^2$，$i_{\min} = i_{y0} = 0.89\text{cm}$，则

$$\lambda_d = \dfrac{l_d}{i_{\min}} = \dfrac{50.6}{0.89} = 56.85,\ \varphi_d = 0.822$$

单面连接等边角钢强度折减系数 $\eta = 0.6 + 0.0015\lambda = 0.6 + 0.0015\times 56.85 = 0.685$

$$\dfrac{N_1}{\varphi_d A_d} = \dfrac{21.2\times 10^3}{0.822\times 349}\text{N/mm}^2 = 73.9\text{N/mm}^2 < \eta f = 0.685\times 215\text{N/mm}^2 = 147.3\text{N/mm}^2$$

缀条承载力满足要求。

## 【习题】

### 一、单选题

1. 弯矩作用在实轴平面内的双肢格构式压弯柱应进行（　　）和缀材的计算。
   A. 强度、刚度、弯矩作用平面内稳定性、弯矩作用平面外的稳定性、单肢稳定性
   B. 弯矩作用平面内稳定性、单肢稳定性
   C. 弯矩作用平面内稳定性、弯矩作用平面外稳定性
   D. 强度、刚度、弯矩作用平面内稳定性、单肢稳定性

2. 钢结构实腹式压弯构件的设计一般应进行的计算内容为（　　）。
   A. 强度、弯矩作用平面内的整体稳定性、局部稳定、变形
   B. 弯矩作用平面内的整体稳定性、局部稳定、变形、长细比
   C. 强度、弯矩作用平面内及平面外的整体稳定性、局部稳定、变形
   D. 强度、弯矩作用平面内及平面外的整体稳定性、局部稳定、长细比

3. 实腹式偏心受压构件在弯矩作用平面内整体稳定验算公式中的 $\gamma$ 主要是考虑（　　）。
   A. 截面塑性发展对承载力的影响　　B. 残余应力的影响
   C. 初偏心的影响　　D. 初弯矩的影响

4. 实腹式偏心受压柱平面内整体稳定计算公式 $\dfrac{N}{\varphi_x A} + \dfrac{\beta_{mx} M_x}{\gamma_x W_{1x}(1-0.8N/N_{Ex})} \leq f$ 中 $\beta_{mx}$ 为（　　）。
   A. 等效弯矩系数　　B. 等稳定系数
   C. 等强度系数　　D. 等刚度系数

5. 图5-19中构件"A"是（　　）。
   A. 受弯构件　　B. 压弯构件
   C. 拉弯构件　　D. 可能是受弯构件，也可能是压弯构件

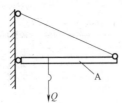

图5-19　单选题5图

6. 在压弯构件弯矩作用平面外稳定计算式中，轴力项分母里的 $\varphi_y$ 是（　　）。
   A. 弯矩作用平面内轴心压杆的稳定系数
   B. 弯矩作用平面外轴心压杆的稳定系数
   C. 轴心压杆两方面稳定系数的较小者
   D. 压弯构件的稳定系数
7. 单轴对称截面的压弯构件，一般宜使弯矩（　　）。
   A. 绕非对称轴作用　　　　　　　　B. 绕对称轴作用
   C. 绕任意轴作用　　　　　　　　　D. 视情况绕对称轴或非对称轴作用
8. 单轴对称截面的压弯构件，当弯矩作用在对称轴平面内，且使较大翼缘受压时，构件达到临界状态的应力分布（　　）。
   A. 可能在拉、压侧都出现塑性　　　B. 只在受压侧出现塑性
   C. 只在受拉侧出现塑性　　　　　　D. 拉、压侧都不会出现塑性
9. 两根几何尺寸完全相同的压弯构件，一根端弯矩使之产生反向曲率，一根产生同向曲率，则前者的稳定性比后者的（　　）。
   A. 好　　　　B. 差　　　　C. 无法确定　　　　D. 相同
10. 计算格构式压弯构件的缀件时，剪力应取（　　）。
    A. 构件实际剪力设计值
    B. 由公式 $V=\dfrac{Af}{85}\sqrt{\dfrac{f_y}{235}}$ 计算的剪力
    C. 构件实际剪力设计值或由公式 $V=\dfrac{Af}{85}\sqrt{\dfrac{f_y}{235}}$ 计算的剪力两者中之较大值
    D. 由 $V=\mathrm{d}M/\mathrm{d}x$ 计算值
11. 承受静力荷载或间接承受动力荷载的工字形截面，绕强轴弯曲的压弯构件，其强度计算公式中，塑性发展系数 $\gamma_x$ 取（　　）。
    A. 1.2　　　　B. 1.15　　　　C. 1.05　　　　D. 1.0

## 二、简答题

1. 拉弯、压弯构件的种类和截面形式各有哪些？
2. 拉弯、压弯构件各需验算哪几方面的内容？
3. 实腹式压弯构件的计算特点是什么？公式中各符号的意义及取值原则是什么？

## 三、计算题

1. 某拉弯构件截面为I22a，如图5-20所示。横向均布荷载设计值为8kN/m。试确定该构件能承受的最大轴心拉力设计值，钢材为Q235B。
2. 一两端铰接的焊接工字形截面压弯构件，杆长 $l=10\mathrm{m}$，已知截面 $I_x=32997\mathrm{cm}^4$，$A=84.8\mathrm{cm}^2$，b类截面，钢材Q235，作用于杆上的轴向压力和杆端弯矩如图5-21所示，试由弯矩作用平面内的稳定性确定该杆能承受多大的弯矩。
3. 试验算如图5-22所示荷载（设计值）作用下压弯构件的承载力是否满足要求。已知构件截面为普通热轧工字钢I10，Q235钢，假定图示侧向支承保证不发生弯扭屈曲。
4. 验算如图5-23所示荷载（设计值）作用下压弯构件在弯矩平面内的稳定性。钢材

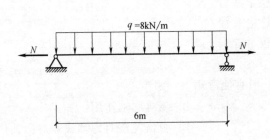
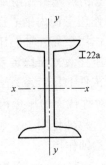

图 5-20　计算题 1 图

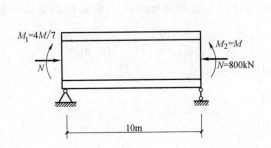
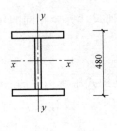

图 5-21　计算题 2 图

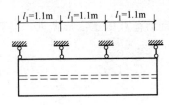

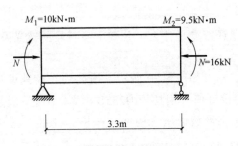

图 5-22　计算题 3 图

Q235。已知截面几何特征：$A=20\text{cm}^3$，$y_1=4.4\text{cm}$，$I_x=346.8\text{cm}^4$，组成板件为火焰切割边。

5. 验算如图 5-24 所示双角钢 T 形截面压弯构件，2L80×50×5，长肢相拼。构件长 3m，两端铰接仅在该处有侧向支承，节点板厚度 12mm。承受荷载设计值为：$N=38\text{kN}$，$q=3$

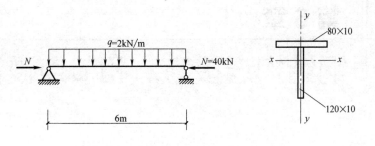

图 5-23 计算题 4 图

kN/m，钢材为 Q235。

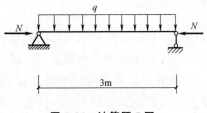

图 5-24 计算题 5 图

6. 焊接工字形截面柱，翼缘为火焰切割。柱上端作用有荷载设计值；轴心压力 $N = 2000$kN，水平力 $H = 75$kN。柱上端自由，下端固定，侧向支承和截面尺寸如图 5-25 所示，钢材 Q235，验算柱子的稳定性。

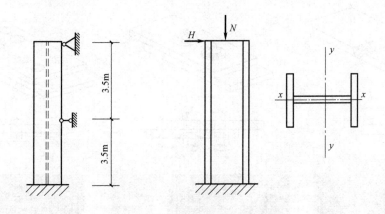

图 5-25 计算题 6 图

# 第6章 钢结构连接方法和节点设计

## 6.1 钢结构的连接方法

钢结构是由钢板、型钢等组合连接制成的基本构件,如梁、柱、桁架等;各种钢构件运到工地现场后再通过相互连接架构成整体结构,如屋盖、房屋、桥梁等。因此,连接是形成钢结构并保证结构安全正常工作的重要组成部分,起着传递内力、保证结构相互位置的作用,连接方式及连接质量的优劣直接影响钢结构的使用性能和经济指标。

《钢结构设计标准》(GB 50017—2017)规定:

> 11.1.8 钢结构的安装连接应采用传力可靠、制作方便、连接简单、便于调整的构造形式并应考虑临时定位措施。

钢结构的连接方法可分为焊接连接、螺栓连接和铆钉连接,如图 6-1 所示。

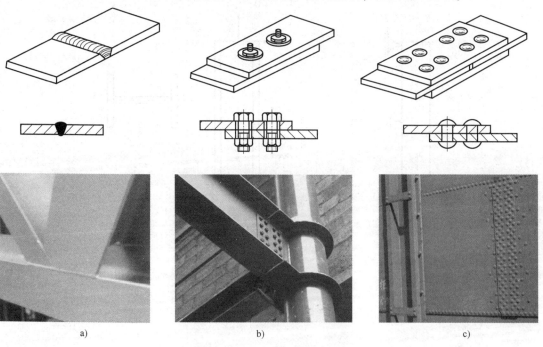

**图 6-1 钢结构的连接方法**
a) 焊接连接 b) 螺栓连接 c) 铆钉连接

### 6.1.1 焊接连接

焊接连接通过电弧产生的热量使焊条和焊件局部熔化,经冷却凝结成焊缝,从而将焊件连接成为一体,是现代钢结构连接中最常采用的方法。

优点:构造简单,任何形式的构件或型材都可以直接相连;用料经济,不削弱构件的截面;制造方便,节约钢材,自动化作业,生产效率高;连接刚度大,密闭性好。

缺点:焊缝附近形成热影响区,钢材的金相组织发生改变,导致材质变脆;不均匀温度场使结构产生残余应力和残余变形,从而降低受压结构的承载力;焊接结构对裂纹很敏感,局部裂纹一经发生很容易扩散到整体,低温冷脆问题较为突出。

**1. 焊接连接的方法**

钢结构常用的焊接方法很多,通常采用电弧焊,包括焊条电弧焊、埋弧焊(埋弧自动和半自动焊)、气体保护焊。

(1) 焊条电弧焊　这是最常用的一种焊接方法。通电后,在涂有药皮的焊条和焊件间产生电弧。电弧提供电源,使焊条中的焊丝熔化,滴落在焊件上被电弧所吹成的小凹槽熔池中。由焊条药皮形成的熔渣和气体覆盖着熔池,防止空气中的氧、氮等气体与熔化的液体金属接触,避免形成脆性易裂的化合物。焊缝金属冷却后被连接件连成一体。焊条电弧焊设备简单,操作灵活方便,适于任意空间位置的焊接,特别适于焊接短焊缝。但生产效率低,劳动强度大,焊接质量与焊工的技术水平和精神状态有很大的关系。

焊条电弧焊所用的焊条应与焊接钢材(或主体金属)相适应,例如:对 Q235 钢采用 E43 型焊条;对 Q345 钢采用 E50 型焊条;对 Q390 钢和 Q420 钢采用 E55 型焊条。

(2) 埋弧焊(自动或半自动)　埋弧焊是电弧在焊剂层下燃烧的一种电弧焊方法。焊丝送进和焊接方向的移动有专门机构控制的称埋弧自动电阻焊;焊丝送进有专门机构控制,而焊接方向的移动靠工人操作的称为埋弧半自动电弧焊。电弧焊的焊丝不涂药皮,但施焊端靠由焊剂漏头自动流下的颗粒状焊剂所覆盖,电弧完全被埋在焊剂之内,电弧热量集中,熔深大,适于厚板的焊接,具有很高的生产率。由于采用了自动或半自动化操作,焊接时的工艺条件稳定,焊缝的化学成分均匀,故焊成的焊缝的质量好,焊件变形小。同时,高的焊速也减小了热影响区的范围。但埋弧焊对焊件边缘的装配精度(如间隙)要求比手工焊高。

埋弧焊所用焊丝和焊剂应与主体金属的力学性能相适应,并符合现行国家标准的规定。

(3) 气体保护焊　气体保护焊是利用二氧化碳气体或其他惰性气体作为保护介质的一种电弧熔焊方法。它直接依靠保护气体在电弧周围形成局部的保护层,以防止有害气体的侵入并保证了焊接过程的稳定性。

气体保护焊的焊缝熔化区没有熔渣,焊工能够清楚地看到焊缝成型的过程;由于保护气体是喷射的,有助于熔滴的过渡;又由于热量集中,焊接速度快,焊件熔深大,故所形成的焊缝强度比手工电弧焊高,塑性和抗腐蚀性好,适用于全位置的焊接,但不适于在风较大的地方施焊。

**2. 焊接连接的形式及焊缝形式**

(1) 焊接连接形式　焊接连接形式按被连接钢材的相互位置可分为对接、搭接、T形连接和角部连接四种,如图 6-2 所示;所采用的焊缝按构造分为对接焊缝和角焊缝两种。

(2) 焊缝连接形式　焊缝包括对接焊缝和角焊缝两种,每一种又有多种分类方式,形式各不相同。

对接焊缝分为正对接焊缝和斜对接焊缝，如图 6-3 所示。与作用力方向正交的对接焊缝称为正对接焊缝，如图 6-3a 所示；与作用力方向斜交的对接焊缝称为斜对接焊缝，如图 6-3b 所示。

角焊缝分为正面角焊缝、侧面角焊缝和斜焊缝三种，如图 6-4 所示。轴线与力作用方向垂直的角焊缝称为正面角焊缝，如图 6-4a 所示；轴线与力作用方向平行的角焊缝称为侧面角焊缝，如图 6-4b 所示；轴线与力作用方向斜交的角焊缝称为斜焊缝，如图 6-4c 所示。

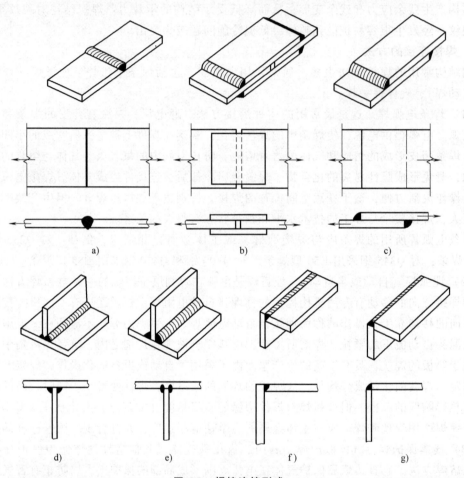

**图 6-2 焊接连接形式**

a) 对接连接  b) 用盖板拼接的对接连接  c) 搭接连接  d)、e) T形连接  f)、g) 角部连接

焊缝沿长度方向的布置分为连续角焊缝和间断角焊缝两种，如图 6-5 所示。连续角焊缝的受力性能好，为主要的角焊缝形式。间断角焊缝的起、灭弧处容易引起应力集中，重要结构应避免采用，只能用于一些次要构件的连接或受力

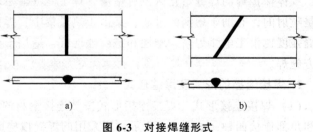

**图 6-3 对接焊缝形式**

a) 正对接连接  b) 斜对接连接

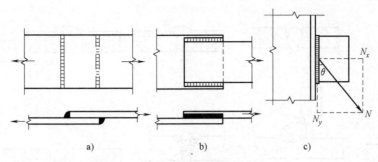

图 6-4 角焊缝形式

a) 正面角焊缝（与力垂直）  b) 侧面角焊缝（与力平行）  c) 斜焊缝（与力斜交）

很小的连接中。间断角焊缝的间断距离 $l$ 不宜过长，以免连接不紧密，潮气侵入引起构件锈蚀。一般在受压构件中应满足 $l \leqslant 15t$；在受拉构件中 $l \leqslant 30t$，$t$ 为较薄焊件的厚度。

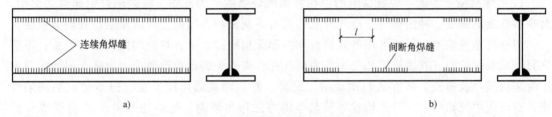

图 6-5 连续角焊缝和间断角焊缝

焊缝按施焊位置分为平焊（又称俯焊）、横焊、立焊及仰焊，如图 6-6 所示。平焊施焊方便；横焊和立焊对焊工的操作水平要求比较高；仰焊的操作条件最差，焊缝质量不易保证，因此在焊接中应尽量避免采用。

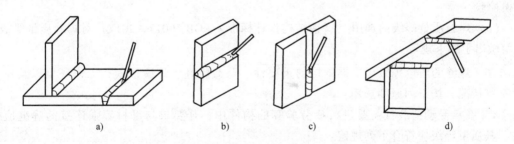

图 6-6 焊缝施焊位置

a) 平焊  b) 横焊  c) 立焊  d) 仰焊

**3. 焊缝缺陷及焊缝质量检验**

（1）焊缝常见缺陷  焊缝缺陷是指焊接过程中产生于焊缝金属或附近热影响区钢材表面或内部的缺陷。常见的缺陷有裂纹、焊瘤、烧穿、弧坑、气孔、夹渣、咬边、未熔合、未焊透等，如图 6-7 所示。此外还有焊缝尺寸不符合要求、焊缝成形不良等。裂纹是焊缝连接中最危险的缺陷。产生裂纹的原因很多，如钢材的化学成分不当；焊接工艺条件（如电流、电压、焊速、施焊次序等）选择不合适；焊件表面油污未清除干净等。

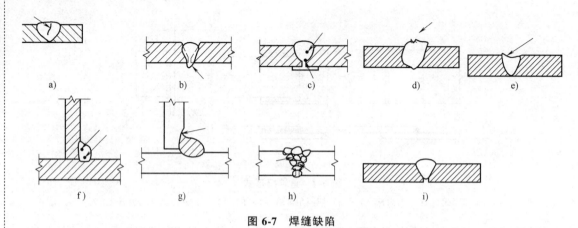

图 6-7 焊缝缺陷

a) 裂纹 b) 烧穿 c) 气孔 d) 焊瘤 e) 弧坑 f) 夹渣 g) 咬边 h) 未熔合 i) 未焊透

（2）焊缝质量检验 焊缝缺陷的存在将削弱焊缝的受力面积，在缺陷处引起应力集中，对焊接连接的强度、冲击韧性及冷弯性能等均有不利影响，因此，焊缝质量检验极为重要。

焊缝质量检验方法一般可用外观检查和内部无损检验。所有焊缝均应作外观检验，不容许有可见裂纹缺陷，其他缺陷如咬边、表面气孔、夹渣等满足规范要求。内部无损检验目前广泛采用超声波检查。该方法使用灵活、经济，对内部缺陷反应灵敏，但不易识别缺陷性质；有时还用磁粉检验、荧光检验等较简单的方法作为辅助。此外还可采用 X 射线或 $\gamma$ 射线透照或拍片。

《钢结构工程施工质量验收规范》（GB 50205—2001）规定焊缝按其检验方法和质量要求分为一级、二级和三级。三级焊缝只要求对全部焊缝作外观检查且符合三级质量标准；一、二级焊缝除了外观检查还要求进行超声波探伤或射线探伤等内部缺陷检验，并符合国家相应质量标准的要求。一级焊缝全数进行内部无损检验，二级焊缝抽检 20% 以上进行内部无损检验。

（3）焊缝质量等级的选用 《钢结构设计标准》（GB 50017—2017）对焊缝质量等级的选用做出了如下规定：

11.1.6 焊缝的质量等级应根据结构的重要性、荷载特性、焊缝形式、工作环境以及应力状态等情况，按下列原则选用：

1 在承受动荷载且需要进行疲劳验算的构件中，凡要求与母材等强连接的焊缝应焊透，其质量等级应符合下列规定：

1）作用力垂直于焊缝长度方向的横向对接焊缝或 T 形对接与角接组合焊缝，受拉时应为一级，受压时不应低于二级；

2）作用力平行于焊缝长度方向的纵向对接焊缝不应低于二级；

3）重级工作制（A6~A8）和起重量 $Q \geqslant 50t$ 的中级工作制（A4、A5）吊车梁的腹板与上翼缘之间以及吊车桁架上弦杆与节点板之间的 T 形连接部位焊缝应焊透，焊缝形式宜为对接与角接的组合焊缝，其质量等级不应低于二级。

2 在工作温度等于或低于-20℃的地区，构件对接焊缝的质量不得低于二级。

3 不需要疲劳验算的构件中，凡要求与母材等强的对接焊缝宜焊透，其质量等级受拉时不应低于二级，受压时不宜低于二级。

4 部分焊透的对接焊缝、采用角焊缝或部分焊透的对接与角接组合焊缝的T形连接部位,以及搭接连接角焊缝,其质量等级应符合下列规定:

1) 直接承受动荷载且需要疲劳验算的结构和吊车起重量等于或大于50t的中级工作制吊车梁以及梁柱、牛腿等重要节点不应低于二级;

2) 其他结构可为三级。

**4. 焊缝符号表示法**

《焊缝符号表示法》(GB/T 324—2008)规定:焊缝代号由引出线、图形符号和辅助符号三部分组成。表6-1列出了一些常用焊缝代号,可供设计时参考。

表6-1 焊缝代号

| | 角焊缝 | | | | 对接焊缝 | 塞焊缝 | 三面围焊 |
|---|---|---|---|---|---|---|---|
| | 单面焊缝 | 双面焊缝 | 安装焊缝 | 相同焊缝 | | | |
| 形式 | | | | | | | |
| 标注方法 | | | | | | | |

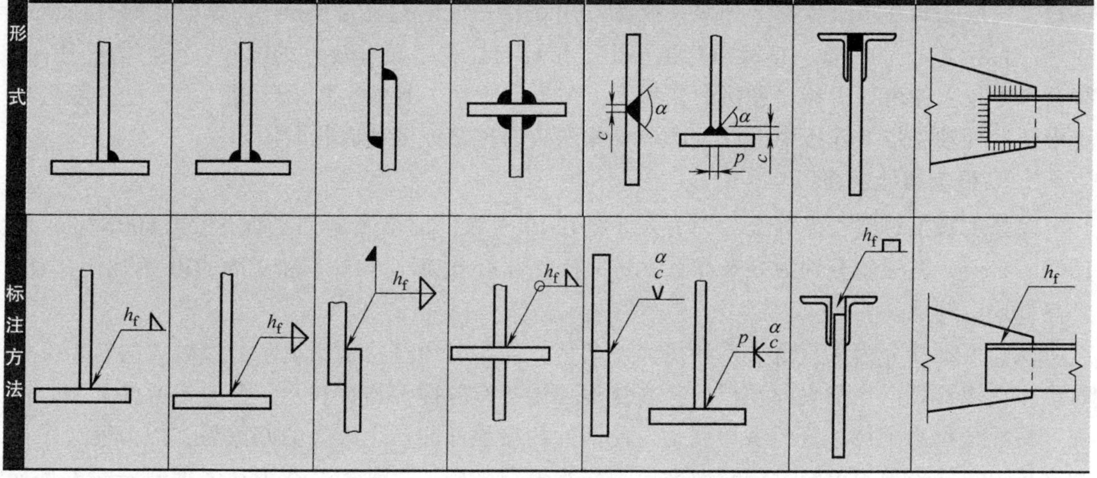

引出线由横线和带箭头的斜线组成。箭头指到图形上的相应焊缝处,横线的上面和下面用来标注图形符号和焊缝尺寸。当引出线的箭头指向焊缝所在的一面时,应将图形符号和焊缝尺寸等标注在水平横线的上面;当引出线的箭头指向焊缝所在的另一面时,则应将图形符号和焊缝尺寸等标注在水平横线的下面。必要时,可在水平线的末端加一尾部作为其他说明之用。图形符号表示焊缝的基本形式,如用▲表示角焊缝,用V表示V形坡口的对接焊缝。辅助符号表示辅助要求,如用▶表示现场安装焊缝等。当焊缝分布较复杂或用上述标注方法不能表达清楚时,在标注焊缝代号的同时,可在图形上加栅线表示,如图6-8所示。

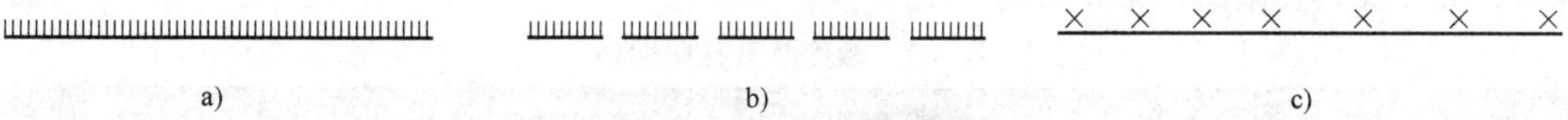

图6-8 用栅线表示焊缝

a) 正面焊缝 b) 背面焊缝 c) 安装焊缝

## 6.1.2 螺栓连接

螺栓连接分为普通螺栓连接和高强螺栓连接两种。

**1. 普通螺栓连接**

普通螺栓连接分为 A、B、C 三级。A 级、B 级为精制螺栓，C 级为粗制螺栓。A 级、B 级精制螺栓材料性能等级则为 5.6 级和 8.8 级，小数点前的数字表示螺栓成品的抗拉强度分别不小于 $500N/mm^2$ 和 $800N/mm^2$，小数点及小数点后的数字表示屈强比（屈服点与抗拉强度之比）分别为 0.6 和 0.8。精制螺栓是由毛坯在车床上经过切削加工精制而成，其表面光滑，尺寸准确，螺杆直径与螺栓孔径（Ⅰ类孔）相同。为了满足安装要求，《钢结构工程施工质量验收规范》（GB 50205—2001）明确规定螺栓孔直径仅允许正公差，螺栓杆直径仅允许负公差，因此对成孔质量要求较高。所以精制螺栓受剪性能好，但制作和安装复杂，价格较高，已很少在钢结构中采用。

C 级螺栓材料性能等级为 4.6 级或 4.8 级。抗拉强度不小于 $400N/mm^2$，其屈强比（屈服点与抗拉强度之比）为 0.6 或 0.8。C 级螺栓由未经加工的圆钢轧制而成。由于螺栓表面粗糙，一般采用在单个零件上一次冲成或不用钻模钻成的孔（Ⅱ类孔）。螺栓孔的直径比螺栓杆的直径大 1.5~3mm。C 级螺栓连接由于螺杆与栓孔之间有较大的间隙，受剪力作用时，将会产生较大的剪切滑移，连接的变形大。但安装方便，且能有效地传递拉力，故一般可用于沿螺栓杆轴受拉的连接中，以及次要结构的抗剪连接或安装时临时固定。

**2. 高强度螺栓连接**

高强度螺栓材料性能等级分别为 8.8 级和 10.9 级，抗拉强度应分别不低于 $800N/mm^2$ 和 $1000N/mm^2$，屈强比分别为 0.8 和 0.9。一般采用 45 号钢，40B 钢和 20MnTiB 钢加工制作，经热处理后制成。

高强度螺栓分为大六角头型和扭剪型两种。安装时通过特别的扳手，以较大的扭矩上紧螺母，使螺栓杆产生很大的预拉力。高强螺栓连接有摩擦型连接和承压型连接两种类型。高强度螺栓预拉力把被连接的部件夹紧，使部件的接触面间产生很大的摩擦力，外力通过摩擦力来传递，并以剪力不超过接触面摩擦力作为设计准则，这种连接称为高强度螺栓摩擦型连接。另一种是容许接触面滑移，依靠螺栓杆和螺栓孔之间的承压来传力，以连接达到破坏的极限承载力作为设计准则，这种连接称为高强度螺栓承压型连接。

摩擦型连接施工方便，剪切变形小，韧性和塑性好，耐疲劳，特别适用于承受动荷载的结构，包含了普通螺栓和铆钉连接的各自优点，目前已成为代替铆接的优良连接形式。承压型连接的承载力高于摩擦型，连接紧凑，但剪切变形大，不得用于承受动力荷载的结构中。

**3. 连接图例**

在钢结构施工图中螺栓连接需要将螺栓及其孔眼的施工要求用图形表示清楚，以免引起混淆，螺栓及其孔眼图例见表 6-2。

表 6-2 螺栓及其孔眼图例

| 名称 | 永久螺栓 | 高强螺栓 | 安装螺栓 | 圆形螺栓孔 | 长圆形螺栓孔 |
|---|---|---|---|---|---|
| 图例 | 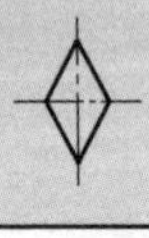 ◇ | 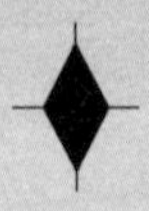 ◆ |  ◇ | 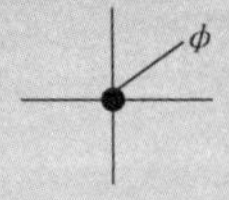 ●—φ | 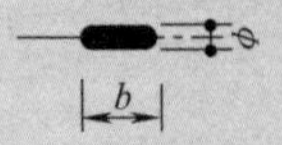 ⬬—b |

**4. 螺栓孔的孔径与孔型**

《钢结构设计标准》（GB 50017—2017）对螺栓孔径与孔型进行了规定：

11.5.1 螺栓孔的孔径与孔型应符合下列规定：

1 B级普通螺栓的孔径 $d_0$ 较螺栓公称直径 $d$ 大 0.2mm~0.5mm，C级普通螺栓的孔径 $d_0$ 较螺栓公称直径 $d$ 大 1.0mm~1.5mm；

2 高强度螺栓承压型连接采用标准圆孔时，其孔径 $d_0$ 可按表 11.5.1 采用；

3 高强度螺栓摩擦型连接可采用标准孔、大圆孔和槽孔，孔型尺寸可按表 11.5.1 采用；采用扩大孔连接时，同一连接面只能在盖板和芯板其中之一的板上采用大圆孔或槽孔，其余仍采用标准孔；

表 11.5.1 高强度螺栓连接的孔型尺寸匹配（mm）

| 螺栓公称直径 | | | M12 | M16 | M20 | M22 | M24 | M27 | M30 |
|---|---|---|---|---|---|---|---|---|---|
| 孔型 | 标准孔 | 直径 | 13.5 | 17.5 | 22 | 24 | 26 | 30 | 33 |
| | 大圆孔 | 直径 | 16 | 20 | 24 | 28 | 30 | 35 | 38 |
| | 槽孔 | 短向 | 13.5 | 17.5 | 22 | 24 | 26 | 30 | 33 |
| | | 长向 | 22 | 30 | 37 | 40 | 45 | 50 | 55 |

4 高强度螺栓摩擦型连接盖板按大圆孔、槽孔制孔时，应增大垫圈厚度或采用连续型垫板，其孔径与标准垫圈相同，对 M24 及以下的螺栓，厚度不宜小于 8mm；对 M24 以上的螺栓，厚度不宜小于 10mm。

### 6.1.3 铆钉连接

铆钉连接通常采用专用钢材 BL2 和 BL3 号钢制成。有热铆和冷铆两种方法。热铆是由烧红的钉坯插入构件的钉孔中，用铆钉枪或压铆机铆合而成。冷铆是在常温下铆合而成。在建筑结构中一般采用热铆。

铆钉连接构造复杂，费钢费工，其质量和受力性能与钉孔的制法有很大关系。钉孔的制法分为Ⅰ、Ⅱ两类。Ⅰ类孔是用钻模钻成，或先冲成较小的孔，装配时再扩钻而成，质量较好。Ⅱ类孔是冲成或不用钻模钻成，虽然制法简单，但构件拼装时钉孔不易对齐，故质量较差。重要的构件应该采用Ⅰ类孔。

铆钉连接的塑性和韧性较好，传力可靠，质量易于检查。铆钉打好后，钉杆由高温逐渐冷却而发生收缩，但被钉头之间的钢板阻止住，所以钉杆中产生了收缩应力，对钢板则产生压缩系紧力。这种系紧力使连接十分紧密。当构件受剪力作用时，钢板接触面上产生很大的摩擦力，因而能大大提高连接的工作性能。在一些重型和直接承受动力荷载的结构中有时仍采用。

## 6.2 焊缝连接的构造和计算

### 6.2.1 对接焊缝的构造与计算

**1. 对接焊缝的构造**

对接焊缝包括焊透对接焊缝和部分焊透对接焊缝，为了保证焊缝质量，对接焊件常做成坡口。坡口的形式很多，与焊件的厚度有关。当焊件厚度很小（手工焊 6mm，埋弧焊 10mm）时可用直边缝。对于一般厚度的焊件可采用具有斜坡口的单边 V 形或 V 形焊缝。斜坡口和根部间隙共同组成一个焊条能够运转的施焊空间，使焊缝易于焊透；钝边有托住熔化金属的作用。对于较厚的焊件（$t>20$mm），则采用 U 形、K 形和 X 形坡口，如图 6-9 所示。对于 V 形和 U 形焊缝需对焊缝根部进行补焊。对接焊缝坡口形式的选用，应根据板厚和施焊条件按现行标准的要求进行。

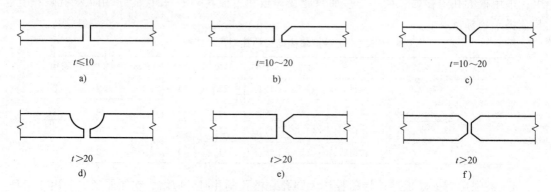

**图 6-9 对接焊缝的坡口形式**
a）直边缝　b）单边 V 形坡口　c）V 形坡口
d）U 形坡口　e）K 形坡口　f）X 形坡口

在对接焊缝的拼接处，当焊件的宽度或厚度不同时，《钢结构设计标准》（GB 50017—2017）规定：

11.3.3　不同厚度和宽度的材料对接时，应作平缓过渡，其连接处坡度值不宜大于 1∶2.5（图 11.3.3-1 和图 11.3.3-2）。

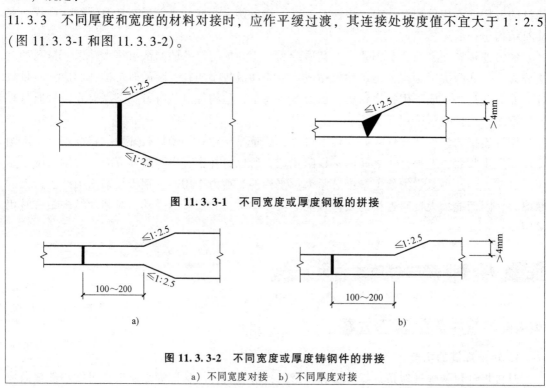

**图 11.3.3-1 不同宽度或厚度钢板的拼接**

**图 11.3.3-2 不同宽度或厚度铸钢件的拼接**
a）不同宽度对接　b）不同厚度对接

在焊缝的起弧灭弧处，常会出现弧坑等缺陷，这些缺陷对承载力影响极大，故焊接时一般应设置引弧板或引出板，焊后将它割除。对受静力荷载的结构设置引弧板或引出板有困难时，允许不设置，但此时，进行焊缝受力计算时，可将焊缝实际长度减掉 $2t$（此处 $t$ 为较薄焊件厚度）作为焊缝的计算长度，如图 6-10 所示。

### 2. 对接焊缝的计算

对接焊缝的强度与所用钢材的牌号、焊条型号及焊缝质量检验标准等因素有关。

对接焊缝的截面和焊件截面相同，焊缝中应力分布情况与焊接基本相同，所以可按计算焊接的方法计算对接焊缝。对于焊透的一、二级焊缝，其强度值与母材强度相等，不需另行计算；三级焊缝允许存在的缺陷较多，故其抗拉强度为母材强度的 85%，需进行强度验算。

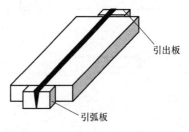

图 6-10　用引弧板（引出板）焊接

（1）轴心受力的对接焊缝　《钢结构设计标准》（GB 50017—2017）规定：

1　在对接和T形连接中，垂直于轴心拉力或轴心压力的对接焊接或对接与角接组合焊缝，其强度应按下式计算：

$$\sigma = \frac{N}{l_w h_e} \leq f_t^w \text{ 或 } f_c^w \qquad (11.2.1\text{-}1)$$

式中　$N$——轴心拉力或轴心压力（N）；

　　　$l_w$——焊缝长度（mm）；

　　　$h_e$——对接焊缝的计算厚度（mm），在对接连接节点中取连接件的较小厚度，在T形连接节点中取腹板的厚度；

　　　$f_t^w$、$f_c^w$——对接焊缝的抗拉、抗压强度设计值（N/mm$^2$）。

当承受轴心力的板件用斜焊缝对接，焊缝与作用力间的夹角 $\theta$ 符合 $\tan\theta \leq 1.5$ 时，其强度可不计算；当对接焊缝和T形对接与角接组合焊缝无法采用引弧板和引出板施焊时，每条焊缝的长度计算时应各减去 $2t$（$t$ 为焊件的较小厚度）。

【例 6-1】　试设计如图 6-11 所示的对接焊缝。轴心拉力设计值 $N = 1000$kN，钢材 Q345，焊条 E50 型，手工焊，焊缝为三级检验标准，施焊时加引弧板。

解：由表 B-2 可知：$f_t^w = 260$N/mm$^2$，由于焊接时采用了引弧板，直缝长度 $l_w = 500$mm，对接接头，$h_e = 10$mm。

焊缝正应力为

$$\sigma = \frac{N}{l_w h_e} = \frac{1000 \times 10^3 \text{N}}{500\text{mm} \times 10\text{mm}} = 200\text{N/mm}^2 \leq f_t^w = 260\text{N/mm}^2$$

连接满足要求。

图 6-11　例 6-1 图

（2）承受弯矩和剪力共同作用的对接焊缝　如图 6-12 所示为对接焊缝受弯矩和剪力共同作用。

图 6-12a 焊接截面为矩形，根据力学分析，弯矩在截面上产生正应力，应力图形为三角

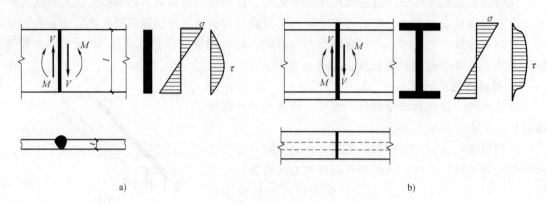

**图 6-12 对接焊缝受弯矩和剪力共同作用**
a) 矩形截面 b) 工字形截面

形,边缘正应力最大;剪力在截面上产生剪应力,应力图形为抛物线形,截面中心处剪应力最大。焊缝应力最大值应分别满足下列强度条件:

$$\sigma_{max} = \frac{M}{W_w} = \frac{6M}{l_w^2 t} \leq f_t^w \tag{6-1}$$

$$\tau_{max} = \frac{VS_w}{I_w t} = 1.5 \frac{V}{l_w t} \leq f_v^w \tag{6-2}$$

式中 $W_w$——焊缝截面模量($mm^3$);

$S_w$——计算剪应力处焊缝截面面积矩($mm^2$);

$I_w$——焊缝截面惯性矩($mm^4$)。

图 6-12b 焊缝截面为工字形截面,弯矩在截面上产生正应力,应力图形为三角形,边缘正应力最大;剪力在截面上产生剪应力,边缘为零,腹板与翼缘交接处剪应力较大,截面中心处剪应力最大。焊缝应力最大值应分别满足下列强度条件:

$$\sigma_{max} = \frac{M}{W_w} \leq f_t^w \tag{6-3}$$

$$\tau_{max} = \frac{VS_w}{I_w t} \leq f_v^w \tag{6-4}$$

《钢结构设计标准》(GB 50017—2017)第 11.2.1 条规定:

> 但在同时受有较大正应力和剪应力处(如梁腹板横向对接焊缝的端部)应按下式计算折算应力:
>
> $$\sqrt{\sigma^2 + 3\tau^2} \leq 1.1 f_t^w \tag{11.2.1-2}$$

式中 $\sigma$、$\tau$——验算点处的焊缝正应力和剪应力($N/mm^2$);

1.1——考虑到最大折算应力只在局部出现,而将强度设计值适当提高的系数。

【例 6-2】 验算如图 6-13 所示牛腿与柱连接的对接焊缝。已知:$F = 290kN$(设计值),钢材 Q235,焊条 E43,焊缝为三级检验标准,$f_t^w = 185N/mm^2$,施焊时无引弧板。

**解:**(1)力向形心简化

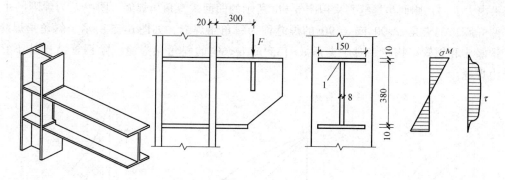

图 6-13 例 6-2 图

$M = F \cdot e = 290\text{kN} \times 300\text{mm} = 87 \times 10^6 \text{N} \cdot \text{mm}$

$V = F = 290\text{kN} = 290 \times 10^3 \text{N}$

（2）计算截面几何特征

$I_w = \frac{1}{12} \times 150 \times 400^3 \text{mm}^4 - \frac{1}{12} \times (150-8) \times 380^3 \text{mm}^4 = 150.7 \times 10^6 \text{mm}^4$

$W_w = \frac{2I_w}{h} = \frac{2 \times 150.7 \times 10^6}{400} \text{mm}^3 = 753.5 \times 10^3 \text{mm}^3$

$S_w = (150 \times 10 \times 195 + 190 \times 8 \times 95) \text{mm}^3 = 436900 \text{mm}^3$

$S_1 = 150 \times 10 \times 195 \text{mm}^2 = 292500 \text{mm}^2$

（3）强度计算

$\sigma_{max} = \frac{M}{W_w} = \frac{87 \times 10^6 \text{N} \cdot \text{mm}}{753.5 \times 10^3 \text{mm}^3} = 115.5 \text{N/mm}^2$

$\tau_{max} = \frac{V \cdot S}{I_w \cdot t} = \frac{290 \times 10^3 \text{N} \times 436900 \text{mm}^3}{150.7 \times 10^6 \text{mm}^4 \times 8 \text{mm}} = 105 \text{N/mm}^2$

$\sigma_1 = \sigma_{max} \cdot \frac{h_0}{h} = 115.5 \text{N/mm}^2 \times \frac{380 \text{mm}}{400 \text{mm}} = 110 \text{N/mm}^2$

$\tau_1 = \frac{VS_1}{I_w t} = \frac{290 \times 10^3 \text{N} \times 292500 \text{mm}^3}{150.7 \times 10^6 \text{mm}^4 \times 8 \text{mm}} = 70.4 \text{N/mm}^2$

折算应力：

$\sigma_{eq} = \sqrt{\sigma_1^2 + 3\tau_1^2} = \sqrt{110^2 + 3 \times 70.4^2} \text{N/mm}^2 = 164.2 \text{N/mm}^2 < 1.1 f_t^w = 203.5 \text{N/mm}^2$

此连接满足强度要求。

### 6.2.2 角焊缝的构造和计算

**1. 角焊缝的形式和强度**

角焊缝是最常用的焊缝，按其截面形式可分为直角角焊缝和斜角角焊缝。

当角焊缝的两焊脚边夹角为90°时，称为直角角焊缝，如图 6-14 所示。图 6-14a 为表面微凸的等腰直角三角形，施焊方便，是最常用的一种角焊缝形式，但是不能用于直接承受动荷载的结构中。在直接承受动力荷载的结构中，正面角焊缝宜采用图 6-14b 所示的平坦型，且长边沿内力方向；侧面角焊缝则采用图 6-14c 所示的凹面式直角角焊缝，图中 $h_f$ 为焊脚尺寸。

两焊脚边的夹角 α>90°或 α<90°的焊缝称为斜角角焊缝，如图 6-15 所示。斜角角焊缝常用于钢漏斗和钢管结构中。对于夹角 α>135°或 α<60°的斜角角焊缝，除钢管结构外不宜用作受力焊缝。

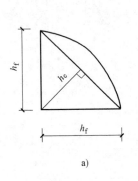 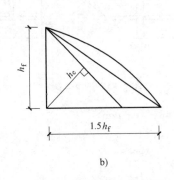 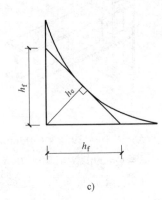

a)　　　　　　　　　　　b)　　　　　　　　　　　c)

**图 6-14　直角角焊缝截面**

a) 普通型　b) 平坦型　c) 凹面式（深熔型）

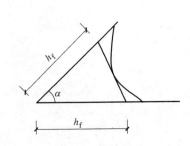 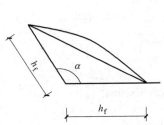 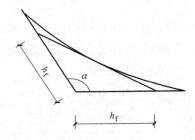

**图 6-15　斜角角焊缝截面**

**2. 角焊缝构造要求**

（1）最小焊脚尺寸　为了保证焊缝最小承载能力，并防止焊缝因冷却过快产生裂纹，参照现行国家标准《钢结构焊接规范》（GB 50661—2011），《钢结构设计标准》（GB 50017—2017）对焊缝的最小尺寸做出如下规定：

11.3.5　角焊缝的尺寸应符合下列规定：

3　角焊缝最小焊脚尺寸宜按表 11.3.5 取值，承受动荷载时角焊缝焊脚尺寸不宜小于 5mm；

**表 11.3.5　角焊缝最小焊脚尺寸（mm）**

| 母材厚度 $t$ | 角焊缝最小焊脚尺寸 $h_f$ |
|---|---|
| $t \leqslant 6$ | 3 |
| $6 < t \leqslant 12$ | 5 |
| $12 < t \leqslant 20$ | 6 |
| $t > 20$ | 8 |

注：1　采用不预热的非低氢焊接方法进行焊接时，$t$ 等于焊接连接部位中较厚件厚度，宜采用单道焊缝；采用预热的非低氢焊接方法或低氢焊接方法进行焊接时，$t$ 等于焊接连接部位中较薄件厚度；

2　焊缝尺寸 $h_f$ 不要求超过焊接连接部位中较薄件厚度的情况除外。

（2）角焊缝的最小计算长度　侧面角焊缝的焊脚尺寸大而长度过小时，焊件局部加热严重，焊缝起灭弧所引起的缺陷相距太近，以及焊缝中可能产生的其他缺陷（气孔、夹渣等），对焊缝强度影响较为敏感，降低焊缝可靠性。此外，焊缝集中在一很短的距离内，焊件的应力集中也较大。

《钢结构设计标准》（GB 50017—2017）对焊缝的最小计算长度做出如下规定：

11.3.5　角焊缝的尺寸应符合下列规定：
　1　角焊缝的最小计算长度应为其焊脚尺寸 $h_f$ 的 8 倍，且不应小于 40mm；焊缝计算长度应为扣除引弧、收弧长度后的焊缝长度；

（3）搭接连接的构造要求　传递轴向力的部件，其搭接接头最小搭接长度应为较薄件厚度的 5 倍，且不应小于 25mm，如图 6-16 所示，并应施焊纵向或横向双角焊缝。

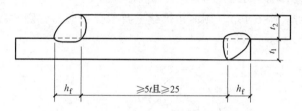

**图 6-16　搭接接头双角焊缝的要求**

$t$—$t_1$ 和 $t_2$ 中较小者　$h_f$—焊脚尺寸，按设计要求

杆件与节点板的连接焊缝宜采用两侧焊缝，也可采用三面围焊，如图 6-17 所示，所有围焊的转角处也必须连续施焊；弦杆与腹杆、腹杆与腹杆的间隙不应小于 20mm，相邻角焊缝焊趾间净距不应小于 5mm。

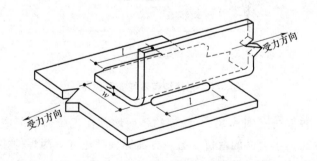

**图 6-17　型钢与节点板的焊缝连接**

型钢杆件端部只采用纵向角焊缝连接时，如图 6-17 所示，试验结果表明，连接的承载力与 $w/l$ 有关。$w$ 为两侧焊缝的距离，$l$ 为侧焊缝长度。当 $w/l>1$ 时，连接的承载力随着比值的增大而明显下降。这主要是因为应力传递的过分弯折使构件中应力分布不均匀造成的。为使连接强度不致过分降低，型钢杆件的宽度不应大于 200mm，当宽度大于 200mm 时，应加横向角焊或中间塞焊；型钢杆件每一侧纵向角焊缝的长度不应小于型钢杆件的宽度。

型钢杆件搭接接头采用围焊时，在转角处截面突变，会产生应力集中，如在此处起灭弧，可能出现弧坑或咬肉等缺陷，从而加大应力集中的影响。故所有围焊的转角处必须连续施焊。杆件端部搭接角焊缝作绕焊时，绕焊长度不应小于焊脚尺寸的 2 倍，并应连续施焊。

搭接焊缝沿母材棱边的最大焊脚尺寸，当板厚不大于 6mm 时，应为母材厚度，当板厚大于 6mm 时，应为母材厚度减去 1~2mm（图 6-18）。

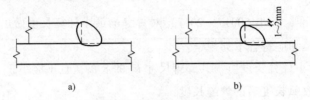

**图 6-18　搭接焊缝沿母材棱边的最大焊脚尺寸**
a）母材厚度小于等于 6mm 时　b）母材厚度大于 6mm 时

**3. 直角角焊缝的基本计算公式**

大量试验结果表明（图 6-19），侧面角焊缝主要承受剪应力，静力强度低，塑性好，弹性模量低（$E = 7 \times 10^4 \text{N/mm}^2$）。

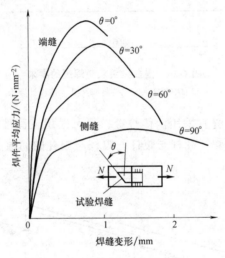

**图 6-19　角焊缝荷载与变形关系**

正面角焊缝受力较复杂（图 6-20），截面的各面均存在正应力和剪应力，焊根处有很大的应力集中。这一方面由于力线的弯折，另一方面焊根处正好是两焊件接触间隙的端部，相当于裂缝的尖端。国内外试验结果表明，相当于 Q235 钢和 E43 型焊条焊成的正面角焊缝的平均破坏强度比侧面角焊缝要高出 35% 以上。由图 6-19 可以看出，斜焊缝的受力性能介于正面角焊缝和侧面角焊缝之间。

如图 6-21 所示为直角角焊缝的截面。直角边边长 $h_f$ 称为角焊缝的焊脚尺寸。$h_e = 0.7 h_f$ 为直角角焊缝横截面的内接等腰三角形的最短距离，称为焊缝的有效厚度。试验表明，直角角焊缝的破坏常发生在喉部。通常认为直角角焊缝是以 45°方向的最小截面（即焊缝计算长度与有效厚度的乘积）作为有效计算截面。

作用于焊缝有效截面上的应力如图 6-22 所示，这些应力包括：垂直于焊缝有效截面的正应力 $\sigma_\perp$，垂直于焊缝长度方向的剪应力 $\tau_\perp$，以及沿焊缝长度方向的剪应力 $\tau_{/\!/}$。

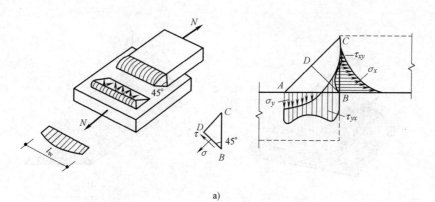

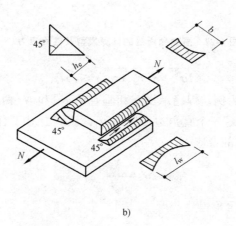

图 6-20 角焊缝应力状态

a) 正面角焊缝应力状态　b) 侧面角焊缝应力状态

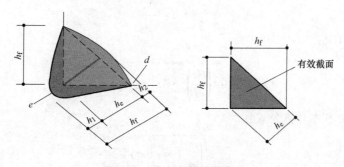

图 6-21 直角角焊缝截面

我国现行设计标准假定焊缝在有效截面处破坏，各应力分量满足折算应力公式：

$$\sqrt{\sigma_\perp^2 + 3(\tau_\perp^2 + \tau_{/\!/}^2)} = f_u^w \quad (6-5)$$

由于规范规定的角焊缝强度设计值 $f_f^w$ 是根据抗剪强度确定的，而 $\sqrt{3}f_f^w$ 相当于角焊缝的抗拉强度设计值，因此，式（6-5）变为：

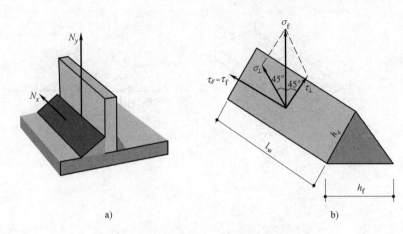

图 6-22 直角角焊缝的计算模型及截面应力

$$\sqrt{\sigma_\perp^2+3(\tau_\perp^2+\tau_{/\!/}^2)} \leqslant \sqrt{3}f_f^w \tag{6-6}$$

以图 6-22a 的受力情况为例。焊缝承受互相垂直的 $N_y$ 和 $N_x$ 两个轴心力作用。$N_y$ 在焊缝有效截面上产生垂直于焊缝一个直角边的应力 $\sigma_f$,该应力对于有效截面既不是正应力也不是剪应力,而是 $\sigma_\perp$ 和 $\tau_\perp$ 的合应力。

$$\sigma_f = \frac{N_y}{h_e l_w}$$

由图 6-22b 知,对于直角角焊缝:

$$\sigma_\perp = \sigma_{/\!/} = \frac{\sigma_f}{\sqrt{2}}$$

沿焊缝长度方向的分力 $N_x$ 在焊缝有效截面上产生平行于焊缝长度方向的剪应力:

$$\tau_f = \tau_{/\!/} = \frac{N_x}{h_e l_w}$$

代入式(6-6)得:

$$\sqrt{4\left(\frac{\sigma_f}{\sqrt{2}}\right)^2 + 3\tau_f^2} \leqslant \sqrt{3}f_f^w$$

整理得角焊缝基本计算公式:

$$\sqrt{\left(\frac{\sigma_f}{\beta_f}\right)^2 + \tau_f^2} \leqslant f_f^w \tag{6-7}$$

《钢结构设计标准》(GB 50017—2017)规定:

> 11.2.2 直角角焊缝应按下列规定进行强度计算:
> 1 在通过焊缝形心的拉力、压力或剪力作用下:
> 正面角焊缝(作用力垂直于焊缝长度方向):
> $$\sigma_f = \frac{N}{h_e l_w} \leqslant \beta_f f_f^w \tag{11.2.2-1}$$

侧面角焊缝（作用力平行于焊缝长度方向）：

$$\tau_f = \frac{N}{h_e l_w} \leqslant f_f^w \qquad (11.2.2\text{-}2)$$

2 在各种力综合作用下，$\sigma_f$ 和 $\tau_f$ 共同作用处：

$$\sqrt{\left(\frac{\sigma_f}{\beta_f}\right)^2 + \tau_f^2} \leqslant f_f^w \qquad (11.2.2\text{-}3)$$

式中 $\sigma_f$——按焊缝有效截面（$h_e l_w$）计算，垂直于焊缝长度方向的应力（$N/mm^2$）；

$\tau_f$——按焊缝有效截面计算，沿焊缝长度方向的剪应力（$N/mm^2$）；

$h_e$——直角角焊缝的计算厚度（mm），当两焊件间隙 $b \leqslant 1.5mm$ 时，$h_e = 0.7 h_f$；$1.5mm < b \leqslant 5mm$ 时，$h_e = 0.7(h_f - b)$，$h_f$ 为焊脚尺寸；

$l_w$——角焊缝的计算长度（mm），对每条焊缝取其实际长度减去 $2h_f$；

$f_f^w$——角焊缝的强度设计值（$N/mm^2$）；

$\beta_f$——正面角焊缝的强度设计值增大系数，对承受静力荷载和间接承受动力荷载的结构，$\beta_f = 1.22$；对直接承受动力荷载的结构，$\beta_f = 1.0$。

直角角焊缝的计算厚度取值如图 6-23 所示。

角焊缝的搭接焊接连接中，当焊缝计算长度 $l_w > 60 h_f$ 时，焊缝的承载力设计值应乘以折减系数 $\alpha_f$：$\alpha_f = 1.5 - \dfrac{l_w}{120 h_f}$，并不小于 0.5。

**4. 各种受力状态下角焊缝连接的计算**

（1）承受轴心力作用时角焊缝连接的计算

1）用盖板的对接连接。用盖板的对接连接可采用两侧焊缝、两端焊缝、四周围焊和四周菱形围焊。

如图 6-24 所示用盖板的对接连接中，当焊件受轴心力作用，且轴心力通过连接焊缝中心时，可认为焊缝应力是均匀分布的。

当只采用侧面角焊缝连接时，如图 6-24a 所示，按下式计算：

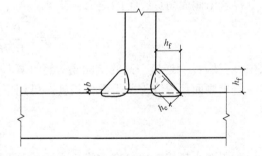

**图 6-23 直角角焊缝的计算厚度**

$$\tau_f = \frac{N}{h_e \Sigma l_w} \leqslant f_f^w \qquad (6\text{-}8)$$

当只采用正面角焊缝连接时，如图 6-24b 所示，按下式计算：

$$\sigma_f = \frac{N}{h_e \Sigma l_w} \leqslant \beta_f f_f^w \qquad (6\text{-}9)$$

当采用三面围焊时，如图 6-24c 所示，可假定认为焊缝破坏时全截面达到承载力极限状态，所以先求出正面角焊缝②承担的极限内力：

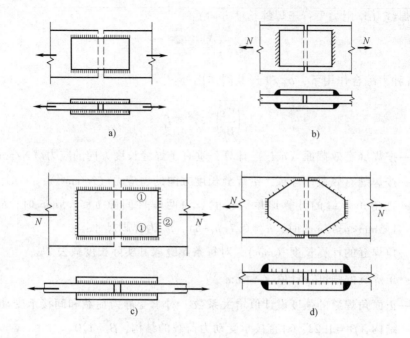

**图 6-24 受轴心力的盖板连接**
a) 两边侧焊缝   b) 两边端焊缝   c) 四周围焊   d) 四周菱形围焊

$$N_2 = \beta_f f_f^w \sum 0.7 h_{f2} l_{w2}$$

式中  $\sum l_{w2}$——连接一侧正面角焊缝计算长度的总和（mm）。

再求出侧面角焊缝①的内力：$N_1 = N - N_2$，从而计算出侧面角焊缝①的强度：

$$\tau_f = \frac{N - N_2}{\sum 0.7 h_{f1} l_{w1}} \leqslant f_f^w$$

式中  $\sum l_{w1}$——连接一侧的侧面角焊缝计算长度的总和（mm）。

若求侧面角焊缝①所需焊缝长度，可用下式计算：

$$\sum l_{w1} \geqslant \frac{N - N_2}{0.7 h_{f1} f_f^w}$$

为了减小拼接板角部应力集中，可采用四周菱形围焊时（图 6-24d），无论静载、动载均可采用简化公式进行验算，不考虑端焊缝及斜焊缝的强度提高，均按侧焊缝进行强度校核。

$$\frac{N}{h_e \sum l_w} \leqslant f_f^w$$

2）承受斜向轴心力的角焊缝连接计算。如图 6-25 所示受斜向轴心力的角焊缝连接，将 $N$ 力分解为垂直于焊缝长度的分力 $N_x = N \cdot \sin\theta$ 和沿焊缝长度的分力 $N_y = N \cdot \cos\theta$，则：

$$\sigma_f = \frac{N \cdot \sin\theta}{\sum h_e l_w}, \tau_f = \frac{N \cdot \cos\theta}{\sum h_e l_w}$$

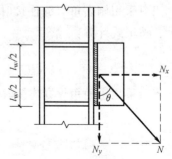

**图 6-25 斜向轴心力作用**

代入式（6-7）角焊缝基本计算公式中进行计算：

$$\sqrt{\left(\frac{\sigma_f}{\beta_f}\right)^2+\tau_f^2}\leqslant f_f^w$$

3）承受轴心力的角钢角焊缝计算。在钢桁架中，弦杆和腹杆一般采用双角钢组成的T形截面，由节点板采用角焊缝连接，图6-26属典型节点，腹杆受轴心力作用。

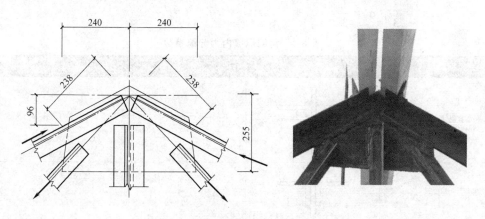

图 6-26　桁架腹杆与节点板连接

在节点板与角钢的连接中，连接焊缝可采用两侧焊缝，如图6-27a所示，也可采用三面围焊，如图6-27b所示。对承受轴心力的连接，计算时考虑焊缝所传递内力的合力作用线应与角钢轴线重合。

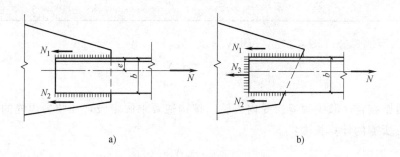

图 6-27　桁架腹杆节点板的连接
a）两侧焊缝　b）三面围焊

① 对于三面围焊，如图6-27b所示，认为焊缝破坏时全截面达到极限状态，因此先求出端部正面角焊缝的极限承载力：

$$N_3 = 2\times 0.7 h_{f3} b \beta_f f_f^w \tag{6-10}$$

由平衡条件（$\sum M = 0$）得：

$$N_1 = \frac{N(b-e)}{b} - \frac{N_3}{2} = \alpha_1 N - \frac{N_3}{2} \tag{6-11}$$

$$N_2 = \frac{Ne}{b} - \frac{N_3}{2} = \alpha_2 N - \frac{N_3}{2} \tag{6-12}$$

式中  $N_1$、$N_2$——角钢肢背和肢尖的侧面角焊缝所分担的轴力（N）；

$e$——角钢的形心距；

$\alpha_1$、$\alpha_2$——角钢肢背和肢尖焊缝的内力分配系数，可按表 6-3 查用，也可近似取 $\alpha_1 = \frac{2}{3}$，$\alpha_2 = \frac{1}{3}$。

表 6-3  角钢焊缝内力分配系数

| 角钢类型 | 连接形式 | 肢背 | 肢尖 |
|---|---|---|---|
| 等肢角钢 | 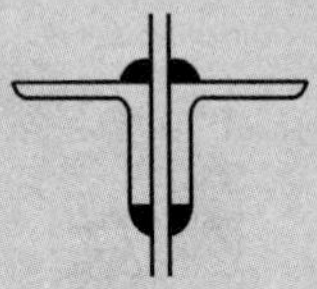  | 0.7 | 0.3 |
| 不等肢角钢 | 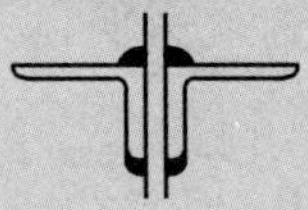 长肢水平 | 0.75 | 0.25 |
| 不等肢角钢 | 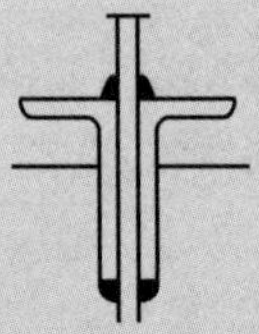 短肢水平 | 0.65 | 0.35 |

② 对于两侧焊缝（图 6-27a），因 $N_3 = 0$，故：

$$N_1 = \alpha_1 N \tag{6-13}$$

$$N_2 = \alpha_2 N \tag{6-14}$$

求得角钢肢背、肢尖焊缝所受内力后，按构造要求假定肢背和肢尖焊缝的焊脚尺寸，即可求出焊缝所需的计算长度：

$$l_{w1} \geq \frac{N_1}{2 \times 0.7 h_{f1} f_f^w}$$

$$l_{w2} \geq \frac{N_2}{2 \times 0.7 h_{f2} f_f^w}$$

式中  $h_{f1}$、$l_{w1}$——一个角钢肢背上的侧面角焊缝的焊脚尺寸及计算长度（mm）；

$h_{f2}$、$l_{w2}$——一个角钢肢尖上的侧面角焊缝的焊脚尺寸及计算长度（mm）。

考虑到每条焊缝两端的起灭弧缺陷，焊缝实际长度应为计算长度加 $2h_f$；对于三面围焊，每条焊缝只有一个缺陷，故焊缝实际长度为计算长度加 $h_f$；对于采用绕角焊的侧面角焊缝，实际长度等于计算长度。

【例 6-3】  试设计如图 6-28 所示的一双盖板的对接连接。已知：钢板截面为 400mm×

14mm，拼接盖板厚度 $t_2 = 10$mm，该连接承受的静态轴心力 $N = 1200$kN（设计值），钢材 Q235B，手工焊，焊条 E43 系列。

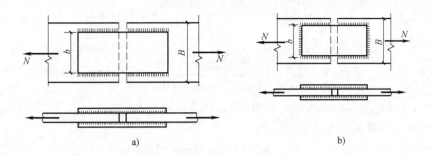

图 6-28 例 6-3 图
a) 两侧焊缝　b) 四周围焊

**解：**
角焊缝的焊脚尺寸 $h_f$ 应根据板件厚度确定：
由于此处的焊缝在板件边缘施焊，且拼接盖板厚度 $t_2 = 10$mm$> 6$mm，则：

$$h_{f\max} = t_2 - (1 \sim 2)\text{mm} = 10\text{mm} - (1 \sim 2)\text{mm} = 8\text{mm 或 } 9\text{mm}$$

$$12\text{mm} < t = 14\text{mm} < 20\text{mm}, h_{f\min} = 6\text{mm}$$

取 $h_f = 8$mm，查表 B-2 得角焊缝强度设计值 $f_f^w = 160\text{N/mm}^2$。

（1）采用两侧焊缝时（图 6-28a）
连接一侧所需焊缝的总长度，可按式（6-8）计算得：

$$\sum l_w = \frac{N}{h_e f_f^w} = \frac{1200 \times 10^3}{0.7 \times 8 \times 160}\text{mm} = 1339\text{mm}$$

此连接采用上、下两块盖板，共有 4 条侧焊缝，一条焊缝的实际长度为：

$$l_w' = \frac{\sum l_w}{4} + 2h_f = \left(\frac{1339}{4} + 2 \times 8\right)\text{mm} = 351\text{mm}$$

所需拼接盖板长度：

$$L = 2l_w' + 10\text{mm} = (2 \times 351 + 10)\text{mm} = 712\text{mm，取 } 720\text{mm}$$

拼接盖板宽度 $b$：
强度要求：考虑拼接盖板要两侧施焊，要预留一定的施焊空间，根据拼接盖板与构件承载力相等的原则，拼接盖板钢材也采用 Q235，两块拼接盖板截面面积之和应不小于构件截面面积：

$$A' = 2bt_2 \geq A = 400\text{mm} \times 14\text{mm}$$

$$b \geq \frac{400 \times 14}{2 \times 10}\text{mm} = 280\text{mm} > 16t = 224\text{mm，采用四周围焊}$$

（2）采用四周围焊时（图 6-28b）
考虑拼接盖板两侧有焊缝，需要预留一定的施焊空间，取板宽 $b = 340$mm。
正面角焊缝承担的力为：

$$N_3 = 2 \times 0.7 h_f b \beta_f f_f^w = 2 \times 0.7 \times 8\text{mm} \times 340\text{mm} \times 1.22 \times 160\text{N/mm}^2 = 743.3\text{kN}$$

侧焊缝受力：

$$N_1 = \frac{N - N_3}{2} = \frac{1200\text{kN} - 743.3\text{kN}}{2} = 228.4\text{kN}$$

每条侧面角焊缝计算长度：

$$l_{w1} \geq \frac{N}{2 \times 0.7 h_f f_f^w} = \frac{228.4 \times 10^3 \text{N}}{2 \times 0.7 \times 8\text{mm} \times 160\text{N/mm}^2} = 128\text{mm}$$

$8h_f = 64\text{mm} \leq l_{w1} = 128\text{mm} \leq 60h_f = 480\text{mm}$，满足构造要求。

每条侧面角焊缝实际长度：

$$l = l_{w1} + h_f = 128\text{mm} + 8\text{mm} = 136\text{mm}$$

所需拼接盖板长度：

$$L = 2l + 10\text{mm} = 2 \times 136\text{mm} + 10\text{mm} = 282\text{mm}，取 L = 300\text{mm}$$

其中，10mm 为两块被连接钢板的间隙。

【例 6-4】 图 6-29 所示为角钢与节点板的连接。角钢为 2L90×10 等肢相拼，节点板厚度为 14mm，钢材 Q235，焊条 E43 型，手工焊。

(1) 试确定焊脚高度。

(2) 采用三面围焊连接，$h_f = 8\text{mm}$，已知：轴心力设计值 $N = 700\text{kN}$，试确定焊缝长度。

(3) 采用两侧焊缝连接，焊脚高度 $h_f = 8\text{mm}$，肢尖焊缝长度 110mm，肢背焊缝长度 180mm，求此连接能承受的静力荷载设计值。

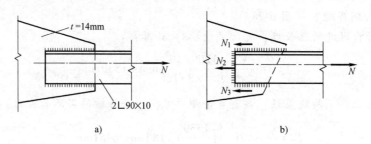

图 6-29 例 6-4 图

**解：**

(1) 确定焊脚尺寸

《钢结构设计标准》(GB 50017—2017) 11.3.6 第 4 条：

肢尖贴边焊：$t = 10\text{mm} > 6\text{mm}$

$$h_{f\max} = t - (1 \sim 2)\text{mm} = 10\text{mm} - (1 \sim 2)\text{mm} = 8\text{mm} \text{ 或 } 9\text{mm}$$

《钢结构设计标准》(GB 50017—2017) 11.3.5：

$$6\text{mm} < t = 10\text{mm} < 12\text{mm}, h_{f\min} = 5\text{mm}$$

取焊脚高度 $h_f = 8\text{mm}$（肢背、肢尖相同）

(2) 采用三面围焊（图 6-29b）

查表 6-3，确定内力分配系数，等肢角钢，肢背内力系数 0.7，肢尖内力系数 0.3。

正面角焊缝承担力：

$$N_3 = 2 \times 0.7 h_f b \beta_f f_f^w = 2 \times 0.7 \times 8\text{mm} \times 90\text{mm} \times 1.22 \times 160\text{N/mm}^2 = 197\text{kN}$$

侧焊缝受力：

肢背：$N_1 = 0.7N - \dfrac{N_3}{2} = \left(0.7 \times 700 - \dfrac{197}{2}\right)\text{kN} = 391.5\text{kN}$

肢尖：$N_2 = N - N_1 - N_3 = (700 - 391.5 - 197)\text{kN} = 111.5\text{kN}$

肢背焊缝长度：

$$l_1 = l_{w1} + h_f = \dfrac{397 \times 10^3 \text{N}}{2 \times 0.7 \times 8\text{mm} \times 160\text{N/mm}^2} + 8\text{mm} = 229\text{mm}，取 l_1 = 230\text{mm}$$

$8h_f = 64\text{mm} \leqslant l_{w1} = 229\text{mm} < 60h_f = 480\text{mm}$，焊缝承载力不需折减。

肢尖焊缝长度：

$$l_2 = l_{w2} + h_f = \dfrac{111.5 \times 10^3 \text{N}}{2 \times 0.7 \times 8\text{mm} \times 160\text{N/mm}^2} + 8\text{mm} = 70\text{mm}，取 l_2 = 80\text{mm}$$

$8h_f = 64\text{mm} \leqslant l_{w2} = 70\text{mm} < 60h_f = 480\text{mm}$，焊缝承载力不需折减。

（3）采用两侧焊缝（图 6-29a）

肢背焊缝承载力为

$$N_1 = \sum 0.7 h_f l_w f_f^w = 0.7 \times 2 \times 8 \times (180 - 16) \times 160\text{N} = 293.9\text{kN}$$

肢背焊缝承载力为

$$N_2 = \sum 0.7 h_f l_w f_f^w = 0.7 \times 2 \times 8 \times (110 - 16) \times 160\text{N} = 168.4\text{kN}$$

查表 6-3，确定内力分配系数，等肢角钢，肢背内力系数 0.7，肢尖内力系数 0.3。

连接受力为

$$N \leqslant \dfrac{N_1}{0.7} = \dfrac{293.9}{0.7}\text{kN} = 420\text{kN}，\quad N \leqslant \dfrac{N_2}{0.3} = \dfrac{168.4}{0.3}\text{kN} = 561.3\text{kN}$$

最终承载力为 $N = 420\text{kN}$

【例 6-5】 试验算如图 6-30 所示节点连接角焊缝的强度，钢材 Q235B，焊条 E43 型，手工焊。连接受斜向静拉力设计值 $N = 550\text{kN}$，节点板与主构件采用双面角焊缝连接，$h_f = 8\text{mm}$，焊缝实际长度为 300mm。

**解**：将斜向拉力分解为垂直于焊缝和平行于焊缝的力，即

$$N_x \leqslant N \cdot \sin\theta = 550 \times \dfrac{4}{5}\text{kN} = 440\text{kN}$$

$$N_y \leqslant N \cdot \cos\theta = 550 \times \dfrac{3}{5}\text{kN} = 330\text{kN}$$

$$\sigma_f \leqslant \dfrac{N_x}{2h_e l_w} = \dfrac{440 \times 10^3}{2 \times 0.7 \times 8 \times (300 - 2 \times 8)}\text{N/mm}^2 = 138.3\text{N/mm}^2$$

$$\tau_f \leqslant \dfrac{N_y}{2h_e l_w} = \dfrac{330 \times 10^3}{2 \times 0.7 \times 8 \times (300 - 2 \times 8)}\text{N/mm}^2 = 103.7\text{N/mm}^2$$

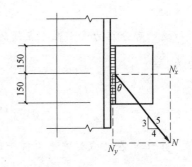

图 6-30 例 6-5 图

焊缝同时承受 $\sigma_f$ 和 $\tau_f$ 的作用，根据《钢结构设计标准》（GB 50017—2017）式（11.2.2-3）验算：

$$\sqrt{\left(\frac{\sigma_\mathrm{f}}{\beta_\mathrm{f}}\right)^2+\tau_\mathrm{f}^2}=\sqrt{\left(\frac{138.3}{1.22}\right)^2+103.7^2}\,\mathrm{N/mm^2}=153.6\mathrm{N/mm^2}<f_\mathrm{f}^w=160\mathrm{N/mm^2}$$

(2) 承受弯矩、轴力和剪力联合作用的角焊缝连接计算

1) 承受偏心斜拉力的角焊缝。如图 6-31 所示柱间支撑上端与柱的连接,节点板与柱采用角焊缝连接,焊缝承受偏心斜拉力作用。

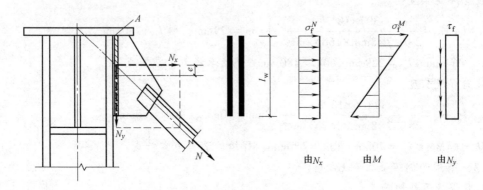

图 6-31　柱间支撑上端与柱的连接

计算时可将作用力 $N$ 分解为 $N_x$ 和 $N_y$ 两个分力。角焊缝承受轴心力 $N_x$、剪力 $N_y$ 和弯矩 $M=N_x e$ 的共同作用。焊缝计算截面上的应力分布如图 6-31 所示,图中 $A$ 点应力最大,为控制设计点。该点处垂直于焊缝长度方向的应力由两部分组成,即由轴心拉力产生的应力:

$$\sigma_\mathrm{f}^N=\frac{N_x}{A_\mathrm{e}}=\frac{N_x}{2\times0.7h_\mathrm{f}l_\mathrm{w}}$$

由弯矩 $M$ 产生的应力:

$$\sigma_\mathrm{f}^M=\frac{M}{W_\mathrm{e}}=\frac{6M}{2\times0.7h_\mathrm{f}l_\mathrm{w}^2}$$

这两部分应力由于在 $A$ 点处的方向相同,可直接叠加,故 $A$ 点垂直于焊缝长度方向的应力为

$$\sigma_\mathrm{f}=\frac{N_x}{2\times0.7h_\mathrm{f}l_\mathrm{w}}+\frac{6M}{2\times0.7h_\mathrm{f}l_\mathrm{w}^2}$$

剪力 $N_y$ 在 $A$ 点处产生平行于焊缝长度方向的应力:

$$\tau_\mathrm{f}=\frac{N_y}{A_\mathrm{e}}=\frac{N_y}{2\times0.7h_\mathrm{f}l_\mathrm{w}}$$

式中　$l_\mathrm{w}$——焊缝的计算长度,为实际长度减去 $2h_\mathrm{f}$ (mm)。

焊缝的强度计算式为:

$$\sqrt{\left(\frac{\sigma_{\mathrm{f}}}{\beta_{\mathrm{f}}}\right)^{2}+\tau_{\mathrm{f}}^{2}}\leqslant f_{\mathrm{f}}^{\mathrm{w}}$$

当连接直接承受动力荷载时，取 $\beta_{\mathrm{f}}=1.0$。

2) T形截面牛腿与柱采用角焊缝的连接。图6-32为T形截面牛腿与柱采用角焊缝的连接。此种焊缝承受吊车传来的集中力作用，计算时，将该力移至焊缝中心处，这时焊缝受到弯矩和剪力共同作用。

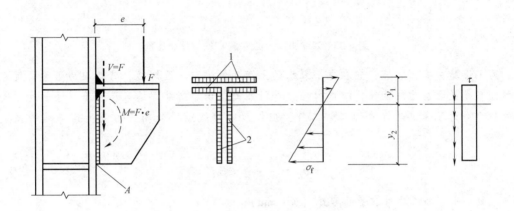

**图 6-32　T形截面牛腿的角焊缝连接**

由于翼缘板的竖向刚度不足，通常假定剪力由竖直腹板焊缝承受，而弯矩则由全部焊缝承受。控制设计点为竖直焊缝的下端点A。

在A点，由弯矩产生的垂直于焊缝长度方向的应力为：

$$\sigma_{\mathrm{f}}=\frac{F\cdot e}{I_{\mathrm{w}}}\cdot y_{2}$$

式中　$I_{\mathrm{w}}$——全部焊缝有效截面对其中和轴的惯性矩（$\mathrm{mm}^{4}$）；
　　　$y_{2}$——中和轴至A点的距离（mm）。

由剪力V产生的剪应力为：

$$\tau_{\mathrm{f}}=\frac{V}{\sum h_{\mathrm{e2}} l_{\mathrm{w2}}}$$

式中　$\sum h_{\mathrm{e2}} l_{\mathrm{w2}}$——竖直焊缝有效面积之和。

A点强度计算式为：

$$\sqrt{\left(\frac{\sigma_{\mathrm{f}}}{\beta_{\mathrm{f}}}\right)^{2}+\tau_{\mathrm{f}}^{2}}\leqslant f_{\mathrm{f}}^{\mathrm{w}}$$

3) 工字形截面梁（或牛腿）与柱翼缘的角焊缝连接。图6-33为工字形截面梁（或牛腿）与柱翼缘角焊缝的连接，承受弯矩M和剪力V的联合作用。由于翼缘板的竖向刚度较差，在剪力作用下，如果没有腹板焊缝存在，翼缘将发生明显挠曲。这就说明，翼缘板的抗剪能力极差。因此，计算时通常假设腹板焊缝承受全部剪力，而弯矩则由全部焊缝承受。

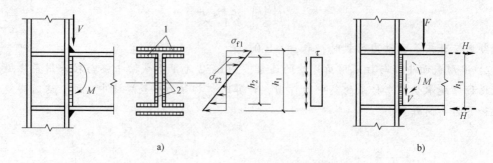

**图 6-33 工字形梁（或牛腿）的角焊缝连接**

为了焊缝分布较合理，宜在每个翼缘的上下两侧均匀布置焊缝，弯曲应力沿梁高度呈三角形分布，最大应力发生在翼缘焊缝的最外纤维处。由于翼缘焊缝只承受垂直于长度方向的弯曲应力，为了保证此焊缝的正常工作，应使翼缘焊缝最外处的应力满足角焊缝的强度条件，即：

$$\sigma_{f1} = \frac{M}{I_w} \cdot \frac{h_1}{2} \leqslant \beta_f f_f^w$$

式中 $M$——全部焊缝所承受的弯矩（N·mm）；
$I_w$——全部焊缝有效截面对其中和轴的惯性矩（mm$^4$）；
$h_1$——上下翼缘焊缝有效截面最外纤维之间的距离（mm）。

腹板焊缝承受两种应力联合作用，即垂直于焊缝长度方向沿梁高呈三角形分布的弯曲应力和平行于焊缝长度方向沿焊缝截面均匀分布的剪应力的作用，设计控制点为翼缘与腹板焊缝 2 的交点处，此处的弯曲应力和剪应力分别按下式计算：

$$\sigma_{f2} = \frac{M}{I_w} \cdot \frac{h_2}{2}$$

$$\tau_f = \frac{V}{\sum(h_{e2} l_{w2})}$$

式中 $\sum(h_{e2} l_{w2})$——腹板焊缝有效截面积之和（mm$^2$）；
$h_2$——腹板焊缝的实际长度（mm）。

则腹板焊缝 2 的端点应按下式验算强度：

$$\sqrt{\left(\frac{\sigma_{f2}}{\beta_f}\right)^2 + \tau_f^2} \leqslant f_f^w$$

工字梁（或牛腿）与钢柱翼缘角焊缝的连接的另一种计算方法是使焊缝应力与母材所承受应力相协调，即假设腹板焊缝只承受剪力；翼缘焊缝承担全部弯矩，并将弯矩 $M$ 化为一对水平力 $H = M/h_1$，如图 6-33 所示。则翼缘焊缝的强度计算式为

$$\sigma_f = \frac{H}{\sum h_{e1} l_{w1}}$$

腹板焊缝的强度计算式为

$$\tau_f = \frac{V}{2 h_{e2} l_{w2}}$$

式中 $\sum h_{e1}l_{w1}$——一个翼缘上角焊缝有效截面积之和（mm²）;

$2h_{e2}l_{w2}$——两条腹板焊缝的有效截面积（mm²）。

【例 6-6】 已知：钢材为 Q235，焊条为 E43 型，手工焊。荷载设计值 $N=300$kN，偏心距 $e=350$mm，焊脚尺寸 $h_{f1}=8$mm，$h_{f2}=6$mm，图 6-34b 为焊缝有效截面。试验算图 6-34 所示牛腿与钢柱连接角焊缝的强度。

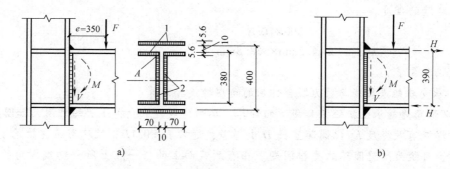

图 6-34 例 6-6 图

解：$N$ 力在角焊缝形心处引起剪力 $V=N=300$kN 和弯矩 $M=Ne=300$kN$\times 350$mm $=105$ kN·m

(1) 考虑腹板焊缝参与传递弯矩的计算方法

全部焊缝有效截面对中和轴的惯性矩为：

$$I_w = 2\times\frac{4.2\times(380-11.2)^3}{12}\text{mm}^4+2\times 5.6\times 150\times 202.8^2\text{mm}^4+4\times 70\times 5.6\times(190-2.8)^2\text{mm}^4$$

$$= 159.16\times 10^6 \text{mm}^4$$

翼缘焊缝的最大应力：

$$\sigma_{f1} = \frac{M}{I_w}\cdot\frac{h}{2} = \frac{105\times 10^6\text{N}\cdot\text{mm}}{159.16\times 10^6\text{mm}^4}\times 205.6\text{mm}$$

$$= 135.6\text{N/mm}^2 < \beta_f f_f^w = 1.22\times 160\text{N/mm}^2 = 195\text{N/mm}^2$$

腹板焊缝中由于弯矩 $M$ 引起的最大应力：

$$\sigma_{f2} = 135.6\text{N/mm}^2\times\frac{184.4\text{mm}}{205.6\text{mm}} = 121.6\text{N/mm}^2$$

由于 $V$ 在腹板焊缝中产生的平均剪应力：

$$\tau_f = \frac{V}{\sum h_{e2}l_{w2}} = \frac{300\times 10^3\text{N}}{2\times 4.2\text{mm}\times 368.8\text{mm}} = 96.8\text{N/mm}^2$$

则腹板焊缝的强度（$A$ 点为设计控制点）为：

$$\sqrt{\left(\frac{\sigma_{f2}}{\beta_f}\right)^2+\tau_f^2} = \sqrt{\left(\frac{121.6}{1.22}\right)^2+96.8^2}\text{N/mm}^2 = 138.9\text{N/mm}^2 < f_f^w = 160\text{N/mm}^2$$

故均满足强度要求。

(2) 按不考虑腹板焊缝参与传递弯矩的计算方法

翼缘焊缝所承受的水平力：

$$H = \frac{M}{h} = \frac{105 \times 10^6 \text{N} \cdot \text{mm}}{390 \text{mm}} = 269.2 \times 10^3 \text{N}$$

翼缘焊缝的强度：

$$\sigma_f = \frac{H}{h_{e1} l_{w1}} = \frac{269.2 \times 10^3 \text{N}}{5.6 \text{mm} \times (150 + 2 \times 70) \text{mm}} = 165.8 \text{N/mm}^2 < \beta_f f_f^w$$
$$= 1.22 \times 160 \text{N/mm}^2 = 195 \text{N/mm}^2$$

腹板焊缝的强度：

$$\tau_f = \frac{V}{\sum h_{e2} l_{w2}} = \frac{300 \times 10^3 \text{N}}{2 \times 4.2 \text{mm} \times 368.8 \text{mm}} = 96.8 \text{N/mm}^2 < f_f^w = 160 \text{N/mm}^2$$

故均满足强度要求。

（3）承受扭矩或扭矩与剪力联合作用的角焊缝连接计算

1）环形角焊缝承受扭矩 $T$ 作用下的计算。环形角焊缝承受扭矩 $T$ 的作用，如图 6-35 所示。由于焊缝有效厚度 $h_e$ 比圆环直径 $D$ 小得多，通常 $h_e < 0.1D$，故环形角焊缝承受扭矩 $T$ 的作用时，可视为薄壁圆环的受扭问题。在有效截面上的任一点上所受切线方向的剪应力 $\tau_f$，应按下式计算：

$$\tau_f = \frac{T \cdot r}{I_p} \leq f_f^w \tag{6-15}$$

式中　$r$——圆心至焊缝有效截面中线的距离（mm）；

　　　$I_p$——焊缝有效截面的惯性矩，对于薄壁圆环可取 $I_p = 2\pi h_e r^3$（$\text{mm}^4$）。

2）平行直线形角焊缝承受偏心力的计算。如图 6-36 所示为两平行直线形角焊缝承受偏心力 $F$ 的作用。偏心力产生扭矩 $T = F \cdot e$ 和轴心作用剪力 $V = F$。

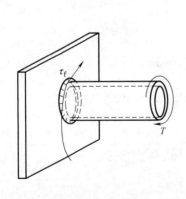

图 6-35　环形焊缝受扭

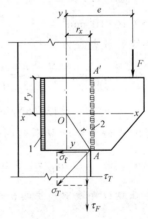

图 6-36　承受扭矩和轴心力的角焊缝

在扭矩 $T$ 作用下，假设被连接件是绝对刚性的，它有绕焊缝形心 $O$ 旋转的趋势。这样，焊缝任一点的应力，方向垂直于该点与 $O$ 点的连线，大小与距离 $r$ 成正比。

此焊缝的最危险点为 $A$ 点或 $A'$ 点，扭矩 $T$ 在此点产生的应力为

$$\sigma_T = \frac{T \cdot r}{I_p}$$

将 $\sigma_T$ 分解。

3) 围焊角焊缝承受偏心力的计算。如图 6-37 所示为三面围焊承受偏心力 $F$，此偏心力产生轴心力 $F$ 和扭矩 $T=F\cdot e$，图中 $A$ 点和 $A'$ 点距形心 $O$ 点最远，故 $A$ 点和 $A'$ 点由扭矩 $T$ 引起的应力 $\sigma_T$ 最大，该两点为设计控制点。

扭矩 $T=F\cdot e$ 在 $A$ 点产生的应力为 $\sigma_T$，其水平分应力为 $\tau_T$、垂直分应力为 $\sigma_f$：

$$\tau_T = \frac{Tr_y}{I_p}; \quad \sigma_f = \frac{Tr_x}{I_p}$$

轴心力 $F$ 产生的应力按均匀分布于全截面计算：

$$\sigma_F = \frac{F}{\sum(h_e l_w)}$$

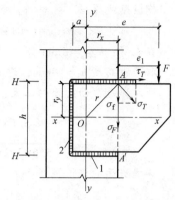

图 6-37 承受偏心力的三面围焊

在 $A$ 点，由于 $\tau_T$ 沿焊缝长度方向，而 $\sigma_f$ 和 $\sigma_F$ 垂直于焊缝长度方向，故验算式为：

$$\sqrt{\left(\frac{\sigma_f+\sigma_F}{\beta_f}\right)^2 + \tau_T^2} \leqslant f_f^w$$

此种焊缝也可采用近似计算方法，如图 6-37 所示，即将偏心力移至竖焊缝处，则产生扭矩为：

$$T' = F(e+a)$$

两水平焊缝能承担的扭矩为：

$$T_1 = Hh = h_{e1} l_{w1} f_f^w h$$

式中 $H$——一根水平焊缝传递的水平剪力（N）；

$h_{e1} l_{w1}$——一根水平焊缝的有效截面（mm²）；

$h$——水平焊缝的距离（mm）。

当 $T_2 = T' - T_1 \leqslant 0$ 时，表示水平焊缝已足以承担全部扭矩，竖直焊缝只承受竖向力 $F$，按下式计算：

$$\frac{F}{h_{e2} l_{w2}} \leqslant f_f^w$$

式中 $h_{e2} l_{w2}$——竖直焊缝的有效截面（mm²）。

当 $T_2 = T' - T_1 > 0$ 时，表示水平焊缝不足以承担全部扭矩，此不足部分应由竖直焊缝承担。此时，竖直焊缝承受竖向力 $F$ 和弯矩 $T_2$ 共同作用，按下式计算：

$$\sqrt{\left(\frac{6T_2}{\beta_f h_{e2} l_{w2}^2}\right)^2 + \left(\frac{F}{h_{e2} l_{w2}}\right)^2} \leqslant f_f^w$$

【例 6-7】 图 6-37 中所示钢板与柱子搭接连接，采用三面围焊。已知：钢板高度 $h=400$mm，搭接长度 $l=a+r_x=300$mm，钢板厚度 $t_2=12$mm，柱子翼缘厚度 $t_1=20$mm，荷载设计值 $F=200$kN，作用力距柱边缘的距离 $e_1=300$mm，钢材 Q235-B，焊条 E43 型，手工焊，试确定焊脚尺寸，并验算该焊缝的强度。

**解**：图中围焊缝共同承受剪力 $V$ 和扭矩 $T$ 的作用。

先确定焊缝的焊脚高度：

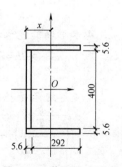

图 6-38 截面尺寸示意

钢板贴边焊：
$$h_{f\max} = t-(1\sim 2)\text{mm} = 12\text{mm}-(1\sim 2)\text{mm} = 10\text{mm 或 } 11\text{mm}$$
查表得：$h_{f\min} = 5\text{mm}$

取焊脚高度 $h_f = 10\text{mm}$，焊缝截面尺寸如图 6-38 所示。

计算焊缝截面的重心位置：
$$x = \frac{5.6\times 292\times\left(\frac{292}{2}+2.8\right)\times 2}{5.6\times 292\times 2+5.6\times(400+5.6\times 2)}\text{mm}+2.8\text{mm} = 90\text{mm}$$

焊缝截面的极惯性矩：
$$I_x = \left(\frac{1}{12}\times 5.6\times 411.2^3+2\times 5.6\times 292\times 202.8^2\right)\text{mm}^4 = 166.95\times 10^6\text{mm}^4$$

$$I_y = \left(2\times\frac{1}{12}\times 5.6\times 292^3+5.6\times 411.2\times 148.8^2\right)\text{mm}^4 = 74.22\times 10^6\text{mm}^4$$

$$I_p = I_x+I_y = 166.95\times 10^6\text{mm}^4+74.22\times 10^6\text{mm}^4 = 241.17\times 10^6\text{mm}^4$$

$$r_x = 300\text{mm}-90\text{mm} = 210\text{mm}, r_y = 200\text{mm}$$

扭矩：$T = F\cdot(e_1+r_x) = 200\text{kN}\times(300+210)\text{mm} = 102\text{kN}\cdot\text{m}$

扭矩 $T$ 在 A 点产生的应力为：
$$\sigma_f = \frac{T\cdot r_x}{I_p} = \frac{102\times 10^6\text{N}\cdot\text{mm}\times 210\text{mm}}{241.17\times 10^6\text{mm}^4} = 88.8\text{N/mm}^2$$

$$\tau_f = \frac{T\cdot r_y}{I_p} = \frac{102\times 10^6\text{N}\cdot\text{mm}\times 200\text{mm}}{241.17\times 10^6\text{mm}^4} = 84.6\text{N/mm}^2$$

剪力 V 在焊缝产生的剪应力为：
$$\sigma_F = \frac{F}{\sum h_e l_w} = \frac{200\times 10^3\text{N}}{5.6\text{mm}\times 292\text{mm}\times 2+5.6\text{mm}\times 411.2\text{mm}} = 35.9\text{N/mm}^2$$

焊缝 A 点的强度：
$$\sqrt{\left(\frac{\sigma_f+\sigma_F}{\beta_f}\right)^2+\tau_f^2} = \sqrt{\left(\frac{88.8+35.9}{1.22}\right)^2+84.6^2}\text{N/mm}^2 = 132.6\text{N/mm}^2 < f_f^w = 160\text{N/mm}^2$$

满足强度要求。

近似计算方法：将偏心力移至竖焊缝处，则产生扭矩为：
$$T' = F(e_1+l) = 200\times 10^3\text{N}\times(300+300)\text{mm} = 120\text{kN}\cdot\text{m}$$

两水平焊缝能承担的扭矩为：
$$T_1 = Hh = h_{e1}l_{w1}f_f^w h = 5.6\text{mm}\times 292\text{mm}\times 160\text{N/mm}^2\times 400\text{mm} = 104.7\text{kN}\cdot\text{m}$$

$$T_2 = T'-T_1 = (120-104.7)\text{kN}\cdot\text{m} = 15.3\text{kN}\cdot\text{m}>0$$

竖直焊缝承受竖向力 F 和弯矩 $T_2$ 共同作用，焊缝强度：
$$\sqrt{\left(\frac{6T_2}{\beta_f h_{e2}l_{w2}^2}\right)^2+\left(\frac{F}{h_{e2}l_{w2}}\right)^2}$$

$$= \sqrt{\left(\frac{6\times 15.3\times 10^6\text{N}\cdot\text{mm}}{1.22\times 5.6\text{mm}\times 400^2\text{mm}^2}\right)^2+\left(\frac{200\times 10^3\text{N}}{5.6\text{mm}\times 400\text{mm}}\right)^2} = 122.6\text{N/mm}^2 \leq f_f^w = 160\text{N/mm}^2$$

满足强度要求。

### 6.2.3 斜角角焊缝和部分焊透的对接焊缝的计算

**1. 斜角角焊缝的计算**

两焊脚边的夹角不是 90° 的角焊缝为斜角角焊缝，如图 6-39 所示。

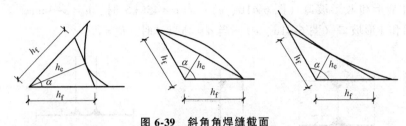

图 6-39 斜角角焊缝截面

这种焊缝往往用于料仓壁板、管形构件等的端部 T 形接头连接中。

这是因为以前对角焊缝的试验研究一般都是针对直角角焊缝进行的，对斜角角焊缝研究很少。而且我国采用的计算公式也是根据直角角焊缝简化而成，因此对斜角角焊缝不考虑应力方向，任何情况都取 $\beta_f = 1.0$。

斜角角焊缝的计算方法与直角角焊缝相同，应按直角角焊缝公式进行计算，对角焊缝计算厚度做了如下调整：

1) 当根部间隙（$b$、$b_1$、$b_2$）不大于 1.5mm 时，如图 6-40 所示，焊缝有效厚度为：

$$h_e = h_f \cos \frac{\alpha}{2}$$

2) 当根部间隙大于 1.5mm 时，焊缝有效厚度为：

$$h_e = \left[ h_f - \frac{b(\text{或 } b_1, b_2)}{\sin \alpha} \right] \cos \frac{\alpha}{2}$$

任何根部间隙不得大于 5mm。当图 6-40a 中的 $b_1 > 5$mm 时，可将板端切割成图 6-40b 的形式。

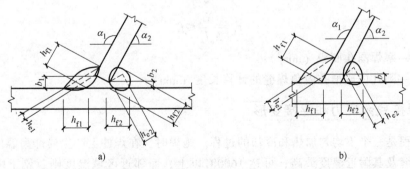

图 6-40 T 形接头的根部间隙和焊接截面

**2. 部分焊透的对接焊缝的计算**

部分焊透的对接焊缝常用于外部需要平整的箱形柱和 T 形连接，以及其他不需要焊透之处。

箱形柱的纵向焊缝通常只承受剪力，采用对接焊缝时往往不需要焊透全厚度。但在与横梁刚性连接处有可能要求焊透。

T形接头的根部间隙和焊缝截面部分熔透的对接焊缝（图6-41）和T形对接与角接组合焊缝（图6-41c）的强度，应按直角角焊缝的计算公式计算，在垂直于焊缝长度方向的压力作用下，取 $\beta_f = 1.22$，其他情况取 $\beta_f = 1.0$，其计算厚度（mm）应按以下规定取值：

1） V形坡口（图6-41a）：当 $\alpha \geq 60°$ 时，$h_e = s$；当 $\alpha < 60°$ 时，$h_e = 0.75s$。
2） 单边V形和K形坡口（图6-41b、c）：当 $\alpha = 45° \pm 5°$ 时，$h_e = s - 3mm$。
3） U形和J形坡口（图6-41d、e）：当 $\alpha = 45° \pm 5°$ 时，$h_e = s$。

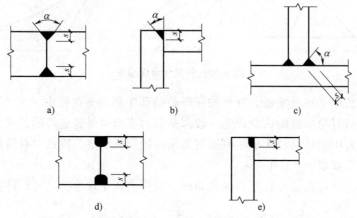

图6-41 部分熔透的对接焊缝和其与角接焊缝的组合焊缝截面

$s$ 为坡口深度，即根部至焊缝表面（不考虑余高）的最短距离（mm）；$\alpha$ 为V形、单边V形或K形坡口角度。当熔合线处焊缝截面边长等于或接近于最短距离 $s$ 时，抗剪强度设计值应按角焊缝的强度设计值乘以0.9。

**3. 圆形塞焊焊缝和圆孔或槽孔内角焊缝**

圆形塞焊焊缝和圆孔或槽孔内角焊缝的强度应分别按下式计算：

$$\tau_f = \frac{N}{A_w} \leq f_f^w \tag{6-16}$$

$$\tau_f = \frac{N}{h_e l_w} \leq f_f^w \tag{6-17}$$

式中　$A_w$——塞焊圆孔面积（mm²）；
　　　$l_w$——圆孔内或槽孔内角焊缝的计算长度（mm）。

## 6.2.4　焊接残余应力和焊接变形

焊接过程是一个不均匀加热和冷却的过程。施焊时，在焊件上产生局部高温的不均匀的温度场，焊缝及其附近温度最高，可达1600℃以上，而邻近区域温度则急剧下降。高温部分钢材产生较大的膨胀伸长，但受到邻近钢材的约束，从而在焊件内产生较高的温度应力，并在焊接过程中随着时间和温度而不断变化，称为焊接应力。焊接应力较高部位将达到钢材屈服强度而发生塑性变形，因而钢材冷却后将有残存于焊件内的应力，称为焊接残余应力。在焊接和冷却过程中除产生残余应力外还会产生变形。焊接和冷却过程中产生的变形称为焊接变形，冷却后残存的变形称为焊接残余变形。焊接残余应力和残余变形将影响构件的受力和使用，并且是形成各种焊接裂纹的因素之一，应在焊接设计和制作时加以控制和重视。

**1. 焊接残余应力**

焊接残余应力简称焊接应力，有沿焊缝长度方向的焊接应力、垂直于焊缝长度方向的横向焊接应力和沿厚度方向的焊接应力。

（1）纵向焊接残余应力 焊接结构中的焊缝（尤其是组合构件的纵向焊缝）沿纵向（焊缝长度方向）收缩时，将产生纵向焊接残余应力。焊缝及其附近区域内为拉应力，距焊缝稍远区段内产生压应力。焊接应力是一种构件无荷载作用下的内应力，因而是自相平衡的内应力体系。焊接残余应力随着焊件和焊缝的形状、位置、尺寸及焊接工艺、顺序、速度等条件而显著不同，如图 6-42 所示。

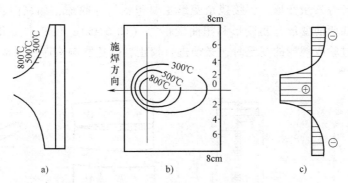

图 6-42 施焊时焊缝及附近的温度场和焊接残余应力

a）、b）施焊时焊缝及附近的温度场 c）钢板上的纵向焊接应力

（2）横向焊接应力 焊接结构的横向（垂直于焊缝长度方向）焊接残余应力由两部分组成：其一是焊缝及其附近塑性变形区纵向收缩所引起的。焊接纵向收缩使两块钢板趋向于形成反方向的弯曲变形，但实际上焊缝将两块钢板连成整体，不能分开，于是两块板的中间产生横向拉应力，而两端则产生压应力（图 6-43b）。其二是焊缝全长不同时焊接致使横向收缩的不同时性所引起的应力。由于先焊的焊缝已经凝固，会阻止后焊焊缝在横向自由膨胀，使其发生横向塑性压缩变形。当焊缝冷却时，后焊焊缝的收缩受到已凝固的焊缝限制而产生横向拉应力，而先焊部分则产生横向压应力，在最后施焊的末端的焊缝中必然产生拉应力（图 6-43c）。焊缝的横向应力是上述两种应力合力的结果（图 6-43d）。

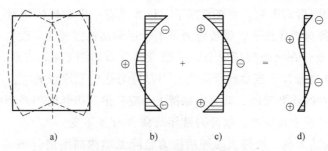

图 6-43 焊缝的横向焊接应力

（3）厚度方向的焊接应力 较厚钢板焊接时，厚度中部冷却比表面缓慢，会引起厚度方向的焊接残余应力。因此，除有纵向和横向焊接应力 $\sigma_x$、$\sigma_y$ 外，还存在着沿钢板厚度方

向的焊接应力 $\sigma_z$（图6-44）。在最后冷却的焊缝中部，这3个应力形成同号三向拉应力，将大大降低连接的塑性。

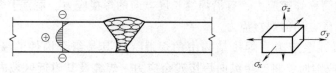

**图6-44 厚板中的焊接残余应力**

### 2. 焊接残余变形

在焊接过程中，由于不均匀加热，焊件中除产生焊接残余应力外，还将产生局部鼓曲、弯曲、歪曲和扭转等残余变形。焊接残余变形主要包括尺寸收缩，如纵向收缩和横向收缩，以及构件变形，如弯曲变形、角变形和扭曲变形等（图6-45），且通常是几种变形的组合。任一焊接变形超过验收规范的规定时，必须进行校正，以免影响构件在正常使用条件下的承载能力。

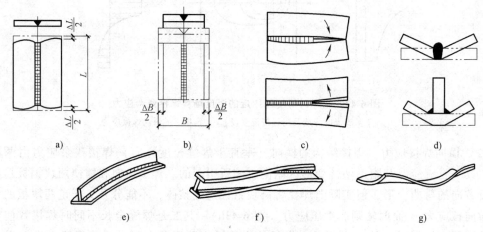

**图6-45 焊接残余变形类别示意图**

a）、b）纵横向收缩 c）面内弯曲变形 d）角变形 e）弯曲变形 f）扭曲变形 g）薄板失稳翘曲变形

### 3. 焊接应力和变形对结构工作性能的影响

（1）焊接应力的影响

1）对结构静力强度的影响。对在常温下工作并具有一定塑性的钢材，没有严重应力集中的焊接结构，在静荷载作用下，焊接应力是不会影响结构强度的。设轴心受拉构件在受荷前（$N=0$）截面上就存在纵向焊接应力，并假设其分布如图6-46a所示。在轴心力$N$作用下，拉应力$\sigma=N/A$将叠加于截面残余应力；当总应力达到屈服点$f_y$时，钢板中部就会提前进入塑性；此后塑性区逐渐发展，其应力保持$f_y$不变；最后破坏时仍是全截面达到屈服。由于截面残余应力为自相平衡应力，故静力破坏荷载$N=f_y A$不变。

2）对结构刚度的影响。构件上的焊接应力会降低结构的刚度（图6-46），由于截面的$bt$部分的拉应力已达$f_y$，这部分的刚度为零，则具有图6-46a所示残余应力的拉杆的抗拉刚度为$(B-b)tE$，而无残余应力的相同截面的拉杆的抗拉刚度为$BtE$，显然$BtE>(B-b)tE$，即有焊接残余应力的杆件的抗拉刚度降低了，在外力作用下其变形将会较无残余应力的大，对

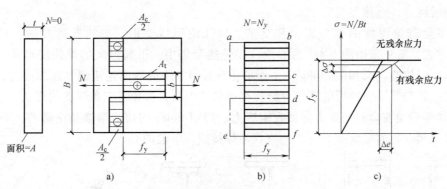

图 6-46 具有焊接残余应力的轴心受拉杆受荷过程

结构工作不利,残余应力的存在也将较大地影响压杆的稳定性。

3) 对低温冷脆的影响。焊接残余应力对低温冷脆的影响经常是决定性的,必须引起足够的重视。在厚板和具有严重缺陷的焊缝中,以及在交叉焊缝(图 6-47)的情况下,产生了阻碍塑性变形的三轴拉应力,使裂纹容易发生和发展。

4) 对疲劳强度的影响。荷载引起的应力将与残余应力相叠加。如荷载作用下的构件拉应力部位或其应力集中部位正好是残余拉应力较大的部位,则叠加后的实际应力循环的最大和最小拉应力比无残余应力时的大。并且在焊缝及其附近的主体金属残余拉应力通常达到钢材屈服点,此部位正是形成和发展疲劳裂纹最为敏感的区域。因此,焊接残余应力对结构的疲劳强度有明显不利影响。

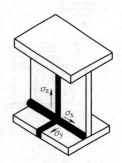

图 6-47 三向交叉焊缝的残余应力

(2) 焊接变形的影响 焊接变形是焊接结构中经常出现的问题。焊接构件出现了变形,就需要花许多工时去矫正。比较复杂的变形,矫正的工作量可能比焊接的工作量还要大。有时变形太大,甚至无法矫正,变成废品。

焊接变形不但影响结构的尺寸和外形美观,而且有可能降低结构的承载能力,引起事故。

**4. 减少焊接应力和变形的措施**

构件产生过大的焊接残余应力和焊接残余变形多数是由于构造不当或焊接工艺欠妥。应力集中、复杂应力状态、直接动力荷载、低温等则使其对受力的不利影响更加严重。故应从设计和焊接工艺两方面采取适当措施来控制焊接结构焊接应力和变形。

(1) 合理的焊缝设计

1) 合理地安排焊缝的位置。安排焊缝时尽可能对称于截面中性轴,或者使焊缝接近中性轴(图 6-48a、c),这对减少梁、柱等构件的焊接变形有良好的效果。图 6-48b、d 是不正确的。

2) 尽可能减少不必要的焊缝。在设计焊接结构时,常常采用加劲肋来提高板结构的稳定性和刚度。但是为了减轻自重采用薄板,不适当地大量采用加劲肋,反而不经济。因为这样做不但增加了装配和焊接的工作量,而且易引起较大的焊接变形,增加校正工时。

3) 合理地选择焊缝的尺寸和形式,在保证结构的承载能力的条件下,设计时应该尽量采用较小的焊脚尺寸。因为焊缝尺寸大,焊缝的焊接变形和焊接应力也大,焊缝过厚还可能引起施焊时烧穿、过热等现象。

4) 尽量避免焊缝的过分集中和交叉。如几块钢板交汇一处进行连接时，应采用图 6-48e 的方式，避免采用图 6-48f 的方式，以免热量集中，引起过大的焊接变形和应力，恶化母材的组织构造。又如图 6-48g 中，为了让腹板与翼缘的纵向连接焊缝连续通过，加劲肋进行切角，其与翼缘和腹板的连接焊缝均在切角处中断，避免了三条焊缝的交叉。

5) 尽量避免在母材厚度方向的收缩应力。如图 6-48i 的构造措施是正确的，而图 6-48j 的构造常引起厚板的层状撕裂（由约束收缩焊接应力引起的）。

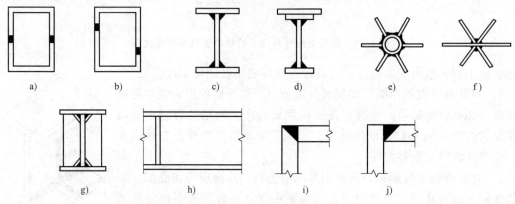

图 6-48 合理的焊缝布置

(2) 合理的工艺措施

1) 采用合理的焊接顺序和方向。尽量使焊缝能自由收缩，先焊工作时受力较大的焊缝或收缩量较大的焊缝。如图 6-49 所示在工地焊接工字梁的接头时，应留出一段翼缘角焊缝最后焊接，先焊受力最大的翼缘对接焊缝 1，再焊腹板对接焊缝 2。又如图 6-50 所示的拼接板的施焊顺序：先焊短焊缝 1、2，最后焊长焊缝 3，可使各长条板自由收缩后再连成整体。上述措施均可有效地降低焊接应力。

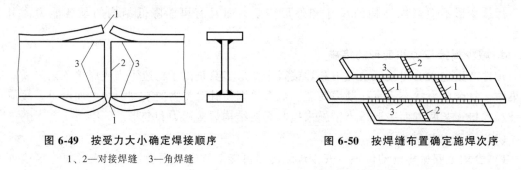

图 6-49 按受力大小确定焊接顺序
1、2—对接焊缝 3—角焊缝

图 6-50 按焊缝布置确定施焊次序

2) 采用反变形法减小焊接变形或焊接应力。事先估计好结构变形的大小和方向。然后在装配时给予一个相反方向的预变形，使构件在焊后产生的焊接变形与之正好抵消，使构件保持设计的要求，例如图 6-51 所示为焊接前反变形的设置。在焊接封闭焊缝或其他刚性较大、自由度较小的焊缝时，可以采用反变形法来增加焊缝的自由度，减小焊接应力，如图 6-52 所示。

3) 对于小尺寸焊件，焊前预热，或焊后回火加热至 600℃ 左右，然后缓慢冷却，可以消除焊接应力和焊接变形。也可采用刚性固定法将构件加以固定来限制焊接变形，但却增加了焊接残余应力。也可采用机械方法，如锤击或碾压焊缝，降低焊接应力；局部加热反弯以消除焊接变形。

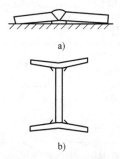
图 6-51 焊接前反变形

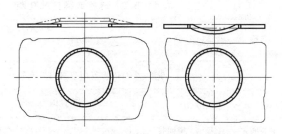
图 6-52 降低局部刚度减小的内应力

## 6.3 螺栓连接的构造和计算

### 6.3.1 普通螺栓连接的构造和计算

**1. 螺栓的规格与排列**

在选择螺栓时，同一构件中尽量采用一种规格的螺栓，受力差大时，可采用 2~3 种。螺栓在构件上排列应简单、统一、整齐而紧凑，通常分为并列和错列两种形式（图 6-53）。并列比较简单整齐，所用连接板尺寸小，但由于螺栓孔的存在，对构件截面削弱较大。错列可以减小螺栓孔对截面的削弱，但螺栓孔排列不如并列紧凑，连接板尺寸较大。

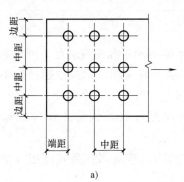
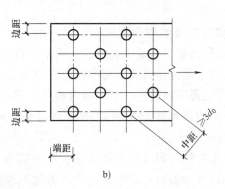
图 6-53 螺栓的排列

螺栓在构件上的排列应满足受力、构造和施工要求：

1）受力要求：在受力方向螺栓的端距过小时，钢材有剪断或撕裂的可能。各排螺栓距和线距太小时，构件有沿折线或直线破坏的可能。对受压构件，当沿作用方向螺栓距过大时，被连板间易发生鼓曲和张口现象。

2）构造要求：螺栓的中距及边距不宜过大，否则钢板间不能紧密贴合，潮气侵入缝隙使钢材锈蚀。

3）施工要求：要保证一定的空间，便于转动螺栓扳手拧紧螺母。

根据上述要求,《钢结构设计标准》(GB 50017—2017) 规定:

11.5.2 螺栓(铆钉)连接宜采用紧凑布置,其连接中心宜与被连接构件截面的重心相一致。螺栓或铆钉的间距、边距和端距容许值应符合表 11.5.2 的规定。

表 11.5.2 螺栓或铆钉的孔距、边距和端距容许值

| 名称 | 位置和方向 | | | 最大容许间距<br>(取两者的较小值) | 最小容许间距 |
|---|---|---|---|---|---|
| 中心间距 | 外排(垂直内力方向或顺内力方向) | | | $8d_0$ 或 $12t$ | $3d_0$ |
| | 中间排 | 垂直内力方向 | | $16d_0$ 或 $24t$ | |
| | | 顺内力方向 | 构件受压力 | $12d_0$ 或 $18t$ | |
| | | | 构件受拉力 | $16d_0$ 或 $24t$ | |
| | 沿对角线方向 | | | — | |
| 中心至构件边缘距离 | 顺内力方向 | | | $4d_0$ 或 $8t$ | $2d_0$ |
| | 垂直内力方向 | 剪切边或手工切割边 | | | $1.5d_0$ |
| | | 轧制边、自动气割或锯割边 | 高强度螺栓 | | $1.2d_0$ |
| | | | 其他螺栓或铆钉 | | |

注:1. $d_0$ 为螺栓或铆钉的孔径,对槽孔为短向尺寸,$t$ 为外层较薄板件的厚度;
　　2. 钢板边缘与刚性构件(如角钢,槽钢等)相连的高强度螺栓的最大间距,可按中间排的数值采用;
　　3. 计算螺栓孔引起的截面削弱时可取 $d+4mm$ 和 $d_0$ 的较大者。

**2. 螺栓连接的构造要求**

螺栓连接除了满足上述螺栓排列的容许距离外,根据不同情况尚应满足下列构造要求:

1) 为了使连接可靠,每一杆件在节点上以及拼接接头的一端,永久性螺栓数不宜少于两个。但根据实践经验,对于组合构件的缀条,其端部连接可采用一个螺栓。

2) 对直接承受动力荷载的受拉螺栓连接应采用双螺母或其他防止螺母松动的有效措施。

3) 沿杆轴方向受拉的螺栓连接中的端板(如法兰板),应适当加强其刚度(如加设加劲肋),以减少撬力对螺栓抗拉承载力的不利影响。

### 6.3.2 普通螺栓的受剪连接

普通螺栓连接按受力情况可分为三类:螺栓受剪连接;螺栓受拉连接;螺栓受拉力和剪力共同作用的连接,如图 6-54 所示。

**1. 受剪连接的工作性能**

抗剪连接是最常见的螺栓连接。如果以图 6-55a 所示的螺栓连接试件作抗剪试验,可得出试件上 $a$、$b$ 两点之间的相对位移 $\delta$ 与作用力 $N$ 的关系曲线(图 6-55b)。该曲线给出了试件由零载一直加载至连接破坏的全过程,经历了以下四个阶段:

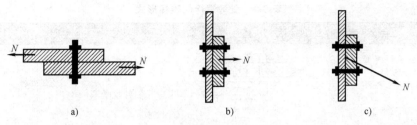

图 6-54 螺栓按受力情况分类

a）螺栓受剪连接　b）螺栓受拉连接　c）螺栓受拉力和剪力共同作用的连接

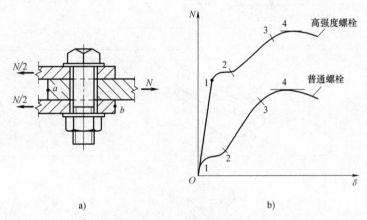

图 6-55 单个螺栓抗剪试验结果

1）摩擦传力的弹性阶段。在施加荷载之初，荷载较小，荷载靠构件间接触面的摩擦力传递，螺栓杆与孔壁的间隙保持不变，连接工作处于弹性阶段，在 $N$-$\delta$ 图上呈现出 $O1$ 斜直线段。但由于板件间摩擦力的大小取决于拧紧螺母时在螺杆中的初始拉力，一般说来，普通螺栓的初拉力很小，故此阶段很短。

2）滑移阶段。当荷载增大，连接中的剪力达到构件间摩擦力的最大值，板件间产生相对滑移，其最大滑移量为螺栓杆与孔壁的间隙，直至螺栓与孔壁接触，相应于 $N$-$\delta$ 曲线上的 1—2 水平段。

3）栓杆传力的弹性阶段。荷载继续增加，连接所承受的外力主要靠栓杆与孔壁接触传递。栓杆除主要受剪力外，还有弯矩和轴向拉力，而孔壁则受到挤压。由于栓杆的伸长受到螺母的约束，增大了板件间的压紧力，使板件间的摩擦力也随之增大，所以 $N$-$\delta$ 曲线呈上升状态。达到"3"点时，曲线开始明显弯曲，表明螺栓或连接板达到弹性极限，此阶段结束。

受剪螺栓连接达到极限承载力时，可能的破坏形式、原因及措施见表 6-4。

**2. 单个普通螺栓的受剪计算**

普通螺栓的受剪承载力主要由栓杆受剪和孔壁承压两种破坏模式控制，因此应分别计算，取其小值进行设计。计算时做了如下假定：①栓杆受剪计算时，假定螺栓受剪面上的剪应力是均匀分布的；②孔壁承压计算时，假定挤压力沿栓杆直径平面（实际上是相应于栓杆直径平面的孔壁部分）均匀分布。考虑一定的抗力分项系数后，得到普通螺栓受剪连接中，每个螺栓的受剪和承压承载力设计值。

表 6-4 受剪螺栓的破坏形式

| 序号 | 破坏形式 | 图示 | 原因 | 措施 |
|---|---|---|---|---|
| 1 | 栓杆被剪断 | 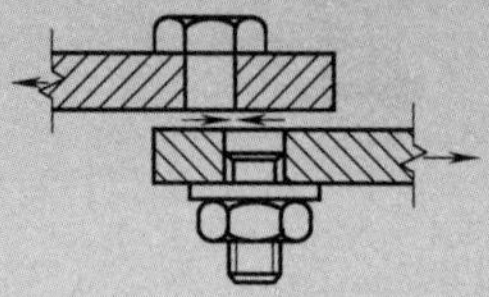 | 栓杆直径较小,板件较厚 | 计算螺栓抗剪承载力 $N \leq N_v^b$ |
| 2 | 螺栓承压破坏 | 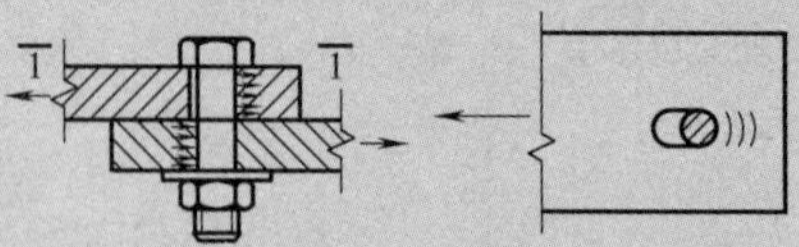 | 栓杆直径较大,板件较薄 | 计算板承压承载力 $N \leq N_c^b$ |
| 3 | 栓杆冲剪破坏 | 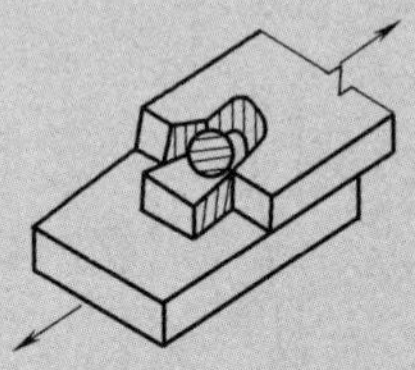 | 端距太小 | 端距 $e \geq 2d_0$ |
| 4 | 板件净截面破坏 | 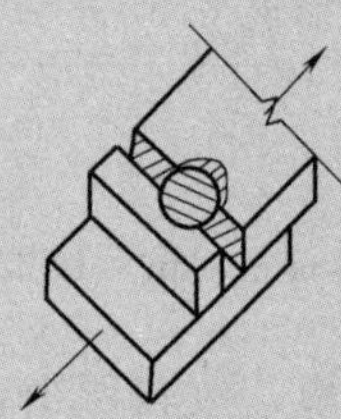 | 螺栓孔对板件截面削弱太多 | 验算板的净截面强度 $\sigma = \dfrac{N}{A_n} \leq 0.7 f_u$ |
| 5 | 螺栓弯曲破坏 | 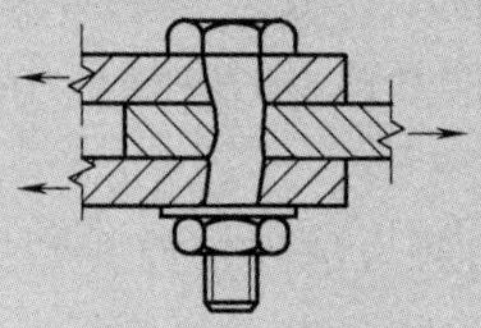 | 板过厚,螺栓细长 | 螺杆长度 $\leq 5d$ |

《钢结构设计标准》（GB 50017—2017）规定：

11.4.1 普通螺栓、锚栓或铆钉的连接承载力应按下列规定计算：

1 在普通螺栓抗剪连接中，每个螺栓的承载力设计值应取受剪和承压承载力设计值中的较小者。受剪和承压承载力设计值应分别按式（11.4.1-1）和式（11.4.1-3）计算。

普通螺栓：$\qquad N_v^b = n_v \dfrac{\pi d^2}{4} f_v^b \qquad$ (11.4.1-1)

普通螺栓：$\qquad N_c^b = d \sum t f_c^b \qquad$ (11.4.1-3)

式中 $n_v$——受剪面数目；

$d$——螺杆直径（mm）；

$\sum t$——在不同受力方向中一个受力方向承压构件总厚度的较小值（mm）；

$f_v^b$、$f_c^b$——螺栓的抗剪和承压强度设计值（N/mm²）。

单个螺栓抗剪承载力设计值取受剪和承压承载力设计值中的较小者：

$$N_{min}^b = [N_c^b, N_v^b]_{min}$$

**3. 普通螺栓群受剪连接计算**

（1）普通螺栓群轴心受剪　试验证明，螺栓群的受剪连接承受轴心力时，与侧焊缝的受力相似，在长度方向各螺栓受力是不均匀的（图 6-56），两端受力大，中间受力小。当连接长度 $l_1 \leqslant 15d_0$（$d_0$ 为螺孔直径）时，由于连接工作进入弹塑性阶段后，内力发生重分布，螺栓群中各螺栓受力逐渐接近，故可认为轴心力 $N$ 由每个螺栓平均分担，即螺栓数 $n$ 为：

$$n = \frac{N}{N_{min}^b} \tag{6-18}$$

式中　$N_{min}^b$——一个螺栓受剪承载力设计值与承压承载力设计值的较小者（kN）。

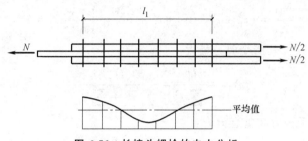

图 6-56　长接头螺栓的内力分析

当 $l_1 > 15d_0$ 时，连接进入弹塑性阶段后，各螺杆所受内力仍不易均匀，端部螺栓首先达到极限强度而破坏，随后由外向里依次破坏。根据试验，并参考国外的规定，我国规范规定，当 $l_1 > 15d_0$ 时，应将承载力设计值乘以折减系数：

$$\eta = 1.1 - \frac{l_1}{150d_0} \geqslant 0.7 \tag{6-19}$$

则对长连接，所需抗剪螺栓数为：

$$n = \frac{N}{\eta N_{min}^b} \tag{6-20}$$

（2）普通螺栓群偏心受剪　如图 6-57 所示螺栓群承受偏心剪力的情形，剪力 $F$ 的作用线至螺栓群中心线的距离为 $e$，故螺栓群受到轴心力 $F$ 和扭矩 $T = F \cdot e$ 的联合作用。

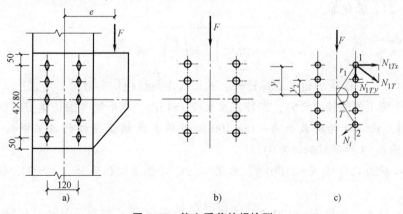

图 6-57　偏心受剪的螺栓群

在轴心力作用下可认为每个螺栓平均受力，即：

$$N_{1F} = \frac{F}{n} \tag{6-21}$$

在扭矩 $T = F \cdot e$ 作用下，通常采用弹性分析，假定连接板件的旋转中心在螺栓群的形心，则扭矩在每个螺栓上产生的剪力大小与该螺栓至中心点距离 $r_1$ 成正比，方向则垂直于该螺栓至中心点的连线。

计算公式推导：

$$N_{1T}r_1 + N_{2T}r_2 + \cdots + N_{iT}r_i + \cdots = T$$

因

$$\frac{N_{1T}}{r_1} = \frac{N_{2T}}{r_2} = \cdots = \frac{N_{iT}}{r_i} = \cdots$$

得

$$\frac{N_{1T}}{r_1} = (r_1^2 + r_2^2 + \cdots + r_i^2 + \cdots) = \frac{N_{1T}}{r_1}\sum r_i^2 = T$$

螺栓1距形心最远，其所受剪力最大：

$$N_{1T} = \frac{Tr_1}{\sum r_i^2} = \frac{Tr_1}{\sum x_i^2 + \sum y_i^2}$$

将 $N_{1T}$ 分解为水平分力和垂直分力：

$$N_{1Tx} = N_{1T}\frac{y_1}{r_1} = \frac{Ty_1}{\sum x_i^2 + \sum y_i^2} \tag{6-22}$$

$$N_{1Ty} = N_{1T}\frac{x_1}{r_1} = \frac{Tx_1}{\sum x_i^2 + \sum y_i^2} \tag{6-23}$$

由此可得受力最大螺栓所承受的合力 $N_1$ 的计算式：

$$N_1 = \sqrt{N_{1Tx}^2 + (T_{1Ty} + N_{1F})^2} \leq N_{\min}^b \tag{6-24}$$

当螺栓布置在一个狭长带，即 $y_1 \geq 3x_1$ 时，可假定式（6-22）和式（6-23）中的 $x_i = 0$，由此得：

$$N_{1Ty} = 0, \quad N_{1Tx} = \frac{Ty_1}{\sum y_i^2}$$

则式（6-24）简化为：

$$N_1 = \sqrt{\left(\frac{Ty_1}{\sum y_i^2}\right)^2 + \left(\frac{F}{n}\right)^2} \leq N_{\min}^b \tag{6-25}$$

以上设计方法，除受力最大的螺栓外，其余大多数螺栓均有潜力。所以按式（6-25）计算轴心力 $F$ 作用下的螺栓内力时，即使连接长度 $l > 15d_0$，也不用考虑长接头的折减系数 $\eta$。

【例6-8】 试设计两块截面为 $-18 \times 400$ 钢板用普通螺栓连接的盖板拼接，盖板采用 $-9 \times 400$，如图6-58所示。钢材为Q235。

(1) 轴心拉力设计值 $N = 1100 \text{kN}$，采用M22C级普通螺栓连接，$d_0 = 23.5 \text{mm}$，确定所需螺栓数目。

(2) 轴心拉力设计值 $N = 1100 \text{kN}$，连接一侧采用12个C级普通螺栓，排列如图6-58所示，求所需螺栓直径。

（3）螺栓个数及排列如图 6-58 所示连接，求连接承载力。

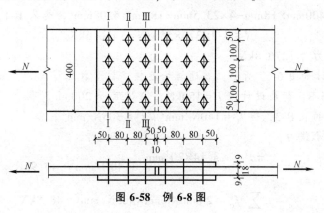

图 6-58 例 6-8 图

**解：**

（1）计算所需螺栓数

单个螺栓承载力设计值，由表 B-3 可知，$f_v^b = 140\text{N/mm}^2$，$f_c^b = 305\text{N/mm}^2$

单个螺栓抗剪承载力设计值

$$N_v^b = n_v \frac{\pi d^2}{4} f_v^b = 2 \times \frac{3.14 \times 22^2 \text{mm}^2}{4} \times 140\text{N/mm}^2 = 106.4\text{kN}$$

单个螺栓承压承载力设计值：

$$N_c^b = d \sum t f_c^b = 22\text{mm} \times 18\text{mm} \times 305\text{N/mm}^2 = 120.8\text{kN}$$

故单个螺栓承载力设计值：$N_{\min}^b = 106.4\text{kN}$

连接一侧所需螺栓数：

$$n \geq \frac{N}{N_{\min}^b} = \frac{1100\text{kN}}{106\text{kN}} = 10.4，取 12 个，排列如图 6-58 所示。$$

（2）求螺栓直径

一个螺栓承受的剪力为：$N_v = \dfrac{N}{n} = \dfrac{1100\text{kN}}{12} = 91.7\text{kN}$

根据单个螺栓抗剪承载力要求：$N_v \leq N_v^b = n_v \dfrac{\pi d^2}{4} f_v^b$

$$d \geq \sqrt{\frac{4N_v}{n_v \pi f_v^b}} = \sqrt{\frac{4 \times 91.7 \times 10^3}{2\pi \times 140}} \text{mm} = 20.4\text{mm}$$

根据单个螺栓承压承载力要求：$N_c^b = d \sum t f_c^b$

$$d \geq \frac{N_v}{\sum t \cdot f_c^b} = \frac{91.7 \times 10^3}{18 \times 305} \text{mm} = 16.7\text{mm}$$

取螺栓 M22。

（3）求连接承载力

螺栓连接承载力：$N \leq n\eta N_{\min}^b$

连接一侧长的 $l = 160\text{mm} < 15d_0 = 15 \times 23.5\text{mm} = 352\text{mm}$，$\eta = 1.0$

$$N \leqslant n\eta N_{\min}^{b} = 12 \times 1.0 \times 106.4 \text{kN} = 1276.8 \text{kN}$$

净截面承载力 $N \leqslant 0.7 f_u A_n$

$A_n = A - n_1 d_0 t = 400\text{mm} \times 18\text{mm} - 4 \times 23.5\text{mm} \times 18\text{mm} = 5508\text{mm}^2$，查表 B-1，$f_u = 370\text{N/mm}^2$

$$N \leqslant 0.7 \times 370 \times 5508 \text{N} = 1426.6 \text{kN}$$

此连接的最大承载力为 1276.8kN。

**【例 6-9】** 设计如图 6-57 所示的普通螺栓连接。柱子翼缘厚度为 10mm，连接板厚度为 8mm，钢材为 Q235-B，荷载设计值 $F=150$kN，偏心距 $e=200$mm，粗制螺栓 M20。

**解**：查附录中的表 B-3，得 $f_v^b = 140 \text{N/mm}^2$，$f_c^b = 305 \text{N/mm}^2$。

单个螺栓抗剪承载力：

$$N_c^b = n_v \frac{\pi d^2}{4} f_v^b = \frac{3.14 \times 20^2 \text{mm}^2}{4} \times 140 \text{N/mm}^2 = 43.9 \text{kN}$$

$$N_c^b = d \sum t f_c^b = 20\text{mm} \times 8\text{mm} \times 305 \text{N/mm}^2 = 48.8 \text{kN}$$

故单个螺栓承载力设计值：$N_{\min}^b = 43.9$kN

螺栓群中受力最大的为 1、2 两点螺栓，1 点螺栓受力如下：

$$\sum x_i^2 + \sum y_i^2 = 10 \times 60^2 \text{mm}^2 + (4 \times 80^2 + 4 \times 160^2) \text{mm}^2 = 164000 \text{mm}^2$$

$$T = F \cdot e = 150 \text{kN} \times 200 \text{mm} = 30 \text{kN} \cdot \text{m}$$

$$N_{1Tx} = N_{1T} \frac{y_1}{r_1} = \frac{30 \text{kN} \cdot \text{m} \times 160 \text{mm}}{164000 \text{mm}^2} = 29.3 \text{kN}$$

$$N_{1Ty} = N_{1T} \frac{x_1}{r_1} = \frac{30 \text{kN} \cdot \text{m} \times 60 \text{mm}}{164000 \text{mm}^2} = 11 \text{kN}$$

$$N_{1F} = \frac{F}{n} = \frac{150 \text{kN}}{10} = 15 \text{kN}$$

$$N_1 = \sqrt{N_{1Tx}^2 + (N_{1Ty} + N_{1F})^2} = \sqrt{29.3^2 + (11+15)^2} \text{kN} = 33.4 \text{kN} \leqslant N_{\min}^b = 43.9 \text{kN}$$

满足设计要求。

### 6.3.3 普通螺栓的受拉连接

**1. 普通螺栓受拉的工作性能**

沿螺栓杆轴方向受拉时，一般很难做到拉力正好作用在螺杆轴线上，而是通过水平板件传递，如图 6-59 所示。若与螺栓直接相连的翼缘板的刚度不是很大，由于翼缘的弯曲，使螺栓受到撬力的附加作用，杆力增加到：

$$N_t = N + Q$$

式中，$Q$ 称为撬力。撬力的大小与翼缘板厚度、螺杆直径、螺栓位置、连接总厚度等因素有关，准确求值非常困难。

为了简化计算，我国《钢结构设计标准》（GB 50017—2017）将螺栓的抗拉强度设计值降低 20% 来考虑撬力影响。例如 4.6 级普通螺栓，取抗拉强度设计值为

$$f_t^b = 0.8f = 0.8 \times 215 \text{N/mm}^2 = 170 \text{N/mm}^2$$

这相当于考虑了撬力 $Q=0.25N$。一般来说，只要按构造要求取翼缘板厚度 $t \geqslant 20$mm，而且螺栓距离 $b$ 不要过大，这样简化处理是可靠的。如果翼缘板太薄时，可采用加劲肋加强翼缘，如图 6-60 所示。

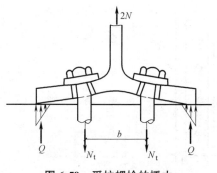

图 6-59 受拉螺栓的撬力

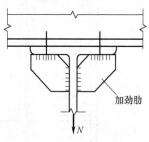

图 6-60 翼缘加强措施

**2. 单个普通螺栓的受拉承载力**

采用上述方法考虑撬力之后,《钢结构设计标准》(GB 50017—2017) 11.4.1 规定单个螺栓的受拉承载力的设计值:

> 2 在普通螺栓轴向方向受拉的连接中,每个普通螺栓的承载力设计值应按下列公式计算:
>
> 普通螺栓 $$N_t^b = \frac{\pi d_e^2}{4} f_t^b \qquad (11.4.1\text{-}5)$$
>
> 式中 $d_e$——螺栓在螺纹处的有效直径(mm);
> $f_t^b$——普通螺栓的抗拉强度设计值(N/mm²)。

**3. 普通螺栓群受拉**

(1) 螺栓群轴心受拉 图 6-61 所示螺栓群轴心受拉,由于垂直于连接板的肋板刚度很大,通常假定各个螺栓平均受拉,则连接所需的螺栓数为

$$n = \frac{N}{N_t^b} \qquad (6\text{-}26)$$

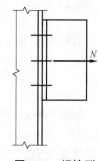

图 6-61 螺栓群承受轴心力

(2) 螺栓群承受弯矩作用 如图 6-62 所示为螺栓群在弯矩作用下的受拉连接(图中的剪力 $V$ 通过承托板传递)。按弹性设计法,在弯矩作用下,离中和轴越远的螺栓所受拉力越大,而压力则由部分受压的端板承受,设中和轴至端板受压边缘的距离为 $c$(图 6-62a)。这种连接的受力有如下特点:受拉螺栓截面只是孤立的几个螺栓点;而端板受压区则是宽度较大的实体矩形截面,(图 6-62b、c)。当计算其形心位置作为中和轴时,所求得的端板受压区高度 $c$ 总是很小,中和轴通常在弯矩指向一侧最外排螺栓附近的某个位置。因此,实际计算时可近似地取中和轴位于弯矩所指向的最外排螺栓处,即认为连接变形为绕 $O$ 处水平轴转动,螺栓拉力与 $O$ 点算起的纵坐标 $y$ 成正比。在对 $O$ 点水平轴列弯矩平衡方程时,偏安全地忽略了力臂很小的端板受压区部分的力矩。

由于:

$$\frac{N_1}{y_1} = \frac{N_2}{y_2} = \cdots = \frac{N_i}{y_i} = \frac{N_n}{y_n}$$

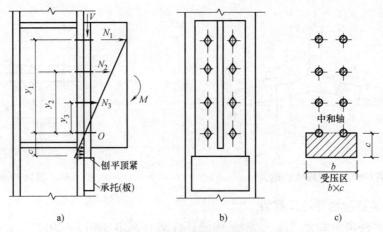

图 6-62 普通螺栓弯矩作用

$$M = N_1 y_1 + N_2 y_2 + \cdots + N_i y_i + N_n y_n$$
$$= \frac{N_1}{y_1} y_1^2 + \frac{N_2}{y_2} y_2^2 + \cdots + \frac{N_i}{y_i} y_i^2 + \frac{N_n}{y_n} y_n^2$$
$$= \frac{N_i}{y_i} \sum y_i^2$$

则螺栓 $i$ 的拉力为：

$$N_i = \frac{M y_i}{\sum y_i^2} \tag{6-27}$$

设计时要求受力最大的最外排螺栓 1 的拉力不超过一个螺栓的抗拉承载力设计值，即：

$$N_1 = \frac{M y_1}{\sum y_i^2} \leqslant N_t^b \tag{6-28}$$

【例 6-10】 如图 6-63 所示梁与柱子的连接，采用 C 级普通螺栓，直径 20mm，钢材为 Q235-B，弯矩设计值 $M = 100\text{kN} \cdot \text{m}$，剪力设计值 $V = 600\text{kN}$（由支托承受）。验算螺栓强度是否满足要求。

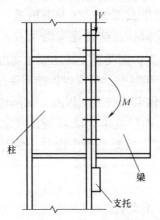 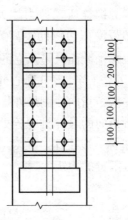

图 6-63 例 6-10 图

**解：**

剪力由支托承担，弯矩由螺栓承担，弯矩使螺栓受拉。

M20 螺栓抗拉承载力设计值为：

$$N_t^b = A_e f_t^b = 244.8\text{mm}^2 \times 170\text{N/mm}^2 = 41616\text{N} = 41.6\text{kN}$$

最大受力螺栓（最上排1）的拉力为：

$$N_1 = \frac{My_1}{\sum y_1^2} = \frac{100\text{kN} \cdot \text{m} \times 600\text{mm}}{2 \times (100^2 + 200^2 + 300^2 + 500^2 + 600^2)\text{mm}^2} = 40\text{kN} \leqslant N_t^b = 41.6\text{kN}$$

螺栓连接满足设计要求。

（3）**螺栓群偏心受拉** 螺栓群偏心受拉相当于连接承受轴心拉力 $N$ 和弯矩 $M = N \cdot e$ 的联合作用。按弹性设计法，根据偏心距的大小可能出现小偏心受拉和大偏心受拉两种情况。

1) 小偏心受拉。当偏心较小时，所有螺栓均承受拉力作用，端板与柱翼缘有分离趋势，故在计算时轴心拉力 $N$ 由各螺栓均匀承受；弯矩 $M$ 则引起以螺栓群形心 $O$ 为中和轴的三角形内力分布（图 6-64a、b），使上部螺栓受拉，下部螺栓受压；叠加后全部螺栓均受拉。可推出最大、最小受力螺栓的拉力和满足设计要求的公式如下（$y_i$ 均自 $O$ 点算起）：

$$N_{\max} = \frac{N}{n} + \frac{Ney_1}{\sum y_i^2} \leqslant N_t^b \quad (6\text{-}29\text{a})$$

$$N_{\min} = \frac{N}{n} - \frac{Ney_1}{\sum y_i^2} \geqslant 0 \quad (6\text{-}29\text{b})$$

式中 $y_1$——螺栓群形心轴至螺栓的最大距离；

$\sum y_i^2$——形心轴上、下各螺栓至形心距离的平方和。

式（6-29a）表示最大受力螺栓的拉力不超过一个螺栓的抗拉承载力设计值；式（6-29b）则表示全部螺栓受拉。不存在受压区。由 $N_{\min} = \frac{N}{n} - \frac{Ney_1}{\sum y_i^2} \geqslant 0$ 推得偏心距 $e \leqslant \frac{\sum y_i^2}{ny_1}$。令

$$\rho = \frac{W_e}{nA_e} = \frac{\sum y_i^2}{ny_1}$$ 为螺栓有效截面组成的核心距，即 $e \leqslant \rho$ 时为小偏心受拉，否则为大偏心受拉。

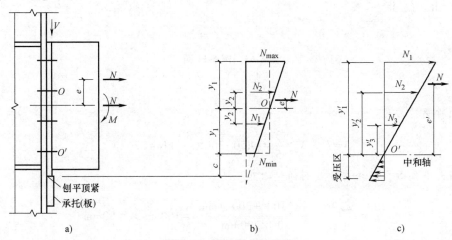

图 6-64 螺栓群偏心受拉

2）大偏心受拉。当 $e>\rho$ 时，端板底部将出现受压区（图 6-64c），按螺栓群弯矩受拉理论近似并偏安全取中和轴位于最下排螺栓处，则：

$$\frac{N_1}{y'_1} = \frac{N_2}{y'_2} = \cdots = \frac{N_i}{y'_i} = \cdots = \frac{N_n}{y'_n}$$

$$Ne' = N_1 y'_1 + N_2 y'_2 + \cdots + N_i y'_i + \cdots + N_n y'_n$$

$$= \frac{N_1}{y'_1} y'^2_1 + \frac{N_2}{y'_2} y'^2_2 + \cdots + \frac{N_i}{y'_i} y'^2_i + \cdots + \frac{N_n}{y'_n} y'^2_n$$

$$= \frac{N_i}{y'_i} \sum y'^2_i$$

螺栓 $i$ 的拉力为：

$$N_i = \frac{Ne' y'_i}{\sum y'^2_i}$$

受力最大的最外排螺栓 1 的拉力为：

$$N_1 = \frac{M' y'_1}{\sum y'^2_i} \leqslant N^b_t \qquad (6\text{-}30)$$

【例 6-11】 图 6-65 为一刚接屋架下弦节点，竖向力由支托承受。螺栓为 C 级，只承受偏心拉力。已知：$N_1 = 450\text{kN}$，$N_2 = 300\text{kN}$（设计值），偏心距 $e = 50\text{mm}$。螺栓布置如图 6-65 所示，试求所需 C 级螺栓的规格。

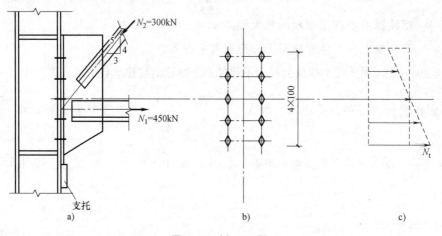

图 6-65 例 6-11 图

**解：**

螺栓所受拉力为：

$$N = N_1 - N_2 \times \frac{3}{5} = \left(450 - 300 \times \frac{3}{5}\right) \text{kN} = 270 \text{kN}$$

判断大小偏心，螺栓有效截面的核心距：

$$\rho = \frac{\sum y^2_i}{n y_1} = \frac{4 \times (100^2 + 200^2) \text{mm}^2}{10 \times 200 \text{mm}} = 100 \text{mm} > e = 50 \text{mm}$$

偏心力作用在核心距以内，属于小偏心受拉，如图 6-65c 所示。由式（6-29a）计算：

$$N_{\max} = \frac{N}{n} + \frac{Ney_1}{\sum y_i^2} = \frac{270\text{kN}}{10} + \frac{270\text{kN} \times 50\text{mm} \times 200\text{mm}}{4 \times (100^2 + 200^2)\text{mm}^2} = 40.5\text{kN}$$

需要的有效截面面积：

$$A_e \geqslant \frac{N}{f_t^b} = \frac{40.5 \times 10^3 \text{N}}{170\text{N}/\text{mm}^2} = 238\text{mm}^2$$

由表 I-1 查得 M20 螺栓的有效截面面积 $A_e = 245\text{mm}^2 > 238\text{mm}^2$，故采用 C 级 M20 螺栓连接。螺栓布置满足构造要求。

### 6.3.4 普通螺栓受剪力和拉力的联合作用

大量的试验研究结果表明，同时承受剪力和拉力作用的普通螺栓（图 6-66）有两种可能破坏形式：一是螺栓杆受剪受拉破坏；二是孔壁承压破坏。

大量的试验结果表明，当将拉-剪联合作用下的螺栓杆处于极限承载力时的拉力和剪力分别除以各自单独作用时的承载力，所得到的关于 $\dfrac{N_t}{N_t^b}$ 和 $\dfrac{N_v}{N_v^b}$ 的相关曲线，近似为半径为 1.0 的 $\dfrac{1}{4}$ 圆曲线，如图 6-67 所示。

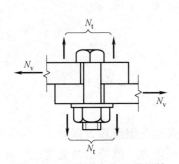

图 6-66 拉剪联合作用的螺栓

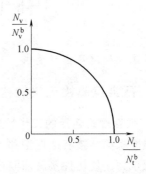

图 6-67 剪力和拉力的相关曲线

《钢结构设计标准》（GB 50017—2017）第 11.4.1 条规定：同时承受剪力和杆轴方向拉力的普通螺栓，应分别符合下列公式的要求：

> 3 同时承受剪力和杆轴方向拉力的普通螺栓，其承载力应分别符合下列公式的要求：
> 普通螺栓
>
> $$\sqrt{\left(\frac{N_v}{N_v^b}\right)^2 + \left(\frac{N_t}{N_t^b}\right)^2} \leqslant 1.0 \quad (11.4.1\text{-}8)$$
>
> $$N_v \leqslant N_c^b \quad (11.4.1\text{-}9)$$
>
> 式中 $N_v$、$N_t$——某个普通螺栓所承受的剪力和拉力（N）；
> $N_v^b$、$N_t^b$、$N_c^b$——一个普通螺栓的抗剪、抗拉和承压承载力设计值（N）。

【例 6-12】 例 6-11 中，图 6-65 中所示连接，如果去掉支托，剪力也由连接螺栓承担，试求所需 C 级螺栓的规格。

**解：**

根据例 6-11 所得：受力最大螺栓拉力为 $N_t = 40.5\text{kN}$

去掉支托后螺栓所承担的剪力为

$$V = 300 \times \frac{4}{5}\text{kN} = 240\text{kN}$$

$$N_v = \frac{V}{n} = \frac{240}{10}\text{kN} = 24\text{kN}$$

试选用 M22 螺栓，查表 I-1 得：M22 螺栓的有效截面面积 $A_e = 303\text{mm}^2$，查表 B-3 得：$f_t^b = 170\text{N/mm}^2$，$f_v^b = 140\text{N/mm}^2$，$f_c^b = 305\text{N/mm}^2$。

单个螺栓承载力：

$$N_t^b = A_e f_t^b = 303\text{mm}^2 \times 170\text{N/mm}^2 = 51.5\text{kN}$$

$$N_v^b = n_v \frac{\pi d^2}{4} f_v^b = \frac{3.14 \times 22^2 \text{mm}^2}{4} \times 140\text{N/mm}^2 = 53.2\text{kN}$$

$$N_c^b = d \sum t f_c^b = 22\text{mm} \times 20\text{mm} \times 305\text{N/mm}^2 = 134.2\text{kN}$$

螺栓强度验算：

$$\sqrt{\left(\frac{N_v}{N_v^b}\right)^2 + \left(\frac{N_t}{N_t^b}\right)^2} = \sqrt{\left(\frac{24}{53.2}\right)^2 + \left(\frac{40.5}{51.5}\right)^2} = 0.91 < 1$$

$$N_v = 24\text{kN} < N_v^b = 53.2\text{kN}$$

故所选螺栓满足强度要求。

### 6.3.5 高强度螺栓连接的构造和计算

**1. 高强度螺栓连接的工作性能和构造要求**

高强度螺栓连接有摩擦型和承压型两种，螺栓采用高强度钢经热处理做成，安装时施加强大的预拉力，使构件接触面间产生与预拉力相同值的压紧力。摩擦型高强度螺栓就只利用接触面间摩擦阻力传递剪力，其整体性能好、抗疲劳能力强，适用于承受动力荷载和重要的连接。承压型高强度螺栓连接允许外力超过构件接触面间的摩擦力，利用螺栓杆与孔壁直接接触传递剪力，承载能力比摩擦型提高较多。承压型高强度螺栓可用于不直接承受动力荷载。因此，螺栓的预拉力、摩擦面间的抗滑移系数和钢材的种类都直接影响高强度螺栓连接的承载力。

（1）高强度螺栓预拉力的建立　为了保证通过摩擦力传递剪力，高强度螺栓的预拉力 $P$ 的准确控制非常重要。高强度螺栓分为大六角头型和扭剪型两种。针对不同类型的高强度螺栓，其预拉力的建立方法不尽相同。

大六角头螺栓的预拉力控制方法有力矩法和转角法。

扭剪型高强度螺栓具有强度高、安装简单和质量易于保证、可以单面拧紧、对操作人员没有特殊要求等优点。安装需用特制的电动扳手，有两个套头，一个套在螺母六角体上；另一个套在螺栓的十二角体上。拧紧时，对螺母施加顺时针力矩，对螺栓十二角体施加大小相等的逆时针力矩，使螺栓断颈部分承受扭剪，其初拧力矩为拧紧力矩的 50%，复拧力矩等于初拧力矩，终拧至断颈剪断为止，安装结束，相应的安装力矩即为拧紧力矩，安装后一般不拆卸。

高强度螺栓的预拉力设计值 $P$ 由下式计算得到：

$$P = \frac{0.9 \times 0.9 \times 0.9}{1.2} A_e f_u \tag{6-31}$$

式中 $A_e$——螺栓的有效截面面积；

$f_u$——螺栓材料经热处理后的最低抗拉强度。

式（6-31）中的系数考虑了以下几个因素：

1）拧紧螺母时螺栓同时受到由预拉力引起的拉应力和由螺纹力矩引起的扭转剪应力作用。折算应力为：

$$\sqrt{\sigma^2 + 3\tau^2} = \eta\sigma \tag{6-32}$$

根据试验分析，系数在 1.15~1.25 之间，取平均值为 1.2。式（6-31）中分母的 1.2 即为考虑拧紧螺栓时扭矩对螺杆的不利影响系数。

2）为了弥补施工时高强度螺栓预拉力的松弛损失，在确定施工控制预拉力时，一般超张拉 5%~10%，故式（6-31）右端分子应考虑超张拉系数 0.9。

3）考虑螺栓材质的不定性系数 0.9；再考虑用 $f_u$ 而不是用 $f_y$ 作为标准值的系数 0.9。

各种规格高强度螺栓预拉力的取值见《钢结构设计标准》（GB 50017—2017）11.4.2。

表 11.4.2-2 一个高强度螺栓的预拉力设计值 $P$(kN)

| 螺栓的性能等级 | 螺栓公称直径/mm | | | | | |
|---|---|---|---|---|---|---|
| | M16 | M20 | M22 | M24 | M27 | M30 |
| 8.8 级 | 80 | 125 | 150 | 175 | 230 | 280 |
| 10.9 级 | 100 | 155 | 190 | 225 | 290 | 355 |

（2）高强度螺栓摩擦面抗滑移系数　高强度螺栓摩擦面抗滑移系数的大小与连接处构件接触面的处理方法和构件的钢号有关。试验表明，此系数值有随连接构件接触面间的压紧力减小而降低的现象，故与物理学中的摩擦系数有区别。

我国规范推荐采用的接触面处理方法有：喷砂、喷砂后涂无机富锌漆、喷砂后生赤锈和钢丝刷消除浮锈或对干净轧制表面不作处理等，各种处理方法相应的 $\mu$ 值详见《钢结构设计标准》（GB 50017—2017）11.4.2。

表 11.4.2-1 钢材摩擦面的抗滑移系数 $\mu$

| 连接处构件接触面的处理方法 | 构件的钢材牌号 | | |
|---|---|---|---|
| | Q235 钢 | Q345 钢或 Q390 钢 | Q420 钢或 Q460 钢 |
| 喷硬质石英砂或铸钢棱角砂 | 0.45 | 0.45 | 0.45 |
| 抛丸（喷砂） | 0.40 | 0.40 | 0.40 |
| 钢丝刷清除浮锈或未经处理的干净轧制面 | 0.30 | 0.35 | — |

注：1. 钢丝刷除锈方向应与受力方向垂直；
2. 当连接构件采用不同钢材牌号时，$\mu$ 按相应较低强度者取值；
3. 采用其他方法处理时，其处理工艺及抗滑移系数值均需经试验确定。

由于冷弯薄壁型钢构件板壁较薄，其抗滑移系数均较普通钢结构的有所降低。

钢材表面经喷砂除锈后,表面看来光滑平整,实际上金属表面尚存在着微观的凹凸不平,高强度螺栓连接在很高的压紧作用下,被连接构件表面相互啮合,钢材强度和硬度愈高,要使这种啮合的面产生滑移的力就愈大,因此,$\mu$ 值与钢材种类有关。

试验证明,摩擦面涂红丹后 $\mu<0.15$,即使经处理后仍然很低,故严禁在摩擦面上涂刷红丹。另外,连接在潮湿或淋雨条件下拼装,也会降低 $\mu$ 值,故应采取有效措施保证连接处表面的干燥。

(3) 高强度螺栓抗剪连接工作性能 由图 6-55 中可以看出,由于高强度螺栓连接有较大的预拉力,从而使被连板件中有很大的预压力,当连接受剪时,主要依靠摩擦力传力的高强度螺栓连接的抗剪承载力可达到 "1" 点。通过 "1" 点后,连接产生了滑移,当栓杆与孔壁接触后,连接又可继续承载直到破坏。如果连接的承载力只用到 "1" 点,即为高强度螺栓摩擦型连接;如果连接的承载力用到 "4" 点,即为高强度螺栓承压型连接。

1) 高强度螺栓摩擦型连接。摩擦型连接的承载力取决于构件接触面的摩擦力,摩擦力的大小与螺栓所受的预拉力和摩擦面的抗滑移系数以及连接的传力摩擦面数有关,并考虑孔型影响,《钢结构设计标准》(GB 50017—2017) 规定:

> 11.4.2 高强度螺栓摩擦型连接应按下列规定计算:
> 1 在受剪连接中,每个高强度螺栓的承载力设计值按下式计算:
> $$N_v^b = 0.9 k n_f \mu P \qquad (11.4.2\text{-}1)$$
> 式中 $N_v^b$——一个高强度螺栓的抗剪承载力设计值 (N);
> $k$——孔型系数,标准孔取 1.0;大圆孔取 0.85;内力与槽孔长向垂直时取 0.7;内力与槽孔长向平行时取 0.6;
> $n_f$——传力摩擦面数目;
> $\mu$——摩擦面的抗滑移系数,可按表 11.4.2-1 取值;
> $P$——一个高强度螺栓的预拉力设计值 (N),按表 11.4.2-2 取值。

试验证明,低温对摩擦型连接高强度螺栓抗剪承载力无明显影响,但当温度 $t=100\sim150$℃ 时,螺栓的预拉力将产生温度损失,故应将摩擦型连接高强度螺栓的抗剪承载力设计值降低 10%;当 $t>150$℃ 时,应采取隔热措施,以使连接温度 150℃ 或 100℃ 以下。

2) 高强度螺栓承压型连接。高强度螺栓承压型连接的计算方法与普通螺栓连接相同,仍可用普通螺栓公式计算单个螺栓的抗剪承载力设计值,只是应采用承压型连接高强度螺栓的强度设计值。当剪切面在螺纹处时,承压型连接高强度螺栓的抗剪承载力应按螺纹处的有效截面计算。但对于普通螺栓,其抗剪强度设计值是根据连接的试验数据统计而定的,试验时不分剪切面是否在螺纹处,计算抗剪强度设计值时均用公称直径。

(4) 高强度螺栓抗拉连接的工作性能 高强度螺栓在承受外拉力

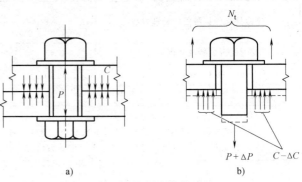

图 6-68 高强度螺栓受拉

前，螺杆中已有很高的预拉力 $P$，板层之间则有压力 $C$，而 $P$ 与 $C$ 维持平衡（图 6-68a）。当对螺栓施加外拉力 $N_t$，则螺栓杆在板层之间的压力未完全消失前被拉长，此时螺杆中拉力增量为 $\Delta P$，同时把压紧的板件拉松，使压力 $C$ 减少 $\Delta C$（图 6-68b）。

计算表明，当加于螺杆上的外拉力 $N_t$ 为预拉力 $P$ 的 80% 时，螺杆内的拉力增加很少，因此可认为此时螺杆的预拉力基本不变。同时由实验得知，当外加拉力大于螺杆的预拉力时，卸荷后螺杆中的预拉力会变小，即发生松弛现象。但当外加拉力小于螺杆预拉力的 80% 时，即无松弛现象发生。也就是说，被连接板件接触面间仍能保持一定的压紧力，可以假定整个板面始终处于紧密接触状态。考虑以上因素《钢结构设计标准》（GB 50017—2017）第 11.4.2 条规定：

> 11.4.2 高强度螺栓摩擦型连接应按下列规定计算：
> 2 在螺栓杆轴方向受拉的连接中，每个高强度螺栓的承载力按下式计算：
> $$N_t^b = 0.8P \quad (11.4.2\text{-}2)$$

但上述取值没有考虑杠杆作用而引起的撬力影响。实际上这种杠杆作用存在于所有螺栓的抗拉连接中。研究表明，当外拉力 $N_t \leq 0.5P$ 时，不出现撬力，如图 6-69 所示，撬力 $Q$ 大约在 $N_t$ 达到 $0.5P$ 时开始出现，起初增加缓慢，以后逐渐加快，到临近破坏时因螺栓开始屈服而又有所下降。

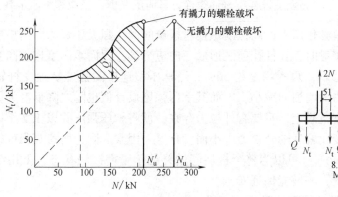

图 6-69 高强度螺栓的撬力影响

由于撬力 $Q$ 的存在，外拉力的极限值由 $N_u$ 下降到 $N_u'$。因此，如果在设计中不计算撬力 $Q$，应使 $N_t \leq 0.5P$；或者增大 T 形连接件翼缘板的刚度。分析表明，当翼缘板的厚度 $t_1$ 不小于 2 倍螺栓直径时，螺栓中可完全不产生撬力。实际上很难满足这一条件，可采用图 6-60 所示的加劲肋代替。

在直接承受动力荷载的结构中，由于高强度螺栓连接受拉时的疲劳强度较低，每个高强度螺栓的外拉力不宜超过 $0.5P$。当需考虑撬力影响时，外拉力还得降低。

（5）高强度螺栓承受拉力和剪力连接的工作性能

1）摩擦型连接高强度螺栓。如前所述，当螺栓所受外拉力 $N_t \leq 0.8P$ 时，虽然螺杆中的预拉力 $P$ 基本不变，但板层间压力将减少到 $P-N_t$。试验研究表明，这时接触面的抗滑移系数值也有所降低，而且值随 $N_t$ 的增大而减小，试验结果表明，外加剪力 $N_v$ 和拉力 $N_t$ 与高强螺栓的受拉、受剪承载力设计值之间具有线性相关关系，故《钢结构设计标准》（GB 50017—2017）规定：

**11.4.2 高强度螺栓摩擦型连接应按下列规定计算：**
   3 当高强度螺栓摩擦型连接同时承受摩擦面间的剪力和螺栓杆轴方向的外拉力时，承载力应符合下式要求：

$$\frac{N_v}{N_v^b} + \frac{N_t}{N_t^b} \leqslant 1.0 \qquad (11.4.2-3)$$

式中　$N_v$、$N_t$——某个高强度螺栓所承受的剪力和拉力（N）；
　　　$N_v^b$、$N_t^b$——一个高强度螺栓的受剪、受拉承载力设计值（N）。

2）承压型连接高强度螺栓。同时承受剪力和杆轴方向拉力的承压型连接高强度螺栓的计算方法与普通螺栓相同，《钢结构设计标准》（GB 50017—2017）：

**11.4.3 高强度螺栓承压型连接应按下列规定计算：**
   4 同时承受剪力和杆轴方向拉力的承压型连接，承载力应符合下列公式的要求：

$$\sqrt{\left(\frac{N_v}{N_v^b}\right)^2 + \left(\frac{N_t}{N_t^b}\right)^2} \leqslant 1.0 \qquad (11.4.3-1)$$

$$N_v \leqslant N_c^b / 1.2 \qquad (11.4.3-2)$$

式中　$N_v$、$N_t$——所计算的某个高强度螺栓所承受的剪力和拉力（N）。
　　　$N_v^b$、$N_t^b$、$N_c^b$——一个高强度螺栓按普通螺栓计算时的受剪、受拉和承压承载力设计值（N）。

由于在剪应力单独作用下，高强度螺栓对板层间产生强大压紧力。当板层间的摩擦力被克服，螺杆与孔壁接触时，板件孔前区形成三向应力场，因而承压型连接高强度螺栓的承压强度比普通螺栓高得多，两者相差约 50%。当承压型连接高强度螺栓受杆轴拉力时，板层间的压紧力随外拉力的增加而减小，因而其承压强度设计值也随之降低。为了计算简便，我国现行钢结构设计规范规定，只要有外拉力存在，就将承压强度除以 1.2 予以降低，而未考虑承压强度设计值变化幅度随外拉力大小而变化这一因素。因为所有高强度螺栓的外拉力一般均不大于 $0.8P$。此时，可以为整个板层间始终处于紧密接触状态，采用统一除以 1.2 的做法来降低承压强度，一般能保证安全。

**2. 高强度螺栓群的抗剪计算**
（1）轴心受剪　此时，高强度螺栓连接所需螺栓数目应由下式确定：

$$n \geqslant \frac{N}{N_{\min}^b}$$

式中　$N_{\min}^b$——相应连接类型的单个高强度螺栓受剪承载力设计值的最小值。
对摩擦型连接：

$$N_{\min}^b = N_v^b = 0.9 k n_f \mu P$$

对承压型连接：$N_{\min}^b$ 取 $N_v^b$ 和 $N_c^b$ 的较小值：

$$N_v^b = n_v \frac{\pi d^2}{4} f_v^b$$

$$N_c^b = d \sum t \cdot f_c^b$$

式中　$f_v^b$、$f_c^b$——一个承压型高强度螺栓的抗剪和承压强度设计值。

（2）高强度螺栓群的偏心受剪　高强度螺栓群在扭矩或扭矩、剪力共同作用时的抗剪计算方法与普通螺栓群相同，但应采用高强度螺栓承载力设计值进行计算。

【例 6-13】　试设计两块钢板用普通螺栓的盖板拼接。已知：轴心拉力设计值 $N=800\mathrm{kN}$，钢材为 Q235B，采用 M20，标准孔，8.8 级高强度螺栓连接，连接处构件接触面采用喷砂处理，如图 6-70 所示。

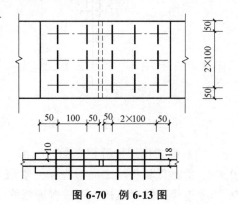

图 6-70　例 6-13 图

解：（1）采用摩擦型连接时

8.8 级的 M20 高强度螺栓的预拉力 $P=125\mathrm{kN}$，$\mu=0.40$。

一个螺栓的承载力设计值为

$$N_v^b = 0.9kn_f\mu P = 0.9\times1.0\times2\times0.40\times125\mathrm{kN} = 90\mathrm{kN}$$

所需螺栓数：

$$n = \frac{N}{N_t^b} = \frac{800}{90} = 8.9，\text{取 10 个}$$

（2）采用承压型连接时

一个螺栓承载力设计值

$$N_v^b = n_v\frac{\pi d^2}{4}f_v^b = 2\times\frac{3.14\times20^2\mathrm{mm}^2}{4}\times250\mathrm{N/mm}^2 = 157\mathrm{kN}$$

$$N_c^b = d\sum tf_c^b = 20\mathrm{mm}\times18\mathrm{mm}\times470\mathrm{N/mm}^2 = 169\mathrm{kN}$$

故单个螺栓承载力设计值：$N_{\min}^b = 157\mathrm{kN}$

所需螺栓数：

$$n = \frac{N}{N_{\min}^b} = \frac{800\mathrm{kN}}{157\mathrm{kN}} = 5.1，\text{取 6 个}$$

排列如图 6-70 所示。

**3. 高强度螺栓抗拉连接计算**

（1）轴心受拉　高强度螺栓群连接所需螺栓数目：

$$n \geq \frac{N}{N_t^b}$$

式中　$N_t^b$——在杆轴方向受拉力时，一个高强度螺栓（摩擦型或承压型）的承载力设计值，根据连接类型按 $N_t^b = 0.8P$ 计算。

（2）高强度螺栓群受弯矩作用　高强度螺栓（摩擦型和承压型）的外拉力总是小于预拉力 $P$，在连接受弯矩而使螺栓沿栓杆方向受力时，被连接构件的接触面一直保持紧密贴合；因此，可认为中和轴在螺栓群的形心轴上（图 6-71），最外排螺栓受力最大。最大拉力及其验算式为

$$N_1 = \frac{My_1}{\sum y_i^2} \leq N_t^b \tag{6-33}$$

式中　$y_1$——螺栓群形心轴至螺栓的最大距离；

　　　$\sum y_i^2$——形心轴上、下各螺栓至形心轴距离的平方和。

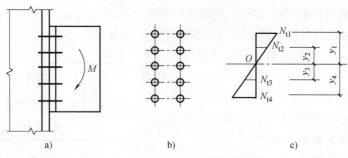

图 6-71 承受弯矩的高强度螺栓连接

（3）高强度螺栓群偏心受拉  由于高强度螺栓偏心受拉时，螺栓的最大拉力不得超过 $0.8P$，能够保证板层之间始终保持紧密贴合，端板不会拉开，故摩擦型连接高强度螺栓和承压型连接高强度螺栓均可按普通螺栓小偏心受拉计算，即：

$$N_1 = \frac{N}{n} + \frac{Ney_1}{\sum y_i^2} \leqslant N_t^b \tag{6-34}$$

**4. 高强度螺栓连接同时承受剪力和拉力作用的计算**

（1）摩擦型连接的计算  图 6-72 所示为摩擦型连接高强度螺栓承受拉力、弯矩和剪力共同作用时的情况。

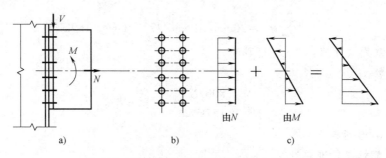

图 6-72 摩擦型连接高强度螺栓的内力分布

由于螺栓连接板层间的压紧力和接触面的抗滑移系数，随外拉力的增加而减小，已知摩擦型连接高强度螺栓承受剪力和拉力联合作用时，螺栓的承载力设计值应符合相关方程：

$$\frac{N_v}{N_v^b} + \frac{N_t}{N_t^b} \leqslant 1 \tag{6-35}$$

在式（6-35）中，只考虑螺栓拉力对抗剪承载力的不利影响，未考虑受压区板层间压力增加的有利作用，故按该式计算的结果是略偏安全的。

此外，螺栓最大拉力应满足：

$$N_{ti} \leqslant N_t^b$$

（2）承压型连接的计算  对承压型连接高强度螺栓，应按式（6-36）和式（6-37）验算拉剪的共同作用。即：

$$\sqrt{\left(\frac{N_v}{N_v^b}\right)^2 + \left(\frac{N_t}{N_t^b}\right)^2} \leqslant 1 \tag{6-36}$$

$$N_v \leqslant N_c^b / 1.2 \tag{6-37}$$

式中 1.2——承压型强度设计值降低系数。

【例 6-14】 如图 6-73 所示牛腿用 M22 摩擦型高强度螺栓（10.9 级）和柱相连，钢材 Q345 钢，接触面喷砂处理，预拉力 $P = 190\text{kN}$，$\mu = 0.55$，静力荷载设计值 $F = 200\text{kN}$，要求验算牛腿与柱连接的高强螺栓强度。

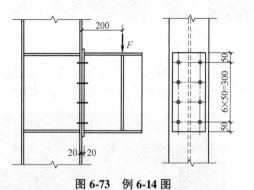

图 6-73 例 6-14 图

**解：**

螺栓承受剪力 $V = F = 200\text{kN}$ 和弯矩 $M = F \cdot e = 200\text{kN} \times 200\text{mm} = 40\text{kN} \cdot \text{m}$ 作用，最上排螺栓受力最大。

$$N_1 = \frac{My_1}{\sum y_i^2} = \frac{40 \times 150 \times 10^3}{4 \times (50^2 + 150^2)}\text{kN} = 60\text{kN} < N_t^b = 0.8P = 0.8 \times 190\text{kN} = 152\text{kN}$$

$$N_2 = \frac{My_2}{\sum y_i^2} = \frac{40 \times 50 \times 10^3}{4 \times (50^2 + 150^2)}\text{kN} = 20\text{kN}$$

$$\sum N_v^b = 0.9 n_f \mu (nP - 1.25 \sum N_{ti})$$
$$= 0.9 \times 1 \times 0.55 \times (8 \times 190 - 1.25 \times 80)\text{kN} = 703\text{kN} > V = 200\text{kN}$$

故满足强度要求。

## 6.4 节点设计原则

整体结构是由构件和节点构成的。单个构件必须通过节点连接，协同工作才能形成结构整体。即使每个构件都能满足安全使用要求，如果节点设计处理得不恰当，连接节点破坏，也常会引起整体结构的破坏。可见，要使结构能够满足预定功能的要求，正确的节点设计与构件设计，两者具有同等的重要性。随着钢结构的迅速发展，节点的形式与复杂性也大大增加，节点连接受力状态比较复杂，不易精确地分析其工作状态。因此，在节点设计时应遵循《钢结构设计标准》（GB 50017—2017）规定的基本原则：

> 12.1.1 钢结构节点设计应根据结构的重要性、受力特点、荷载情况和工作环境等因素选用节点形式、材料与加工工艺。
> 12.1.2 节点设计应满足承载力极限状态要求，传力可靠，减少应力集中。
> 12.1.3 节点构造应符合结构计算假定，当构件在节点偏心相交时，尚应考虑局部弯矩的影响。
> 12.1.4 构造复杂的重要节点应通过有限元分析确定其承载力，并宜进行试验验证。
> 12.1.5 节点构造应便于制作、运输、安装、维护，防止积水、积尘，并应采取防腐与防火措施。
> 12.1.6 拼接节点应保证被连接构件的连续性。

## 6.5 次梁与主梁的连接

次梁与主梁的连接（图6-74）有铰接和刚接两种。铰接，是指在连接节点处只传递次梁的竖向支座反力，次梁按简支梁计算。刚接，在连接节点处除传递次梁的竖向支座反力外，还能同时传递次梁的端弯矩，次梁按连续梁计算。

图 6-74 主次梁连接工程实例

### 6.5.1 次梁与主梁铰接

次梁与主梁铰接按其连接位置有叠接和平接两种。

**1. 叠接**

叠接是把次梁直接放在主梁顶面上，用螺栓或焊缝固定，如图6-75所示。叠接构造简单，安装方便，但所占的结构高度大，使用常受到限制，连接和梁格的刚度较差。图6-75a是次梁为简支梁时与主梁连接的构造，图6-75b是次梁为连续梁时与主梁连接的构造。为了避免主梁腹板承受过太的局部承压应力，应在主梁相应位置处设置支承加劲肋，否则，应验算支座处主梁腹板边缘上的局部承压应力。

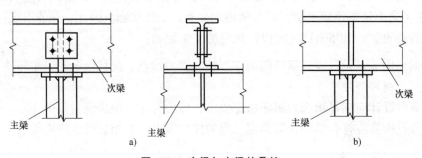

图 6-75 次梁与主梁的叠接

**2. 平接**

次梁可直接与主梁的加劲肋（图6-76b）或腹板上专设的短角钢（图6-76a）或支托（图6-76c、d）相连接。次梁顶面与主梁相平或略高、略低于主梁顶面，形成平接。这种连接虽构造复杂，但可降低结构高度，因此，在实际工作中应用较广泛。图 6-76a、b 中次梁通过专设的短角钢或主梁加劲肋连接时，通常可采用螺栓连接，当次梁支座反力较大时，可采用安装焊缝连接（但要布置两个安装定位螺栓）。考虑到这类连接并非完全铰接，实际中会承受弯矩，计算螺栓或焊缝时应将次梁反力加大 20% ~ 30%。当次梁的支座反力较大，用螺栓连接不能满足要求时，可采用工地焊缝连接承受支座反力，此时螺栓仅起安装和临时固定位置的作用。

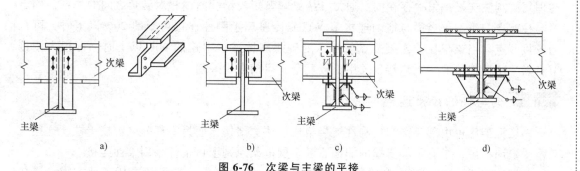

图 6-76 次梁与主梁的平接

### 6.5.2 次梁与主梁刚接

次梁与主梁刚接时，节点连接除传递次梁的竖向支座反力外，还要传递次梁的梁端弯矩。因此，当主梁两侧的次梁端弯矩相差较大时，会使主梁扭转，对主梁不利。只有主梁两侧次梁的端弯矩相差较小时，才采用这种连接方式。

主梁与次梁的刚接常采用平接形式，如图 6-76d 所示。次梁连接在主梁的侧面，并与主梁刚接，支座弯矩靠焊接连接的次梁上翼缘盖板、下翼缘承托水平顶板传递。由于梁的翼缘承受弯矩的大部分，所以连接盖板的截面及其焊缝可按承受水平力偶 $H = \dfrac{M}{h}$ 计算（$M$ 为次梁支座弯矩，$h$ 为次梁高度）。承托顶板与主梁腹板的连接焊缝也按力 $H$ 计算。

## 6.6 梁与柱的连接

梁与柱的连接通常采用的是柱贯通的连接形式，根据连接转动刚度的不同可分为铰接连接、刚性连接和半刚性连接三类，如图 6-77 所示。

图 6-77 梁柱连接工程图

柔性连接中梁通过角钢、端板、支托等与柱连接，柱子只承受梁腹板传递的竖向剪力，梁与柱轴线间的夹角可以自由改变，节点的转动不受约束；刚性连接中梁通过完全焊接、完全栓接、栓焊混合方式与柱子连接，柱子除承受梁腹板传来的竖向剪力外，还要承受上下翼缘传递的弯矩，梁与柱轴线间的夹角在节点转动时保持不变；半刚性连接介于铰接节点和刚性节点之间，这种连接柱子除承受梁腹板传来的竖向剪力外，还要承受一定数量的弯矩，梁与柱轴线间的夹角在节点转动时将有所改变，但又受到一定程度的约束。在实际工程中，上述理想的刚性连接是很少存在的。通常，按梁端弯矩与梁柱曲线相对转角之间的关系，确定梁与柱节点的类型。当梁与柱的连接节点只能传递理想刚性连接弯矩的20%以下时，可视为铰接节点。当梁与柱的连接节点能够承受理想刚性连接弯矩的90%以上时，可视为刚接节点。半刚性连接的弯矩和转角关系比较复杂，目前较少采用。

### 6.6.1 梁与柱的铰接连接

多层框架中可由部分梁和柱刚性连接组成抗侧力结构，而另一部分梁铰接于柱，这些柱只承受竖向荷载；设有足够支撑的非地震区多层框架原则上可全部采用柔性连接。

如图 6-78 所示为一些典型的柔性连接，包括用连接角钢、端板和支托三种方式。连接角钢和端板（图 6-78c）都只把梁的腹板和柱相连，连接角钢也可用焊于柱上的板代替。连接角钢和端板或是放在梁高度中央（图 6-78a），或是偏上放置（图 6-78b、c），以减小梁端转动时上翼缘处变形，对梁上面的铺板影响小。

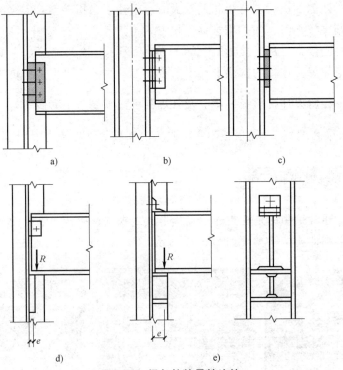

图 6-78 梁与柱的柔性连接

当梁用承托连于柱腹板时，宜用厚板作为承托构件以免柱腹板承受较大弯矩，如图 6-78d所示。在需要用小牛腿时，则应做成工字形截面，如图 6-78e 所示，并把它的两块翼缘都焊于柱翼缘，使偏心力矩 $M=Re$ 以力偶的形式传给柱翼缘，而不是柱腹板。

### 6.6.2 梁与柱的刚接

**1. 连接构造**

框架梁与柱的连接节点做成刚性连接，可以增加框架的抗侧移刚度，减小框架横梁的跨中弯矩。在多、高层框架中梁和柱的节点一般采用刚性连接。梁与柱的刚性连接构造如图6-79所示。

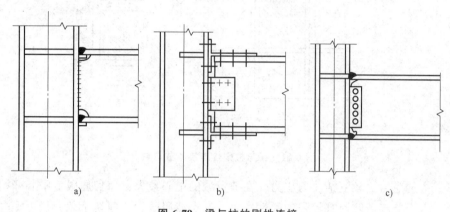

图 6-79 梁与柱的刚性连接
a）完全焊接 b）完全栓接 c）栓焊混合连接

图 6-79a 为多层框架工字形梁和工字形柱全焊接刚性连接。梁翼缘与柱翼缘采用全熔透坡口对接焊缝连接。为了便于梁翼缘处坡口焊缝的施焊，按规定设置衬板，同时在梁腹板梁端上下角处各开 $r=30\sim35\mathrm{mm}$ 的半圆孔。当框架梁端垂直于工字形柱腹板时，柱在梁翼缘对应位置设置横向加劲肋，且加劲肋厚度不应小于梁翼缘厚度。节点弯矩由翼缘焊缝和腹板焊缝共同承担，根据梁翼缘和腹板各自的截面惯性矩分担；剪力由腹板焊缝承担。也可以简化计算，梁翼缘焊缝承担弯矩产生的拉力和压力，梁腹板与柱翼缘焊缝承担剪力。这种全焊接节点的优点是省工省料，缺点是梁需要现场定位、工地高空焊接，不便于施工。

图 6-79b 梁柱完全采用螺栓连接，所有的螺栓都采用高强摩擦型螺栓；当梁翼缘提供的塑性截面模量小于梁全截面塑性截面模量的 70% 时，梁腹板与柱的连接螺栓不得少于两列；当计算只需一列时，仍应布置两列，且此时螺栓总数不得小于计算值的 1.5 倍。

图 6-79c 为梁腹板与柱翼缘采用高强度螺栓连接，并利用高强度螺栓兼作安装螺栓。横梁安装就位后再把梁上下翼缘与柱翼缘用坡口对接焊缝连接，如图 6-80 所示。这种节点连接包括高强度螺栓和焊缝两种连接件，并要求它们联合或分别承担梁端弯矩和剪力，称为混合连接。

图 6-80 栓焊混合连接施工照片

**2. 节点域验算**

梁与柱刚性连接节点的节点域如图 6-81 所示，由柱的翼缘板和腹板的横向加劲肋所包围，即节点域的边长分别是梁和柱的腹板高度。节点域在周边剪力和弯矩作用下，柱腹板存在屈服和局部失稳的可能性，因此，《钢结构设计标准》（GB 50017—2017）规定：

12.3.2 梁柱采用刚性或半刚性节点时，节点应进行在弯矩和剪力作用下的强度验算。

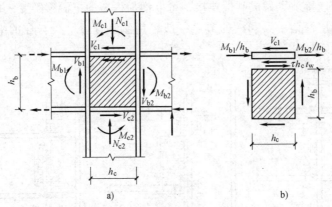

图 6-81 梁与柱刚性连接的节点域

节点域中的应力比较复杂，剪应力 $\tau$ 在节点域的中心最大，剪切屈服由中心开始逐步向四周扩散。由于节点域四周有较强的弹性约束，节点域屈服后，剪切承载力仍可提高。节点域的抗剪承载力与其宽厚比紧密相关，实验表明，当节点域受剪正则化宽厚比 $\lambda_{n,s} \leq 0.6$，节点域剪应力 $\tau$ 达到 $\frac{4}{3} f_v$ 时，节点域仍能保持稳定，因此将节点域屈服剪应力提高到 $\frac{4}{3} f_v$；节点域受剪正则化宽厚比 $\lambda_{n,s} = 0.8$ 是腹板塑性和弹塑性屈曲的拐点，此时节点域抗剪承载力已不适宜提高到 4/3 倍。$0.6 < \lambda_{n,s} \leq 0.8$，节点域抗剪承载力按 $\lambda_{n,s}$ 在 $f_v$ 和 $\frac{4}{3} f_v$ 之间插值计算。

《钢结构设计标准》（GB 50017—2017）12.3.3 规定：

12.3.3 当梁柱采用刚性连接，对应于梁翼缘的柱腹板部位设置横向加劲肋时，节点域应符合下列规定：

1 当横向加劲肋厚度不小于梁的翼缘板厚度时，节点域的受剪正则化宽厚比 $\lambda_{n,s}$ 不应大于 0.8；对单层和低层轻型建筑，$\lambda_{n,s}$ 不得大于 1.2。节点域的受剪正则化宽厚比 $\lambda_{n,s}$ 应按下式计算：

当 $h_c/h_b \geq 1.0$ 时：

$$\lambda_{n,s} = \frac{h_b/t_w}{37\sqrt{5.34+4(h_b/h_c)^2}\varepsilon_k} \quad (12.3.3\text{-}1)$$

当 $h_c/h_b < 1.0$ 时：

$$\lambda_{n,s} = \frac{h_b/t_w}{37\sqrt{4+5.34(h_b/h_c)^2}\varepsilon_k} \quad (12.3.3\text{-}2)$$

式中 $h_c$、$h_b$——分别为节点域腹板的宽度和高度。

2 节点域的承载力应满足下式要求：

$$\frac{M_{b1}+M_{b2}}{V_p} \leqslant f_{ps} \qquad (12.3.3-3)$$

H形截面柱：

$$V_p = h_{b1}h_{c1}t_w \qquad (12.3.3-4)$$

箱形截面柱：

$$V_p = 1.8 h_{b1}h_{c1}t_w \qquad (12.3.3-5)$$

圆管截面柱：

$$V_p = (\pi/2)h_{b1}d_c t_c \qquad (12.3.3-6)$$

式中 $M_{b1}$、$M_{b2}$——分别为节点域两侧梁端弯矩设计值（N·mm）；

$V_p$——节点域的体积（mm³）；

$h_{c1}$——柱翼缘中心线之间的宽度和梁腹板高度（mm）；

$h_{b1}$——梁翼缘中心线之间的高度（mm）；

$t_w$——柱腹板节点域的厚度（mm）；

$d_c$——钢管直径线上管壁中心线之间的距离（mm）；

$t_c$——节点域钢管壁厚（mm）；

$f_{ps}$——节点域的抗剪强度（N/mm²）。

3 节点域的受剪承载力 $f_{ps}$ 应根据节点域受剪正则化宽厚比 $\lambda_{n,s}$ 按下列规定取值：

1) 当 $\lambda_{n,s} \leqslant 0.6$ 时，$f_{ps} = \frac{4}{3}f_v$；

2) 当 $0.6 < \lambda_{n,s} \leqslant 0.8$ 时，$f_{ps} = \frac{1}{3}(7-5\lambda_{n,s})f_v$；

3) 当 $0.8 < \lambda_{n,s} \leqslant 1.2$ 时，$f_{ps} = [1-0.75(\lambda_{n,s}-0.8)]f_v$；

4) 当轴压比 $\frac{N}{Af} > 0.4$ 时，受剪承载力 $f_{ps}$ 应乘以修正系数，当 $\lambda_{n,s} \leqslant 0.8$ 时，修正系数可取为 $\sqrt{1-\left(\frac{N}{Af}\right)^2}$。

当节点域厚度不满足承载力的要求时，对H形截面柱节点域应补强，如图6-82所示：加厚节点域的柱腹板。腹板加厚的范围应伸出梁的上下翼缘外不小于150mm；节点域处焊贴补强板加强。补强板与柱加劲肋和翼缘可采用角焊缝连接，与柱腹板采用塞焊连成整体，塞焊点之间的距离不应大于较薄焊件厚度的 $21\varepsilon_k$ 倍；设置节点域斜向加劲肋加强。

梁柱刚性节点中当工字形梁翼缘采用焊透的T形对接焊缝与H形柱的翼缘焊接，同时对应的柱腹板未设置水平加劲肋时，节点变形如图 6-83 所示。在梁的受压翼缘处（图 6-83b），由梁端弯矩引起的集中压力对柱腹板产生挤压力，应验算：柱腹板计算高度边缘处的局部承压强度以及柱腹板在横向压力作用下的局部稳定；在梁受拉翼缘的拉力作用下（图 6-83c），防止柱翼缘发生横向变形过大，保证梁翼缘应力均匀分布，应验算柱翼缘的厚度。

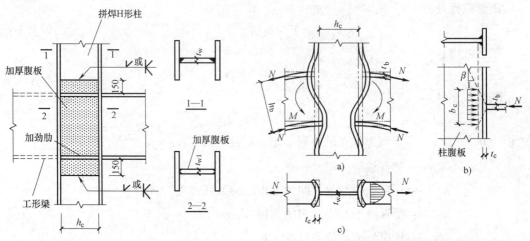

图 6-82 节点域腹板的加强图　　　　图 6-83 梁柱节点变形和柱腹板的受力

在梁的受压翼缘处，柱腹板厚度 $t_w$ 应同时满足：
① 局部承压条件：

$$t_w \geqslant \frac{A_{fb} f_b}{b_e f_c} \tag{6-38}$$

② 局部稳定条件：

$$t_w \geqslant \frac{h_c}{30} \cdot \frac{1}{\varepsilon_{k,c}} \tag{6-39}$$

$$b_e = t_f + 5h_y \tag{6-40}$$

在梁的受拉翼缘处，柱翼缘板的厚度 $t_c$ 应满足下式要求：

$$t_c \geqslant 0.4 \sqrt{A_{ft} f_b / f_c} \tag{6-41}$$

式中　$A_{fb}$ ——梁受压翼缘的截面积（mm²）；
　　　$f_b$、$f_c$ ——梁和柱钢材抗拉、抗压强度设计值（N/mm²）；
　　　$b_e$ ——在垂直于柱翼缘的集中压力作用下，柱腹板计算高度边缘处压应力的假定分布长度（mm）；
　　　$h_y$ ——自柱顶面至腹板计算高度上边缘的距离，对轧制型钢截面取柱翼缘边缘至内弧起点间的距离，对焊接截面取柱翼缘厚度（mm）；
　　　$t_f$ ——梁受压翼缘厚度（mm）；
　　　$h_c$ ——腹板的宽度（mm）；
　　　$\varepsilon_{k,c}$ ——柱的钢号修正系数；
　　　$A_{ft}$ ——梁受拉翼缘的截面积（mm²）。

## 6.7 柱头柱脚设计

框架柱为压弯构件，其柱脚可以做成铰接和刚接两种。铰接柱脚仅传递轴心压力和剪力，刚接柱脚除传递轴心压力和剪力外，还传递弯矩。工程中多采用与基础刚性连接的柱脚。连接构造的基本要求是：传力明确、安全可靠、方便施工、经济合理，且具有足够的刚度。

框架柱柱脚可分为整体式和分离式两类。一般对于实腹式和二分肢间距小于 1.5m 的格构式柱常采用整体式柱脚。分肢间距较大的格构式柱常采用分离式柱脚。

### 6.7.1 整体式柱脚

整体式柱脚由底板、靴梁、隔板、锚栓和锚栓支承托等构成，如图 6-84 所示。

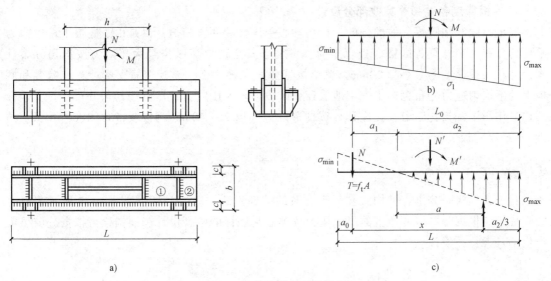

图 6-84 整体式的刚接柱脚

在柱脚设计时，应以柱脚内最不利轴心压力、弯矩和剪力组合来计算，通常计算基础混凝土最大压力和设计底板时，按较大的轴心压力、较大的弯矩组合控制，设计锚栓和支承托座时，按同时发生较小的轴心压力和较大的弯矩组合控制。

**1. 底板面积计算**

根据柱截面、柱脚内力的大小和构造要求初步选取底板的宽度 $b$ 和长度 $L$，宽度方向的外伸长度 $c$ 一般取 20~30mm。然后，按底板下的压应力为直线分布，计算底板对基础混凝土的最大和最小应力为

$$\genfrac{}{}{0pt}{}{\sigma_{max}}{\sigma_{min}} = \frac{N}{bL} \pm \frac{6M}{bL^2} \quad (6-42)$$

式中 $N$、$M$——柱脚所承受的最不利弯矩和轴心压力，取使基础一侧产生最大压应力的内力组合。

如果 $\sigma_{min} > f_c$（混凝土的承压强度设计值），则初选宽度 $b$ 和长度 $L$ 不合适，应修改并重

新计算。

### 2. 锚栓计算

一般柱脚每边各设置 2~4 个直径为 30~75mm 的锚栓。若 $\sigma_{\min} \geq 0$，说明底板全部受压（图 6-84b），锚栓按构造设置，若 $\sigma_{\min} < 0$，说明底板部分受压，锚栓承担全部拉力（图 6-84c），应按计算设置锚栓。根据力矩平衡条件，得到锚栓所受拉力

$$T = \frac{M - Na}{x} \tag{6-43}$$

式中　$a$——轴力 $N$ 到基础受压区合力作用点的距离；
　　　$x$——锚栓至基础受压区合力作用点的距离。

锚栓所需总有效截面面积

$$A_n = T/f_n^t \tag{6-44}$$

式中　$f_n^t$——锚栓抗压强度设计值。

### 3. 底板厚度和柱脚等其他部分设计

底板厚度和柱脚等其他部分的设计与轴心受压柱的柱脚相仿，只是由于底板下压应力为不均匀分布，在计算各区格底板弯矩时，可偏于安全地取该区格最大压应力按均匀分布计算，并且底板厚度不宜小于 20mm。靴梁按悬臂简支梁计算，隔板按简支梁计算，靴梁和底板上的不均匀应力分布也偏于安全地取计算区段内较大压应力，然后按均匀分布计算。锚栓的拉力作用于锚栓托座上，托座顶板按构造设置（厚 20~40mm 钢板或 L160×100×10 以上角钢），托座肋板按悬臂梁计算。

## 6.7.2　分离式柱脚

分离式柱脚是分别在格构式柱每个分肢的端部设置一独立柱脚，如图 6-85 所示。每个独立柱脚应根据分肢可能产生的最大压力按轴心受压柱的柱脚设计，而锚栓可根据分肢可能产生的最大拉力设计。

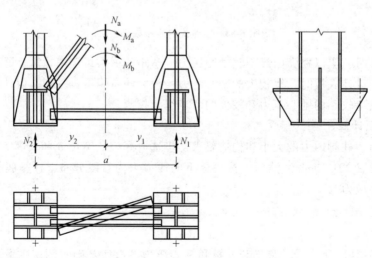

图 6-85　格构柱的分离式柱脚

分离式柱脚的两个独立柱脚所承受的最大压力：

对右肢，有
$$N_r = \frac{N_a y_2}{a} + \frac{M_a}{a} \quad (6\text{-}45)$$

对左肢，有
$$N_l = \frac{N_b y_1}{a} + \frac{M_b}{a} \quad (6\text{-}46)$$

式中 $N_a$、$M_a$——使右肢受力最不利的柱的组合内力；

$N_b$、$M_b$——使左肢受力最不利的柱的组合内力；

$y_1$、$y_2$——右肢及左肢至柱轴线的距离；

$a$——柱截面宽度（两分肢轴线距离）。

## 【习题】

### 一、单选题

1. 钢结构连接中所使用的焊条应与被连接构件的强度相匹配，通常在被连接构件选用 Q345 时，焊条选用（　　）。
   A. E55　　　　B. E50　　　　C. E43　　　　D. 前三种均可

2. 产生焊接残余应力的主要因素之一是（　　）。
   A. 钢材的塑性太低　　　　B. 钢材的弹性模量太高
   C. 焊接时热量分布不均　　D. 焊缝的厚度太小

3. 不需要验算对接焊缝强度的条件是斜焊缝的轴线和外力 $N$ 之间的夹角满足（　　）。
   A. $\tan\theta \leq 1.5$　　B. $\tan\theta > 1.5$　　C. $\theta \geq 45°$　　D. $\theta < 60°$

4. 对于直接承受动力荷载的结构，计算正面直角焊缝时（　　）。
   A. 要考虑正面角焊缝强度的提高　　B. 要考虑焊缝刚度影响
   C. 与侧面角焊缝的计算式相同　　　D. 取 $\beta_f = 1.22$

5. 承受静力荷载的构件，当所用钢材具有良好的塑性时，焊接残余应力并不影响构件的（　　）。
   A. 静力强度　　B. 刚度　　C. 稳定承载力　　D. 疲劳强度

6. 如图 6-86 所示为单角钢（∟80×5）接长连接，采用侧面角焊缝（Q235 钢和 E43 型焊条，$f_f^w = 160\text{N/mm}^2$），焊脚尺寸 $h_f = 5\text{mm}$。连接承载力设计值（静载）＝_____。

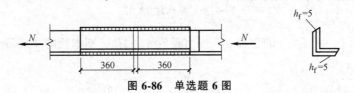

图 6-86　单选题 6 图

A. $2\times 0.7\times 5\times(360-10)\times 160$　　B. $2\times 0.7\times 5\times 360\times 160$
C. $2\times 0.7\times 5\times(60\times 5-10)\times 160$　　D. $2\times 0.7\times 5\times(60\times 5)\times 160$

7. 如图 6-87 所示两块钢板用直角角焊缝连接，最大的焊脚尺寸 $h_{f\max}$ ＝（　　）mm。
   A. 6　　　　B. 8　　　　C. 10　　　　D. 12

图 6-87　单选题 7 图

8. 在满足强度的条件下，图 6-88 所示①号和②号焊缝合理的 $h_f$ 应分别是（　　）。
   A. 4mm，4mm　　　　　　　　B. 6mm，8mm
   C. 8mm，8mm　　　　　　　　D. 6mm，6mm
9. 图 6-89 所示单个螺栓的承压承载力 $N_c^b = d\sum t \cdot f_c^b$ 中，$\sum t$ 为（　　）。
   A. $a+c+e$　　　　　　　　　B. $b+d$
   C. $\max\{a+c+e, b+d\}$　　　D. $\min\{a+c+e, b+d\}$

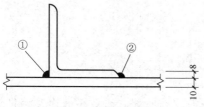

图 6-88　单选题 8 图　　　　　图 6-89　单选题 9 图

10. 每个受剪拉作用的摩擦型高强度螺栓所受的拉力应低于其预拉力的（　　）。
    A. 1.0 倍　　　B. 0.5 倍　　　C. 0.8 倍　　　D. 0.7 倍
11. 一个普通剪力螺栓在抗剪连接中的承载力是（　　）。
    A. 螺杆的抗剪承载力　　　　　B. 被连接构件（板）的承压承载力
    C. 前两者中的较大值　　　　　D. 选项 A 与选项 B 中的较小值
12. 摩擦型高强度螺栓在杆轴方向受拉的连接计算时，（　　）。
    A. 与摩擦面处理方法有关　　　B. 与摩擦面的数量有关
    C. 与螺栓直径有关　　　　　　D. 与螺栓性能等级无关
13. 图 6-90 所示为粗制螺栓连接，螺栓和钢板均为 Q235 钢，则该连接中螺栓的受剪面有（　　）个。
    A. 1　　　　B. 2　　　　C. 3　　　　D. 不能确定

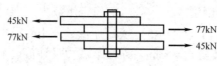

图 6-90　单选题 13 图

14. 一宽度为 $b$，厚度为 $t$ 的钢板上有一直径为 $d_0$ 的孔，则钢板的净截面面积为（　　）。
    A. $A_n = b \times t - \dfrac{d_0}{2} \times t$　　　　　B. $A_n = b \times t - \dfrac{\pi d_0^2}{4} \times t$
    C. $A_n = b \times t - d_0 \times t$　　　　　D. $A_n = b \times t - \pi d_0 \times t$
15. 剪力螺栓在破坏时，若栓杆细而连接板较厚，易发生（　　）破坏；若栓杆粗而连接板较薄，易发生（　　）破坏。
    A. 栓杆受弯　　　B. 构件挤压　　　C. 构件受拉　　　D. 构件冲剪
16. 摩擦型高强度螺栓连接受剪破坏时，作用剪力超过了（　　）。
    A. 螺栓的抗拉强度　　　　　　B. 连接板件间的摩擦力
    C. 连接板件间的毛截面强度　　D. 连接板件的孔壁的承压强度

## 二、简答题

1. 焊缝质量等级如何划分和应用？
2. 普通螺栓和高强度螺栓的材料性能等级如何表示？
3. 说明常用焊缝代号表示的意义。
4. 角焊缝的尺寸有哪些要求？角焊缝在各种应力作用下如何计算？
5. 正面角焊缝和侧面角焊缝在受力上有什么不同？
6. 焊接残余应力和残余变形对结构工作有什么影响？如何减小焊接应力和焊接变形？
7. 螺栓的排列有哪些形式和规定？普通螺栓连接有哪几种破坏形式？
8. 高强度螺栓连接有哪些类型？高强度螺栓连接在各种力作用下如何计算？
9. 螺栓群在扭矩作用下，在弹性受力阶段受力最大的螺栓其内力值是在什么假定条件下求得的？

## 三、计算题

1. 试设计如图 6-91 所示用拼接盖板的对接连接。已知钢板宽 $B=270\text{mm}$，厚度 $t=26\text{mm}$，拼接盖板厚度 $t=16\text{mm}$，该连接承受的静态轴心力 $N=1400\text{kN}$（设计值），钢材为 Q235B，手工焊，焊条为 E43 型。

2. 试设计如图 6-92 所示双角钢与节点板的连接。已知：轴心力设计值 $N=500\text{kN}$，角钢为 $2\llcorner 90\times 8$，节点板厚度为 12mm，钢材 Q235，焊条 E43 型，手工焊。（1）采用侧焊缝；（2）采用三面围焊。

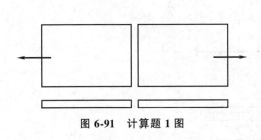

图 6-91  计算题 1 图

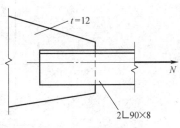

图 6-92  计算题 2 图

3. 有一支托角钢，两边用角焊缝与柱相连，如图 6-93 所示，钢材为 Q345A，焊条为 E50 型，手工焊，试确定焊缝厚度。已知：外力设计值 $N=400\text{kN}$，偏心距 $e=20\text{mm}$。

4. 试求如图 6-94 所示连接的最大承载力。钢材为 Q235B，焊条为 E43 型，手工焊，角焊缝焊脚尺寸 $h_f=8\text{mm}$，偏心距 $e_1=300\text{mm}$。

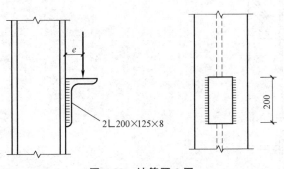

图 6-93  计算题 3 图

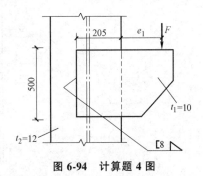

图 6-94  计算题 4 图

5. 试设计如图 6-95 所示牛腿与柱的连接角焊缝。钢材 Q235，焊条 E43 型，手工焊，外力设计值 $N=98$ kN（静力荷载），偏心距 $e=120$ mm（注意 $N$ 对水平焊缝也有偏心）。

6. 某跨度为 8m 的简支梁的截面和荷载（设计值），如图 6-96 所示。在距支座 2.4m 处有翼缘和腹板的拼接连接，试设计其拼接的对接焊缝。已知钢材 Q235，采用 E43 型焊条，手工焊，三级焊缝，施焊时采用引弧板。

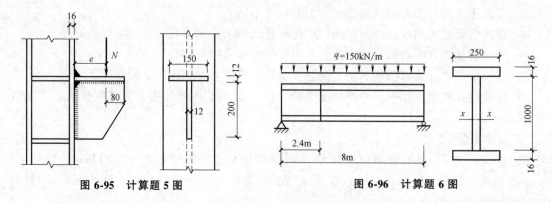

图 6-95　计算题 5 图　　　　图 6-96　计算题 6 图

7. 如图 6-97 所示两钢板截面为 $-18\times400$，两面用盖板连接，钢材 Q235，采用 M20 普通 C 级螺栓连接，$d_0=21.5$ mm，按图示连接，求连接最大承载力设计值。

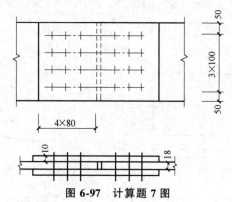

图 6-97　计算题 7 图

8. 试验算如图 6-98 所示螺栓连接的强度。C 级普通螺栓 M20，钢材为 Q235B。

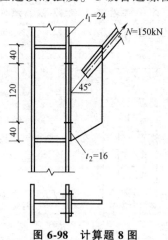

图 6-98　计算题 8 图

9. 试验算如图 6-99 所示的摩擦型高强度螺栓连接,钢材为 Q235,螺栓为 10.9 级,M20,连接接触面采用喷砂处理,则 $P=155$ kN, $\mu=0.45$。

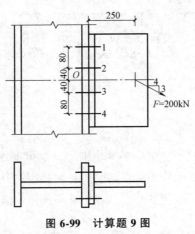

图 6-99 计算题 9 图

10. 如图 6-100 所示,钢材为 Q235 钢,焊条为 E43 型,已知:$f=215\text{N}/\text{mm}^2$, $f_f^w=160\text{N}/\text{mm}^2$,采用摩擦型高强度螺栓 M20 连接,螺栓孔为 $\phi21.5$mm,每个螺栓预拉力 $P=155$kN(10.9 级),摩擦面喷砂后涂富锌漆,抗滑移系数 $\mu=0.45$,静力荷载作用。验算高强螺栓连接是否安全。

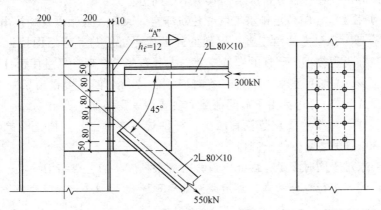

图 6-100 计算题 10 图

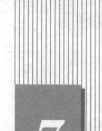

# 第 7 章 普通钢屋架设计

屋架是由各种直杆相互连接组成的一种平面桁架。在横向节点荷载作用下，各杆件产生轴心压力或轴心拉力，因而杆件截面应力分布均匀，材料利用充分，与实腹梁相比，具有用钢量小、自重轻、刚度大、便于加工成型的特点，在工业与民用建筑的屋盖结构中得到广泛运用。

## 7.1 屋架的选型及结构特点

### 7.1.1 屋架选型的原则

屋架的选型应该经过综合分析确定，其基本原则是：

（1）满足使用要求 应满足排水坡度、建筑净空、天窗、顶棚以及悬挂吊车的要求。

（2）受力合理 从受力的角度看，屋架的外形应尽可能与其弯矩图接近，这样能使杆件受力均匀，腹杆受力较小。腹杆的布置应使内力分布趋于合理，尽量使长杆受拉，短杆受压，腹杆数目宜少，总长度宜短。腹杆布置时应注意使荷载都作用在桁架的节点上（石棉瓦等轻屋面的屋架除外），避免由于节间荷载而使弦杆承受局部弯矩。

（3）施工要求 屋架的节点数量宜减少，杆件规格宜少，节点构造简单合理，斜腹杆的倾角一般在 30°～60°之间，便于制造。

上述各项要求难于同时满足，因此，设计时应根据屋架的主要结构特点，在全面分析的基础上根据具体情况进行综合考虑，确定屋架的合理形式。

### 7.1.2 屋架的外形及结构特点

常见的钢屋架外形有三角形、梯形、平行弦、曲拱形和梭形等。

1）三角形屋架。三角形屋架适用于陡坡屋面。腹杆布置常采用芬克式（图 7-1a）和人字式（图 7-1b）。芬克式的腹杆虽然数量多，但是大多数比较短，且长腹杆受拉、短腹杆受压，受力相对合理。上弦杆可以根据需要划分成等距离节间，整个屋架还可以划分为两榀小屋架，运输方便。人字式屋架腹杆节点数较少，但受压腹杆较长，适用于小跨度情况。

因为屋架在荷载作用下的弯矩图是抛物线分布，与三角形相差悬殊，致使屋架弦杆受力不均匀，支座处内力较大、跨中内力较小，弦杆的截面不能充分发挥作用，而且支座处上下弦夹角过小，使支座节点的构造复杂。为了改善这种情况，可以使下弦向上曲折，成为上折式三角形屋架，如图 7-1c 所示。

2）梯形屋架。梯形屋架适合于坡度较为平缓的屋面，坡度一般在 1/8～1/12。其外形接近弯矩图,因为弦杆内力沿跨度分布较均匀,用料较经济。梯形屋架可以与柱铰接或者刚接,刚接可以提高建筑物横向刚度。梯形屋架的腹杆体系可以采用单斜式(图7-1d)、人字式(图7-1e)和再分式(图7-1f)。人字式腹杆体系的腹杆总长度短,节点较少。当屋架下弦要做顶棚或者需设置吊杆时,常采用单斜式腹杆。人字形屋架的上弦节间距可以做到3m,而大型屋面板宽度多为1.5m。为了避免上弦承受局部弯矩,可采用再分式腹杆,将节间距减少至1.5m。

3) 平行弦屋架。屋架的上下弦杆相平行,如图7-1g所示,这种形式多用于单坡屋盖和双坡屋盖或作托架、吊车制动桁架和支撑体系。特点是杆件规格化,节点构造统一,因而便于制造,弦杆内力分布不均匀。

4) 曲拱形屋架。如图7-1h所示,由于屋架外形与弯矩图接近,弦杆内力较均匀,腹杆内力较小,但上弦(或下弦)弯成曲线形比较费工,如果改成折线形比较好。由于曲拱形屋架造型美观,应用日益广泛,如近年来新建的大型农贸市场,很多采用曲拱形屋架。

5) 梭形屋架。如图7-1i所示,外形与通常抛物线弯矩图的形状较为接近,故全跨弦杆内力较为均匀,腹杆内力较小,受力合理。但因构造和制造较为复杂,实际应用较少。

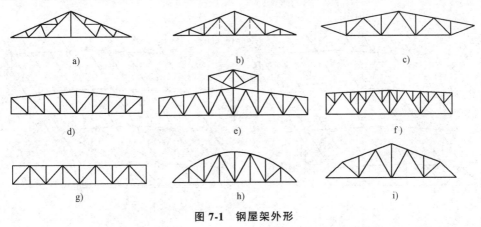

图 7-1　钢屋架外形

## 7.2　屋盖支撑体系

平面屋架在其本身平面内,由于弦杆与腹杆构成了几何不变铰接体系而具有较大的刚度,能承受屋架平面内的各种荷载。但是在垂直于屋架平面方向(屋架平面外),不设支撑体系的平面屋架刚度和稳定性则很差,不能承受水平荷载。因此,为使屋架结构具有足够的空间刚度和稳定性,需根据结构布置特点设置各种支撑体系,把平面屋架联系起来,使屋盖结构组成一个整体刚度较大的空间结构体系。

### 7.2.1　支撑的种类

屋盖支撑系统包括下列四类:

1) 横向水平支撑。根据其位于屋架的上弦平面还是下弦平面,又可分为上弦横向水平支撑和下弦横向水平支撑两种。

2) 纵向水平支撑。设于屋架的上弦或下弦平面,布置在沿柱列的各屋架端部节间部位。

3) 垂直支撑。位于两屋架端部或跨间某处的竖向平面内。

4)系杆。根据其是否能抵抗轴心压力而分成刚性系杆和柔性系杆两种。通常刚性系杆采用由双角钢组成的十字形截面,而柔性系杆截面则为单角钢。在轻型屋架中柔性系杆也可采用张紧的圆钢。

### 7.2.2 支撑的作用

1)保证结构的几何稳定性。如图7-2a所示仅由平面桁架和檩条及屋面材料组成的屋盖结构,是一个不稳定的体系,在某种荷载作用下或者安装时,简支在柱顶上的所有屋架有可能向一侧倾倒。如果将某些屋架在适当部位用支撑联系起来,成为稳定的空间体系(图7-2b),其余屋架再由檩条或其他构件连接在这个空间稳定体系上,就形成了稳定的屋盖结构体系。

2)避免压杆侧向失稳,防止拉杆产生过大的振动。支撑可作为屋架上弦杆(压杆)的侧向支撑点(图7-2b),减少弦杆在屋架平面外的计算长度,保证受压弦杆的侧向稳定,对于受拉的下弦杆,也可以减少平面外的计算长度,并可避免在某些动力作用下(例如吊车运行时)产生过大振动。

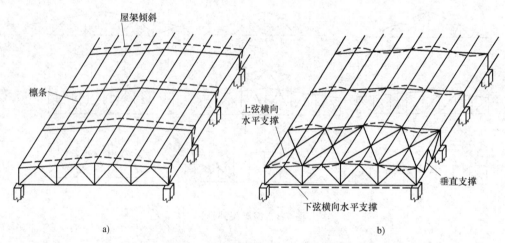

图 7-2 屋盖支撑作用示意图

3)承受和传递纵向水平力(风荷载、悬挂吊车纵向制动力、地震荷载等)。房屋两端的山墙挡风面积较大,所承受的风压力或风吸力有一部分将传递到屋面平面(也可传递到屋架下弦平面),这部分的风荷载必须由屋架上弦平面横向支撑(有时同时设置下弦平面横向支撑)承受。所以,这种支撑一般都设在房屋两端,就近承受风荷载并把它传递给柱(或柱间支撑)。

4)保证结构在安装和架设过程中的稳定性。屋盖的安装工作一般是从房屋温度区段的一端开始的,首先用支撑将两相邻的屋架连系起来组成一个基本空间稳定体,在此基础上即可顺序进行其他构件的安装。因此,支撑能加强屋盖结构在安装中的稳定性,为保证安装质量和施工安全创造了良好的条件。

### 7.2.3 屋盖支撑的布置

**1. 上弦横向水平支撑**

在通常情况下,无论有檩屋盖还是无檩屋盖,在屋架上弦和天窗架上弦均应设置横向水

平支撑。横向水平支撑一般应设置在房屋两端或纵向温度区段两端，如图 7-3 所示。有时在

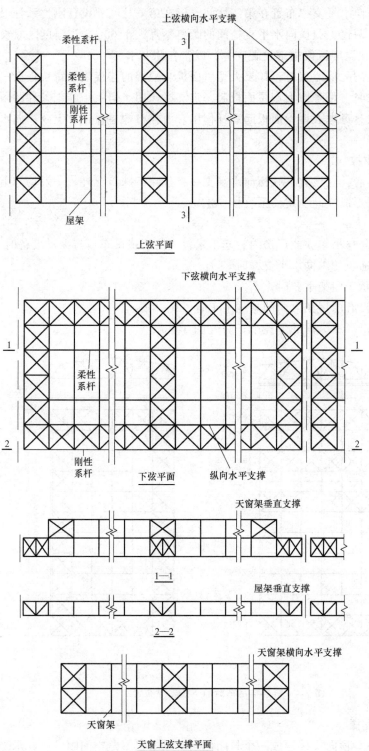

图 7-3 屋盖支撑布置

山墙承重或设有纵向天窗但此天窗又未到温度区段尽端而退一个柱间断开时，为了与天窗支撑配合，可将屋架的横向水平支撑布置在第二柱间，但在第一柱间要设置刚性系杆以支持端屋架和传递端墙风力。两道上弦横向水平支撑间的距离不宜大于60m，当温度区段长度较大（大于60m）时，尚应在温度区段中部设置支撑，以符合此要求。

当采用大型屋面板的无檩屋盖时，如果大型屋面板与屋架的连接满足每块板有三点支撑处进行焊接等构造要求时，可考虑大型屋面板起一定支撑作用。但由于施工条件的限制，很难保证焊接质量，一般只考虑大型屋面板起系杆作用。而在有檩屋盖中，上弦横向水平支撑的横杆可用檩条代替。

**2. 下弦横向水平支撑**

凡属下列情况之一者，宜设置下弦横向水平支撑，且除特殊情况外，一般均与上弦横向支撑布置在同一开间以形成空间稳定体系（图7-4）。

1）屋架跨度大于18m。
2）屋架下弦设有悬挂吊车，或厂房内有起重量较大的桥式吊车或有振动设备时。
3）屋架下弦设有通长的纵向水平支撑时。
4）端墙抗风柱支承于屋架下弦时。
5）屋架与屋架间设有沿屋架方向的悬挂吊车时（图7-4a）。
6）屋架下弦设有沿厂房纵向的悬挂吊车时（图7-4b）。

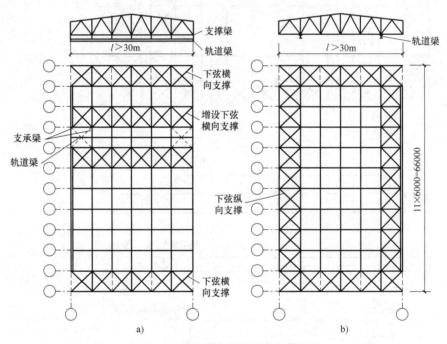

图7-4 有悬挂吊车时的下弦支撑布置

**3. 下弦纵向水平支撑**

下弦纵向水平支撑与横向支撑形成一个封闭体系，以增强屋盖空间刚度，并承受和传递吊车横向水平制动力。

凡属下列情况之一者，宜设置下弦纵向水平支撑：

1）当房屋较高、跨度较大、空间刚度要求较高时。
2）当厂房横向框架计算考虑空间工作时。
3）设有重级或大吨位的中级工作制吊车时。
4）设有较大振动设备时。
5）当设有托架时。

单跨厂房一般沿两纵向柱列设置，多跨厂房则要根据具体情况，沿全部或部分纵向柱列设置。设有托架的屋架，为保证托架的侧向稳定，在托架处必须布置下弦纵向支撑，并由托架两端各延伸一个柱间，如图7-5所示。

**4. 竖向支撑**

无论是有檩屋盖还是无檩屋盖，通常均应设置垂直支撑。它的作用是使相邻屋架和上下横向水平支撑所组成的四面体构成空间几何不变体系，以保证屋架在使用和安装时的整体稳定。因此，屋架的垂直支撑与上、下弦横向水平支撑设置在同一柱间。

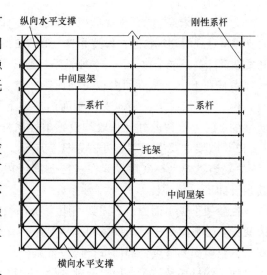

图 7-5 托架处下弦纵向支撑布置

对梯形屋架、人字形屋架或其他端部有一定高度的多边形屋架，必须在屋架端部布置垂直支撑。此外，尚应按下列条件设置中部的垂直支撑：当屋架跨度小于或等于30m时，一般在屋架端部和跨中布置三道垂直支撑（图7-6a）；当跨度大于30m时，则应在跨度1/3左右的竖杆平面内各设一道垂直支撑图（图7-6b）；当有天窗时，宜设在天窗架下面（图7-6b）。若屋架端部有托架时，就用托架来代替，不另设垂直支撑。

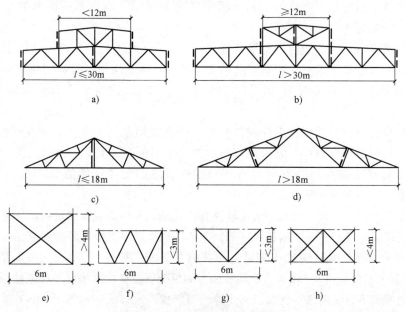

图 7-6 竖向支撑的布置及形式

对三角形屋架的垂直支撑，当屋架跨度小于或等于 18m 时，可仅在跨度中央设置一道（图 7-6c）；当跨度大于 18m 时，宜设置两道（在跨度 1/3 左右处各设置一道）（图 7-6d）。

天窗架垂直支撑一般在天窗两侧柱平面内布置，当天窗架的宽度大于 12m 时，还应在天窗中央设置一道。

**5. 系杆**

为了支持未连支撑的平面屋架和天窗架，保证它们的稳定和传递水平力，应在横向支撑或垂直支撑节点处沿建筑物通长设置系杆（图 7-2、图 7-5）。系杆分刚性系杆（既能受拉也能受压）和柔性系杆（只能受拉）两种。刚性系杆通常采用圆管或双肢角钢，柔性系杆采用单角钢。

系杆在上、下弦平面内按下列原则布置：

1）一般情况下，竖向支撑平面内屋架上下弦节点处应该设置通长的系杆，且除了下面所述的 2）、3）情况外，一般均设置柔性系杆。

2）屋架主要支承节点处的系杆、屋架上弦屋脊节点设置通长的刚性系杆。

3）当横向水平支撑设置在房屋温度区段端部第二柱间时，第一柱间应设置刚性系杆。其余开间可采用柔性系杆或刚性系杆。

在屋架下弦平面内，当屋架间距为 6m 时，在屋架端部处、下弦杆有折弯处、与柱刚接的屋架下弦端节间受压但未设纵向水平支撑的节点处、跨度大于或等于 18m 的芬克式屋架的主斜杆与下弦相交的节点处等部位皆应设置系杆。当屋架间距大于或等于 12m 时支撑杆件截面将大大增加，钢材耗量较多，比较合理的做法是将水平支撑全部布置在上弦平面内并利用檩条作为支撑体系的压杆和系杆，而作为下弦侧向支撑的系杆可用支于檩条的隅撑代替。

### 7.2.4 屋盖支撑的形式和构造

屋架的横向和纵向水平支撑均为平行弦桁架，屋架或托架的弦杆均可兼作支撑桁架的弦杆，斜腹杆一般采用十字交叉式（图 7-6e），斜腹杆和弦杆的交角值在 30°~60° 之间，通常横向水平支撑节点间的距离为屋架上弦节间距离的 2~4 倍，纵向水平支撑的宽度取屋架端节间的长度，一般为 3~6m。

屋架竖向支撑也是一个平行弦桁架（图 7-6f、g、h），其上、下弦可兼作水平支撑的横杆。有的竖向支撑还兼作檩条，屋架间竖向支撑的腹杆体系应根据其高度与长度之比采用不同的形式，如交叉式、V 式或 W 式（图 7-6e、f、g、h）。天窗架垂直支撑的形式也可按（图 7-6e、f、g、h）选用。

支撑中的交叉斜杆以及柔性系杆按拉杆设计，通常用单角钢做成；非交叉斜杆、弦杆、横杆以及刚性系杆按压杆设计，宜采用双角钢做成 T 形截面或十字形截面，其中横杆和刚性系杆常用十字形截面使在两个方向具有等稳定性。屋盖支撑杆件的节点板厚度通常采用 6mm，对重型厂房屋盖宜采用 8mm。

屋盖支撑受力较小，截面尺寸一般由杆件容许长细比和构造要求决定，但对兼作支撑桁架的弦杆、横杆或端竖杆的檩条或屋架竖杆等，其长细比应满足支撑压杆的要求，即 $[\lambda]=200$；兼作柔性系杆的檩条，其长细比应满足支撑拉杆的要求，即 $[\lambda]=400$（一般情况）或 350（有重级工作制吊车的厂房）。对于承受端墙风力的屋架下弦横向水平支撑和刚性系杆，以及承受侧墙风力的屋架下弦纵向水平支撑，当支撑桁架跨度较大（大于或等于 24m）或承受风荷载较大（风压力的标准值大于 0.5kN/m²）时，或垂直支撑兼作檩条以及考虑厂房结构的工作空间而用纵向水平支撑作为柱的弹性支撑时，支撑杆件除应满足长细比要求外，尚应按桁架体系计算内力，并据此内力按强度或稳定性选择截面并计算其连接。

具有交叉斜腹杆的支撑桁架属于超静不定体系，计算时通常将斜腹杆视为柔性杆件，只能受拉不能受压。因而每节间只有受拉的斜腹杆参与工作，如图 7-7 所示的荷载作用下，实线斜杆受拉，虚线的杆件因受压而不参与工作。在相反方向的荷载作用下，则虚线斜杆件受拉，实线受压杆件不参与工作。

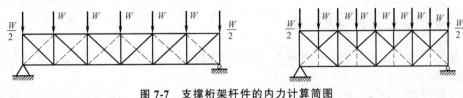

**图 7-7 支撑桁架杆件的内力计算简图**

屋架支撑的连接构造应简单，便于安装。通常采用普通 C 级螺栓，每一杆件接头处的螺栓数不少于 2 个，螺栓直径一般为 20mm，与天窗架或轻型钢屋架连接的螺栓直径可用 16mm。有重级工作制吊车或有较大振动设备的厂房中，屋架下弦支撑和系杆（无下弦支撑时为上弦支撑和隅撑）的连接，宜采用高强螺栓，或 C 级螺栓再加焊缝将节点板固定，每条焊缝的焊脚高度尺寸不宜小于 6mm，长度不宜小于 80mm。仅采用螺栓连接而不加焊缝时，在构件校正固定后，可将螺纹处打毛或者将螺杆与螺母焊接，以防止松动。支撑与屋架的连接构造详如图 7-8 所示。

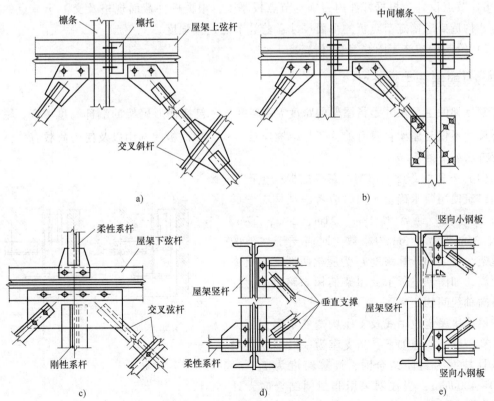

**图 7-8 支撑与屋架的连接构造**

## 7.3 普通钢屋架设计

钢屋架是平面桁架屋盖结构体系中的主要承重结构,它对整个屋盖结构的安全性、经济性起到至关重要的作用。本节以屋盖结构中的普通钢屋架(区别于轻型钢屋架的钢桁架)为设计对象,并结合实际情况介绍其设计的主要内容。

### 7.3.1 钢屋架设计内容及步骤

1) 屋架的选型。屋架形式的选取及有关尺寸的确定(包括屋架的外形、腹杆布置及主要尺寸确定等)。

2) 荷载计算。计算永久荷载(包括屋面材料、保温材料、檩条及屋架、支撑等的自重)、屋面均布活荷载、雪荷载、风荷载、积灰荷载等。

3) 内力计算。通常先计算单位荷载(包括满跨布置和半跨布置)作用下屋架中各杆件的内力,即内力系数,内力系数乘以荷载设计值即得相应荷载作用下杆件的内力设计值。

4) 内力组合。确定各杆件的最不利内力。

5) 屋架的杆件设计。根据杆件的位置、支撑情况等确定杆件的计算长度;选取杆件截面形式;初选截面尺寸;根据杆件的最不利内力按轴心受拉、轴心受压或拉压弯构件进行杆件截面设计(验算杆件强度、刚度、稳定性是否满足要求)。

6) 节点设计。根据杆件内力确定节点板厚度;根据杆件截面规格及交汇于节点的腹杆内力和构造要求确定节点板的平面尺寸;验算节点连接强度。

7) 绘制屋架施工图并编制材料表。

### 7.3.2 钢屋架主要尺寸

钢屋架的主要尺寸是指屋架的跨度 $l$ 和高度 $h$(包括梯形屋架的端部高度 $h_0$)。屋架的主要尺寸不仅与屋架自身有关,还与结构连接方式、屋面板的选用以及使用荷载有关,具体确定方法如下。

(1) 屋架的跨度  屋架的跨度应根据生产工艺和建筑使用要求确定,同时应考虑结构布置的经济合理性。通常为 18m、21m、24m、27m、30m、36m 等,以 3m 为模数。对简支于柱顶的钢屋架,屋架的计算跨度 $l_0$ 为屋架两端支座反力的距离,如图 7-9 所示,屋架的标志跨度 $l$ 为柱网横向轴线间的距离。

根据房屋定位轴线及支座构造的不同,屋架的计算跨度的取值如下:当支座为一般钢筋混凝土柱且柱网为封闭结合时,计算跨度为 $l_0 = l - (300 \sim 400\text{mm})$;当柱网采用非封闭结合时,计算跨度为 $l_0 = l$。

(2) 屋架的高度

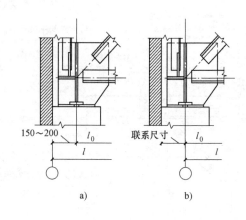

图 7-9 屋架的计算跨度

1) 总则。屋架高度取决于建筑要求、屋面坡度、运输界限、刚度要求和经济要求等因素，屋架的最小高度应满足允许挠度$[f]=l/500$的要求，最高高度不能超过运输界限，例如铁路运输界限为3.85m。对于梯形屋架，通常首先根据屋架形式和工程经验确定端部尺寸$h_0$，然后根据屋面材料和屋面坡度确定屋架跨中高度。

2) 具体取值。

① 三角形屋架的高度$h$，当坡度$i=1/2\sim 1/3$时，$h=(1/4\sim 1/6)l$。

② 平行弦屋架和梯形屋架的中部高度主要由经济高度决定，一般为$h=(1/6\sim 1/10)l$。

③ 梯形屋架的端部高度按如下若干情况取值：

梯形屋架的端部高度$h_0$，当屋架与柱刚接时，取$h_0(1/10\sim 1/16)l$，当屋架与柱铰接时，取$h_0 \geq (1/18)l$；陡坡梯形屋架的端部高度，一般取$h_0=0.5\sim 1.0$m；平坡梯形屋架取$h_0=1.8\sim 2.1$m。

以上尺寸中，当跨度较小时取下限，屋架跨度越大，$h_0$取值越大。

3) 其他尺寸的确定。当屋架的外形和主要尺寸（跨度、高度）确定后，屋架中各杆件的几何尺寸（长度）即可根据三角函数或投影关系求得。一般可借助计算机或直接查阅有关设计手册或图集完成。

### 7.3.3 屋架荷载计算与组合

**1. 荷载计算**

作用在屋架上的荷载有永久荷载和可变荷载两大类，应根据《建筑结构荷载规范》（GB 50009—2012）计算。

（1）永久荷载　屋架上的永久荷载包括屋面板、屋面构造层材料、檩条、屋架、支撑及天窗的自重。其中屋面板和屋面构造层材料的自重常按屋面的实际面积计算，并按几何投影关系确定按屋面水平投影面积计算的自重值。屋架和支撑的自重则按照屋面的水平投影面积计算，常用经验公式估算：

$$g = 0.117 + 0.011l \quad (kN/m^2) \tag{7-1}$$

式中　$l$——屋架的跨度（m），式中未包括天窗架自重在内。

（2）屋面活荷载（也称为可变荷载）。按屋面水平投影面积计算，由表7-1取值（不与雪荷载同时组合，取两者中的较大值）。

表7-1 屋面均布活荷载取值

| 项次 | 类别 | 标准值/(kN/m²) | 组合值系数 $\psi_c$ | 频遇值系数 $\psi_f$ | 准永久值系数 $\psi_q$ |
|---|---|---|---|---|---|
| 1 | 不上人屋面 | 0.5 | 0.7 | 0.5 | 0 |
| 2 | 上人屋面 | 2.0 | 0.7 | 0.5 | 0.4 |
| 3 | 屋顶花园 | 3.0 | 0.7 | 0.6 | 0.5 |

注：1. 不上人的屋面，当施工荷载较大时，应按实际情况采用；对不同结构应按有关设计规范的规定，将标准值作0.2kN/m²的增减。

2. 上人的屋面，当兼作其他用途时，应按相应楼面荷载采用。

3. 对于因屋面排水不畅、堵塞等引起的积水荷载，应采取构造措施加以防止；必要时，应按积水的可能深度确定屋面荷载。

4. 屋顶花园活荷载不包括花圃土石等材料自重。

(3) 屋面积灰荷载 首先应该明确,屋面积灰荷载应与雪荷载或不上人的屋面均布活荷载二者中的较大值同时考虑,具体按如下规定取值:

1) 设计生产中有大量排灰的厂房及其临近建筑时,对于具有一定除尘设施和保证清灰制度的机械、冶金、水泥等厂的厂房屋面,其水平投影面积灰荷载应分别按《建筑结构荷载规范》中的规定采用。

2) 对于屋面上易形成灰堆处,当设计屋面板、檩条时,积灰荷载标准值可乘以下列规定的增大系数:

在高低跨处两倍于屋面高差但不大于6m的分布宽度内取2.0;在天沟处不大于3m的分布宽度内取1.4。

(4) 雪荷载 屋面水平投影面上的雪荷载标准值为:

$$s_k = \mu_r s_0 \tag{7-2}$$

式中 $s_0$——基本雪压,随地区不同而异,按《建筑结构荷载规范》(GB 50009—2012)的规定取值;山区的基本雪压应通过实际调查确定;在无实际资料时,可按当地空旷平坦地面的基本雪压乘以系数1.2采用;

$\mu_r$——屋面积雪分布系数,随屋面的形式和坡度而变化,按《建筑结构荷载规范》(GB 50009—2012)的规定取值。

(5) 风荷载。垂直于屋面的风荷载标准值为:

$$w_k = \beta_z \mu_s \mu_z w_0 \tag{7-3}$$

式中 $w_0$——基本风压,是以当地比较空旷平坦地面上离地10m高处统计所得的50年一遇平均最大风速 $v_0$ (m/s) 为基准,按 $w_0 = v_0^2/1600$ 确定的风压值,荷载规范中给出了全国基本风压分布图,且最小值规定为0.3kN/m²;

$\beta_z$——高度为z处的风振系数,以考虑风压脉动的影响,钢屋架设计取 $\beta_z = 1.0$;

$\mu_z$——风压高度变化系数,按荷载规范取值,具体根据地面粗糙度不同而定,地面粗糙度分A、B、C、D四类,A类指近海海面、海岛、海岸、湖岸及沙漠地区,B类指田野、乡村、丛林、丘陵以及房屋比较稀疏的中、小城镇和大城市的郊区,C类指有密集建筑群的城市市区,D类指有密集建筑群且房屋较高的城市市区,设计钢屋架以屋架高度的中点离地面的高度作为选用风压高度变化系数 $\mu_z$ 时的根据;

$\mu_s$——风荷载体型系数,随房屋的体型、风向等而变化。重要且体型复杂的建筑物的 $\mu_s$ 值应通过风洞试验确定。荷载规范中给出了一些常用房屋和构筑物的 $\mu_s$ 值。图7-10摘录了其中两种情况的 $\mu_s$ 值,其一为封闭式双坡屋面,另一为带天窗的封闭式双坡屋面。图中的正值表示压力,负值表示吸力。由图可见,对常用坡度的屋面不论是向风面或背风面,风荷载主要是吸力,只在天窗架面向风面处为压力。

(6) 其他荷载 其他荷载是指在某些情况下需考虑的荷载。例如,用于民用或公共建筑的屋架下弦常有吊顶及装饰品,吊顶及装饰品的自重应以恒荷载考虑并假设作用于屋架的下弦节点上。又如工厂车间的屋架上常有悬挂吊车,此吊车荷载就是屋架承受的一种活荷载。

2. 荷载组合

永久荷载和各种可变荷载的不同组合将对杆件引起不同的内力。设计时应考虑各种可能

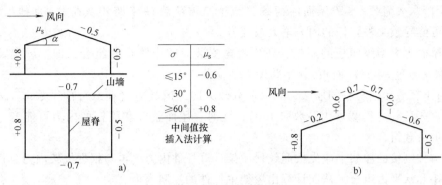

**图 7-10 风荷载体型系数**
a) 封闭式双坡屋面 b) 带天窗的封闭式双坡屋面

的荷载组合，并对每根杆件分别比较考虑哪一种组合引起的内力最不利，取其作为该杆件的设计内力。

根据式（7-4）和式（7-5）考虑由可变荷载效应控制的组合和由永久荷载效应控制的组合两种情况。

可变荷载效应控制的组合：

$$\gamma_0(\gamma_G \sigma_{Gk} + \gamma_{Q1} L_1 \sigma_{Q1k} + \sum_{i=2}^{n} \gamma_{Qi} \varphi_{ci} L_i \sigma_{Qik}) \leq f \tag{7-4}$$

永久荷载效应控制的组合：

$$\gamma_0(\gamma_G \sigma_{Gk} + \sum_{i=1}^{n} \gamma_{Qi} \varphi_{ci} \sigma_{Qik}) \leq f \tag{7-5}$$

式中 $\gamma_0$——结构重要性系数，对安全等级为一级或设计使用年限为 100 年及以上的结构构件，不应小于 1.1；对安全等级为二级或设计使用年限为 50 年的结构构件，不应小于 1.0；对安全等级为三级或设计使用年限为 5 年的结构构件，不应小于 0.9；

$\sigma_{Gk}$——永久荷载标准值在结构构件截面或连接中产生的应力；

$\sigma_{Q1k}$——起控制作用的第一个可变荷载标准值在结构构件截面或连接中产生的应力（该值使计算结果为最大）；

$\sigma_{Qik}$——其他第 $i$ 个可变荷载标准值在结构构件截面或连接中产生的应力；

$\gamma_G$——永久荷载分项系数，当永久荷载效应对结构构件的承载能力不利时取 1.2，但对式（7-5）则取 1.35；当永久荷载效应对结构构件的承载力有利时，取 1.0；验算结构倾覆、滑移或漂浮时取 0.9；

$\gamma_{Q1}$、$\gamma_{Qi}$——第 1 个和其他第 $i$ 个可变荷载分项系数，当可变荷载效应对结构构件的承载能力不利时，取 1.4（当楼面活荷载大于 4.0kN/m² 时，取 1.3）；有利时，取 0；

$\varphi_{ci}$——第 $i$ 个可变荷载的组合值系数，可按荷载规范的规定采用。

(1) 与柱铰接的屋架，引起屋架杆件最不利内力的各种可能荷载组合有以下几种：

1) 全跨永久荷载+全跨可变荷载。可变荷载中屋面活荷载与雪荷载不同时考虑，设计时取两者中的较大值与积灰荷载、悬挂吊车荷载组合。

2) 全跨永久荷载+半跨屋面活荷载（或半跨雪荷载）+半跨积灰荷载+悬挂吊车荷载。这种组合可能导致某些腹杆的内力增大或变号。

对于屋面为大型屋面板的屋架，还应考虑安装时的半跨荷载组合，即：屋架及天窗架（包括支撑）自重+半跨屋面板重+半跨屋面活荷载。

3) 对于轻质屋面材料的屋架，当风荷载较大时，风吸力（荷载分项系数取1.4）可能大于屋面永久荷载（荷载永久系数取1.0）；此时，屋面弦杆和腹杆的内力可能变号，故必须考虑此项荷载组合。

(2) 与柱刚接的屋架　应先按照铰接屋架计算杆件内力，再与根据框架内力分析得到的屋架端弯矩和水平力组合，从而计算出屋架中杆件的控制内力。

屋架端弯矩和水平力的最不利组合可分为以下四种情况，如图7-11所示。

1) 主要使下弦可能受压的组合，即左端为+$M_{1max}$和-H，右端为-$M_2$和-H，如图7-11a所示。
2) 使上、下弦内力增加的组合，即左端为+$M_{1max}$和+H，右端为+$M_2$和+H，如图7-11b所示。
3) 使斜腹杆内力最不利的组合，分两种情况：一是左端为-$M_{1max}$，右端为+$M_2$，如图7-11c所示。

另一种是左端为+$M_{1max}$，右端为-$M_2$，如图7-11d所示。

上面所有组合，应使一端弯矩最大，水平力和另一端的弯矩相对应。

分析屋架杆件内力时，将弯矩$M$等效为作用在屋架上下端的一对大小相等、方向相反的水平力$H=M/h_0$，如图7-11e所示，水平力认为直接由下弦杆传递。将端弯矩和水平力产生的内力与铰接屋架的内力组合后，即得到刚接屋架各杆件的最不利内力。

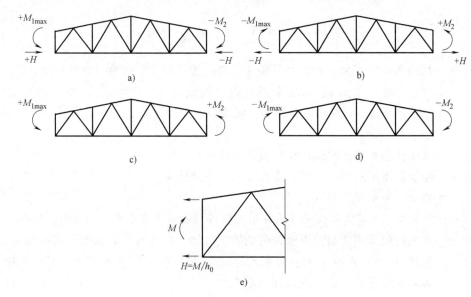

图7-11　最不利端弯矩和水平力

### 7.3.4　内力计算

计算屋架杆件内力时，常常假定：所有荷载都作用在节点上，各杆轴线在节点处都能相交于一点，认为节点为理想铰接。在上述这些假设条件下，桁架杆件只承受轴心拉力或压力。

为了与上述计算的假定相符,桁架设计时应尽量使荷载作用在节点上,亦即应尽量使无檩屋盖体系中大型屋面板的四角和有檩体系中的檩条放在屋架的节点上。但当采用波形石棉瓦、瓦楞铁等屋面材料,其抗弯刚度较低、要求檩距较小时,往往将部分檩条放在桁架上弦的节间,形成节间荷载,应把节间荷载分配到相邻的两个节点上,屋架按节点荷载求出各杆件的轴力,然后再考虑节间荷载引起的局部弯矩。

(1) 仅有节点荷载作用的屋架　此时求桁架杆件轴心力时的节点荷载值为（图7-12）：

$$P = qsa \tag{7-6}$$

式中　$q$——单位面积的荷载设计值,按屋面水平投影面计（$kN/m^2$）；

$s$——屋架间距；

$a$——所计算的节点荷载所在处屋架上弦左右两节间长度水平投影的平均值。

求得节点荷载 $P$ 后,可由结构力学的方法或计算机程序求出屋架杆件的内力。

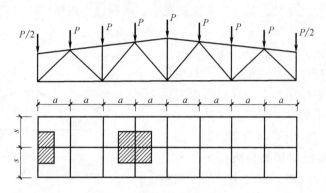

图7-12　屋架节点荷载计算

(2) 承受节间荷载的屋架　当有节间荷载时,上弦杆弯矩的节间荷载 $P$ 可按下式算得：

$$P = qbs/2 \tag{7-7}$$

式中,$b$ 为檩距的水平投影长度。$q$ 与 $s$ 的意义同式（7-6）,但按屋面水平投影计算的荷载 $q$ 中应扣除屋架自重而加上屋架上弦杆的自重。在上弦杆的截面尚未知道时,可取上弦杆的自重为屋架和支撑自重估计值的 $1/5 \sim 1/4$。

当屋架上作用有节间荷载时,如图7-13a所示,可先把节间荷载分配到相邻节点,按照只有节点荷载求解各杆件内力,如图7-13b所示。直接承受节间荷载的弦杆,除了要用这样算得的轴向力,还应与节间荷载引起的局部弯矩相组合,然后按照压弯构件计算。局部弯矩的计算,理论上要按照弹性支座上的连续梁计算,计算起来比较复杂。通常采用简化方法计算。例如当屋架上弦杆有节间

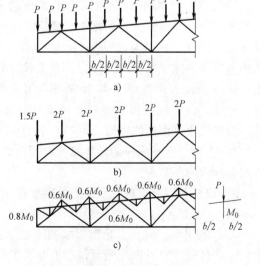

图7-13　承受节间荷载的屋架

荷载作用时，上弦杆的局部弯矩可近似地采用：端节间的正弯矩取 $0.8M_0$，其他节间的正弯矩和节点负弯矩（包括屋脊节点）取 $0.6M_0$，$M_0$ 为将相应弦杆节间作为单跨简支梁求得的最大弯矩，如图 7-13c 所示。

### 7.3.5 杆件设计

屋架经选定形式和确定钢号并求出各杆件的设计内力后，还需再确定杆件在各个方向的计算长度、截面的组成形式、节点板厚度等，才可进行杆件截面的验算和设计。

**1. 杆件计算长度的确定**

在理想的铰接屋架中，杆件在屋架平面内的计算长度是节点中心的距离。实际上，用焊缝连接的各个杆件节点处具有一定的刚度，并非真正的铰接，杆件两端均属于弹性嵌固。此外，节点的转动还受到汇交于节点的拉杆约束，这些杆件的线刚度越大，约束作用也越大，压杆在节点的嵌固程度越大，其计算长度就越小。根据这一道理，可视节点的嵌固程度来确定杆件的计算长度。

（1）屋架平面内　对于弦杆、支座斜杆和支座竖杆，因这些杆件本身截面较大，其他杆件在节点处对其约束作用很小，同时考虑到这些杆件在整个屋架中的重要性，在屋架平面内的计算长度取相邻节点中心间距离，即 $l_{0x}=l$，$l$ 为杆件的几何长度。对于其他腹杆，与上弦相连的一端，拉杆少，嵌固程度小，与下弦相连的另一端，拉杆多，嵌固程度大，计算长度适当折减，取 $l_{0x}=0.8l$，如图 7-14a 所示。

（2）屋架平面外　屋架弦杆在平面外的计算长度，应取侧向支撑点间的距离，即 $l_{0y}=l_1$，如图 7-14b 所示。

1）上弦。一般取上弦横向水平支撑的节间长度。在有檩屋盖中，如檩条与横向水平支撑交叉点用节点板焊牢，如图 7-14b 所示，则此檩条可视为屋架弦杆的支撑点；在无檩屋盖中，如果保证大型屋面板与上弦三点可靠焊接，考虑到大型屋面板能起一定的支撑作用，故一般取两块屋面板的宽度，但不大于 3.0m。

2）下弦。在平面外的计算长度取侧向支承点的距离，即纵向水平支撑节点与系杆或系杆与系杆间的距离。

3）腹杆。因节点板在平面外的刚度很小，对杆件没有什么嵌固作用，故所有腹杆均取 $l_{0y}=l$。

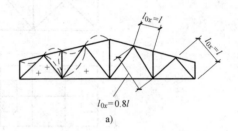

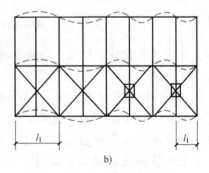

**图 7-14 承受节间荷载的屋架**
a）杆件在桁架平面内的计算长度
b）杆件在桁架平面外的计算长度

（3）斜平面　对于双角钢组成的十字形截面和单角钢截面腹杆，截面主轴不在屋架平面内，杆件受压时可能绕截面较小主轴发生斜平面内失稳。此时，在杆件两端的节点对其两个方向均有一定的嵌固作用，因此斜截面计算长度略作折减，取 $l_0=0.9l$，但支座斜杆和支座竖杆仍取其计算长度为几何长度（即 $l_0 = l$）。

（4）其他  当受压弦杆侧向支承点间的距离 $l_1$ 为节间长度 $l$ 的两倍，且两节间弦杆的内力 $N_1 \neq N_2$ 时（图 7-15a），其桁架平面外计算长度可按下式计算：

$$l_{0y} = l_1 \left(0.75 + 0.25 \frac{N_2}{N_1}\right) \geq 0.5 l_1 \tag{7-8}$$

式中  $N_1$ ——较大的压力，计算时取正值；

$N_2$ ——较小的压力或拉力，计算时压力取正值，拉力取负值。

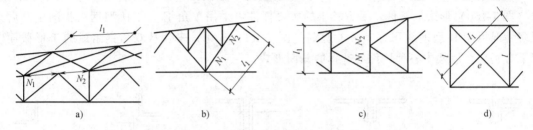

图 7-15  杆件内力变化时在桁架平面外的计算长度

再分式腹杆体系的受压主斜杆（图 7-15b）及 K 形腹杆体系的竖杆（图 7-15c），在平面外的计算长度亦按式（7-8）确定；受拉主斜杆仍取 $l_{0y} = l_1$。

《钢结构设计标准》（GB 50017—2017）对屋架各杆件在平面内和平面外的计算长度 $l_0$ 的规定汇总列入表 7-2 中，以便查用。

表 7-2  屋架弦杆和单系腹杆的计算长度

| 方向 | 弦杆 | 腹杆 | |
|---|---|---|---|
| | | 支座斜杆和支座竖杆 | 其他腹杆 |
| 桁架平面内 $l_{0x}$ | $l$ | $l$ | $0.8l$ |
| 桁架平面内 $l_{0y}$ | $l_1$ | $l$ | $l$ |
| 斜平面 $l_0$ | — | $l$ | $0.9l$ |

注：1. $l$ 为杆件几何长度，$l_1$ 为杆件侧向支承点之间距离。
    2. 斜平面系指与屋架平面斜交的平面，适用于构件截面两主轴均不在屋架平面内的单角钢腹杆和双角钢十字形截面腹杆。
    3. 无节点板的腹杆计算长度在任意平面内均取其等于几何长度（钢管结构除外）。

表 7-2 中腹杆的计算长度指的是单系腹杆（用节点板与弦杆连接）。若是交叉腹杆（图 7-15d），在屋架平面内的计算长度，无论是拉杆或压杆均取节点中心到交叉点之间的距离。在屋架平面外的计算长度按照下列规则确定。

1）对于压杆，当相交的另一杆受拉，且两杆在交叉点处均不中断，如图 7-15 所示，$l_{0y} = 0.5 l_1$；当相交的另一杆受拉，两杆中有一杆件在交叉点中断，并以节点板搭接，$l_{0y} = 0.7 l_1$；其他情况，取 $l_{0y} = l_1$。

2）对于拉杆，因与它相交叉的压杆不能视作它在平面外的支承，取 $l_{0y} = l_1$。

**2. 杆件的容许长细比**

桁架杆件长细比的大小，对杆件的工作有一定的影响。若长细比太大，将使杆件在自重作用下产生过大挠度,在运输和安装过程中因刚度不足而产生弯曲,在动力作用下还会引起较大的振动。《钢结构设计标准》中对拉杆和压杆都规定了容许长细比,其具体规定见表3-1、表3-2。

### 3. 杆件的截面形式

桁架杆件的截面形式应根据用料经济、连接构造简单、施工方便和具有足够的刚度以及取材方便等要求确定。对轴心受压构件,为了经济合理,宜使杆件对两个主轴有相近的稳定性,即可使两方向的长细比接近相等。

普通钢屋架以往基本上采用由两个角钢组成的 T 形截面(图 7-16a、b、c)或十字形截面(图 7-16d)形式的杆件,受力较小的次要杆件可采用单角钢。自 H 型钢在我国生产后,很多情况可用 H 型钢剖开而成的 T 型钢(图 7-16f、g、h)来代替双角钢组成的 T 形截面。以下分别介绍屋架中各种杆件应选择的截面形式:

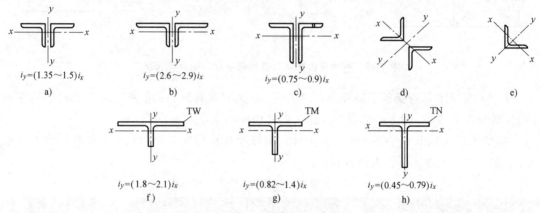

图 7-16 屋架杆件截面

(1) 上、下弦杆 上、下弦杆 $l_{0y}=l_1$, $l_{0x}=l$,一般 $l_{0y} \gg l_{0x}$(2 倍以上),故通常采用短肢相拼的不等边角钢组成的 T 形截面(图 7-16b,$i_y/i_x \approx 2.8$)或 TW 型截面(图 7-16f,由 H 型钢腹板截开而成的 T 型钢)。整个桁架在运输和吊装过程中要求有较大的侧向刚度,采用这种宽度较大的弦杆截面形式十分有利。

截面宽度较大也便于上弦杆上放置屋面板和檩条。当 $l_{0y}=l_{0x}$ 时,可采用两个等边角钢截面(图 7-16a)或 TM 截面(图 7-16g)。当弦杆同时承受 $N$ 和 $M$ 时(上弦有节间荷载),为加强抗弯能力,通常采用长边相拼的不等边角钢 T 形截面(图 7-16c)或 TN 截面(图 7-16h)。

(2) 支座腹杆(端竖杆与端斜杆) 支座腹杆 $l_{0y}=l_{0x}=l$,故选用 $i_y/i_x$ 接近于 1 的截面,采用长边相拼的不等边角钢 T 形截面(图 7-16c)或 TM 型(图 7-16g)截面比较合理。

(3) 一般腹杆 一般腹杆 $l_{0y}=l$, $l_{0x}=0.8l$,要求 $i_y/i_x$ 接近于 1.25,故通常采用双等边角钢 T 形截面(图 7-16a)。对于连接竖向支撑的竖腹杆,通常也采用两个等边角钢组成的十字形截面(图 7-16d),这样可以保证竖向支撑于屋架节点不产生偏心,吊装时屋架两端可以任意调动位置而竖杆伸出肢位置不变;对于受力很小的腹杆(比如再分式杆等次要杆件),可采用常用较小规格的双等边角钢 T 形截面(图 7-16a)或单角钢截面(图 7-16e)。

为了查阅方便,将屋架常用的杆件截面形式总结于表 7-3。

表7-3 屋架杆件常用截面形式

| 项次 | 杆件截面组合方式 | 截面形式 | 回转半径的比值 | 用途 |
|---|---|---|---|---|
| 1 | 不等肢角钢短肢相拼 | | $\dfrac{i_y}{i_x} \approx 2.6 \sim 2.9$ | 计算长度 $l_{0y}$ 较大的上、下弦杆 |
| 2 | 不等肢角钢长肢相拼 | | $\dfrac{i_y}{i_x} \approx 0.75 \sim 1.0$ | 端斜杆、端竖杆、受较大弯矩作用的弦杆 |
| 3 | 等肢角钢相拼 | | $\dfrac{i_y}{i_x} \approx 1.3 \sim 1.5$ | 除端斜杆、端竖杆的其余腹杆、下弦杆 |
| 4 | 等肢角钢拼成十字形截面 | | $\dfrac{i_y}{i_x} \approx 1.0$ | 与竖向支撑相连的屋架竖杆 |
| 5 | 单肢角钢 | | — | 轻型钢屋架中内力较小的杆件 |

为确保由两个角钢组成的T形或十字形截面杆件能形成一整体杆件共同受力,必须每隔一定距离在两个角钢间设置填板并用焊缝连接(图7-17)。

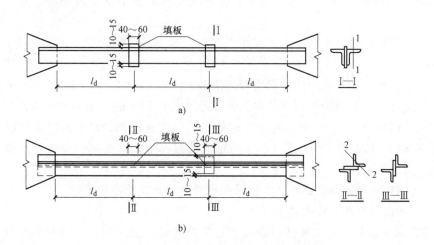

图7-17 桁架杆件中的填板

填板厚度同节点板厚，宽度一般取 40~60mm；为了便于施焊，对于 T 形截面，填板的长度伸出角钢肢 10~15mm，对于十字形截面，则在角钢肢尖两侧各缩进 10~15mm。填板间距不应超过下列限制：压杆 $l_d \leqslant 40i$，拉杆 $l_d \leqslant 80i$。在 T 形截面中 $i$ 为一个角钢对平行于填板的自身形心轴（图 7-17a 中的 1—1 轴）的回转半径；十字形截面中 $i$ 为一个角钢的最小回转半径（图 7-17b 中的 2—2 轴）并且填板应沿着两个方向交错放置。在压杆的桁架平面外计算长度范围内（两个侧向支承点之间），至少设置两块填板。

**4. 节点板的厚度**

节点板内应力大小与所连构件内力大小有关，可按《钢结构设计标准》（GB 50017—2017）有关规定计算其强度和稳定。表 7-4 是根据上述计算方法编制的表格，设计时可查表确定节点板厚度。在同一榀屋架中，所有中间节点板均采用同一种厚度，支座节点板由于受力大且很重要，厚度比中间的增大 2mm。节点板的厚度对于梯形普通钢屋架等可按受力最大的腹杆内力确定，对于三角形普通钢屋架则按其弦杆最大内力确定。

表 7-4 屋架节点板厚度

| 梯形桁架腹杆或三角形桁架弦杆最大内力 /kN | <170 | 171~290 | 291~510 | 511~680 | 681~910 | 911~1290 | 1291~1770 | 1771~3090 |
|---|---|---|---|---|---|---|---|---|
| 中间节点板厚度 /mm | 6 | 8 | 10 | 12 | 14 | 16 | 18 | 20 |
| 支座节点板厚度 /mm | 8 | 10 | 12 | 14 | 16 | 18 | 20 | 22 |

注：1. 表中厚度系按钢材为 Q235 钢考虑，当节点板为 Q345 钢时，其厚度可较表中数值适当减小。
2. 节点板边缘与腹板轴线间的夹角应不小于 30°。
3. 节点板与腹杆用侧焊缝连接，当采用围焊时，节点板厚度应通过计算确定。
4. 无竖腹杆相连且无加劲肋加强的节点板，可将受压腹杆的内力乘以 1.25 后再查表。

**5. 杆件的截面选择**

（1）杆件截面选择的一般原则

1）应优先选用在相同截面积情况下宽肢薄壁的角钢，以增加截面的回转半径，但受压构件应满足局部稳定的要求。一般情况下，板件或肢件的最小厚度为 5mm，对小跨度房屋可用到 4mm。

2）为了防止杆件在运输和安装过程中产生弯曲和损坏，角钢尺寸不宜小于∟45×4 或∟56×36×4。

3）为了便于订货和下料，同一榀桁架的角钢规格应尽量统一，一般不宜超过 5~6 种。

4）桁架弦杆一般沿全跨采用等截面，但对跨度大于 24m 的三角形桁架和跨度大于 30m 的梯形桁架，可根据材料长度和运输条件在节点附近设置接头，并按内力变化改变弦杆截面，但在半跨内只宜改变一次，且只改变角钢的肢宽而不改变壁厚，以便弦杆拼接的构造处理。

按照上述原则先确定出截面形式，然后根据受力情况计算截面尺寸，为了不使型钢规格过多，在选出截面后再作一些调整。

（2）杆件截面验算 桁架杆件一般为轴心受拉或轴心受压构件，当有节间荷载时则为拉弯构件或压弯构件。具体按如下规则选择与验算截面：

1) 轴心拉杆。轴心拉杆可按强度条件确定所需的净截面面积 $A_n$，即：$A_n \geq \dfrac{N}{f}$，其中 $f$ 为钢材的抗拉强度设计值。当采用单角钢单面连接时，乘以 0.85 的折减系数。根据 $A_n$ 由附录选用合适的角钢，然后按轴心受拉构件验算其强度和刚度。

2) 轴心压杆。首先按照稳定性计算所需的截面面积 $A = \dfrac{N}{\varphi f}$。

通常采用试算法选择截面。先假定 $\lambda$，（弦杆取 80~100，腹杆取 100~120，查表得 $\varphi$，算出 $A$，同时计算回转半径 $i_x$，$i_y$；其次，根据 $A$ 及回转半径 $i_x$，$i_y$，查附录 H 选择合适角钢，然后验算截面强度、刚度、稳定性，直到满足要求。

对于双角钢压杆及轴对称放置的单角钢压杆，绕对称轴失稳时，采用换算长细比 $\lambda_{yz}$ 代替 $\lambda_y$，即选择 $\max(\lambda_x, \lambda_{yz})$ 查得 $\varphi$ 进行稳定验算。换算长细比 $\lambda_{yz}$ 按表 3-6 公式计算。

3) 压弯杆件。上弦和下弦有节间荷载作用时，应进行平面内、外的稳定性及长细比计算，必要时应进行强度计算，具体参考前面压弯构件章节。

### 7.3.6 节点设计

屋架杆件一般通过节点互相连接，各杆件的内力通过焊缝互相平衡。节点设计的任务就是确定节点的构造，计算连接及节点承载力。节点的构造应传力明确、简捷，制作安装方便。

**1. 节点设计的一般要求**

1) 原则上应使杆件形心线与桁架几何轴线重合，并在节点处交于一点，以免杆件偏心受力而产生节点附加弯矩。理论上各杆件轴线应是形心轴线，但采用双角钢时，因角钢截面的形心到肢背的距离不是整数，为了便于制造，通常取角钢肢背或 T 型钢背至屋架轴线的距离为 5mm 的整倍数，如图 7-18 所示。

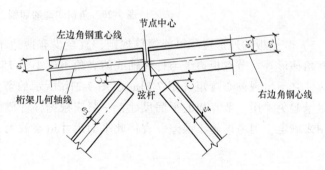

图 7-18 节点处各杆件的轴线和间隙

2) 当弦杆截面沿跨度有改变时，为便于拼接和放置屋面构件，一般应使拼接处两侧弦杆角钢肢背齐平，这时形心线必然错开，此时宜采用受力较大的杆件形心线为轴线（图 7-19）。两侧形心线偏移的距离 $e$ 不超过较大弦杆截面高度的 5%时，可不考虑此偏心影响。

当偏心距离 $e$ 值超过上述值，或者由于其他原因使节点处有较大偏心弯矩时，应根据交汇处各杆的线刚度，将此弯矩分配于各杆（图 7-19b）。所计算杆件承担的弯矩为

$$M_i = M \cdot \dfrac{K_i}{\sum K_i} \qquad (7\text{-}9)$$

式中 $M$——节点偏心弯矩，对图 7-19 的情况，$M = N_1 e$；

$K_i$——所计算杆件线刚度；

$\sum K_i$——汇交于节点的各杆件线刚度之和。

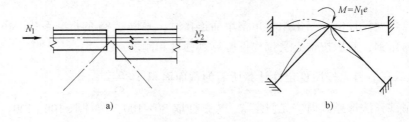

图 7-19 弦杆轴线的偏心

3)在屋架节点处,腹杆与弦杆或腹杆与腹杆之间焊缝的间隙 $C$ 不小于 20mm(图 7-18),以便制作,且可以避免焊缝过分密集,致使钢材局部变脆。

4)角钢端部的切割面一般垂直于其轴线(图 7-20a)。有时为减小节间板尺寸,允许切去一肢的部分(图 7-20b、c),但不允许将一个肢完全切去而另一肢伸出的斜切(图 7-20d)。

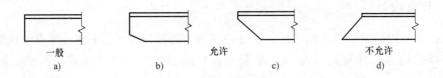

图 7-20 角钢端部的切割

5)节点板的外形应尽可能简单规则,宜至少有两边平行,一般采用矩形、平行四边形和直角梯形等。节点板边缘与杆件轴线的夹角不应小于 15°(图 7-21a)。单斜杆与弦杆的连接应使之不出现偏心弯矩(图 7-21a),图 7-21b 所示的节点板使连接杆件的焊缝偏心受力,应尽量避免采用。节点板的平面尺寸,一般应根据杆件截面尺寸和腹杆端部焊缝长度画出大样图来确定,但考虑施工误差,宜将此平面尺寸适当放大,长和宽宜取 10mm 的倍数。

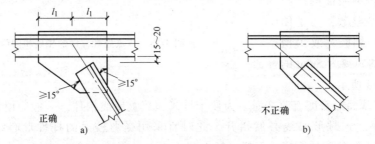

图 7-21 单斜杆与弦杆的连接

6)支撑大型混凝土屋面板的上弦杆,当支撑处的总集中荷载(设计值)超过表 7-5 的数值时,弦杆的伸出肢容易弯曲,应对其采用图 7-22 的做法之一予以加强。

表 7-5 需加强的上弦杆角钢厚度

| | 支承处总荷载设计值/kN | 25 | 40 | 55 | 75 | 100 |
|---|---|---|---|---|---|---|
| 角钢(或 T 型钢翼缘板)厚度 /mm | 当为 Q235 时 | 8 | 10 | 12 | 14 | 16 |
| | 当为 Q345、Q390 时 | 7 | 8 | 10 | 12 | 14 |

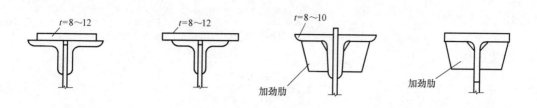

图 7-22 上弦角钢的加强

**2. 节点计算**

（1）节点设计的一般步骤为：

1）据屋架几何形式定出节点的轴线关系，并按比例画出轴线和杆件的轮廓线，根据杆件间距要求，确定杆端位置。

2）计算各杆件与节点板的焊缝，在图中作出定位点。

3）确定节点板的合理形状和尺寸。节点板应框进所有焊缝，并注意沿焊缝长度方向多留 $2h_f$ 的长度以考虑施焊时的坡口，垂直于焊缝长度方向应留出 10~15mm 的焊缝位置。

4）适当调整焊缝厚度、长度，重新验算。

5）绘制节点大样（比例尺为 1/10~1/5），标注需要的尺寸（图 7-23）。主要包括每一腹杆端部至节点中心的距离 $L_1$、$L_2$、$L_3$，节点板的宽度和高度 $b_1$、$b_2$、$h_1$、$h_2$，各杆件轴线至角钢肢背的距离 $e_1$、$e_2$，角钢连接边的边长 $b$，焊脚尺寸和焊缝长度（若为螺栓连接，应标明螺栓中心距和端距）。

（2）节点计算和构造

1）一般节点。一般节点系指无集中荷载作用和无弦杆拼接的节点，例如无悬吊荷载的屋架下弦中间节点，其构造形式如图 7-24 所示。

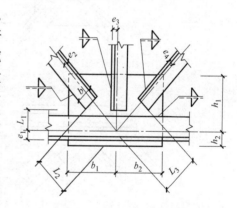

图 7-23 节点上需标注的尺寸

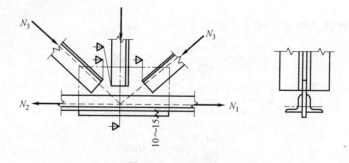

图 7-24 一般节点

弦杆与节点板的连接焊缝，应考虑承受弦杆相邻节间内力之差 $\Delta N = N_2 - N_1$，按下列公式计算其焊脚尺寸：

肢背焊缝：

$$h_{f1} \geq \frac{k_1 \Delta N}{2 \times 0.7 l_w f_f^w} \tag{7-10}$$

肢尖焊缝：

$$h_{f2} \geq \frac{k_2 \Delta N}{2 \times 0.7 l_w f_f^w} \tag{7-11}$$

式中 $k_1$、$k_2$——内力分配系数，见表 6-3；

$f_f^w$——角焊缝强度设计值。

通常因 $\Delta N$ 很小，实际所需焊脚尺寸可由构造要求确定，并沿节点板全长满焊。

2）有集中荷载的节点。如图 7-25 所示的屋架上弦节点，一般承受屋面传来的集中荷载 $Q$ 的作用。因上弦节点上需要放置屋面板或檩条，通常将节点板缩进上弦角钢背而采用塞焊缝，缩进距离不宜小于 $0.5t+2\text{mm}$，也不宜大于 $t$，$t$ 为节点板厚度。

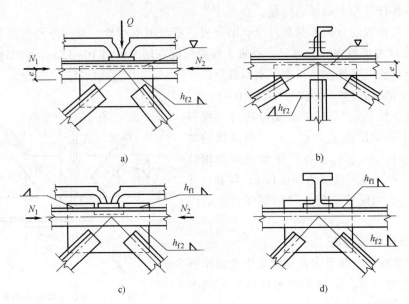

图 7-25 有集中荷载的节点

① 角钢背凹槽的塞焊缝可按下式计算其强度：

$$\begin{aligned} \tau_f &= \frac{Q\sin\alpha}{2 \times 0.7 h_{f1} l_{w1}} \leq 0.8 f_f^w \\ \sigma_f &= \frac{Q\cos\alpha}{2 \times 0.7 h_{f1} l_{w1}} + \frac{M}{2 \times 0.7 h_{f1} l_{w1}^2} \leq f_f^w \\ &\sqrt{\left(\frac{\sigma_f}{\beta_f}\right)^2 + \tau_f^2} \leq 0.8 f_f^w \end{aligned} \tag{7-12}$$

式中 $\alpha$——屋架倾角；

$M$——节点集中荷载 $Q$ 对塞焊缝长度中心点偏心距所引起的力矩；

$h_{f1}$、$l_{w1}$——角钢肢背的焊脚尺寸和计算长度，取 $h_{f1}=0.5t$；

$\beta_f$——正面角焊缝强度增大系数，对于承受静荷载和间接承受动荷载的屋架，$\beta_f=$

1.22，对于直接承受动力荷载的屋架 $\beta_f = 1.0$；

$0.8f_f^w$——考虑到塞焊缝的质量不易保证，将角焊缝的强度设计值折减20%。

当荷载 $Q$ 对塞焊缝长度中点的偏心距较小时，可忽略不计；当梯形屋架、屋架坡度小于 1/12 时，$\cos\alpha = 1$，$\sin\alpha = 0$，则式（7-12）可以简化为

$$\sigma_f = \frac{Q}{\beta_f \times 2 \times 0.7 h_{f1} l_{w1}} \leqslant 0.8 f_f^w \tag{7-13}$$

实际上因 $Q$ 不大，可按构造满焊。

② 角钢肢尖焊缝。角钢肢尖焊缝承受相邻节间弦杆的内力差 $\Delta N = N_2 - N_1$ 和由其产生的偏心弯矩 $M = (N_2 - N_1)e$（$e$ 为角钢肢尖至弦杆轴线的距离）的共同作用。焊缝强度应满足：

$$\tau_f = \frac{\Delta N}{2 \times 0.7 h_{f2} l_{w2}} \leqslant f_f^w$$

$$\sigma_f = \frac{6M}{\beta_f \times 2 \times 0.7 h_{f2} l_{w2}^2} \leqslant f_f^w$$

$$\sqrt{\left(\frac{\sigma_f}{\beta_f}\right)^2 + \tau_f^2} \leqslant f_f^w \tag{7-14}$$

当节点板向上伸出不妨碍屋面构件的放置，或因相邻节间内力差 $\Delta N$ 较大，肢尖焊缝不满足式（7-14）时，可将节点板部分向上伸出（图 7-25c）或全部向上伸出（图 7-25d）。此时弦杆与节点板的连接焊缝应按下列公式计算：

肢背焊缝：

$$\frac{\sqrt{(k_1 \Delta N)^2 + \left(\frac{Q}{2 \times 1.22}\right)^2}}{2 \times 0.7 h_{f1} l_{w1}} \leqslant f_f^w \tag{7-15}$$

肢尖焊缝：

$$\frac{\sqrt{(k_2 \Delta N)^2 + \left(\frac{Q}{2 \times 1.22}\right)^2}}{2 \times 0.7 h_{f2} l_{w2}} \leqslant f_f^w \tag{7-16}$$

式中　$h_{f1}$、$l_{w1}$——伸出肢背的焊缝焊脚尺寸和计算长度；

　　　$h_{f2}$、$l_{w2}$——上弦杆与节点板的连接焊缝肢尖的焊脚尺寸和计算长度。

3）弦杆的拼接节点。弦杆的拼接分工厂拼接和工地拼接两种。工厂拼接是因角钢供应长度不足时，所进行的拼接，通常设在内力较小的节间范围内。工地拼接是由于运输条件限制，屋架分成几段运输单元在工地进行的拼接。这种拼接的位置一般设在节点处，为减轻节点板负担和保证整个屋架平面外的刚度，通常不利用节点板作为拼接材料，而以拼接角钢传递弦杆内力。拼接角钢宜采用与弦杆相同的角钢型号，使弦杆在拼接处保持原有的强度和刚度。

为了使拼接角钢与原来的角钢相紧贴，应将拼接角钢肢背处的棱角截取，为了便于施焊，将竖肢割去 $t + h_f + 5\text{mm}$（$t$ 为角钢厚度，$h_f$ 为拼接焊缝的焊脚尺寸），如图 7-26b 所示。工地焊接时，为便于现场安装，拼接节点也要设置临时性的安装螺栓（图 7-26、图 7-27）。因此，拼接角钢与节点板焊于不同的运输单元，以避免拼接中双插的困难。有时也可把拼接

角钢作为独立的运输零件，拼接时安装螺栓焊接于两侧。

① 上弦中央拼接节点（屋脊节点）。当屋面坡度较小时，屋脊拼接角钢的弯折角较小，一般采用热弯成型。当屋面坡度较大且拼接角钢肢较宽时，可将角钢竖肢开口（转孔、焰割）弯折后对焊。

拼接角钢与上弦的连接可按照弦杆的最大内力进行计算，每边共有4条焊缝平均承担此力，因此拼接角钢与上弦的焊缝长度为：

$$l_w = \frac{N}{4 \times 0.7 h_f f_f^w} \tag{7-17}$$

式中 $N$——相邻上弦节间中较大的内力。

拼接角钢的长度应根据焊缝长度来确定，取 $l = (l_w + 2h_f) \times 2 +$ 两弦杆杆端空隙。弦杆杆端空隙一般取 $10 \sim 20$ mm，当屋面坡度较大时，杆端空隙常取 $50$ mm 左右。

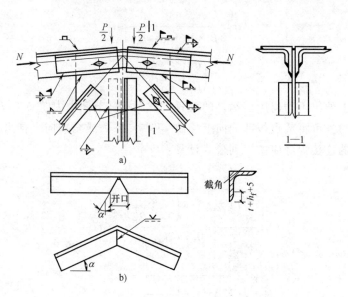

图 7-26 屋脊拼接节点

计算上弦杆与节点板的连接时，假设节点荷载 $Q$ 由上弦角钢肢背塞焊承担，按照式（7-13）计算。上弦角钢肢尖与节点板的连接焊缝按照上弦内力的 15% 计算，并考虑此力产生的弯矩 $M = 0.15Ne$（$e$ 为上弦形心轴至肢尖焊缝的距离），因此，弦杆肢尖与节点板的角焊缝应满足：

$$\tau_f = \frac{0.15N}{2 \times 0.7 h_f'' l_w''} \tag{7-18}$$

$$\sigma_f = \frac{6M}{2 \times 0.7 h_f'' l_w''^2} \tag{7-19}$$

$$\sqrt{\left(\frac{\sigma_f}{\beta_f}\right)^2 + \tau_f^2} \leq f_f^w \tag{7-20}$$

式中 $h_f''$、$l_w''$——上弦肢尖与节点板的焊脚高度和焊缝长度。

② 下弦拼接节点。如图 7-27 所示，拼接角钢与下弦杆共有 4 条角焊缝，计算时按照截

面等强度考虑，拼接节点一边每条焊缝长度为：

$$l_w = \frac{Af}{4 \times 0.7 h_f f_f^w} \quad (7-21)$$

式中　$A$——下弦杆的截面面积。

拼接角钢实际长度：$l = (l_w + 2h_f) \times 2 + $ 下弦杆端部间隙，下弦杆端部间隙一般取 $10 \sim 20 \mathrm{mm}$。

下弦杆与节点板的连接角焊缝，按照两侧下弦较大内力的15%和两侧下弦的内力差 $\Delta N$ 两者中的较大值计算。但当拼接节点处有外荷载作用时，则应按此最大值和外荷载的合力进行计算。

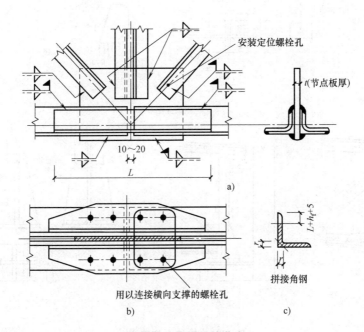

图 7-27　下弦拼接节点

4）支座节点。屋架与柱的连接可以是铰接或刚接。支承于混凝土柱或砌体柱的屋架一般都按铰接设计（图 7-28），而支承于钢柱的屋架通常为刚接（图 7-29）。

铰接屋架大多采用平板式支座，平板式支座由节点板、底板、加劲肋和螺栓组成，与轴心受压柱脚相似。加劲肋的作用是分布支座反力，减少底板弯矩和提高节点板的侧向刚度。加劲肋应设在节点的中心，其轴线与支座反力作用线重合。为便于屋架下弦角钢背施焊，下弦角钢水平肢的底面与支座底板的距离 $e$（图 7-28）不宜小于下弦角钢伸出肢的宽度，也不宜小于 130mm。

屋架支座底板固定于柱下部结构的预埋螺栓，螺栓常用 M20～M24。为便于屋架安装而且连接可靠，底板上的锚栓孔径应比锚栓直径大 2～2.5 倍或做成 U 形缺口。屋架安装完毕后，用孔径比锚栓直径大 1～2mm 的垫板套进锚栓，并将垫板与底板焊牢。

支座底板的毛面积应为：

$$A = a \times b \geqslant \frac{R}{f_c} + A_0 \quad (7-22)$$

式中　$R$——屋架的支座反力；
　　　$f_c$——柱顶混凝土抗压强度设计值；
　　　$A_0$——螺栓孔的面积。

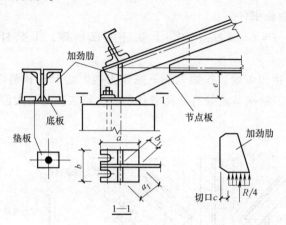

三角形屋架的支座节点

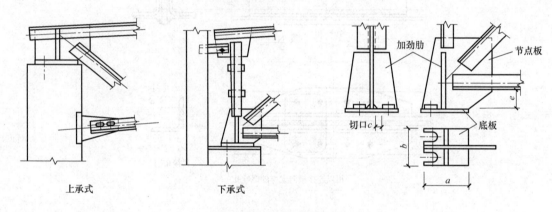

图 7-28　铰接支座节点

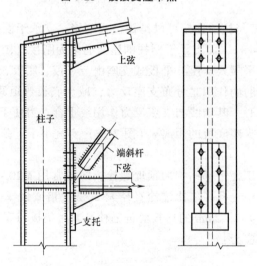

图 7-29　屋架与钢柱刚接支座构造

按计算需要的底板面积一般较小，主要根据构造要求（螺栓孔直径、位置以及支承的稳定性等）确定底板的平面尺寸，常用 $a \times b = 240\text{mm} \times 240\text{mm} \sim 400\text{mm} \times 400\text{mm}$。

底板厚度应按底板下柱顶反力（假定为均匀分布）作用产生的弯矩决定。底板的厚度应为：

$$t \geqslant \sqrt{\frac{6M}{f}} \tag{7-23}$$

$$M = \beta q a_1^2 \tag{7-24}$$

式中 $M$——两邻边支撑板单位宽度的弯矩；

$q$——底板下反力的平均值，$q = R/(A - A_0)$；

$\beta$——系数，由 $\dfrac{b_1}{a_1}$ 值按表 7-6 查得；

$a_1$、$b_1$——对角线长度及其中点至另一对角线的距离（图 7-28）。

表 7-6 $\beta$ 值

| $b_1/a_1$ | 0.3 | 0.4 | 0.5 | 0.6 | 0.7 | 0.8 | 0.9 | 1.0 | 1.1 | ≥1.2 |
|---|---|---|---|---|---|---|---|---|---|---|
| $\beta$ | 0.026 | 0.042 | 0.056 | 0.072 | 0.085 | 0.092 | 0.104 | 0.111 | 0.120 | 0.125 |

为使柱顶反力比较均匀，底板不宜太薄，一般其厚度不宜小于 16mm。

加劲肋的高度由节点板的尺寸决定，其厚度取等于或略小于节点板的厚度。加劲肋可视为支承于节点板上的悬臂梁，一个加劲肋通常假定传递支座反力的 1/4，它与节点板的连接焊缝承受 $V = R/4$ 和弯矩 $M = Re/4$（$e$ 为加劲肋与底板连接焊缝的重心到竖向焊缝的距离），并应按下式验算：

$$\sqrt{\left(\frac{V}{2 \times 0.7 h_f l_w}\right)^2 + \left(\frac{6M}{2 \times 0.7 h_f l_w^2 \beta_f}\right)^2} \leqslant f_f^w \tag{7-25}$$

底板与节点板、加劲肋的连接焊缝承受全部支座反力 $R$。验算式为：

$$\sigma_f = \frac{R}{0.7 h_f \sum l_w} \leqslant \beta_f f_f^w \tag{7-26}$$

其中焊缝计算长度之和 $\sum l_w = 2a + 2(b - t - 2c) - 60\text{mm}$，$t$ 为节点板厚度，$c$ 为加劲肋切口宽度，一般取 15mm 左右，如图 7-28 所示。

### 7.3.7 钢屋架施工图

施工图是钢结构制造加工和安装的主要依据，必须绘制清楚详尽。钢屋架施工图中应包括预定钢材、制造和安装等工序中所需的一切尺寸和资料。钢屋架施工详图绘制内容和要求如下：

1）屋架简图。通常在图纸左上角用单线绘制屋架简图作为索引图，当结构对称时，左半图注明杆件节点间的几何长度（mm），右半图注明杆件的内力设计值（kN）。当梯形屋架跨度 $L > 24$m 或三角形屋架跨度 $L > 15$m 时，挠度较大，影响使用与外观，制造时应考虑起拱，如图 7-30 所示，起拱值约为跨度的 1/500，并标注在简图中。

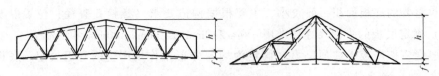

图 7-30 屋架起拱

2) 构件详图。构件详图是屋架施工图的主体，主要包括屋架正面、上下弦平面、必要的侧面图以及其他支撑连接详图。对称屋架可只绘左半屋架，但需表明其与右半榀屋架的拼接方式。屋架施工图通常采用两种比例：杆件轴线一般为 1∶20~1∶30，以免图幅太大；节点（包括杆件截面、节点板和小零件）一般为 1∶10~1∶15，可清楚地表达节点的细部构造要求。

构件详图中要注明全部零件的编号、型号和尺寸，包括其加工尺寸和拼接定位尺寸、孔洞的位置，以及对工厂加工和工地施工的所有要求。定位尺寸主要有轴线到角钢背的距离（不等边角钢还应注明图上的角钢边宽），节点中心到各杆杆端和至节点板上、下、左、右边缘的距离。螺孔位置尺寸应从节点中心、轴线或角钢背起注明，螺孔的位置要符合螺距排列规定距离的要求。对加工和安装的其他要求，包括部件斜切、孔洞直径和焊缝尺寸等都应注明，工地螺栓或焊缝应用符号标明。

应对所有构件进行详细编号，编号按照主次、上下、左右顺序进行，完全相同的零件采用同一编号。正反面对称的杆件可采用同一编号，但一定要在材料表中标明"正""反"二字以示区别。不同种类的构件（如屋架、天窗架、支撑等），还应在其编号前面冠以不同的字母代号。有些屋架仅在少数部位的构造略有不同，如连支撑屋架和不连支撑屋架只在螺栓孔上有区别，可在图上螺栓孔处注明所属屋架的编号，这样数个屋架可绘在一张施工图上。

3) 零件或特殊节点大样图。某些特殊形状、开孔或连接较复杂的零件或节点，在整体图中不便表示清楚，可另画大样图。

4) 材料表。材料表一般包括各零件的编号、截面、长度、数量（正、反）和重量（单重、共重和合重）。材料表不但可以为材料准备和结构用钢指标统计提供资料，而且为吊装时配备起重运输设备提供参考。

5) 施工图说明。说明内容包括不易用图表达而用文字集中说明的内容，比如所用钢材的型号、焊条型号、焊接方法和质量要求、图中未注明的焊缝和螺孔尺寸、油漆、运输、制造和安装要求、注意事项等。

## 7.4 钢屋架设计实例

### 7.4.1 设计资料

某车间跨度 $l=24m$，长度 84m，柱距 6m。屋面坡度 $i=1/10$。房屋内无吊车。不需地震设防。采用 1.5m×6m 预应力混凝土大型屋面板，100mm 厚泡沫混凝土保温层和卷材屋面。

当地雪荷载 $0.5kN/m^2$，屋面积灰荷载 $0.75\ kN/m^2$。屋架两端铰接于混凝土柱上，混凝土强度等级 C25。钢材选用 Q235B。焊条选用 E43 型，手工焊。

### 7.4.2 屋架尺寸与布置

屋面材料为大型屋面板，故采用平坡梯形屋架。屋架计算跨度 $l_0 = l - 300\text{mm} = 23700\text{mm}$。端部高度 $H_0 = 2000\text{mm}$，中部高度 $H = 3200\text{mm}$，屋架高跨比 $H/L_0 = 3200/23700 = 1/7.4$。屋架跨中起拱 $50\text{mm}(\approx L/500)$，屋架几何尺寸如图 7-31 所示，屋架支撑布置如图 7-32 所示，图 7-32a 是上弦支撑布置图，图 7-32b 是下弦支撑布置图。

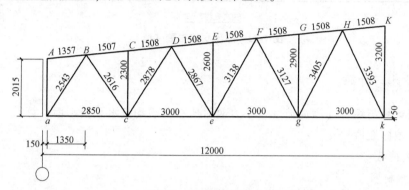

图 7-31 屋架几何尺寸

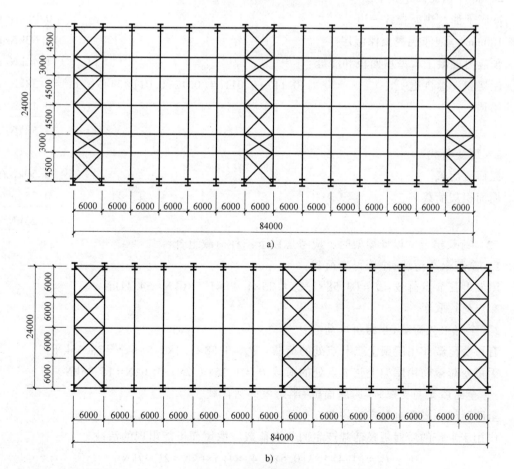

图 7-32 屋架支撑布置

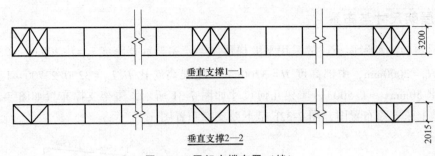

图 7-32 屋架支撑布置（续）

### 7.4.3 设计与计算

**1. 荷载计算与组合**（屋面坡度较小，故对所有荷载均按水平投影面计算）

（1）荷载标准值

1）永久荷载：

| | |
|---|---:|
| 新型防水材料 | $0.35\text{kN/m}^2$ |
| 20mm 厚水泥砂浆找平层 | $0.40\text{kN/m}^2$ |
| 冷底子油、热沥青各一道 | $0.05\text{kN/m}^2$ |
| 100mm 厚泡沫混凝土保温层 | $0.60\text{kN/m}^2$ |
| 预应力混凝土大型屋面板和灌缝 | $1.40\text{kN/m}^2$ |
| 屋架和支撑自重　　$0.117+0.011l=(0.12+0.011\times24)\text{kN/m}^2=$ | $0.38\text{kN/m}^2$ |
| 吊顶 | $0.40\text{kN/m}^2$ |
| | $3.58\text{kN/m}^2$ |

2）可变荷载：

| | |
|---|---:|
| 屋面活荷载 | $0.50\text{kN/m}^2$ |
| 屋面积灰荷载 | $0.75\text{kN/m}^2$ |
| | $1.25\text{kN/m}^2$ |

（2）荷载组合　设计屋架时，应考虑以下三种荷载组合：

1）全跨永久荷载+全跨可变荷载：

屋架上弦节点荷载：$P=(3.58\times1.2+1.25\times1.4)\times1.5\times6\text{kN}=54.41\text{kN}$

端点荷载取半。

2）全跨永久荷载+半跨可变荷载：

有可变荷载作用屋架上弦节点处的荷载：$P_1=3.58\times1.2\times1.5\times6\text{kN}=38.66\text{kN}$

无可变荷载作用屋架上弦节点处的荷载 $P_2=1.25\times1.2\times1.5\times6\text{kN}=15.75\text{kN}$

3）全跨屋架与支撑+半跨屋面板+半跨屋面活荷载：

全跨屋架和支撑自重产生的节点荷载：$P_3=1.2\times0.38\times1.5\times6\text{kN}=4.10\text{kN}$

作用于半跨的屋面板及活载产生的节点荷载：取屋面可能出现的活载

$$P_4=(1.4\times1.2+0.5\times1.4)\times1.5\times6\text{kN}=21.42\text{kN}$$

以上①、②为使用阶段荷载组合，③为施工阶段荷载组合。

## 2. 内力计算

计算 $P=1$ 作用于全跨、左半跨和右半跨，屋架杆件内力系数，然后求出以上三种荷载组合下的杆件内力，列于表 7-7，选取最大的杆件内力进行杆件设计。

表 7-7 杆件内力计算

| 杆件名称 | | 杆内力系数 $P=1$ | | | 全跨永久荷载+全跨可变荷载 $P=54.41$ kN $N=P\times ③$ | 全跨永久荷载+半跨可变荷载 $P_1=38.66$ kN $P_2=15.75$ kN $N_左=P_1\times ③+P_2\times ①$ $N_右=P_1\times ③+P_2\times ②$ | 全跨屋架支撑+半跨屋面板+半跨可变荷载 $P_3=4.1$ kN $P_4=21.42$ kN $N_左=P_3\times ③+P_4\times ①$ $N_右=P_3\times ③+P_4\times ②$ | | 计算内力 /kN |
|---|---|---|---|---|---|---|---|---|---|
| | | 左半跨 ① | 右半跨 ② | 全跨 ③ | | | | | |
| 上弦杆 | AB | 0 | 0 | 0 | 0 | 0 | 0 | 0 | 0 |
| | BC/CD | -6.23 | -2.51 | -8.74 | -475.54 | -436.01 | -377.42 | -169.28 | -89.60 | -475.54 |
| | DE/EF | -9.04 | -4.55 | -13.59 | -739.43 | -667.77 | -597.05 | -249.36 | -153.18 | -739.43 |
| | FG/GH | -9.17 | -6.17 | -15.35 | -835.19 | -737.86 | -690.61 | -259.36 | -195.10 | -835.19 |
| | HK | -7.41 | -7.48 | -14.89 | -810.16 | -692.35 | -693.46 | -219.77 | -221.27 | -810.16 |
| 下弦杆 | ac | 3.47 | 1.26 | 4.74 | 257.90 | 237.90 | 203.09 | 93.76 | 46.42 | 257.9 |
| | ce | 7.99 | 3.57 | 11.56 | 628.98 | 572.75 | 503.14 | 218.54 | 123.87 | 628.98 |
| | eg | 9.34 | 5.38 | 14.72 | 800.92 | 716.18 | 653.81 | 260.41 | 175.59 | 800.92 |
| | gk | 8.45 | 6.83 | 15.28 | 831.38 | 723.81 | 698.30 | 243.65 | 208.95 | 831.38 |
| 斜腹杆 | aB | -6.54 | -2.37 | -8.91 | -484.79 | -447.47 | -381.79 | -176.62 | -87.30 | -484.79 |
| | Bc | 4.77 | 2.15 | 6.92 | 376.52 | 342.65 | 301.39 | 130.55 | 74.43 | 376.52 |
| | cD | -3.41 | -2.07 | -5.48 | -298.17 | -265.56 | -244.46 | -95.51 | -66.81 | -298.17 |
| | De | 1.91 | 1.83 | 3.74 | 203.49 | 174.67 | 173.41 | 56.25 | 54.53 | 203.49 |
| | eF | -0.72 | -1.78 | -2.5 | -136.03 | -107.99 | -124.69 | -25.67 | -48.38 | -136.03 |
| | Fg | -0.43 | 1.59 | 1.16 | 63.12 | 38.07 | 69.89 | -4.45 | 38.81 | 69.89 (-4.45) |
| | Hg | 1.53 | -1.56 | -0.02 | -1.09 | 23.32 | -25.34 | 32.69 | -33.50 | 32.69 (-33.50) |
| | Hk | -2.45 | 1.41 | -1.04 | -56.59 | -78.79 | -18.00 | -56.74 | 25.94 | 25.94 (-78.79) |
| 竖杆 | Aa | -0.5 | 0 | -0.5 | -27.21 | -27.21 | -19.33 | -12.76 | -2.05 | -27.21 |
| | Cc | -1 | 0 | -1 | -54.41 | -54.41 | -38.66 | -25.52 | -4.10 | -54.41 |
| | Ee | -1 | 0 | -1 | -54.41 | -54.41 | -38.66 | -25.52 | -4.10 | -54.41 |
| | Gg | -1 | 0 | -1 | -54.41 | -54.41 | -38.66 | -25.52 | -4.10 | -54.41 |
| | Kk | 0.97 | 0.99 | 1.96 | 106.64 | 91.05 | 91.37 | 28.81 | 29.24 | 106.64 |

## 3. 杆件截面选择

按腹杆最大内力 $N_{aB}=-484.79$ kN，查表 7-4 选中间节点板厚度为 10mm，支座节点板厚度为 12mm。

（1）上弦杆　整个上弦杆采用等截面，按最大压杆件 $FG$、$GH$ 设计内力，$N_{FG}=-835.19$ kN。

屋架平面内计算长度 $l_{0x}=150.8\text{cm}$，屋架平面外计算长度根据支撑布置和内力情况确定，取两块屋面板宽度，$l_{0y}=301.6\text{cm}$。因为 $l_{0y}=2l_{0x}$，截面选取两不等肢角钢，短肢相拼。假设 $\lambda=60$，查附录 D-2，得 $\varphi=0.807$。

$$A=\frac{N}{\varphi f}=\frac{835.19\times10^3}{0.807\times215}\text{mm}^2=4813.64\text{mm}^2=48.14\text{cm}^2$$

$$i_x=\frac{l_{0x}}{\lambda}=\frac{150.8}{60}\text{cm}=2.51\text{cm}$$

$$i_y=\frac{l_{0y}}{\lambda}=\frac{301.6}{60}\text{cm}=5.03\text{cm}$$

查附录 H 中型钢表，选 2∟$160\times100\times10$ 短肢相拼（图 7-33），$A=50.6\text{cm}^2$，$i_x=2.85\text{cm}$，$i_y=7.70\text{cm}$。

按所选角钢进行验算：

$\lambda_x=l_{0x}/i_x=150.8/2.85=53$，$\lambda_y=l_{0y}/i_y=301.6/7.70=39.2$

满足长细比 $\lambda<[\lambda]=150$ 的要求。

由于 $\lambda_x>\lambda_y$，只需求出 $\varphi_{\min}=\varphi_x$，查轴心受压构件的稳定系数表，$\varphi_x=0.842$。

$$\sigma=\frac{N}{\varphi_x A}=\frac{835.19\times10^3}{0.842\times5060}\text{N/mm}^2=196\text{N/mm}^2<f=215\text{N/mm}^2$$

所选截面合适。

（2）下弦杆 整个下弦采用等截面。按最大内力 $N_{gk}=+831.38\text{kN}$ 计算。$l_{0x}=300\text{cm}$，$l_{0y}=1185\text{cm}$，因 $l_{0y}\gg l_{0x}$，选用不等边角钢，短肢相拼，如图 7-34 所示。

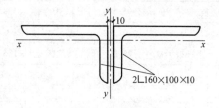

图 7-33 上弦杆截面

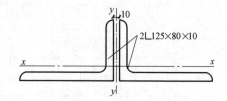

图 7-34 下弦杆截面

所需截面：$A=\dfrac{N}{f}=\dfrac{831.38\times10^3}{215}\text{mm}^2=3866.8\text{mm}^2=38.67\text{cm}^2$

因由型钢表选 2∟$125\times80\times10$，$A=39.4\text{cm}^2$，$i_x=2.26\text{cm}$，$i_y=6.11\text{cm}$。

$$\sigma=\frac{N}{A}=\frac{831.38\times10^3}{39.4\times10^2}\text{N/mm}^2=211\text{N/mm}^2<f=215\text{N/mm}^2 \quad （满足）$$

$$\lambda_x=\frac{l_{0x}}{i_x}=\frac{300}{2.26}=132.7<[\lambda]=350 \quad （满足）$$

$$\lambda_y=\frac{l_{0y}}{i_y}=\frac{1185}{6.11}=193.9<[\lambda]=350 \quad （满足）$$

（3）斜腹杆

1）$aB$ 杆：

$N_{aB} = -484.79\text{kN}, l_{0x} = l_{0y} = l = 254.3\text{cm}$

选用 2∟125×80×10，长肢相拼，如图 7-35 所示。查型钢表，$A = 39.4\text{cm}^2$，$i_x = 3.98\text{cm}$，$i_y = 3.31\text{cm}$。

截面验算：

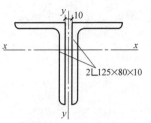

图 7-35 斜腹杆截面

$$\lambda_x = \frac{l_{0x}}{i_x} = \frac{254.3}{3.98} = 63.9 < [\lambda] = 150 \quad (满足)$$

$$\lambda_y = \frac{l_{0y}}{i_y} = \frac{254.3}{3.31} = 76.8 < [\lambda] = 150 \quad (满足)$$

由于 $\lambda_y > \lambda_x$，只需求出 $\varphi_{\min} = \varphi_y$，查轴心受压构件的稳定系数表，$\varphi_y = 0.708$。

$$\frac{N}{\varphi_y A} = \frac{484.79 \times 10^3}{0.708 \times 39.4 \times 10^2}\text{N/mm}^2 = 173.8\text{N/mm}^2 < f = 215\text{N/mm}^2 \quad (满足)$$

2) $Bc$ 杆：

$N_{Bc} = 376.52\text{kN}$，$l_{0x} = 0.8l = 0.8 \times 261.6\text{cm} = 209.3\text{cm}$，$l_{0y} = l = 261.6\text{cm}$

$$A_n = \frac{N}{f} = \frac{376.52 \times 10^3}{215}\text{mm}^2 = 1751.3\text{mm}^2$$

选用 2∟70×7。查型钢表，$A = 18.84\text{cm}^2$，$i_x = 2.14\text{cm}$，$i_y = 3.28\text{cm}$。

$$\lambda_x = \frac{l_{0x}}{i_x} = \frac{209.3}{2.14} = 97.8 < [\lambda] = 350 \quad (满足)$$

$$\lambda_y = \frac{l_{0y}}{i_y} = \frac{261.6}{3.28} = 79.8 < [\lambda] = 350 \quad (满足)$$

3) $Fg$ 杆：

最大拉力 $N_{Fg} = 69.89\text{kN}$，最大压力 $N_{Fg} = -4.45\text{kN}$

$$l_{0x} = 0.8l = 0.8 \times 312.7\text{cm} = 250.2\text{cm}，l_{0y} = l = 312.7\text{cm}$$

按照最大拉力 $N_{Fg} = +69.89\text{kN}$ 设计，选用屋架需采用的最小角钢 2∟50×5，$A = 9.61\text{cm}^2$，$i_x = 1.53\text{cm}$，$i_y = 2.46\text{cm}$。

即可满足要求。

考虑到最大压力 $N_{Fg} = -4.45\text{kN}$ 较小，验算压杆的容许长细比是否满足要求。

$$\lambda_x = \frac{l_{0x}}{i_x} = \frac{250.2}{1.53} = 163.5 > [\lambda] = 150 \quad (不满足)$$

选用 2∟63×5，查型钢表，$A = 12.28\text{cm}^2$，$i_x = 1.94\text{cm}$，$i_y = 2.96\text{cm}$。

$$\lambda_x = \frac{l_{0x}}{i_x} = \frac{250.2}{1.94} = 128.9 < [\lambda] = 150 \quad (满足)$$

$$\lambda_y = \frac{l_{0y}}{i_y} = \frac{312.7}{2.96} = 105.6 < [\lambda] = 150 \quad (满足)$$

4) $gH$ 杆：

最大拉力 $N_{gH} = +32.69\text{kN}$，最大压力 $N_{gH} = -33.50\text{kN}$

按照最大压力进行设计，$l_{0x} = 0.8l = 0.8 \times 340.5\text{cm} = 272.4\text{cm}$，$l_{0y} = l = 340.5\text{cm}$

同理，亦按压杆容许长细比进行控制。选用 2 ∟ 63×5，查型钢表，$A = 2 \times 6.14 = 12.28 \text{cm}^2$，$i_x = 1.94 \text{cm}$，$i_y = 2.96 \text{cm}$。

$$\lambda_x = \frac{l_{0x}}{i_x} = \frac{272.4}{1.94} = 140.4 < [\lambda] = 150 \quad \text{（满足）}$$

$$\lambda_y = \frac{l_{0y}}{i_y} = \frac{340.5}{2.96} = 115 < [\lambda] = 150 \quad \text{（满足）}$$

由于 $\lambda_x > \lambda_y$，只需求出 $\varphi_{\min} = \varphi_x$，查轴心受压构件的稳定系数表，$\varphi_x = 0.342$

$$\frac{N}{\varphi A} = \frac{33.49 \times 10^3}{0.342 \times 12.28 \times 10^2} \text{N/mm}^2 = 79.74 \text{N/mm}^2 < f = 215 \text{N/mm}^2 \quad \text{（满足）}$$

5) $Hk$ 杆：最大拉力 $N_{Hk} = +25.94 \text{kN}$，最大压力 $N_{Hk} = -78.79 \text{kN}$，按照最大压力设计

$$l_{0x} = 0.8l = 0.8 \times 339.3 \text{cm} = 271.4 \text{cm}, \quad l_{0y} = l = 339.3 \text{cm}$$

选用 2 ∟ 63×5。

$$\lambda_x = \frac{l_{0x}}{i_x} = \frac{271.4}{1.94} = 139.9 < [\lambda] = 150 \quad \text{（满足）}$$

$$\lambda_y = \frac{l_{0y}}{i_y} = \frac{339.3}{2.96} = 114.6 < [\lambda] = 150 \quad \text{（满足）}$$

$$\frac{N}{\varphi A} = \frac{78.79 \times 10^3}{0.345 \times 12.28 \times 10^2} \text{N/mm}^2 = 186 \text{N/mm}^2 < f = 215 \text{N/mm}^2$$

(4) 竖杆

1) 竖杆 $Gg$：

$$N_{Gg} = -54.41 \text{kN}, \quad l_{0x} = 0.8l = 0.8 \times 290 \text{cm} = 232 \text{cm}, \quad l_{0y} = l = 290 \text{cm}$$

选用 2 ∟ 56×5，$A = 10.84 \text{cm}^2$，$i_x = 1.72 \text{cm}$，$i_y = 2.69 \text{cm}$。

$$\lambda_x = \frac{l_{0x}}{i_x} = \frac{232}{1.72} = 134.8 < [\lambda] = 150 \quad \text{（满足）}$$

$$\lambda_y = \frac{l_{0y}}{i_y} = \frac{290}{2.69} = 107.8 < [\lambda] = 150 \quad \text{（满足）}$$

$$\frac{N}{\varphi A} = \frac{54.41 \times 10^3}{0.366 \times 10.84 \times 10^2} \text{N/mm}^2 = 137.1 \text{N/mm}^2 < f = 215 \text{N/mm}^2$$

2) 中间竖杆 $Kk$：

$$N_{Kk} = +106.64 \text{kN}, \quad \text{斜平面 } l_0 = 0.9l = 0.9 \times 320 \text{cm} = 288 \text{cm}$$

选用 2 ∟ 63×5 十字相连。如图 7-36 所示，查型钢表，$A = 12.28 \text{cm}^2$，$i_{x_0} = 2.45 \text{cm}$。

$$\lambda_{x_0} = \frac{l_0}{i_{x_0}} = \frac{288}{2.45} = 118 < [\lambda] = 350 \quad \text{（满足）}$$

$$\sigma = \frac{N}{A} = \frac{106.64 \times 10^3}{12.28 \times 10^2} \text{N/mm}^2 = 86.8 \text{N/mm}^2 < 215 \text{N/mm}^2 \quad \text{（满足）}$$

各杆件截面选择见表 7-8。选用时采用的最小角钢，一般腹杆按 2 ∟ 50×5，连接支撑的竖杆按 2 ∟ 63×5。

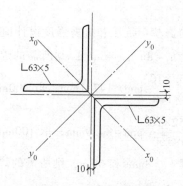

图 7-36 中竖杆截面

表 7-8 屋架杆件一览表

| 杆件 | | 杆内力 /kN | 计算长度/mm | | 截面形式及角钢规格 | 截面积 /mm² | 回转半径 | | 长细比 $\lambda_{max}$ | 容许长细比 | 系数 $\varphi_{min}$ | $\sigma$ /(N/mm²) |
|---|---|---|---|---|---|---|---|---|---|---|---|---|
| | | | $l_{0x}$ | $l_{0y}$ | | | $i_x$/mm | $i_y$/mm | | | | |
| 上弦 | | -835.19 | 1508 | 3016 | 短肢相拼 2∟160×100×10 | 5063 | 28.5 | 77.0 | 53 | 150 | 0.842 | 195.9 |
| 下弦 | | 831.38 | 3000 | 11850 | 短肢相拼 2∟125×80×10 | 3942 | 22.6 | 61.1 | 139.9 | 350 | — | 210.9 |
| 斜腹杆 | aB | -484.79 | 2543 | 2543 | 长肢相拼 2∟125×80×10 | 3942 | 39.8 | 33.1 | 76.8 | 150 | 0.706 | 201.4 |
| | Bc | 376.52 | 2093 | 2616 | 2∟70×7 | 1884 | 21.4 | 32.1 | 97.8 | 350 | — | 199.8 |
| | cD | -298.17 | 2302 | 2878 | 2∟100×6 | 2386 | 31.0 | 44.4 | 74.3 | 150 | 0.723 | 172.8 |
| | De | 203.49 | 2294 | 2867 | 2∟63×5 | 1228 | 19.4 | 29.7 | 118.2 | 350 | — | 165.7 |
| | eF | -136.03 | 2510 | 3138 | 2∟80×6 | 1879 | 24.7 | 36.5 | 101.6 | 150 | 0.546 | 1322.6 |
| | Fg | 68.89 | 2502 | 3127 | 2∟63×5 | 1228 | 19.4 | 29.7 | 128.9 | 350 | | 56.1 |
| | gH | -33.49 | 2724 | 3405 | 2∟63×5 | 1228 | 19.4 | 29.7 | 140.4 | 150 | 0.345 | 79.1 |
| | Hk | -78.79 | 2714 | 3393 | 2∟63×5 | 1228 | 19.4 | 29.7 | 139.5 | 150 | 0.345 | 185.9 |
| 竖杆 | Aa | -27.21 | 2015 | 2015 | 2∟56×5 | 1084 | 17.2 | 26.2 | 117.2 | 150 | 0.453 | 55.4 |
| | Cc | -54.41 | 1840 | 2300 | 2∟56×5 | 1084 | 17.2 | 26.2 | 107 | 150 | 0.511 | 98.2 |
| | Ee | -54.41 | 2080 | 2600 | 2∟56×5 | 1084 | 17.2 | 26.2 | 120.9 | 150 | 0.432 | 116.2 |
| | Gg | -54.41 | 2320 | 2900 | 2∟56×5 | 1084 | 17.2 | 26.2 | 134 | 150 | 0.366 | 137.1 |
| | Kk | 106.64 | 斜平面:2880 | | 十字形 2∟63×5 | 1228 | 2.45 | | 118 | 350 | — | 86.8 |

## 4. 节点设计

（1）下弦节点 $c$。角焊缝的抗拉、抗压和抗剪强度设计值 $f_f^w = 160\text{N/mm}^2$。

设 $Bc$ 杆的肢背和肢尖焊缝 $h_f = 8\text{mm}$ 和 $6\text{mm}$，则所需的焊缝长度为：

肢背 $l'_w = \dfrac{0.7N}{2h_e f_f^w} = \dfrac{0.7 \times 376.52 \times 10^3}{2 \times 0.7 \times 8 \times 160}\text{mm} = 147.1\text{mm}$，取 $200\text{mm}$

肢尖 $l''_w = \dfrac{0.3N}{2h_e f_f^w} = \dfrac{0.3 \times 376.52 \times 10^3}{2 \times 0.7 \times 6 \times 160}\text{mm} = 84.0\text{mm}$，取 $100\text{mm}$

设 $cD$ 杆的肢背和肢尖焊缝 $h_f = 8\text{mm}$ 和 $6\text{mm}$，则所需的焊缝长度为：

肢背 $l'_w = \dfrac{0.7N}{2h_e f_f^w} = \dfrac{0.7 \times 298.17 \times 10^3}{2 \times 0.7 \times 8 \times 160}\text{mm} = 116.5\text{mm}$，取 $150\text{mm}$。

肢尖 $l''_w = \dfrac{0.3N}{2h_e f_f^w} = \dfrac{0.3 \times 298.17 \times 10^3}{2 \times 0.7 \times 6 \times 160}\text{mm} = 66.6\text{mm}$，取 $80\text{mm}$。

$Cc$ 杆件内力很小，焊缝尺寸可以按照构造要求确定，取 $h_f = 5\text{mm}$。

根据上述所求的焊缝长度，并考虑杆件的间隙以及制作和装配等误差，按照比例绘出节点详图，如图 7-37 所示，确定出节点板尺寸为 $400\text{mm} \times 360\text{mm}$。

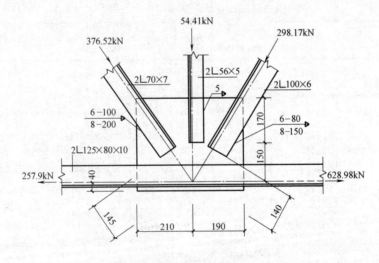

图 7-37 下弦节点 $c$

下弦与节点板连接的焊缝长度为 $400\text{mm}$，$h_f = 6\text{mm}$，焊缝左右所受的力为左右两个弦杆的内力差 $\Delta N = (628.98 - 257.9)\text{kN} = 371.08\text{kN}$，受力较大的肢背处的焊缝为

$$\tau_f = \dfrac{0.7\Delta N}{2h_e l_w} = \dfrac{0.7 \times 371.08 \times 10^3}{2 \times 0.7 \times 8 \times (400-12)}\text{mm} = 59.8\text{mm} < f = 160\text{N/mm}^2$$

所以，焊缝强度满足要求。

（2）上弦节点 $B$　上弦节点 $B$，如图 7-38 所示。$Bc$ 杆与节点板的焊缝尺寸和节点 $c$ 相同。

$aB$ 杆与节点板的焊缝尺寸按照上述方法计算，$N_{aB} = 484.79\text{kN}$，$aB$ 杆的肢背和肢尖焊缝 $h_f = 10\text{mm}$ 和 $8\text{mm}$。

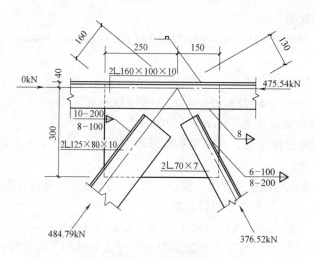

图 7-38 上弦节点 B

肢背 $l'_w = \dfrac{0.7N}{2h_e f_f^w} = \dfrac{0.7 \times 484.79 \times 10^3}{2 \times 0.7 \times 10 \times 160}\text{mm} = 151.5\text{mm}$，取 200mm。

肢尖 $l''_w = \dfrac{0.3N}{2h_e f_f^w} = \dfrac{0.3 \times 484.79 \times 10^3}{2 \times 0.7 \times 8 \times 160}\text{mm} = 81.2\text{mm}$，取 100mm。

为了便于在上弦上搁置屋面板，节点板的上边缘可缩进上弦肢背 8mm，用塞焊缝把上弦角钢和节点板连接起来。塞焊缝作为两条焊缝计算，设计强度乘以 0.8 的折减系数。考虑到屋面坡度 1/10 较小，可假设集中荷载 $P$ 与上弦垂直。

肢背和肢尖焊缝 $h_f = 6m$ 和 8mm，上弦与节点板间焊缝长度为 400mm。

上弦肢背塞焊缝应力

$$\dfrac{\sqrt{(k_1 \Delta N)^2 + \left(\dfrac{P}{2 \times 1.22}\right)^2}}{2 \times 0.7 h_{f1} l_{w1}} = \dfrac{\sqrt{(0.3 \times 475.54 \times 10^3)^2 + \left(\dfrac{54.41 \times 10^3}{2 \times 1.22}\right)^2}}{2 \times 0.7 \times 6 \times (400 - 12)} \text{N/mm}^2$$

$$= 43.8\text{N/mm}^2 \leqslant 0.8 f_f^w = 128\text{N/mm}^2$$

上弦肢尖塞焊缝应力

$$\dfrac{\sqrt{(k_2 \Delta N)^2 + \left(\dfrac{P}{2 \times 1.22}\right)^2}}{2 \times 0.7 h_{f2} l_{w2}} = \dfrac{\sqrt{(0.7 \times 475.54 \times 10^3)^3 + \left(\dfrac{54.41 \times 10^3}{2 \times 1.22}\right)^2}}{2 \times 0.7 \times 8 \times (400 - 16)} \text{N/mm}^2$$

$$= 77.4\text{N/mm}^2 \leqslant 0.8 f_f^w = 128\text{N/mm}^2$$

焊缝满足要求。

(3) 屋脊节点 弦杆的拼接，一般都采用同号角钢作为拼接角钢，为了使拼接角钢在拼接处能紧贴被连接的弦杆和便于施焊，将拼接角钢的尖角削除，并截去竖肢的一部分 $\Delta = t + h_f + 5\text{mm}$。设焊缝 $h_f = 8\text{mm}$，拼接角钢与弦杆的连接焊缝的最大内力 $N_{HK} = 810.16\text{kN}$，每条焊缝长度需

$$l_w = \dfrac{N}{4 \times 0.7 h_f f_f^w} = \dfrac{810.16 \times 10^3}{4 \times 0.7 \times 8 \times 160}\text{mm} = 226\text{mm}$$

拼接角钢的总长度为：
$$l = 2(l_w + 2h_f) + a = 2 \times (226 + 2 \times 8)\,mm + 20\,mm = 504\,mm$$

取 $l = 550\,mm$。

拼接角钢竖肢应切去的高度为
$$\Delta = t + h_f + 5\,mm = (10 + 8 + 5)\,mm = 23\,mm$$

取 $\Delta = 25\,mm$，即竖肢余留高度为 $75\,mm$。

上弦杆与节点板的连接焊缝，在角钢肢背采用塞焊缝，并假定仅承受屋面板传来的集中荷载，一般可不作计算。

上弦角钢肢尖与节点板的连接焊缝，应取上弦内力 $N$ 的 15% 进行计算，即：$\Delta N = 0.15N = 0.15 \times 810.16\,kN = 121.5\,kN$，其产生的偏心弯矩
$$M = \Delta Ne = 121.5 \times 10^3 \times 70\,N \cdot mm = 8505\,kN \cdot mm$$

现取节点板尺寸如图 7-39 所示，设肢尖焊脚尺寸 $h_f = 8\,mm$，则焊缝计算长度 $l_{w2} = (200 - 2 \times 8 - 5)\,mm = 179\,mm$。验算肢尖焊缝强度：

$$\sqrt{\left(\frac{6M}{\beta_f \times 2 \times 0.7h_f l_{w2}^2}\right)^2 + \left(\frac{\Delta N}{2 \times 0.7h_f l_{w2}}\right)^2} = \sqrt{\left(\frac{6 \times 8505 \times 10^3}{1.22 \times 2 \times 0.7 \times 6 \times 183^2}\right)^2 + \left(\frac{121.5 \times 10^3}{2 \times 0.7 \times 6 \times 183}\right)^2}\,N/mm^2$$
$$= 119.3\,N/mm^2 < f_f^w = 160\,N/mm^2$$

焊缝满足要求。

竖杆 $Kk$ 杆端焊缝取 $h_f$ 和 $l_w$ 为 $6\,mm$ 和 $80\,mm$，验算略。

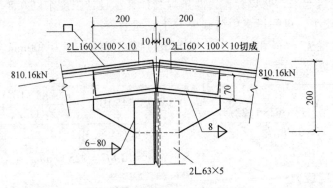

图 7-39 屋脊节点

(4) 支座节点 为便于施焊，底板上表面至下弦角钢净距离为 $125\,mm$，如图 7-40 所示。

1) 底板计算：

支座反力 $R = 8P = 8 \times 54.41\,kN = 435.28\,kN$

根据构造需要，取底板尺寸为 $280\,mm \times 400\,mm$。锚栓采用 2M24，并用图 7-40 所示 U 形缺口。柱采用 C25 混凝土，其轴心抗压强度设计值 $f_c = 12.5\,N/mm^2$。作用于底板的压应力为（垂直于屋架方向的底板长度偏安全地仅取加劲肋部分）：

$$q = \frac{R}{A_n} = \frac{435.28 \times 10^3}{212 \times 280}\,N/mm^2 = 7.33\,N/mm^2 < f_c = 12.5\,N/mm^2 \quad (满足)$$

底板被节点板和加劲肋分成 4 块相邻边支承板，故应按式 (7-24) 计算底板单位长度上的最大弯矩。

$$a_1 = \sqrt{\left(140-\frac{12}{2}\right)^2+100^2}\,\text{mm} = 167.2\,\text{mm}$$

$$b_1 = 100\times\frac{134}{167.2}\,\text{mm} = 80.1\,\text{mm}$$

$$\frac{b_1}{a_1} = \frac{80.1}{167.2} = 0.479,\quad 查表 7\text{-}6 得 \beta = 0.0531$$

$$M = \beta q a_1^2 = 0.0531\times 7.33\times 167.2^2\,\text{N}\cdot\text{mm/mm} = 10881.1\,\text{N}\cdot\text{mm/mm}$$

需要底板厚度，$f = 205\,\text{N/mm}^2$（按厚度 $t>16\sim 40\,\text{mm}$ 取值）

$$t = \sqrt{\frac{6M}{f}} = \sqrt{\frac{6\times 10881.1}{205}}\,\text{mm} = 17.8\,\text{mm},\quad 取 20\,\text{mm}$$

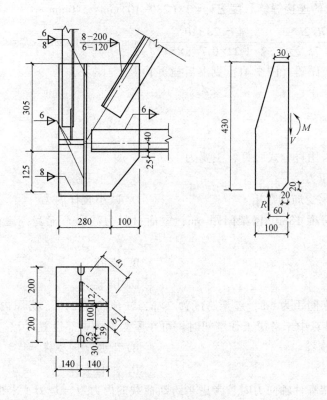

**图 7-40　支座节点**

2) 加劲肋计算。对加劲肋和节点板间的两条竖直焊缝进行验算。

设 $h_f = 6\,\text{mm}$，焊缝长度 $l_w = (430-12-20)\,\text{mm} = 398\,\text{mm}$

取焊缝最大计算长度 $l_w = 60h_f = 60\times 6\,\text{mm} = 360\,\text{mm} < 398\,\text{mm}$

$$V = \frac{R}{4} = \frac{435.28}{4}\,\text{kN} = 108.82\,\text{kN}$$

$$M = Ve = 108.82\times 60\,\text{kN}\cdot\text{mm} = 6529.2\,\text{kN}\cdot\text{mm}$$

焊缝应力为：

$$\sqrt{\left(\frac{6M}{\beta_\mathrm{f}\times2\times0.7h_\mathrm{f}l_\mathrm{w}^2}\right)^2+\left(\frac{V}{2\times0.7h_\mathrm{f}l_\mathrm{w}}\right)^2}=\sqrt{\left(\frac{6\times6529.2\times10^3}{1.22\times2\times0.7\times6\times360^2}\right)^2+\left(\frac{108.82\times10^3}{2\times0.7\times6\times360}\right)^2}\,\mathrm{N/mm^2}$$

$$=36.1\mathrm{N/mm^2}<f_\mathrm{f}^\mathrm{w}=160\mathrm{N/mm^2}$$

焊缝满足要求。

3) 加劲肋、节点板与底板的连接焊缝计算。假设焊缝传递全部支座反力 $R$，每块加劲肋传递 $R/4$，节点板传递 $R/2$。

$$h_\mathrm{f\,min}=1.5\sqrt{t}=1.5\times\sqrt{20}\,\mathrm{mm}=6.7\mathrm{mm}，取\ 8\mathrm{mm}。$$

每块加劲肋与底板的连接焊缝的总计算长度 $\sum l_\mathrm{w}=2\times(100-20-16)\,\mathrm{mm}=128\mathrm{mm}$

$$\sigma_\mathrm{f}=\frac{R/4}{\beta_\mathrm{f}\times0.7h_\mathrm{f}\sum l_\mathrm{w}}=\frac{435.28\times10^3}{4\times1.22\times0.7\times8\times128}\mathrm{N/mm^2}=124.4\mathrm{N/mm^2}<f_\mathrm{f}^\mathrm{w}=160\mathrm{N/mm^2}\quad（满足）$$

节点板与底板的连接焊缝长度 $\sum l_\mathrm{w}=2\times(280-10)\,\mathrm{mm}=540\mathrm{mm}$

$$\sigma_\mathrm{f}=\frac{R/2}{\beta_\mathrm{f}\times0.7h_\mathrm{f}\sum l_\mathrm{w}}=\frac{435.28\times10^3}{2\times1.22\times0.7\times8\times540}\mathrm{N/mm^2}=58.9\mathrm{N/mm^2}<f_\mathrm{f}^\mathrm{w}=160\mathrm{N/mm^2}$$

(5) 屋架施工详图（图 7-41，见书后插页）

## 【习题】

**一、单选题**

1. 梯形屋架采用再分式腹杆，主要为了（　　）。
   A. 减小上弦压力　　　　　　　　　　B. 减小下弦压力
   C. 避免上弦承受局部弯矩　　　　　　D. 减小腹杆内力

2. 一屋架的跨度 18m，屋架间距 6m，屋面材料为波形石棉瓦，屋面坡度要求 1/2.5。该屋架宜采用（　　）。
   A. 三角形　　　　　　　　　　　　　B. 梯形
   C. 平行弦　　　　　　　　　　　　　D. 拱形

3. 某房屋屋架间距为 6m，屋架跨度为 24m，柱顶高度 24m。房屋内无托架，有较大振动设备，且房屋计算中未考虑工作空间时，可在屋盖支撑中部设置（　　）。
   A. 上弦横向支撑　　　　　　　　　　B. 下弦横向支撑
   C. 纵向支撑　　　　　　　　　　　　D. 垂直支撑

4. 在计算屋架杆件轴向力时，考虑半跨活荷载的内力组合是为了求得（　　）。
   A. 弦杆最大内力　　　　　　　　　　B. 屋架跨中部分腹杆内力性质的可能变化
   C. 屋架两端弦杆、腹杆最大内力　　　D. 腹杆最大内力

5. 屋架设计中，积灰荷载应与（　　）同时考虑。
   A. 屋面活荷载　　　　　　　　　　　B. 雪荷载
   C. 屋面活荷载和雪荷载　　　　　　　D. 屋面活荷载和雪荷载两者较大值

6. 普通钢屋架的受压杆件中，两个侧向固定点之间（　　）。
   A. 垫板数不宜少于两个　　　　　　　B. 垫板数不宜少于一个
   C. 垫板数不宜多于两个　　　　　　　D. 可不设垫板

7. 梯形钢屋架节点板的厚度，是根据（　　）来选定的。

A. 支座竖杆中的内力  B. 下弦杆中的最大内力
C. 上弦杆中的最大内力  D. 腹杆中的最大内力

二、简答题

1. 常用的屋架外形有哪几种，它们各有几种腹杆体系？有何优缺点？
2. 屋盖支撑包括哪些类型？有什么作用？布置在哪些位置？
3. 屋架杆件的计算长度在屋架平面内和屋架平面外及斜平面有何区别？应如何取值？
4. 当采用双角钢组成的 T 形截面或十字形截面作为屋架杆件时，应该设置填板，填板的作用是什么？设置构造上有哪些要求？
5. 屋架节点设计有哪些基本要求？如何确定节点板厚度及外形尺寸？
6. 屋架施工图上，应标示哪些主要内容？

三、计算题

1. 某单层机械厂装配车间，长 180m，跨度 30m，采用梯形屋架，混凝土柱强度等级为 C25。厂房内设有两台起重量为 30t、5t 的中级工作制桥式吊车，屋面采用大型屋面板无檩结构体系。当地基本风压 $0.55kN/m^2$，基本雪压 $0.5kN/m^2$，地震烈度 6 度。屋架材料：钢材 Q235B，焊条采用 E43 型。绘制该厂房的柱网、屋盖支撑、柱间支撑布置图，并设计该梯形屋架。

2. 某单跨双坡车间，跨度 18m，长 90m，屋面坡度 1/3，采用三角形屋架。屋架简支于混凝土柱上，混凝土等级为 C20。厂房内无吊车，屋面材料采用波形石棉瓦，油毡。当地基本风压 $0.50kN/m^2$，基本雪压 $0.3kN/m^2$，屋架材料：钢材 Q235B，焊条采用 E43 型。绘制该车间的柱网、屋盖支撑布置图，并设计该屋架。

# 附　录

## 附录A　常用建筑结构体系

### A.1　单层钢结构

A.1.1　单层钢结构可采用框架、支撑结构。厂房主要由横向、纵向抗侧力体系组成，其中横向抗侧力体系可采用框架结构，纵向抗侧力体系宜采用中心支撑体系，也可采用框架结构。

A.1.2　每个结构单元均应形成稳定的空间结构体系。

A.1.3　柱间支撑的间距应根据建筑的纵向柱距、受力情况和安装条件确定。当房屋高度相对于柱间距较大时，柱间支撑宜分层设置。

A.1.4　屋面板、檩条和屋盖承重结构之间应有可靠连接，一般应设置完整的屋面支撑系统。

### A.2　多高层钢结构

A.2.1　按抗侧力结构的特点，多高层钢结构常用的结构体系可按表A-1分类。

表 A-1　多高层钢结构常用体系

| 结构体系 | | 支撑、墙体和筒形式 |
| --- | --- | --- |
| 框架 | | |
| 支撑结构 | 中心支撑 | 普通钢支撑，屈曲约束支撑 |
| 框架-支撑 | 中心支撑 | 普通钢支撑，屈曲约束支撑 |
| | 偏心支撑 | 普通钢支撑 |
| 框架-剪力墙板 | | 钢板墙，延性墙板 |
| 筒体结构 | 筒体 | 普通桁架筒 |
| | 框架-筒体 | 密柱深梁筒 |
| | 筒中筒 | 斜交网格筒 |
| | 束筒 | 剪力墙板筒 |
| 巨型结构 | 巨型框架 | |
| | 巨型框架-支撑 | |

注：为增加结构刚度，高层钢结构可设置伸臂桁架或环带桁架，伸臂桁架设置处宜同时有环带桁架，伸臂桁架应贯穿整个楼层，伸臂桁架与环带桁架的尺度应与相连构件的尺度相协调。

A.2.2 结构布置应符合下列原则：

1. 建筑平面宜简单、规则，结构平面布置宜对称，水平荷载的合力作用线宜接近抗侧力结构的刚度中心；高层钢结构两个主轴方向动力特性宜相近。

2. 结构竖向体型宜规则、均匀，结构竖向布置宜使侧向刚度和受剪承载力沿竖向均匀变化。

3. 高层建筑不应采用单跨框架结构，多层建筑不宜采用单跨框架结构。

4. 高层钢结构宜选用风压和横风向振动效应较小的建筑体型，并应考虑相邻高层建筑对风荷载的影响。

5. 支撑布置平面上宜均匀、分散，沿竖向宜连续布置，设置地下室时，支撑应延伸至基础或在地下室相应位置设置剪力墙。支撑无法连续时应适当增加错开支撑并加强错开支撑之间的上下楼层水平刚度。

## A.3 大跨度钢结构

A.3.1 大跨度钢结构体系可按表 A-2 分类：

表 A-2 大跨度钢结构体系分类

| 体系分类 | 常见形式 |
| --- | --- |
| 以整体受弯为主的结构 | 平面桁架、立体桁架、空腹桁架、网架、组合网架钢结构以及与钢索组合形成的各种预应力钢结构 |
| 以整体受压为主的结构 | 实腹钢拱、平面或立体桁架形式的拱形结构、网壳、组合网壳钢结构以及与钢索组合形成的各种预应力钢结构 |
| 以整体受拉为主的结构 | 悬索结构、索桁架结构、索穹顶等 |

A.3.2 大跨度钢结构的设计原则应符合下列规定：

1. 大跨度钢结构的设计应结合工程的平面形状、体型、跨度、支承情况、荷载大小、建筑功能综合分析确定，结构布置和支承形式应保证结构具有合理的传力途径和整体稳定性。平面结构应设置平面外的支撑体系。

2. 预应力大跨度钢结构应进行结构张拉形态分析，确定索或拉杆的预应力分布，并保证在各种工况下索力大于零。不能因个别索的松弛导致结构失效。

3. 对以受压为主的拱形结构、单层网壳以及跨厚比较大的双层网壳应进行非线性稳定分析。

4. 地震区的大跨度钢结构，应按抗震规范考虑水平及竖向地震作用效应。对于大跨度钢结构楼盖，应按使用功能满足相应的舒适度要求。

5. 应对施工过程复杂的大跨度钢结构或复杂的预应力大跨度钢结构进行施工过程分析。

6. 杆件截面的最小尺寸应根据结构的重要性、跨度、网格大小按计算确定，普通型钢不宜小于∟50×3，钢管不宜小于 $\phi48\times3$。对大、中跨度的结构，钢管不宜小于 $\phi60\times3.5$。

# 附录 B 钢材和连接强度设计值

## B.1 钢材的设计用强度指标

钢材的设计用强度指标，应根据钢材牌号、厚度或直径按表 B-1 采用。

表 B-1　钢材的设计用强度指标　　　　　　　　（单位：N/mm²）

| 钢材牌号 | | 钢材厚度或直径 /mm | 强度设计值 | | | 钢材强度 | |
|---|---|---|---|---|---|---|---|
| | | | 抗拉、抗压、抗弯 $f$ | 抗剪 $f_v$ | 端面承压（刨平顶紧）$f_{ce}$ | 屈服强度 $f_y$ | 抗拉强度最小值 $f_u$ |
| 碳素结构钢 | Q235 | ≤16 | 215 | 125 | 320 | 235 | 370 |
| | | >16, ≤40 | 205 | 120 | | 225 | |
| | | >40, ≤100 | 200 | 115 | | 215 | |
| 低合金高强度结构钢 | Q345 | ≤16 | 305 | 175 | 400 | 345 | 470 |
| | | >16, ≤40 | 295 | 170 | | 335 | |
| | | >40, ≤63 | 290 | 165 | | 325 | |
| | | >63, ≤80 | 280 | 160 | | 315 | |
| | | >80, ≤100 | 270 | 155 | | 305 | |
| | Q390 | ≤16 | 345 | 200 | 415 | 390 | 490 |
| | | >16, ≤40 | 330 | 190 | | 370 | |
| | | >40, ≤63 | 310 | 180 | | 350 | |
| | | >63, ≤100 | 295 | 170 | | 330 | |
| | Q420 | ≤16 | 375 | 215 | 440 | 420 | 520 |
| | | >16, ≤40 | 355 | 205 | | 400 | |
| | | >40, ≤63 | 320 | 185 | | 380 | |
| | | >63, ≤100 | 305 | 175 | | 360 | |
| | Q460 | ≤16 | 410 | 235 | 470 | 460 | 550 |
| | | >16, ≤40 | 390 | 225 | | 440 | |
| | | >40, ≤63 | 355 | 205 | | 420 | |
| | | >63, ≤100 | 340 | 195 | | 400 | |
| 建筑结构用钢板 | Q345GJ | >16, ≤50 | 325 | 190 | 415 | 345 | 490 |
| | | >50, ≤100 | 300 | 175 | | 335 | |

注：1. 表中直径指实心棒材直径，厚度系指计算点的钢材或钢管壁厚度，对轴心受拉和轴心受压构件系指截面中较厚板件的厚度。
　　2. 冷弯型材和冷弯钢管，其强度设计值应按现行有关国家标准规定采用。

## B.2　焊缝的强度指标

焊缝的强度指标按表 B-2 采用。

表 B-2 焊缝强度设计值 （单位：N/mm²）

| 焊接方法和焊条型号 | 构件钢材 | | 对接焊缝强度设计值 | | | | 角焊缝强度设计值 | 对接焊缝抗拉强度 $f_u^w$ | 角焊缝抗拉、抗压和抗剪强度 $f_u^f$ |
|---|---|---|---|---|---|---|---|---|---|
| | 牌号 | 厚度或直径/mm | 抗压 $f_c^w$ | 焊缝质量为下列等级时，抗拉 $f_t^w$ | | 抗剪 $f_v^w$ | 抗拉、抗压和抗剪 $f_f^w$ | | |
| | | | | 一级、二级 | 三级 | | | | |
| 自动焊、半自动焊和E43型焊条手工焊 | Q235 | ≤16 | 215 | 215 | 185 | 125 | 160 | 415 | 240 |
| | | >16,≤40 | 205 | 205 | 175 | 120 | | | |
| | | >40,≤100 | 200 | 200 | 170 | 115 | | | |
| 自动焊、半自动焊和E50、E55型焊条手工焊 | Q345 | ≤16 | 305 | 305 | 260 | 175 | 200 | 480(E50) 540(E55) | 280(E50) 315(E55) |
| | | >16,≤40 | 295 | 295 | 250 | 170 | | | |
| | | >40,≤63 | 290 | 290 | 245 | 165 | | | |
| | | >63,≤80 | 280 | 280 | 240 | 160 | | | |
| | | >80,≤100 | 270 | 270 | 230 | 155 | | | |
| | Q390 | ≤16 | 345 | 345 | 295 | 200 | 200(E50) 220(E55) | | |
| | | >16,≤40 | 330 | 330 | 280 | 190 | | | |
| | | >40,≤63 | 310 | 310 | 265 | 180 | | | |
| | | >63,≤100 | 295 | 295 | 250 | 170 | | | |
| 自动焊、半自动焊和E55、E60型焊条手工焊 | Q420 | ≤16 | 375 | 375 | 320 | 215 | 220(E55) 240(E60) | 540(E55) 590(E60) | 315(E55) 340(E60) |
| | | >16,≤40 | 355 | 355 | 300 | 205 | | | |
| | | >40,≤63 | 320 | 320 | 270 | 185 | | | |
| | | >63,≤100 | 305 | 305 | 260 | 175 | | | |
| 自动焊、半自动焊和E55、E60型焊条手工焊 | Q460 | ≤16 | 410 | 410 | 350 | 235 | 220(E55) 240(E60) | 540(E55) 590(E60) | 315(E55) 340(E60) |
| | | >16,≤40 | 390 | 390 | 330 | 225 | | | |
| | | >40,≤63 | 355 | 355 | 300 | 205 | | | |
| | | >63,≤100 | 340 | 340 | 290 | 195 | | | |
| 自动焊、半自动焊和E50、E55型焊条手工焊 | Q345GJ | >16,≤35 | 310 | 310 | 265 | 180 | 200 | 480(E50) 540(E55) | 280(E50) 315(E55) |
| | | >35,≤50 | 290 | 290 | 245 | 170 | | | |
| | | >50,≤100 | 285 | 285 | 240 | 165 | | | |

注：1. 手工焊用焊条、自动焊和半自动焊所采用的焊丝和焊剂，应保证其熔敷金属的力学性能不低于母材的性能。
2. 焊缝质量等级应符合国家现行标准《钢结构焊接规范》（GB 50661—2011）的规定，其检验方法应符合国家现行标准《钢结构工程施工质量验收规范》（GB 50205—2001）的规定。其中厚度小于 6mm 钢材的对接焊缝，不应采用超声波探伤确定焊缝质量等级。
3. 对接焊缝在受压区的抗弯强度设计值取 $f_c^w$，在受拉区的抗弯强度设计值取 $f_t^w$。
4. 表中厚度系指计算点的钢材厚度，对轴心受拉和轴心受压构件系指截面中较厚板件的厚度。
5. 计算下列情况的连接时，表中规定的强度设计值应乘以相应的折减系数；几种情况同时存在时，其折减系数应连乘。
   1）施工条件较差的高空安装焊缝乘以系数 0.9；
   2）进行无垫板的单面施焊对接焊缝的连接计算应乘折减系数 0.85。

## B.3 设计用螺栓连接的强度值

设计用螺栓连接的强度值按表 B-3 采用。

表 B-3 设计用螺栓连接的强度值 （单位：N/mm²）

| 螺栓的性能等级、锚栓和构件钢材的牌号 | | 强度设计值 | | | | | | 承压型连接或网架用高强度螺栓 | | | 高强度螺栓钢材的抗拉强度最小值 $f_u^b$ |
|---|---|---|---|---|---|---|---|---|---|---|---|
| | | 普通螺栓 | | | | | 锚栓 | | | | |
| | | C 级螺栓 | | | A 级、B 级螺栓 | | | | | | |
| | | 抗拉 $f_t^b$ | 抗剪 $f_v^b$ | 承压 $f_c^b$ | 抗拉 $f_t^b$ | 抗剪 $f_v^b$ | 承压 $f_c^b$ | 抗拉 $f_t^b$ | 抗拉 $f_t^b$ | 抗剪 $f_v^b$ | 承压 $f_c^b$ | |
| 普通螺栓 | 4.6级、4.8级 | 170 | 140 | — | — | — | — | — | — | — | — | — |
| | 5.6级 | — | — | — | 210 | 190 | — | — | — | — | — | — |
| | 8.8级 | — | — | — | 400 | 320 | — | — | — | — | — | — |
| 锚栓 | Q235 | — | — | — | — | — | — | 140 | — | — | — | — |
| | Q345 | — | — | — | — | — | — | 180 | — | — | — | — |
| | Q390 | — | — | — | — | — | — | 185 | — | — | — | — |
| 承压型连接高强度螺栓 | 8.8级 | — | — | — | — | — | — | — | 400 | 250 | — | 830 |
| | 10.9级 | — | — | — | — | — | — | — | 500 | 310 | — | 1040 |
| 螺栓球节点用高强度螺栓 | 9.8级 | — | — | — | — | — | — | — | 385 | — | — | — |
| | 10.9级 | — | — | — | — | — | — | — | 430 | — | — | — |
| 构件钢材牌号 | Q235 | — | — | 305 | — | — | 405 | — | — | — | 470 | — |
| | Q345 | — | — | 385 | — | — | 510 | — | — | — | 590 | — |
| | Q390 | — | — | 400 | — | — | 530 | — | — | — | 615 | — |
| | Q420 | — | — | 425 | — | — | 560 | — | — | — | 655 | — |
| | Q460 | — | — | 450 | — | — | 595 | — | — | — | 695 | — |
| | Q345GJ | — | — | 400 | — | — | 530 | — | — | — | 615 | — |

注：1. A 级螺栓用于 $d \leq 24$mm 和 $L \leq 10d$ 或 $L \leq 150$mm（按较小值）的螺栓；B 级螺栓用于 $d > 24$mm 和 $L > 10d$ 或 $L > 150$mm（按较小值）的螺栓；$d$ 为公称直径，$L$ 为螺栓公称长度。

2. A、B 级螺栓孔的精度和孔壁表面粗糙度，C 级螺栓孔的允许偏差和孔壁表面粗糙度，均应符合国家现行标准《钢结构工程施工质量验收规范》（GB 50205—2001）的要求。

3. 用于螺栓球节点网架的高强度螺栓，M12~M36 为 10.9 级，M39~M64 为 9.8 级。

# 附录 C 梁的整体稳定系数

C.1 等截面焊接工字形和轧制 H 型钢（图 C-1）简支梁的整体稳定系数 $\varphi_b$ 应按下列公式计算：

$$\varphi_b = \beta_b \frac{4320}{\lambda_y^2} \cdot \frac{Ah}{W_x} \left[ \sqrt{1 + \left( \frac{\lambda_y t_1}{4.4h} \right)^2} + \eta_b \right] \varepsilon_k^2 \qquad (C-1)$$

$$\lambda_y = \frac{l_1}{i_y} \qquad (C-2)$$

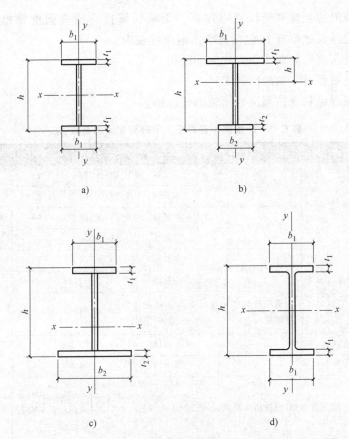

**图 C-1 焊接工字形和轧制 H 型钢**
a) 双轴对称焊接工字形截面　b) 加强受压翼缘的单轴对称焊接工字形截面
c) 加强受拉翼缘的单轴对称焊接工字形截面　d) 轧制 H 型钢截面

截面不对称影响系数 $\eta_b$ 应按下列公式计算:
对双轴对称截面（图 C-1a、d）:

$$\eta_b = 0 \tag{C-3}$$

对单轴对称工字形截面（图 C-1b、c）:

加强受压翼缘　　　　　$\eta_b = 0.8(2\alpha_b - 1)$ 　　　　　(C-4)

加强受拉翼缘　　　　　$\eta_b = 2\alpha_b - 1$ 　　　　　(C-5)

$$\alpha_b = \frac{I_1}{I_1 + I_2} \tag{C-6}$$

当按式（C-1）算得的 $\varphi_b$ 值大于 0.6 时，应用下式计算的 $\varphi_b'$ 代替 $\varphi_b$ 值:

$$\varphi_b' = 1.07 - \frac{0.282}{\varphi_b} \leqslant 1.0 \tag{C-7}$$

式中　$\beta_b$ ——梁整体稳定的等效弯矩系数，应按表 C-1 采用；
　　　$\lambda_y$ ——梁在侧向支承点间对截面弱轴 $y$—$y$ 的长细比；
　　　$A$ ——梁的毛截面面积；

$h$、$t_1$ ——梁截面的全高和受压翼缘厚度，等截面铆接（或高强度螺栓连接）简支梁，其受压翼缘厚度 $t_1$ 包括翼缘角钢厚度在内；

$l_1$ ——梁受压翼缘侧向支承点之间的距离；

$i_y$ ——梁毛截面对 $y$ 轴的回转半径；

$I_1$、$I_2$ ——受压翼缘和受拉翼缘对 $y$ 轴的惯性矩。

表 C-1 H 型钢和等截面工字形简支梁的系数 $\beta_b$

| 项次 | 侧向支承 | 荷载 | | $\xi \leqslant 2.0$ | $\xi > 2.0$ | 适用范围 |
|---|---|---|---|---|---|---|
| 1 | 跨中无侧向支承 | 均布荷载作用在 | 上翼缘 | $0.69+0.13\xi$ | 0.95 | 图 C-1a、b 和 d 的截面 |
| 2 | | | 下翼缘 | $1.73-0.20\xi$ | 1.33 | |
| 3 | | 集中荷载作用在 | 上翼缘 | $0.73+0.18\xi$ | 1.09 | |
| 4 | | | 下翼缘 | $2.23-0.28\xi$ | 1.67 | |
| 5 | 跨度中点有一个侧向支承点 | 均布荷载作用在 | 上翼缘 | 1.15 | | 图 C-1 中的所有截面 |
| 6 | | | 下翼缘 | 1.40 | | |
| 7 | | 集中荷载作用在截面高度的任意位置 | | 1.75 | | |
| 8 | 跨中有不少于两个等距离侧向支承点 | 任意荷载作用在 | 上翼缘 | 1.20 | | |
| 9 | | | 下翼缘 | 1.40 | | |
| 10 | 梁端有弯矩，但跨中无荷载作用 | | | $1.75-1.05\left(\dfrac{M_2}{M_1}\right)+0.3\left(\dfrac{M_2}{M_1}\right)^2$ 但 $\leqslant 2.3$ | | |

注：1. $\xi$ 为参数，$\xi = \dfrac{l_1 t_1}{b_1 h}$，其中 $b_1$ 为受压翼缘的宽度。

2. $M_1$ 和 $M_2$ 为梁的端弯矩，使梁产生同向曲率时 $M_1$ 和 $M_2$ 取同号，产生反向曲率时取异号，$|M_1| \geqslant |M_2|$。

3. 表中项次 3、4 和 7 的集中荷载是指一个或少数几个集中荷载位于跨中央附近的情况，对其他情况的集中荷载，应按表中项次 1、2、5、6 内的数值采用。

4. 表中项次 8、9 的 $\beta_b$，当集中荷载作用在侧向支承点处时，取 $\beta_b = 1.20$。

5. 荷载作用在上翼缘系指荷载作用点在翼缘表面，方向指向截面形心；荷载作用在下翼缘系指荷载作用点在翼缘表面，方向背向截面形心。

6. 对 $\alpha_b > 0.8$ 的加强受压翼缘工字形截面，下列情况的 $\beta_b$ 值应乘以相应的系数：

项次 1：当 $\xi \leqslant 1.0$ 时，乘以 0.95；

项次 3：当 $\xi \leqslant 0.5$ 时，乘以 0.90；当 $0.5 < \xi \leqslant 1.0$ 时，乘以 0.95。

## C.2 轧制普通工字形简支梁的整体稳定系数 $\varphi_b$ 应按表 C-2 采用，当所得的 $\varphi_b$ 值大于 0.6 时，应按式（C-7）算得的代替值。

表 C-2 轧制普通工字钢简支梁的 $\varphi_b$

| 项次 | 荷载情况 | | 工字钢型号 | 自由长度 $l_1$(m) | | | | | | | | |
|---|---|---|---|---|---|---|---|---|---|---|---|---|
| | | | | 2 | 3 | 4 | 5 | 6 | 7 | 8 | 9 | 10 |
| 1 | 跨中无侧向支承点的梁 | 集中荷载作用于上翼缘 | 10~20 | 2.00 | 1.30 | 0.99 | 0.80 | 0.68 | 0.58 | 0.53 | 0.48 | 0.43 |
| | | | 22~32 | 2.40 | 1.48 | 1.09 | 0.86 | 0.72 | 0.62 | 0.54 | 0.49 | 0.45 |
| | | | 36~63 | 2.80 | 1.60 | 1.07 | 0.83 | 0.68 | 0.56 | 0.50 | 0.45 | 0.40 |

(续)

| 项次 | 荷载情况 | | 工字钢型号 | 自由长度 $l_1$(m) | | | | | | | |
|---|---|---|---|---|---|---|---|---|---|---|---|
| | | | | 2 | 3 | 4 | 5 | 6 | 7 | 8 | 9 | 10 |
| 2 | 跨中无侧向支承点的梁 | 集中荷载作用于 下翼缘 | 10~20 | 3.10 | 1.95 | 1.34 | 1.01 | 0.82 | 0.69 | 0.63 | 0.57 | 0.52 |
| | | | 22~40 | 5.50 | 2.80 | 1.84 | 1.37 | 1.07 | 0.86 | 0.73 | 0.64 | 0.56 |
| | | | 45~63 | 7.30 | 3.60 | 2.30 | 1.62 | 1.20 | 0.96 | 0.80 | 0.69 | 0.60 |
| 3 | | 均布荷载作用于 上翼缘 | 10~20 | 1.70 | 1.12 | 0.84 | 0.68 | 0.57 | 0.50 | 0.45 | 0.41 | 0.37 |
| | | | 22~40 | 2.10 | 1.30 | 0.93 | 0.73 | 0.60 | 0.51 | 0.45 | 0.40 | 0.36 |
| | | | 45~63 | 2.60 | 1.45 | 0.97 | 0.73 | 0.59 | 0.50 | 0.44 | 0.38 | 0.35 |
| 4 | | 下翼缘 | 10~20 | 2.50 | 1.55 | 1.08 | 0.83 | 0.68 | 0.56 | 0.52 | 0.47 | 0.42 |
| | | | 22~40 | 4.00 | 2.20 | 1.45 | 1.10 | 0.85 | 0.70 | 0.60 | 0.52 | 0.46 |
| | | | 45~63 | 5.60 | 2.80 | 1.80 | 1.25 | 0.95 | 0.78 | 0.65 | 0.55 | 0.49 |
| 5 | 跨中有侧向支承点的梁（不论荷载作用点在截面高度上的位置） | | 10~20 | 2.20 | 1.39 | 1.01 | 0.79 | 0.66 | 0.57 | 0.52 | 0.47 | 0.42 |
| | | | 22~40 | 3.00 | 1.80 | 1.24 | 0.96 | 0.76 | 0.65 | 0.56 | 0.49 | 0.43 |
| | | | 45~63 | 4.00 | 2.20 | 1.38 | 1.01 | 0.80 | 0.66 | 0.56 | 0.49 | 0.43 |

注：1. 同表 C-1 的注 3、注 5。

2. 表中的 $\varphi_b$ 适用于 Q235 钢。对其他钢号，表中数值应乘以 $\varepsilon_k^2$。

C.3 轧制槽钢简支梁的整体稳定系数，不论荷载的形式和荷载作用点在截面高度上的位置，均可按下式计算：

$$\varphi_b = \frac{570bt}{l_1 h} \cdot \varepsilon_k^2 \tag{C-8}$$

式中 $h$、$b$、$t$——槽钢截面的高度、翼缘宽度和平均厚度。

当按式（C-8）算得的 $\varphi_b$ 值大于 0.6 时，应按式（C-7）算得相应的 $\varphi_b'$ 代替 $\varphi_b$ 值。

C.4 双轴对称工字形等截面悬臂梁的整体稳定系数，可按式（C-1）计算，但式中系数 $\beta_b$ 应按表 C-3 查得，当按式（C-2）计算长细比 $\lambda_y$ 时，$l_1$ 为悬臂梁的悬伸长度。当求得的 $\varphi_b$ 值大于 0.6 时，应按式（C-7）算得的 $\varphi_b'$ 代替 $\varphi_b$ 值。

表 C-3 双轴对称工字形等截面悬臂梁的系数 $\beta_b$

| 项次 | 荷载形式 | | $0.60 \leq \xi \leq 1.24$ | $1.24 < \xi \leq 1.96$ | $1.96 < \xi \leq 3.10$ |
|---|---|---|---|---|---|
| 1 | 自由端一个集中荷载作用在 | 上翼缘 | $0.21 + 0.67\xi$ | $0.72 + 0.26\xi$ | $1.17 + 0.03\xi$ |
| 2 | | 下翼缘 | $2.94 - 0.65\xi$ | $2.64 - 0.40\xi$ | $2.15 - 0.15\xi$ |
| 3 | 均布荷载作用在上翼缘 | | $0.62 + 0.82\xi$ | $1.25 + 0.31\xi$ | $1.66 + 0.10\xi$ |

注：1. 本表是按支承端为固定的情况确定的，当用于由邻跨延伸出来的伸臂梁时，应在构造上采取措施加强支承处的抗扭能力。

2. 表中 $\xi$ 见表 C-1 注 1。

C.5 均匀弯曲的受弯构件，当 $\lambda_y \leq 120\varepsilon_k$ 时，其整体稳定系数 $\varphi_b$ 可按下列近似公式计算：

1. 工字形截面：

（1）双轴对称

$$\varphi_b = 1.07 - \frac{\lambda_y^2}{44000\varepsilon_k^2} \tag{C-9}$$

（2）单轴对称

$$\varphi_b = 1.07 - \frac{W_x}{(2\alpha_b + 0.1)Ah} \frac{\lambda_y^2}{14000\varepsilon_k^2} \quad (C\text{-}10)$$

2. 弯矩作用在对称轴平面,绕 $x$ 轴的 T 形截面:

(1) 弯矩使翼缘受压时:

1) 双角钢 T 形截面

$$\varphi_b = 1 - 0.0017 \frac{\lambda_y}{\varepsilon_k} \quad (C\text{-}11)$$

2) 剖分 T 型钢和两板组合 T 形截面

$$\varphi_b = 1 - 0.0022 \frac{\lambda_y}{\varepsilon_k} \quad (C\text{-}12)$$

(2) 弯矩使翼缘受拉且腹板宽厚比不大于 $18\varepsilon_k$ 时:

$$\varphi_b = 1 - 0.0005 \frac{\lambda_y}{\varepsilon_k} \quad (C\text{-}13)$$

当按式 (C-9) 和式 (C-10) 算得的 $\varphi_b$ 值大于 1.0 时,取 $\varphi_b = 1.0$。

# 附录 D 轴心受压构件的稳定系数

**D.1** a 类截面轴心受压构件的稳定系数应按表 D-1 取值。

表 D-1 a 类截面轴心受压构件的稳定系数 $\varphi$

| $\lambda/\varepsilon_k$ | 0 | 1 | 2 | 3 | 4 | 5 | 6 | 7 | 8 | 9 |
|---|---|---|---|---|---|---|---|---|---|---|
| 0 | 1.000 | 1.000 | 1.000 | 1.000 | 0.999 | 0.999 | 0.998 | 0.998 | 0.997 | 0.996 |
| 10 | 0.995 | 0.994 | 0.993 | 0.992 | 0.991 | 0.989 | 0.988 | 0.986 | 0.985 | 0.983 |
| 20 | 0.981 | 0.979 | 0.977 | 0.976 | 0.974 | 0.972 | 0.970 | 0.968 | 0.966 | 0.964 |
| 30 | 0.963 | 0.961 | 0.959 | 0.957 | 0.954 | 0.952 | 0.950 | 0.948 | 0.946 | 0.944 |
| 40 | 0.941 | 0.939 | 0.937 | 0.934 | 0.932 | 0.929 | 0.927 | 0.924 | 0.921 | 0.918 |
| 50 | 0.916 | 0.913 | 0.910 | 0.907 | 0.903 | 0.900 | 0.897 | 0.893 | 0.890 | 0.886 |
| 60 | 0.883 | 0.879 | 0.875 | 0.871 | 0.867 | 0.862 | 0.858 | 0.854 | 0.849 | 0.844 |
| 70 | 0.839 | 0.834 | 0.829 | 0.824 | 0.818 | 0.813 | 0.807 | 0.801 | 0.795 | 0.789 |
| 80 | 0.783 | 0.776 | 0.770 | 0.763 | 0.756 | 0.749 | 0.742 | 0.735 | 0.728 | 0.721 |
| 90 | 0.713 | 0.706 | 0.698 | 0.691 | 0.683 | 0.676 | 0.668 | 0.660 | 0.653 | 0.645 |
| 100 | 0.637 | 0.630 | 0.622 | 0.614 | 0.607 | 0.599 | 0.592 | 0.584 | 0.577 | 0.569 |
| 110 | 0.562 | 0.555 | 0.548 | 0.541 | 0.534 | 0.527 | 0.520 | 0.513 | 0.507 | 0.500 |
| 120 | 0.494 | 0.487 | 0.481 | 0.475 | 0.469 | 0.463 | 0.457 | 0.451 | 0.445 | 0.439 |
| 130 | 0.434 | 0.428 | 0.423 | 0.417 | 0.412 | 0.407 | 0.402 | 0.397 | 0.392 | 0.387 |
| 140 | 0.382 | 0.378 | 0.373 | 0.368 | 0.364 | 0.360 | 0.355 | 0.351 | 0.347 | 0.343 |
| 150 | 0.339 | 0.335 | 0.331 | 0.327 | 0.323 | 0.319 | 0.316 | 0.312 | 0.308 | 0.305 |
| 160 | 0.302 | 0.298 | 0.295 | 0.292 | 0.288 | 0.285 | 0.282 | 0.279 | 0.276 | 0.273 |
| 170 | 0.270 | 0.267 | 0.264 | 0.261 | 0.259 | 0.256 | 0.253 | 0.250 | 0.248 | 0.245 |
| 180 | 0.243 | 0.240 | 0.238 | 0.235 | 0.233 | 0.231 | 0.228 | 0.226 | 0.224 | 0.222 |
| 190 | 0.219 | 0.217 | 0.215 | 0.213 | 0.211 | 0.209 | 0.207 | 0.205 | 0.203 | 0.201 |
| 200 | 0.199 | 0.197 | 0.196 | 0.194 | 0.192 | 0.190 | 0.188 | 0.187 | 0.185 | 0.183 |

(续)

| $\lambda/\varepsilon_k$ | 0 | 1 | 2 | 3 | 4 | 5 | 6 | 7 | 8 | 9 |
|---|---|---|---|---|---|---|---|---|---|---|
| 210 | 0.182 | 0.180 | 0.178 | 0.177 | 0.175 | 0.174 | 0.172 | 0.171 | 0.169 | 0.168 |
| 220 | 0.166 | 0.165 | 0.163 | 0.162 | 0.161 | 0.159 | 0.158 | 0.157 | 0.155 | 0.154 |
| 230 | 0.153 | 0.151 | 0.150 | 0.149 | 0.148 | 0.147 | 0.145 | 0.144 | 0.143 | 0.142 |
| 240 | 0.141 | 0.140 | 0.139 | 0.137 | 0.136 | 0.135 | 0.134 | 0.133 | 0.132 | 0.131 |

注：见表 D-4 注。

**D.2** b 类截面轴心受压构件的稳定系数应按表 D-2 取值。

表 D-2　b 类截面轴心受压构件的稳定系数 $\varphi$

| $\lambda/\varepsilon_k$ | 0 | 1 | 2 | 3 | 4 | 5 | 6 | 7 | 8 | 9 |
|---|---|---|---|---|---|---|---|---|---|---|
| 0 | 1.000 | 1.000 | 1.000 | 0.999 | 0.999 | 0.998 | 0.997 | 0.996 | 0.995 | 0.994 |
| 10 | 0.992 | 0.991 | 0.989 | 0.987 | 0.985 | 0.983 | 0.981 | 0.978 | 0.976 | 0.973 |
| 20 | 0.970 | 0.967 | 0.963 | 0.960 | 0.957 | 0.953 | 0.950 | 0.946 | 0.943 | 0.939 |
| 30 | 0.936 | 0.932 | 0.929 | 0.925 | 0.921 | 0.918 | 0.914 | 0.910 | 0.906 | 0.903 |
| 40 | 0.899 | 0.895 | 0.891 | 0.886 | 0.882 | 0.878 | 0.874 | 0.870 | 0.865 | 0.861 |
| 50 | 0.856 | 0.852 | 0.847 | 0.842 | 0.837 | 0.833 | 0.828 | 0.823 | 0.818 | 0.812 |
| 60 | 0.807 | 0.802 | 0.796 | 0.791 | 0.785 | 0.780 | 0.774 | 0.768 | 0.762 | 0.757 |
| 70 | 0.751 | 0.745 | 0.738 | 0.732 | 0.726 | 0.720 | 0.713 | 0.707 | 0.701 | 0.694 |
| 80 | 0.687 | 0.681 | 0.674 | 0.668 | 0.661 | 0.654 | 0.648 | 0.641 | 0.634 | 0.628 |
| 90 | 0.621 | 0.614 | 0.607 | 0.601 | 0.594 | 0.587 | 0.581 | 0.574 | 0.568 | 0.561 |
| 100 | 0.555 | 0.548 | 0.542 | 0.535 | 0.529 | 0.523 | 0.517 | 0.511 | 0.504 | 0.498 |
| 110 | 0.492 | 0.487 | 0.481 | 0.475 | 0.469 | 0.464 | 0.458 | 0.453 | 0.447 | 0.442 |
| 120 | 0.436 | 0.431 | 0.426 | 0.421 | 0.416 | 0.411 | 0.406 | 0.401 | 0.396 | 0.392 |
| 130 | 0.387 | 0.383 | 0.378 | 0.374 | 0.369 | 0.365 | 0.361 | 0.357 | 0.352 | 0.348 |
| 140 | 0.344 | 0.340 | 0.337 | 0.333 | 0.329 | 0.325 | 0.322 | 0.318 | 0.314 | 0.311 |
| 150 | 0.308 | 0.304 | 0.301 | 0.297 | 0.294 | 0.291 | 0.288 | 0.285 | 0.282 | 0.279 |
| 160 | 0.276 | 0.273 | 0.270 | 0.267 | 0.264 | 0.262 | 0.259 | 0.256 | 0.253 | 0.251 |
| 170 | 0.248 | 0.246 | 0.243 | 0.241 | 0.238 | 0.236 | 0.234 | 0.231 | 0.229 | 0.227 |
| 180 | 0.225 | 0.222 | 0.220 | 0.218 | 0.216 | 0.214 | 0.212 | 0.210 | 0.208 | 0.206 |
| 190 | 0.204 | 0.202 | 0.200 | 0.198 | 0.196 | 0.195 | 0.193 | 0.191 | 0.189 | 0.188 |
| 200 | 0.186 | 0.184 | 0.183 | 0.181 | 0.179 | 0.178 | 0.176 | 0.175 | 0.173 | 0.172 |
| 210 | 0.170 | 0.169 | 0.167 | 0.166 | 0.164 | 0.163 | 0.162 | 0.160 | 0.159 | 0.158 |
| 220 | 0.156 | 0.155 | 0.154 | 0.152 | 0.151 | 0.150 | 0.149 | 0.147 | 0.146 | 0.145 |
| 230 | 0.144 | 0.143 | 0.142 | 0.141 | 0.139 | 0.138 | 0.137 | 0.136 | 0.135 | 0.134 |
| 240 | 0.133 | 0.132 | 0.131 | 0.130 | 0.129 | 0.128 | 0.127 | 0.126 | 0.125 | 0.124 |
| 250 | 0.123 | — | — | — | — | — | — | — | — | — |

注：见表 D-4 注。

**D.3** c 类截面轴心受压构件的稳定系数应按表 D-3 取值。

表 D-3　c 类截面轴心受压构件的稳定系数 $\varphi$

| $\lambda/\varepsilon_k$ | 0 | 1 | 2 | 3 | 4 | 5 | 6 | 7 | 8 | 9 |
|---|---|---|---|---|---|---|---|---|---|---|
| 0 | 1.000 | 1.000 | 1.000 | 0.999 | 0.999 | 0.998 | 0.997 | 0.996 | 0.995 | 0.993 |
| 10 | 0.992 | 0.990 | 0.988 | 0.986 | 0.983 | 0.981 | 0.978 | 0.976 | 0.973 | 0.970 |
| 20 | 0.966 | 0.959 | 0.953 | 0.947 | 0.940 | 0.934 | 0.928 | 0.921 | 0.915 | 0.909 |

（续）

| $\lambda/\varepsilon_k$ | 0 | 1 | 2 | 3 | 4 | 5 | 6 | 7 | 8 | 9 |
|---|---|---|---|---|---|---|---|---|---|---|
| 30 | 0.902 | 0.896 | 0.890 | 0.883 | 0.877 | 0.871 | 0.865 | 0.858 | 0.852 | 0.845 |
| 40 | 0.839 | 0.833 | 0.826 | 0.820 | 0.813 | 0.807 | 0.800 | 0.794 | 0.787 | 0.781 |
| 50 | 0.774 | 0.768 | 0.761 | 0.755 | 0.748 | 0.742 | 0.735 | 0.728 | 0.722 | 0.715 |
| 60 | 0.709 | 0.702 | 0.695 | 0.689 | 0.682 | 0.675 | 0.669 | 0.662 | 0.656 | 0.649 |
| 70 | 0.642 | 0.636 | 0.629 | 0.623 | 0.616 | 0.610 | 0.603 | 0.597 | 0.591 | 0.584 |
| 80 | 0.578 | 0.572 | 0.565 | 0.559 | 0.553 | 0.547 | 0.541 | 0.535 | 0.529 | 0.523 |
| 90 | 0.517 | 0.511 | 0.505 | 0.499 | 0.494 | 0.488 | 0.483 | 0.477 | 0.471 | 0.467 |
| 100 | 0.462 | 0.458 | 0.453 | 0.449 | 0.445 | 0.440 | 0.436 | 0.432 | 0.427 | 0.423 |
| 110 | 0.419 | 0.415 | 0.411 | 0.407 | 0.402 | 0.398 | 0.394 | 0.390 | 0.386 | 0.383 |
| 120 | 0.379 | 0.375 | 0.371 | 0.367 | 0.363 | 0.360 | 0.356 | 0.352 | 0.349 | 0.345 |
| 130 | 0.342 | 0.338 | 0.335 | 0.332 | 0.328 | 0.325 | 0.322 | 0.318 | 0.315 | 0.312 |
| 140 | 0.309 | 0.306 | 0.303 | 0.300 | 0.297 | 0.294 | 0.291 | 0.288 | 0.285 | 0.282 |
| 150 | 0.279 | 0.277 | 0.274 | 0.271 | 0.269 | 0.266 | 0.263 | 0.261 | 0.258 | 0.256 |
| 160 | 0.253 | 0.251 | 0.248 | 0.246 | 0.244 | 0.241 | 0.239 | 0.237 | 0.235 | 0.232 |
| 170 | 0.230 | 0.228 | 0.226 | 0.224 | 0.222 | 0.220 | 0.218 | 0.216 | 0.214 | 0.212 |
| 180 | 0.210 | 0.208 | 0.206 | 0.204 | 0.203 | 0.201 | 0.199 | 0.197 | 0.195 | 0.194 |
| 190 | 0.192 | 0.190 | 0.189 | 0.187 | 0.185 | 0.184 | 0.182 | 0.181 | 0.179 | 0.178 |
| 200 | 0.176 | 0.175 | 0.173 | 0.172 | 0.170 | 0.169 | 0.167 | 0.166 | 0.165 | 0.163 |
| 210 | 0.162 | 0.161 | 0.159 | 0.158 | 0.157 | 0.155 | 0.154 | 0.153 | 0.152 | 0.151 |
| 220 | 0.149 | 0.148 | 0.147 | 0.146 | 0.145 | 0.144 | 0.142 | 0.141 | 0.140 | 0.139 |
| 230 | 0.138 | 0.137 | 0.136 | 0.135 | 0.134 | 0.133 | 0.132 | 0.131 | 0.130 | 0.129 |
| 240 | 0.128 | 0.127 | 0.126 | 0.125 | 0.124 | 0.123 | 0.123 | 0.122 | 0.121 | 0.120 |
| 250 | 0.119 | — | — | — | — | — | — | — | — | — |

注：见表 D-4 注。

**D.4** d 类截面轴心受压构件的稳定系数应按表 D-4 取值。

表 D-4　d 类截面轴心受压构件的稳定系数 $\varphi$

| $\lambda/\varepsilon_k$ | 0 | 1 | 2 | 3 | 4 | 5 | 6 | 7 | 8 | 9 |
|---|---|---|---|---|---|---|---|---|---|---|
| 0 | 1.000 | 1.000 | 0.999 | 0.999 | 0.998 | 0.996 | 0.994 | 0.992 | 0.990 | 0.987 |
| 10 | 0.984 | 0.981 | 0.978 | 0.974 | 0.969 | 0.965 | 0.960 | 0.955 | 0.949 | 0.944 |
| 20 | 0.937 | 0.927 | 0.918 | 0.909 | 0.900 | 0.891 | 0.883 | 0.874 | 0.865 | 0.857 |
| 30 | 0.848 | 0.840 | 0.831 | 0.823 | 0.815 | 0.807 | 0.798 | 0.790 | 0.782 | 0.774 |
| 40 | 0.766 | 0.758 | 0.751 | 0.743 | 0.735 | 0.727 | 0.720 | 0.712 | 0.705 | 0.697 |
| 50 | 0.690 | 0.682 | 0.675 | 0.668 | 0.660 | 0.653 | 0.646 | 0.639 | 0.632 | 0.625 |
| 60 | 0.618 | 0.611 | 0.605 | 0.598 | 0.591 | 0.585 | 0.578 | 0.571 | 0.565 | 0.559 |
| 70 | 0.552 | 0.546 | 0.540 | 0.534 | 0.528 | 0.521 | 0.516 | 0.510 | 0.504 | 0.498 |
| 80 | 0.492 | 0.487 | 0.481 | 0.476 | 0.470 | 0.465 | 0.459 | 0.454 | 0.449 | 0.444 |
| 90 | 0.439 | 0.434 | 0.429 | 0.424 | 0.419 | 0.414 | 0.409 | 0.405 | 0.401 | 0.397 |
| 100 | 0.393 | 0.390 | 0.386 | 0.383 | 0.380 | 0.376 | 0.373 | 0.369 | 0.366 | 0.363 |
| 110 | 0.359 | 0.356 | 0.353 | 0.350 | 0.346 | 0.343 | 0.340 | 0.337 | 0.334 | 0.331 |
| 120 | 0.328 | 0.325 | 0.322 | 0.319 | 0.316 | 0.313 | 0.310 | 0.307 | 0.304 | 0.301 |
| 130 | 0.298 | 0.296 | 0.293 | 0.290 | 0.288 | 0.285 | 0.282 | 0.280 | 0.277 | 0.275 |
| 140 | 0.272 | 0.270 | 0.267 | 0.265 | 0.262 | 0.260 | 0.257 | 0.255 | 0.253 | 0.250 |
| 150 | 0.248 | 0.246 | 0.244 | 0.242 | 0.239 | 0.237 | 0.235 | 0.233 | 0.231 | 0.229 |

(续)

| $\lambda/\varepsilon_k$ | 0 | 1 | 2 | 3 | 4 | 5 | 6 | 7 | 8 | 9 |
|---|---|---|---|---|---|---|---|---|---|---|
| 160 | 0.227 | 0.225 | 0.223 | 0.221 | 0.219 | 0.217 | 0.215 | 0.213 | 0.211 | 0.210 |
| 170 | 0.208 | 0.206 | 0.204 | 0.202 | 0.201 | 0.199 | 0.197 | 0.196 | 0.194 | 0.192 |
| 180 | 0.191 | 0.189 | 0.187 | 0.186 | 0.184 | 0.183 | 0.181 | 0.180 | 0.178 | 0.177 |
| 190 | 0.175 | 0.174 | 0.173 | 0.171 | 0.170 | 0.168 | 0.167 | 0.166 | 0.164 | 0.163 |
| 200 | 0.162 | — | — | — | — | — | — | — | — | — |

注：1. 表 D-1 至表 D-4 中的 $\varphi$ 值按下列公式算得：

当 $\lambda_n \leq 0.125$ 时：

$$\varphi = 1 - \alpha_1 \lambda_n^2$$

$$\lambda_n = \frac{\lambda}{\pi}\sqrt{\frac{f_y}{E}}$$

当 $\lambda_n > 0.125$ 时：

$$\varphi = \frac{1}{2\lambda_n^2}\left[(\alpha_2 + \alpha_3\lambda_n + \lambda_n^2) - \sqrt{(\alpha_2 + \alpha_3\lambda_n + \lambda_n^2)^2 - 4\lambda_n^2}\right]$$

式中 $\alpha_1$、$\alpha_2$、$\alpha_3$——系数，根据截面分类，按表 D-5 采用。

2. 当构件的 $\lambda/\varepsilon_k$ 值超出表 D-1 至表 D-4 的范围时，则 $\varphi$ 值按注 1 所列的公式计算。

表 D-5  系数 $\alpha_1$、$\alpha_2$、$\alpha_3$

| 截面类别 | | $\alpha_1$ | $\alpha_2$ | $\alpha_3$ |
|---|---|---|---|---|
| a 类 | | 0.41 | 0.986 | 0.152 |
| b 类 | | 0.65 | 0.965 | 0.300 |
| c 类 | $\lambda_n^{re} \leq 1.05$ | 0.73 | 0.906 | 0.595 |
| | $\lambda_n^{re} > 1.05$ | | 1.216 | 0.302 |
| d 类 | $\lambda_n^{re} \leq 1.05$ | 1.35 | 0.868 | 0.915 |
| | $\lambda_n^{re} > 1.05$ | | 1.375 | 0.432 |

# 附录 E  柱的计算长度系数

E.1  无侧移框架柱的计算长度系数 $\mu$ 应按表 E-1 取值，同时符合下列规定：

1. 当横梁与柱铰接时，取横梁线刚度为零。

2. 对底层框架柱；当柱与基础铰接时，取 $K_2 = 0$；当柱与基础刚接时，取 $K_2 = 10$，对平板支座可取 $K_2 = 0.1$。

3. 当与柱刚性连接的横梁所受轴心压力 $N_b$ 较大时，横梁线刚度应乘以折减系数 $\alpha_N$。

横梁远端与柱刚接和横梁远端铰接时：

$$\alpha_N = 1 - N_b/N_{Eb} \tag{E-1}$$

横梁远端嵌固时：

$$\alpha_N = 1 - N_b/(2N_{Eb}) \tag{E-2}$$

$$N_{Eb} = \pi^2 E I_b/l^2 \tag{E-3}$$

式中 $I_b$——横梁截面惯性矩（$mm^4$）；

$l$——横梁长度（mm）。

表 E-1　无侧移框架柱的计算长度系数 $\mu$

| $K_2$ \ $K_1$ | 0 | 0.05 | 0.1 | 0.2 | 0.3 | 0.4 | 0.5 | 1 | 2 | 3 | 4 | 5 | ≥10 |
|---|---|---|---|---|---|---|---|---|---|---|---|---|---|
| 0 | 1.000 | 0.990 | 0.981 | 0.964 | 0.949 | 0.935 | 0.922 | 0.875 | 0.820 | 0.791 | 0.773 | 0.760 | 0.732 |
| 0.05 | 0.990 | 0.981 | 0.971 | 0.955 | 0.940 | 0.926 | 0.914 | 0.867 | 0.814 | 0.784 | 0.766 | 0.754 | 0.726 |
| 0.1 | 0.981 | 0.971 | 0.962 | 0.946 | 0.931 | 0.918 | 0.906 | 0.860 | 0.807 | 0.778 | 0.760 | 0.748 | 0.721 |
| 0.2 | 0.964 | 0.955 | 0.946 | 0.930 | 0.916 | 0.903 | 0.891 | 0.846 | 0.795 | 0.767 | 0.749 | 0.737 | 0.711 |
| 0.3 | 0.949 | 0.940 | 0.931 | 0.916 | 0.902 | 0.889 | 0.878 | 0.834 | 0.784 | 0.756 | 0.739 | 0.728 | 0.701 |
| 0.4 | 0.935 | 0.926 | 0.918 | 0.903 | 0.889 | 0.877 | 0.866 | 0.823 | 0.774 | 0.747 | 0.730 | 0.719 | 0.693 |
| 0.5 | 0.922 | 0.914 | 0.906 | 0.891 | 0.878 | 0.866 | 0.855 | 0.813 | 0.765 | 0.738 | 0.721 | 0.710 | 0.685 |
| 1 | 0.875 | 0.867 | 0.860 | 0.846 | 0.834 | 0.823 | 0.813 | 0.774 | 0.729 | 0.704 | 0.688 | 0.677 | 0.654 |
| 2 | 0.820 | 0.814 | 0.807 | 0.795 | 0.784 | 0.774 | 0.765 | 0.729 | 0.686 | 0.663 | 0.648 | 0.638 | 0.615 |
| 3 | 0.791 | 0.784 | 0.778 | 0.767 | 0.756 | 0.747 | 0.738 | 0.704 | 0.663 | 0.640 | 0.625 | 0.616 | 0.593 |
| 4 | 0.773 | 0.766 | 0.760 | 0.749 | 0.739 | 0.730 | 0.721 | 0.688 | 0.648 | 0.625 | 0.611 | 0.601 | 0.580 |
| 5 | 0.760 | 0.754 | 0.748 | 0.737 | 0.728 | 0.719 | 0.710 | 0.677 | 0.638 | 0.616 | 0.601 | 0.592 | 0.570 |
| ≥10 | 0.732 | 0.726 | 0.721 | 0.711 | 0.701 | 0.693 | 0.685 | 0.654 | 0.615 | 0.593 | 0.580 | 0.570 | 0.549 |

注：表中的计算长度系数 $\mu$ 值系按下式计算得：

$$\left[\left(\frac{\pi}{\mu}\right)^2+2(K_1+K_2)-4K_1K_2\right]\frac{\pi}{\mu}\cdot\sin\frac{\pi}{\mu}-2\left[(K_1+K_2)\left(\frac{\pi}{\mu}\right)^2+4K_1K_2\right]\cos\frac{\pi}{\mu}+8K_1K_2=0$$

式中，$K_1$、$K_2$ 分别为相交于柱上端、柱下端的横梁线刚度之和与柱线刚度之和的比值。当梁远端为铰接时，应将横梁线刚度乘以 1.5；当横梁远端为嵌固时，则横梁线刚度乘以 2。

E.2　有侧移框架柱的计算长度系数 $\mu$ 应按表 E-2 取值，同时符合下列规定：

1. 当横梁与柱铰接时，取横梁线刚度为零。
2. 对底层框架柱；当柱与基础铰接时，取 $K_2=0$；当柱与基础刚接时，取 $K_2=10$，对平板支座可取 $K_2=0.1$。
3. 当与柱刚性连接的横梁所受轴心压力 $N_b$ 较大时，横梁线刚度应乘以折减系数 $\alpha_N$。

横梁远端与柱刚接时：

$$\alpha_N = 1-N_b/(4N_{Eb}) \tag{E-4}$$

横梁远端与柱铰接时：

$$\alpha_N = 1-N_b/N_{Eb} \tag{E-5}$$

横梁远端嵌固时：

$$\alpha_N = 1-N_b/(2N_{Eb}) \tag{E-6}$$

表 E-2　有侧移框架柱的计算长度系数 $\mu$

| $K_2$ \ $K_1$ | 0 | 0.05 | 0.1 | 0.2 | 0.3 | 0.4 | 0.5 | 1 | 2 | 3 | 4 | 5 | ≥10 |
|---|---|---|---|---|---|---|---|---|---|---|---|---|---|
| 0 | ∞ | 6.02 | 4.46 | 3.42 | 3.01 | 2.78 | 2.64 | 2.33 | 2.17 | 2.11 | 2.08 | 2.07 | 2.03 |
| 0.05 | 6.02 | 4.16 | 3.47 | 2.86 | 2.58 | 2.42 | 2.31 | 2.07 | 1.94 | 1.90 | 1.87 | 1.86 | 1.83 |
| 0.1 | 4.46 | 3.47 | 3.01 | 2.56 | 2.33 | 2.20 | 2.11 | 1.90 | 1.79 | 1.75 | 1.73 | 1.72 | 1.70 |
| 0.2 | 3.42 | 2.86 | 2.56 | 2.23 | 2.05 | 1.94 | 1.87 | 1.70 | 1.60 | 1.57 | 1.55 | 1.54 | 1.52 |

(续)

| $K_2$ \ $K_1$ | 0 | 0.05 | 0.1 | 0.2 | 0.3 | 0.4 | 0.5 | 1 | 2 | 3 | 4 | 5 | ≥10 |
|---|---|---|---|---|---|---|---|---|---|---|---|---|---|
| 0.3 | 3.01 | 2.58 | 2.33 | 2.05 | 1.90 | 1.80 | 1.74 | 1.58 | 1.49 | 1.46 | 1.45 | 1.44 | 1.42 |
| 0.4 | 2.78 | 2.42 | 2.20 | 1.94 | 1.80 | 1.71 | 1.65 | 1.50 | 1.42 | 1.39 | 1.37 | 1.37 | 1.35 |
| 0.5 | 2.64 | 2.31 | 2.11 | 1.87 | 1.74 | 1.65 | 1.59 | 1.45 | 1.37 | 1.34 | 1.32 | 1.32 | 1.30 |
| 1 | 2.33 | 2.07 | 1.90 | 1.70 | 1.58 | 1.50 | 1.45 | 1.32 | 1.24 | 1.21 | 1.20 | 1.19 | 1.17 |
| 2 | 2.17 | 1.94 | 1.79 | 1.60 | 1.49 | 1.42 | 1.37 | 1.24 | 1.16 | 1.14 | 1.12 | 1.12 | 1.10 |
| 3 | 2.11 | 1.90 | 1.75 | 1.57 | 1.46 | 1.39 | 1.34 | 1.21 | 1.14 | 1.11 | 1.10 | 1.09 | 1.07 |
| 4 | 2.08 | 1.87 | 1.73 | 1.55 | 1.45 | 1.37 | 1.32 | 1.20 | 1.12 | 1.10 | 1.08 | 1.08 | 1.06 |
| 5 | 2.07 | 1.86 | 1.72 | 1.54 | 1.44 | 1.37 | 1.32 | 1.19 | 1.12 | 1.09 | 1.08 | 1.07 | 1.05 |
| ≥10 | 2.03 | 1.83 | 1.70 | 1.52 | 1.42 | 1.35 | 1.30 | 1.17 | 1.10 | 1.07 | 1.06 | 1.05 | 1.03 |

注：表中的计算长度系数 $\mu$ 值系按下式计算得：

$$\left[36K_1K_2 - \left(\frac{\pi}{\mu}\right)^2\right]\sin\frac{\pi}{\mu} + 6(K_1+K_2)\frac{\pi}{\mu}\cdot\cos\frac{\pi}{\mu} = 0$$

式中，$K_1$、$K_2$ 分别为相交于柱上端、柱下端的横梁线刚度之和与柱线刚度之和的比值。当横梁远端为铰接时，应将横梁线刚度乘以 0.5；当横梁远端为嵌固时，则应乘以 2/3。

E.3 柱上端为自由的单阶柱下段的计算长度系数 $\mu_2$ 应按表 E-3 取值。

表 E-3 柱上端为自由的单阶柱下段的计算长度系数 $\mu_2$

| 简图 | $\eta_1$ \ $K_1$ | 0.06 | 0.08 | 0.10 | 0.12 | 0.14 | 0.16 | 0.18 | 0.20 | 0.22 | 0.24 | 0.26 | 0.28 | 0.3 | 0.4 | 0.5 | 0.6 | 0.7 | 0.8 |
|---|---|---|---|---|---|---|---|---|---|---|---|---|---|---|---|---|---|---|---|
| | 0.2 | 2.00 | 2.01 | 2.01 | 2.01 | 2.01 | 2.01 | 2.01 | 2.02 | 2.02 | 2.02 | 2.02 | 2.02 | 2.03 | 2.04 | 2.05 | 2.06 | 2.07 | |
| | 0.3 | 2.01 | 2.02 | 2.02 | 2.02 | 2.03 | 2.03 | 2.04 | 2.04 | 2.05 | 2.05 | 2.06 | 2.08 | 2.10 | 2.12 | 2.13 | 2.15 | | |
| | 0.4 | 2.02 | 2.03 | 2.04 | 2.04 | 2.05 | 2.06 | 2.07 | 2.08 | 2.09 | 2.10 | 2.11 | 2.14 | 2.18 | 2.21 | 2.25 | 2.28 | | |
| | 0.5 | 2.04 | 2.05 | 2.06 | 2.07 | 2.09 | 2.10 | 2.11 | 2.12 | 2.13 | 2.15 | 2.16 | 2.17 | 2.18 | 2.24 | 2.29 | 2.35 | 2.40 | 2.45 |
| | 0.6 | 2.06 | 2.08 | 2.10 | 2.12 | 2.14 | 2.16 | 2.17 | 2.19 | 2.21 | 2.23 | 2.25 | 2.27 | 2.29 | 2.36 | 2.43 | 2.52 | 2.59 | 2.66 |
| | 0.7 | 2.10 | 2.13 | 2.16 | 2.18 | 2.21 | 2.24 | 2.26 | 2.29 | 2.31 | 2.34 | 2.36 | 2.38 | 2.41 | 2.52 | 2.62 | 2.72 | 2.81 | 2.90 |
| | 0.8 | 2.15 | 2.20 | 2.24 | 2.27 | 2.31 | 2.34 | 2.38 | 2.41 | 2.44 | 2.47 | 2.50 | 2.53 | 2.56 | 2.70 | 2.82 | 2.94 | 3.06 | 3.16 |
| | 0.9 | 2.24 | 2.29 | 2.35 | 2.39 | 2.44 | 2.48 | 2.52 | 2.56 | 2.60 | 2.63 | 2.67 | 2.71 | 2.74 | 2.90 | 3.05 | 3.19 | 3.32 | 3.44 |
| | 1.0 | 2.36 | 2.43 | 2.48 | 2.54 | 2.59 | 2.64 | 2.69 | 2.73 | 2.77 | 2.82 | 2.86 | 2.90 | 2.94 | 3.12 | 3.29 | 3.45 | 3.59 | 3.74 |
| | 1.2 | 2.69 | 2.76 | 2.83 | 2.89 | 2.95 | 3.01 | 3.07 | 3.12 | 3.17 | 3.22 | 3.27 | 3.32 | 3.37 | 3.59 | 3.80 | 3.99 | 4.17 | 4.34 |
| | 1.4 | 3.07 | 3.14 | 3.22 | 3.29 | 3.36 | 3.42 | 3.48 | 3.55 | 3.61 | 3.66 | 3.72 | 3.78 | 3.83 | 4.09 | 4.34 | 4.56 | 4.77 | 4.97 |
| | 1.6 | 3.47 | 3.55 | 3.63 | 3.71 | 3.78 | 3.85 | 3.92 | 3.99 | 4.07 | 4.12 | 4.18 | 4.25 | 4.31 | 4.61 | 4.88 | 5.15 | 5.38 | 5.62 |
| | 1.8 | 3.88 | 3.97 | 4.05 | 4.13 | 4.21 | 4.29 | 4.37 | 4.44 | 4.52 | 4.59 | 4.66 | 4.73 | 4.80 | 5.13 | 5.43 | 5.73 | 6.00 | 6.26 |
| | 2.0 | 4.29 | 4.39 | 4.48 | 4.57 | 4.65 | 4.74 | 4.82 | 4.90 | 4.99 | 5.07 | 5.14 | 5.22 | 5.30 | 5.66 | 6.00 | 6.32 | 6.63 | 6.92 |
| | 2.2 | 4.71 | 4.81 | 4.91 | 5.00 | 5.10 | 5.19 | 5.28 | 5.37 | 5.46 | 5.54 | 5.63 | 5.71 | 5.80 | 6.19 | 6.57 | 6.92 | 7.26 | 7.58 |
| | 2.4 | 5.13 | 5.24 | 5.34 | 5.44 | 5.54 | 5.64 | 5.74 | 5.84 | 5.93 | 6.03 | 6.12 | 6.21 | 6.30 | 6.73 | 7.14 | 7.52 | 7.89 | 8.24 |
| | 2.6 | 5.55 | 5.66 | 5.77 | 5.88 | 5.99 | 6.10 | 6.20 | 6.31 | 6.41 | 6.51 | 6.61 | 6.71 | 6.81 | 7.27 | 7.71 | 8.13 | 8.52 | 8.90 |
| | 2.8 | 5.97 | 6.09 | 6.21 | 6.33 | 6.44 | 6.55 | 6.67 | 6.78 | 6.89 | 6.99 | 7.10 | 7.21 | 7.31 | 7.81 | 8.28 | 8.73 | 9.16 | 9.57 |
| | 3.0 | 6.39 | 6.52 | 6.64 | 6.77 | 6.89 | 7.01 | 7.13 | 7.25 | 7.37 | 7.48 | 7.59 | 7.71 | 7.82 | 8.35 | 8.86 | 9.34 | 9.80 | 10.24 |

$K_1 = \dfrac{I_1}{I_2} \cdot \dfrac{H_2}{H_1}$

$\eta_1 = \dfrac{H_1}{H_2}\sqrt{\dfrac{N_1}{N_2}\cdot\dfrac{I_2}{I_1}}$

$N_1$——上段柱的轴心力；

$N_2$——下段柱的轴心力。

注：表中的计算长度系数 $\mu_2$ 值系按下式计算得出：$\eta_1 K_1 \cdot \tan\dfrac{\pi}{\mu_2}\cdot\tan\dfrac{\pi\eta_1}{\mu_2} - 1 = 0$。

E.4 柱上端可移动但不转动的单阶柱下段的计算长度系数 $\mu_2$ 应按表 E-4 取值。

表 E-4 柱上端可移动但不转动的单阶柱下段的计算长度系数 $\mu_2$

| 简图 | $K_1$ \ $\eta_1$ | 0.06 | 0.08 | 0.10 | 0.12 | 0.14 | 0.16 | 0.18 | 0.20 | 0.22 | 0.24 | 0.26 | 0.28 | 0.3 | 0.4 | 0.5 | 0.6 | 0.7 | 0.8 |
|---|---|---|---|---|---|---|---|---|---|---|---|---|---|---|---|---|---|---|---|
| | 0.2 | 1.96 | 1.94 | 1.93 | 1.91 | 1.90 | 1.89 | 1.88 | 1.86 | 1.85 | 1.84 | 1.83 | 1.82 | 1.81 | 1.76 | 1.72 | 1.68 | 1.65 | 1.62 |
| | 0.3 | 1.96 | 1.94 | 1.93 | 1.92 | 1.91 | 1.89 | 1.88 | 1.87 | 1.86 | 1.85 | 1.84 | 1.83 | 1.82 | 1.77 | 1.73 | 1.70 | 1.66 | 1.63 |
| | 0.4 | 1.96 | 1.95 | 1.94 | 1.92 | 1.91 | 1.90 | 1.89 | 1.88 | 1.87 | 1.86 | 1.85 | 1.84 | 1.83 | 1.79 | 1.75 | 1.72 | 1.68 | 1.66 |
| | 0.5 | 1.96 | 1.95 | 1.94 | 1.93 | 1.92 | 1.91 | 1.90 | 1.89 | 1.88 | 1.87 | 1.86 | 1.85 | 1.85 | 1.81 | 1.77 | 1.74 | 1.71 | 1.69 |
| | 0.6 | 1.97 | 1.96 | 1.95 | 1.94 | 1.93 | 1.92 | 1.91 | 1.90 | 1.90 | 1.89 | 1.88 | 1.87 | 1.87 | 1.83 | 1.80 | 1.78 | 1.75 | 1.73 |
| | 0.7 | 1.97 | 1.97 | 1.96 | 1.95 | 1.94 | 1.94 | 1.93 | 1.92 | 1.92 | 1.91 | 1.90 | 1.90 | 1.89 | 1.86 | 1.84 | 1.82 | 1.80 | 1.78 |
| | 0.8 | 1.98 | 1.98 | 1.97 | 1.97 | 1.96 | 1.95 | 1.95 | 1.94 | 1.94 | 1.93 | 1.93 | 1.92 | 1.92 | 1.90 | 1.88 | 1.87 | 1.86 | 1.84 |
| | 0.9 | 1.99 | 1.99 | 1.98 | 1.98 | 1.97 | 1.97 | 1.97 | 1.97 | 1.96 | 1.96 | 1.96 | 1.96 | 1.95 | 1.94 | 1.93 | 1.92 | 1.92 |  |
| | 1.0 | 2.00 | 2.00 | 2.00 | 2.00 | 2.00 | 2.00 | 2.00 | 2.00 | 2.00 | 2.00 | 2.00 | 2.00 | 2.00 | 2.00 | 2.00 | 2.00 | 2.00 | 2.00 |
| | 1.2 | 2.03 | 2.04 | 2.04 | 2.05 | 2.06 | 2.07 | 2.07 | 2.08 | 2.08 | 2.09 | 2.10 | 2.10 | 2.11 | 2.13 | 2.15 | 2.17 | 2.18 | 2.20 |
| | 1.4 | 2.07 | 2.09 | 2.11 | 2.12 | 2.14 | 2.16 | 2.17 | 2.18 | 2.20 | 2.21 | 2.22 | 2.23 | 2.24 | 2.29 | 2.33 | 2.37 | 2.40 | 2.42 |
| | 1.6 | 2.13 | 2.16 | 2.19 | 2.22 | 2.25 | 2.27 | 2.30 | 2.32 | 2.34 | 2.36 | 2.37 | 2.39 | 2.41 | 2.48 | 2.54 | 2.59 | 2.63 | 2.67 |
| $K_1 = \dfrac{I_1}{I_2} \cdot \dfrac{H_2}{H_1}$ | 1.8 | 2.22 | 2.27 | 2.31 | 2.35 | 2.39 | 2.42 | 2.45 | 2.48 | 2.50 | 2.53 | 2.55 | 2.57 | 2.59 | 2.69 | 2.76 | 2.83 | 2.88 | 2.93 |
| | 2.0 | 2.35 | 2.41 | 2.46 | 2.50 | 2.55 | 2.59 | 2.62 | 2.66 | 2.69 | 2.72 | 2.75 | 2.77 | 2.80 | 2.91 | 3.00 | 3.08 | 3.14 | 3.20 |
| $\eta_1 = \dfrac{H_1}{H_2}\sqrt{\dfrac{N_1}{N_2} \cdot \dfrac{I_2}{I_1}}$ | 2.2 | 2.51 | 2.57 | 2.63 | 2.68 | 2.73 | 2.77 | 2.81 | 2.85 | 2.89 | 2.92 | 2.95 | 2.98 | 3.01 | 3.14 | 3.25 | 3.33 | 3.41 | 3.47 |
| $N_1$——上段柱的轴心力; | 2.4 | 2.68 | 2.75 | 2.81 | 2.87 | 2.92 | 2.97 | 3.01 | 3.05 | 3.09 | 3.13 | 3.17 | 3.20 | 3.24 | 3.38 | 3.50 | 3.59 | 3.68 | 3.75 |
| | 2.6 | 2.87 | 2.94 | 3.00 | 3.06 | 3.12 | 3.17 | 3.22 | 3.27 | 3.31 | 3.35 | 3.39 | 3.43 | 3.46 | 3.62 | 3.75 | 3.86 | 3.95 | 4.03 |
| $N_2$——下段柱的轴心力。 | 2.8 | 3.06 | 3.14 | 3.20 | 3.27 | 3.33 | 3.38 | 3.43 | 3.48 | 3.53 | 3.58 | 3.62 | 3.66 | 3.70 | 3.87 | 4.01 | 4.13 | 4.23 | 4.32 |
| | 3.0 | 3.26 | 3.34 | 3.41 | 3.47 | 3.54 | 3.59 | 3.65 | 3.70 | 3.75 | 3.80 | 3.85 | 3.89 | 3.93 | 4.12 | 4.27 | 4.40 | 4.51 | 4.61 |

注:表中的计算长度系数 $\mu_2$ 值系按下式计算得出:$\tan\dfrac{\pi\eta_1}{\mu_2} + \eta_1 K_2 \cdot \tan\dfrac{\pi}{\mu_2} = 0$。

# 附录 F 结构或构件的变形容许值

## F.1 受弯构件的挠度容许值

F.1.1 吊车梁、楼盖梁、屋盖梁、工作平台梁以及墙架构件的挠度不宜超过表 F-1 所列的容许值。当墙面采用延性材料或与结构采用柔性连接时,墙架构件的支柱水平位移容许值可采用 $l/300$,抗风桁架(作为连续支柱的支承时)水平位移容许值可采用 $l/800$。

表 F-1 受弯构件的挠度容许值

| 项次 | 构件类别 | 挠度容许值 | |
|---|---|---|---|
| | | $[v_T]$ | $[v_Q]$ |
| 1 | 吊车梁和吊车桁架(按自重和起重量最大的一台吊车计算挠度)<br>(1)手动起重机和单梁起重机(含悬挂起重机)<br>(2)轻级工作制桥式起重机<br>(3)中级工作制桥式起重机<br>(4)重级工作制桥式起重机 | <br>$l/500$<br>$l/750$<br>$l/900$<br>$l/1000$ | —<br><br><br><br> |

(续)

| 项次 | 构件类别 | 挠度容许值 $[\nu_T]$ | $[\nu_Q]$ |
|---|---|---|---|
| 2 | 手动或电动葫芦的轨道梁 | $l/400$ | — |
| 3 | 有重轨(重量等于或大于 38kg/m)轨道的工作平台梁 | $l/600$ | — |
|   | 有轻轨(重量等于或小于 24kg/m)轨道的工作平台梁 | $l/400$ | — |
| 4 | 楼(屋)盖梁或桁架、工作平台梁(第 3 项除外)和平台板 | | |
|   | (1) 主梁或桁架(包括设有悬挂起重设备的梁和桁架) | $l/400$ | $l/500$ |
|   | (2) 仅支承压型金属板屋面和冷弯型钢檩条 | $l/180$ | |
|   | (3) 除支承压型金属板屋面和冷弯型钢檩条外,尚有吊顶 | $l/240$ | |
|   | (4) 抹灰顶棚的次梁 | $l/250$ | $l/350$ |
|   | (5) 除(1)~(4)款外的其他梁(包括楼梯梁) | $l/250$ | $l/300$ |
|   | (6) 屋盖檩条 | | |
|   | 支承压型金属板屋面者 | $l/150$ | |
|   | 支承其他屋面材料者 | $l/200$ | |
|   | 有吊顶 | $l/240$ | |
|   | (7) 平台板 | $l/150$ | |
| 5 | 墙架构件(风荷载不考虑阵风系数) | | |
|   | (1) 支柱(水平方向) | — | $l/400$ |
|   | (2) 抗风桁架(作为连续支柱的支承时,水平位移) | — | $l/1000$ |
|   | (3) 砌体墙的横梁(水平方向) | — | $l/300$ |
|   | (4) 支承压型金属板的横梁(水平方向) | — | $l/100$ |
|   | (5) 支承其他墙面材料的横梁(水平方向) | — | $l/200$ |
|   | (6) 带有玻璃窗的横梁(竖直和水平方向) | $l/200$ | $l/200$ |

注: 1. $l$ 为受弯构件的跨度(对悬臂梁和伸臂梁为悬臂长度的 2 倍)。
2. $[\nu_T]$ 为永久和可变荷载标准值产生的挠度(如有起拱应减去拱度)的容许值;$[\nu_Q]$ 为可变荷载标准值产生的挠度的容许值。
3. 当吊车梁或吊车桁架跨度大于 12m 时,其挠度容许值 $[\nu_T]$ 应乘以 0.9 的系数。

F.1.2 冶金厂房或类似车间中设有工作级别为 A7、A8 级起重机的车间,其跨间每侧吊车梁或吊车桁架的制动结构,由一台最大起重机横向水平荷载(按荷载规范取值)所产生的挠度不宜超过制动结构跨度的 1/2200。

## F.2 结构的位移容许值

**F.2.1** 单层钢结构柱顶水平位移限值宜符合下列规定:

在风荷载标准值作用下,单层钢结构柱顶水平位移宜符合下列规定:

1) 单层钢结构柱顶水平位移不宜超过表 F-2 的数值。

2) 无桥式起重机,当围护结构采用砌体墙,柱顶水平位移不应大于 $H/240$,当围护结构采用轻型钢墙板且房屋高度不超过 18m,柱顶水平位移不应大于 $H/60$。

3) 有桥式起重机,当房屋高度不超过 18m,采用轻型屋盖,吊车起重量不大于 20t,工作级别为 A1~A5 且吊车由地面控制时,柱顶水平位移不应大于 $H/180$。

表 F-2　风荷载作用下柱顶水平位移容许值

| 结构体系 | 吊车情况 | 柱顶水平位移 |
|---|---|---|
| 门式刚架 | 无桥式起重机 | 围护结构采用砌体墙 $H/150$ |
| | 有桥式起重机 | $H/400$ |

注：1. $H$ 为柱高度。
　　2. 在冶金厂房或类似车间中设有 A7、A8 级吊车的厂房柱和设有中级和重级工作制吊车的露天栈桥柱，在吊车梁或吊车桁架的顶面标高处，由最大吊车水平荷载（按荷载规范取值）所产生的计算变形值，不宜超过表 F-3 所列的容许值。

表 F-3　吊车水平荷载作用下柱顶水平位移（计算值）容许值

| 项次 | 位移的种类 | 按平面结构图形计算 | 按空间结构图形计算 |
|---|---|---|---|
| 1 | 厂房柱的横向位移 | $H_c/1250$ | $H_c/2000$ |
| 2 | 露天栈桥柱的横向位移 | $H_c/2500$ | |
| 3 | 厂房和露天栈桥柱的纵向位移 | $H_c/4000$ | |

注：1. $H_c$ 为基础顶面至吊车梁或吊车桁架的顶面的高度。
　　2. 计算厂房或露天栈桥柱的纵向位移时，可假定吊车的纵向水平制动力分配在温度区段内所有的柱间支撑或纵向框架上。
　　3. 在设有 A8 级吊车的厂房中，厂房柱的水平位移（计算值）容许值不宜大于表中数值的 90%。
　　4. 设有 A6 级吊车的厂房柱的纵向位移宜符合表中的要求。

**F.2.2** 多层钢结构层间位移角限值宜符合下列规定

1. 在风荷载标准值作用下，有桥式起重机时，多层钢结构的弹性层间位移角不宜超过 1/400。
2. 无风荷载标准值作用下，无桥式起重机时，多层钢结构的弹性层间位移角不宜超过表 F-4 的数值。

表 F-4　层间位移角容许值

| 结构体系 | | | 层间位移角 |
|---|---|---|---|
| 框架、框架-支撑 | | | 1/250 |
| 框-排架 | 侧向框-排架 | | 1/250 |
| | 竖向框-排架 | 排架 | 1/150 |
| | | 框架 | 1/250 |

注：1. 对室内装修要求较高的建筑，层间位移角宜适当减小；无墙壁的建筑，层间位移角可适当放宽。
　　2. 当围护结构可适应较大变形时，层间位移角可适当放宽。
　　3. 在多遇地震作用下多层钢结构的弹性层间位移角不宜超过 1/250。

**F.2.3** 高层建筑钢结构在风荷载和多遇地震作用下弹性层间位移角不宜超过 1/250。

**F.2.4** 大跨度钢结构位移限值宜符合下列规定

1. 在永久荷载与可变荷载的标准组合下，结构挠度宜符合下列规定：
1）结构的最大挠度值不宜超过表 F-5 中的容许挠度值。
2）网架与桁架可预先起拱，起拱值可取不大于短向跨度的 1/300。当仅为改善外观条件时，结构挠度可取永久荷载与可变荷载标准值作用下的挠度计算值减去起拱值，但结构在可变荷载下的挠度不宜大于结构跨度的 1/400。

3）对于设有悬挂起重设备的屋盖结构，其最大挠度值不宜大于结构跨度的 1/400，在可变荷载下的挠度不宜大于结构跨度的 1/500。

表 F-5　非抗震组合时大跨度钢结构容许挠度值

| 结构类型 | | 跨中区域 | 悬挑结构 |
|---|---|---|---|
| 受弯为主的结构 | 桁架、网架、斜拉结构、张弦结构等 | $L/250$（屋盖）<br>$L/300$（楼盖） | $L/125$（屋盖）<br>$L/150$（楼盖） |
| 受压为主的结构 | 双层网壳 | $L/250$ | $L/125$ |
| | 拱架、单层网壳 | $L/400$ | — |
| 受拉为主的结构 | 单层单索屋盖 | $L/200$ | — |
| | 单层索网、双层索系以及横向加劲索系的屋盖、索穹顶屋盖 | $L/250$ | — |

注：1. 表中 $L$ 为短向跨度或者悬挑跨度。
　　2. 索网结构的挠度为预应力之后的挠度。

2. 在重力荷载代表值与多遇竖向地震作用标准值下的组合最大挠度值不宜超过表 F-6 的限值。

表 F-6　地震作用组合时大跨度钢结构容许挠度值

| 结构类型 | | 跨中区域 | 悬挑结构 |
|---|---|---|---|
| 受弯为主的结构 | 桁架、网架、斜拉结构、张弦结构等 | $L/250$（屋盖）<br>$L/300$（楼盖） | $L/125$（屋盖）<br>$L/150$（楼盖） |
| 受压为主的结构 | 双层网壳、弦支穹顶 | $L/300$ | $L/150$ |
| | 拱架、单层网壳 | $L/400$ | — |

注：表中 $L$ 为短向跨度或者悬挑跨度。

# 附录 G　疲劳计算的构件和连接分类

表 G-1　非焊接的构件和连接分类

| 项次 | 构造细节 | 说　明 | 类别 |
|---|---|---|---|
| 1 | 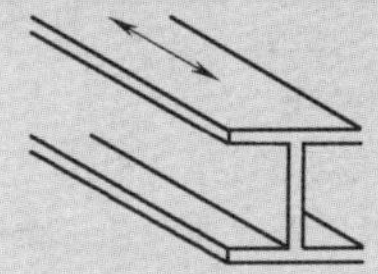 | ·无连接处的母材<br>轧制型钢 | Z1 |
| 2 | 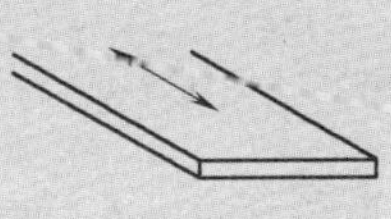 | ·无连接处的母材<br>钢板<br>（1）两边为轧制边或刨边<br>（2）两侧为自动、半自动切割边（切割质量标准应符合现行国家标准《钢结构工程施工质量验收规范》GB 50205） | Z1<br>Z2 |

(续)

| 项次 | 构造细节 | 说明 | 类别 |
|---|---|---|---|
| 3 | 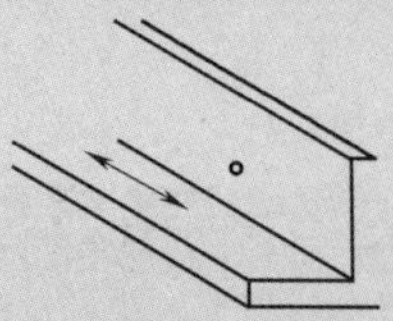 | ・连系螺栓和虚孔处的母材<br>应力以净截面面积计算 | Z4 |
| 4 | 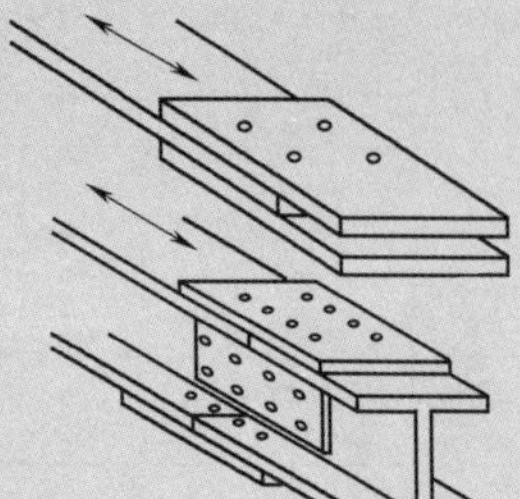 | ・螺栓连接处的母材<br>高强度螺栓摩擦型连接应力以毛截面面积计算；其他螺栓连接应力以净截面面积计算<br>・铆钉连接处的母材<br>连接应力以净截面面积计算 | Z2<br><br>Z4 |
| 5 | 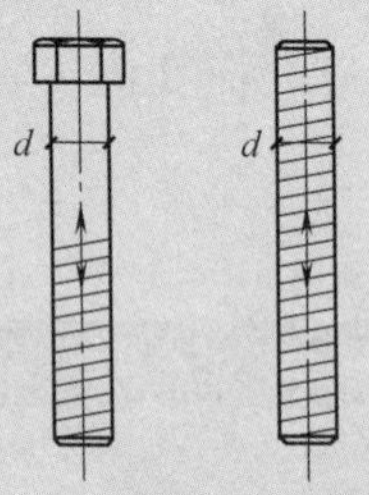 | ・受拉螺栓的螺纹处母材<br>连接板件应有足够的刚度，保证不产生撬力。否则受拉正应力应考虑撬力及其他因素产生的全部附加应力<br>对于直径大于30mm的螺栓，需要考虑尺寸效应对容许应力幅进行修正，修正系数 $\gamma_t$：$\gamma_t = \left(\dfrac{30}{d}\right)^{0.25}$<br>$d$—螺栓直径(mm) | Z11 |

注：箭头表示计算应力幅的位置和方向。

表 G-2 纵向传力焊缝的构件和连接分类

| 项次 | 构造细节 | 说明 | 类别 |
|---|---|---|---|
| 6 | 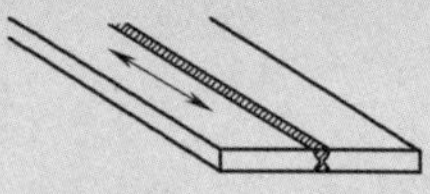 | ・无垫板的纵向对接焊缝附近的母材<br>焊缝符合二级焊缝标准 | Z2 |
| 7 | 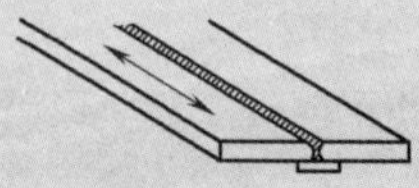 | ・有连续垫板的纵向自动对接焊缝附近的母材<br>(1) 无起弧、灭弧<br>(2) 有起弧、灭弧 | <br><br>Z4<br>Z5 |
| 8 | 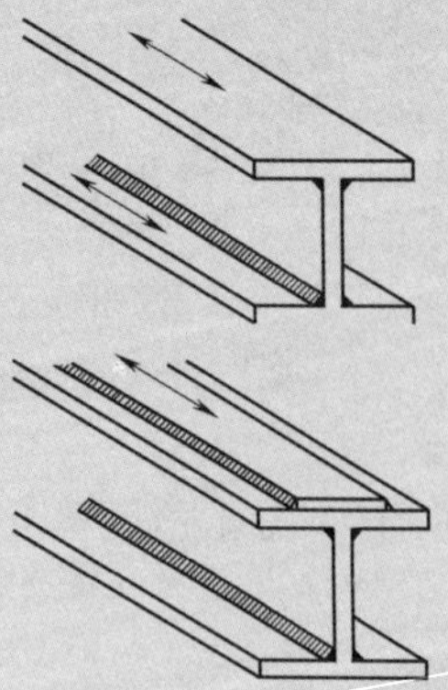 | ・翼缘连接焊缝附近的母材<br>翼板板与腹板的连接焊缝<br>自动焊，二级T形对接与角接组合焊缝<br>自动焊，角焊缝，外观质量标准符合二级焊缝标准<br>手工焊，角焊缝，外观质量标准符合二级焊缝标准<br>双层翼缘板之间的连接焊缝<br>自动焊，角焊缝，外观质量标准符合二级焊缝标准<br>手工焊，角焊缝，外观质量标准符合二级焊缝标准 | <br><br>Z2<br>Z4<br><br>Z5<br><br>Z4<br><br>Z5 |

(续)

| 项次 | 构造细节 | 说 明 | 类别 |
|---|---|---|---|
| 9 | 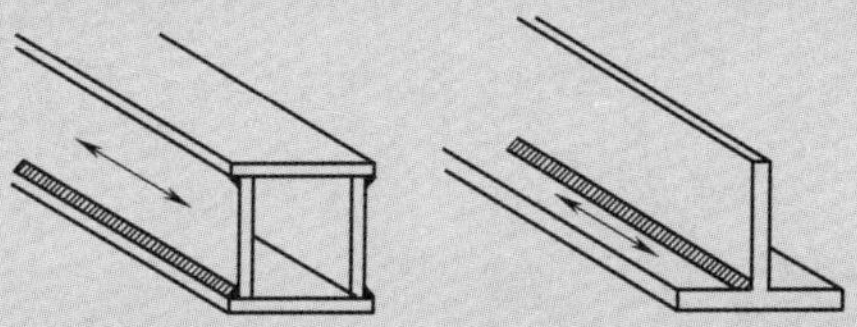 | ·仅单侧施焊的手工或自动对接焊缝附近的母材,焊缝符合二级焊缝标准,翼缘与腹板很好贴合 | Z5 |
| 10 | 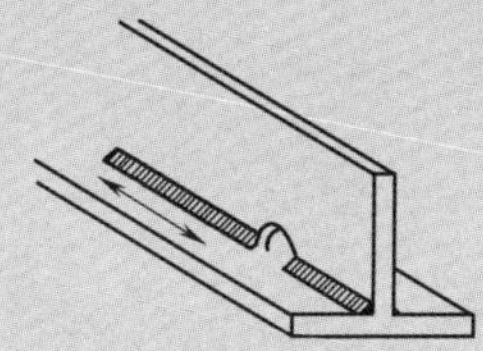 | ·开工艺孔处焊缝符合二级焊缝标准的对接焊缝、焊缝外观质量符合二级焊缝标准的角焊缝等附近的母材 | Z8 |
| 11 | 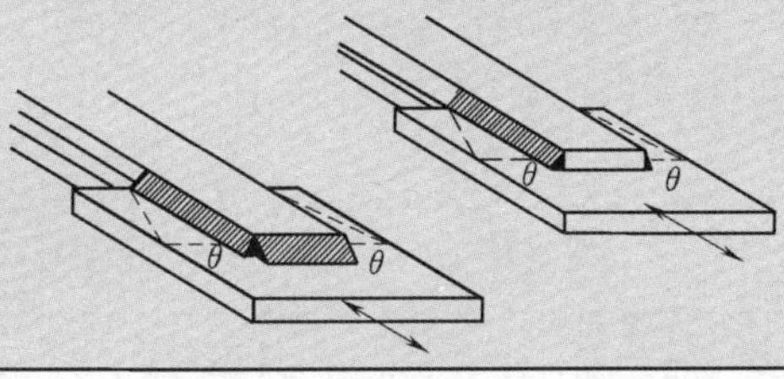 | ·节点板搭接的两侧面角焊缝端部的母材<br>·节点板搭接的三面围焊时两侧角焊缝端部的母材<br>·三面围焊或两侧面角焊缝的节点板母材(节点板计算宽度按应力扩散角θ等于30°考虑) | Z10<br>Z8<br>Z8 |

注:箭头表示计算应力幅的位置和方向。

表 G-3  横向传力焊缝的构件和连接分类

| 项次 | 构造细节 | 说 明 | 类别 |
|---|---|---|---|
| 12 | 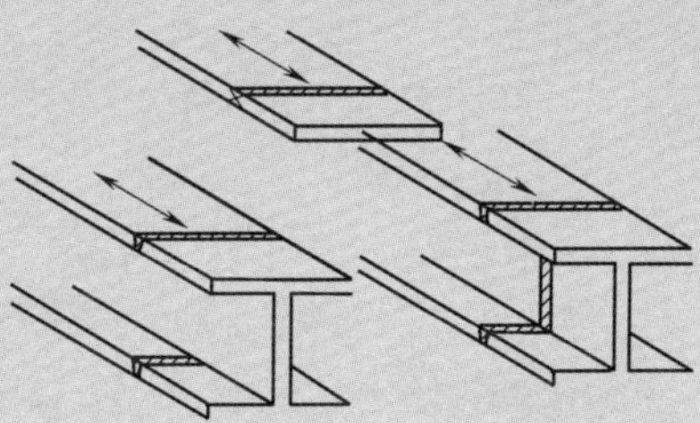 | ·横向对接焊缝附近的母材,轧制梁对接焊缝附近的母材<br>符合现行国家标准《钢结构工程施工质量验收规范》(GB 50205—2001)的一级焊缝,且经加工、磨平<br>符合现行国家标准《钢结构工程施工质量验收规范》的一级焊缝 | Z2<br><br>Z4 |
| 13 | 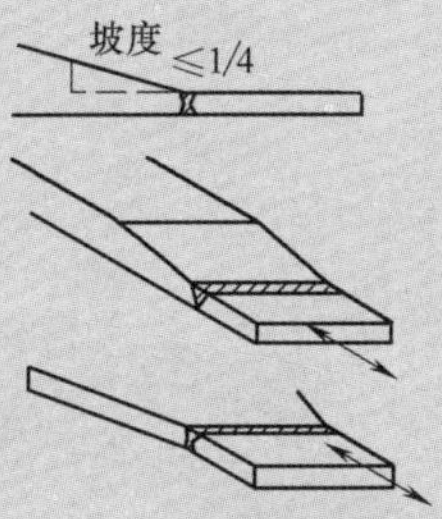 | ·不同厚度(或宽度)横向对接焊缝附近的母材<br>符合现行国家标准《钢结构工程施工质量验收规范》的一级焊缝,且经加工、磨平<br>符合现行国家标准《钢结构工程施工质量验收规范》的一级焊缝 | Z2<br><br>Z4 |
| 14 | 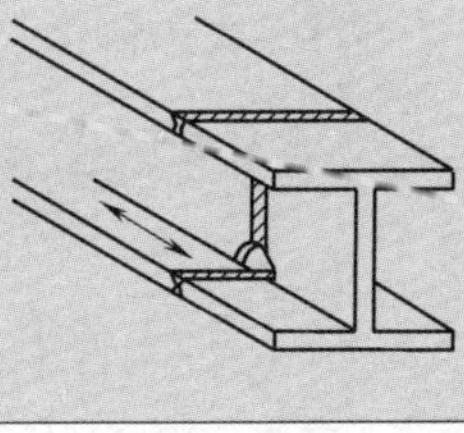 | ·有工艺孔的轧制梁对接焊缝附近的母材,焊缝加工成平滑过渡并符合一级焊缝标准 | Z6 |

（续）

| 项次 | 构造细节 | 说  明 | 类别 |
|---|---|---|---|
| 15 | 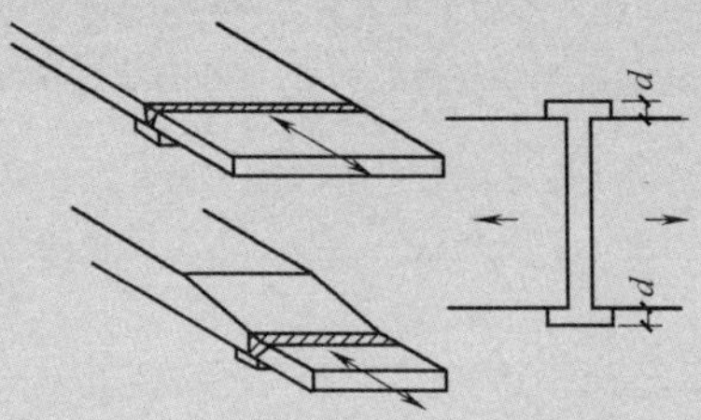  | ·带垫板的横向对接焊缝附近的母材 垫板端部超出母板距离 $d$<br>$d \geq 10\text{mm}$<br>$d < 10\text{mm}$ | Z8<br>Z11 |
| 16 | 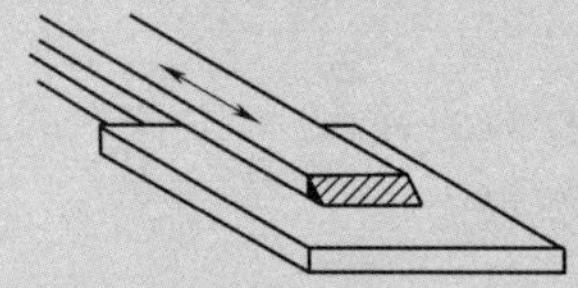  | ·节点板搭接的端面角焊缝的母材 | Z7 |
| 17 | 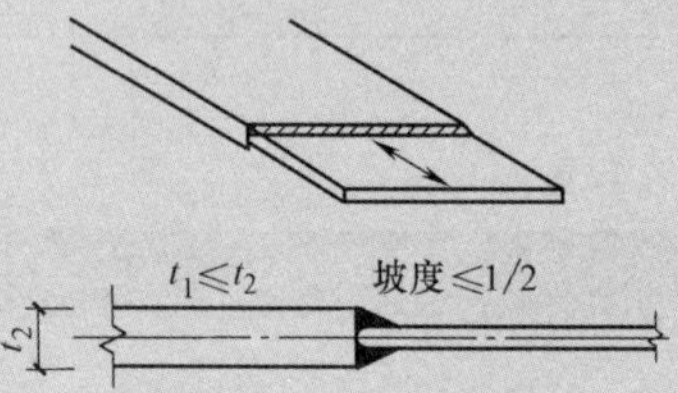  | ·不同厚度直接横向对接焊缝附近的母材，焊缝等级为一级，无偏心 | Z8 |
| 18 | 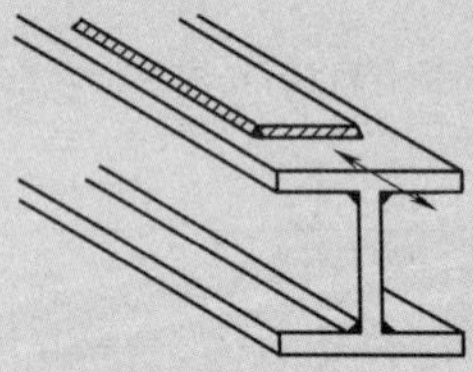  | ·翼缘盖板中断处的母材（板端有横向端焊缝） | Z8 |
| 19 | 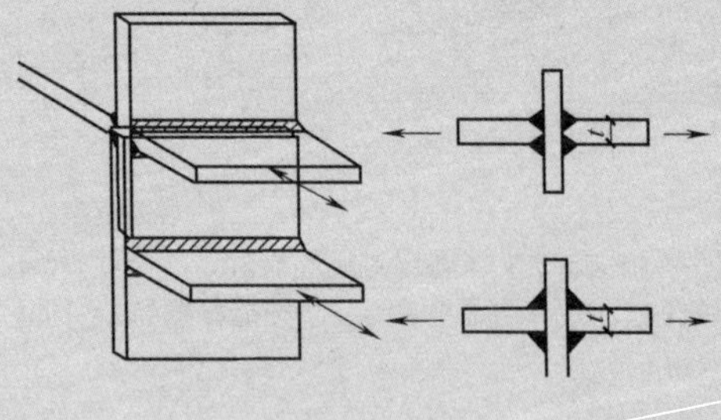  | ·十字形连接、T形连接<br>(1) K形坡口、T形对接与角接组合焊缝处的母材，十字形连接两侧轴线偏离距离小于 $0.15t$，焊缝为二级，焊趾角 $\alpha \leq 45°$<br>(2) 角焊缝处的母材，十字形连接两侧轴线偏离距离小于 $0.15t$ | Z6<br><br><br>Z8 |

(续)

| 项次 | 构造细节 | 说　明 | 类别 |
|---|---|---|---|
| 20 | 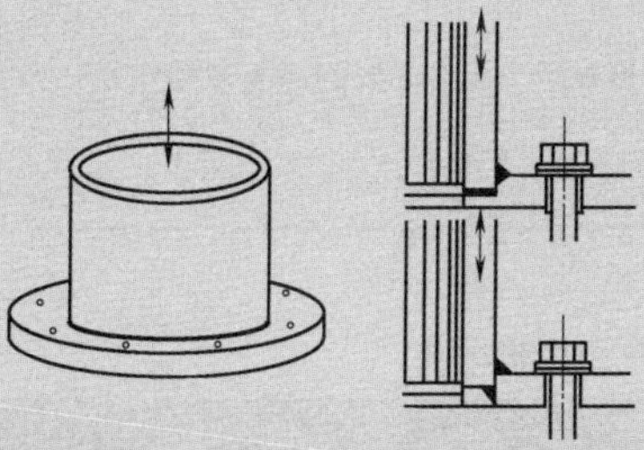 | ·法兰焊缝连接附近的母材<br>(1) 采用对接焊缝, 焊缝为一级<br>(2) 采用角焊缝 | Z8<br>Z13 |

注：箭头表示计算应力幅的位置和方向。

表 G-4　非传力焊缝的构件和连接分类

| 项次 | 构造细节 | 说　明 | 类别 |
|---|---|---|---|
| 21 | 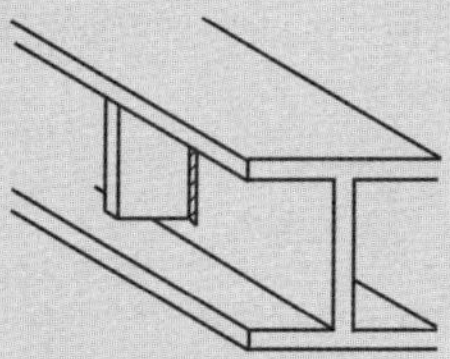 | ·横向加劲肋端部附近的母材<br>肋端焊缝不断弧(采用回焊)<br>肋端焊缝断弧 | <br>Z5<br>Z6 |
| 22 | 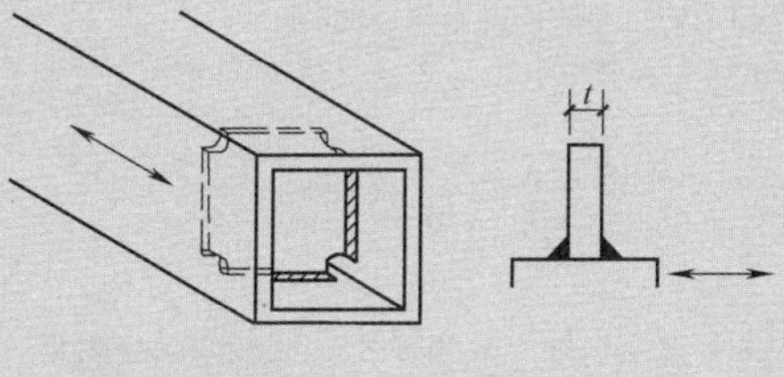 | ·横向焊缝附件附近的母材<br>(1) $t \leq 50$mm<br>(2) 50mm$<t \leq 80$m<br>$t$ 为焊接附件的板厚 | <br>Z7<br>Z8 |
| 23 | 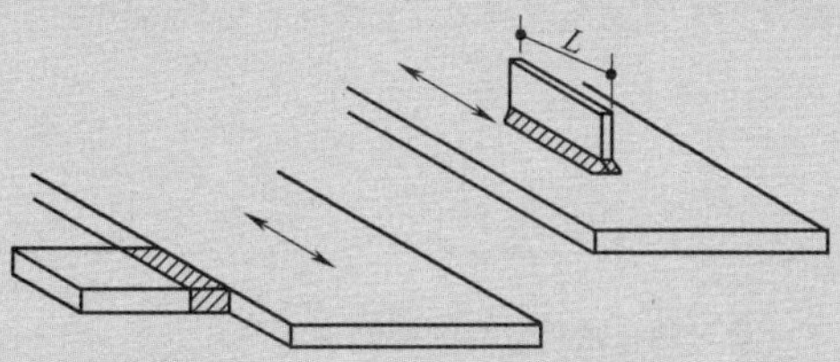 | ·矩形节点板焊接于构件翼缘或腹板处的母材(节点板焊缝方向的长度 $L>150$mm) | Z8 |
| 24 | 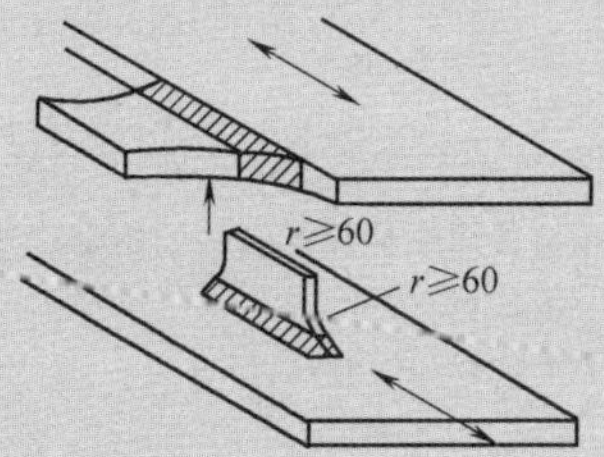 | ·带圆弧的梯形节点板用对接焊缝焊于梁翼缘、腹板以及桁架构件处的母材, 圆弧过渡处在焊后铲平、磨光、圆滑过渡, 不得有焊接起弧、灭弧缺陷 | Z6 |

（续）

| 项次 | 构造细节 | 说　明 | 类别 |
|---|---|---|---|
| 25 | 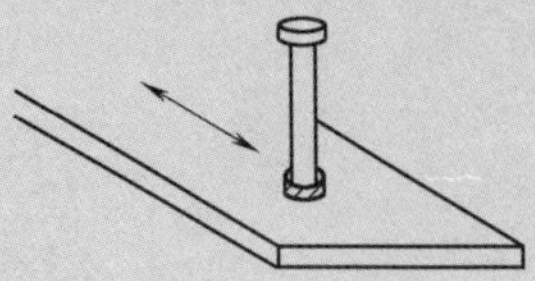 | ·焊接剪力栓钉附近的钢板母材 | Z7 |

注：箭头表示计算应力幅的位置和方向。

表 G-5　钢管截面的构件和连接分类

| 项次 | 构造细节 | 说　明 | 类别 |
|---|---|---|---|
| 26 | 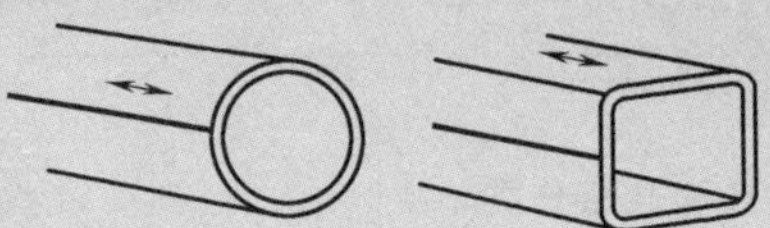 | ·钢管纵向自动焊缝的母材<br>（1）无缝接起弧、灭弧点<br>（2）有焊接起弧、灭弧点 | Z3<br>Z6 |
| 27 | 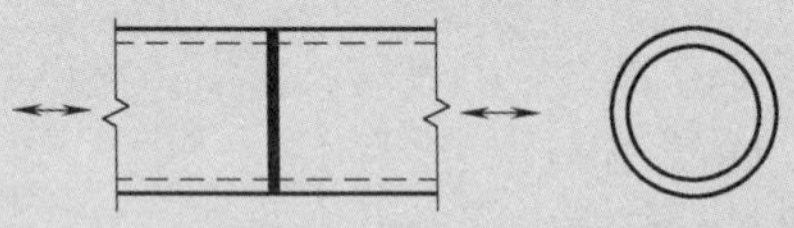 | ·圆管端部对接焊缝附近的母材，焊缝平滑过渡并符合现行国家标准《钢结构工程施工质量验收规范》（GB 50205—2001）的一级焊缝标准，余高不大于焊缝宽度的10%<br>（1）圆管壁厚 8mm<$t$≤12.5mm<br>（2）圆管壁厚 $t$≤8mm | Z6<br>Z8 |
| 28 | 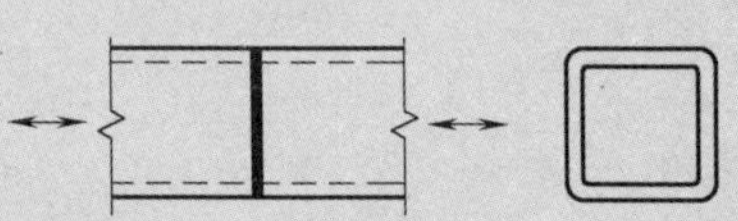 | ·矩形管端部对接焊缝附近的母材，焊缝平滑过渡并符合一级焊缝标准，余高不大于焊缝宽度的10%<br>（1）方管壁厚 8mm<$t$≤12.5mm<br>（2）方管壁厚 $t$≤8mm | Z8<br>Z10 |
| 29 | 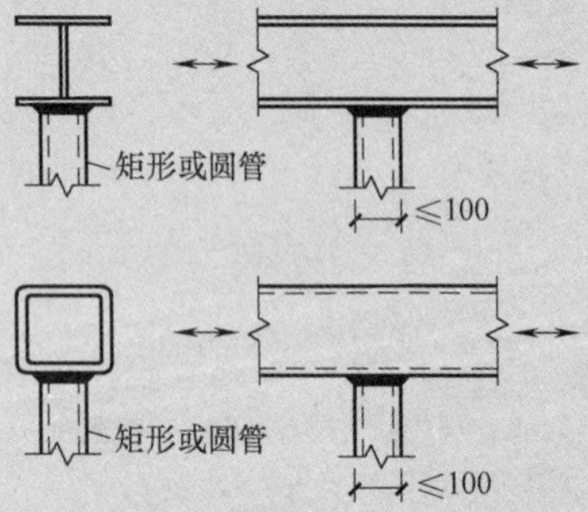 | ·焊有矩形管或圆管的构件，连接角焊缝附近的母材，角焊缝为非承载焊缝，其外观质量标准符合二级，矩形管宽度或圆管直径不大于100mm | Z8 |
| 30 | 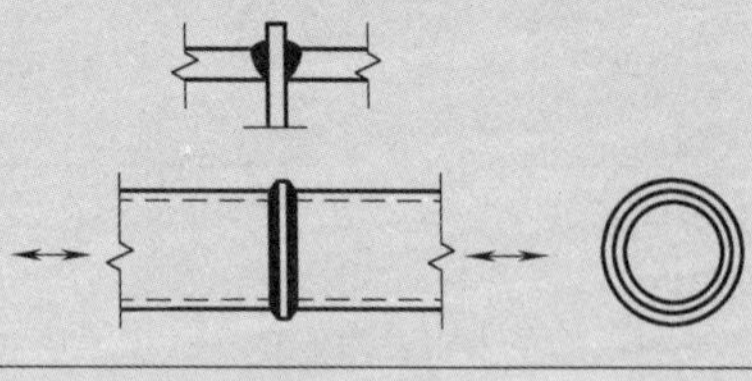 | ·通过端板采用对接焊缝拼接的圆管母材，焊缝符合一级质量标准<br>（1）圆管壁厚 8mm<$t$≤12.5mm<br>（2）圆管壁厚 $t$≤8mm | Z10<br>Z11 |
| 31 | 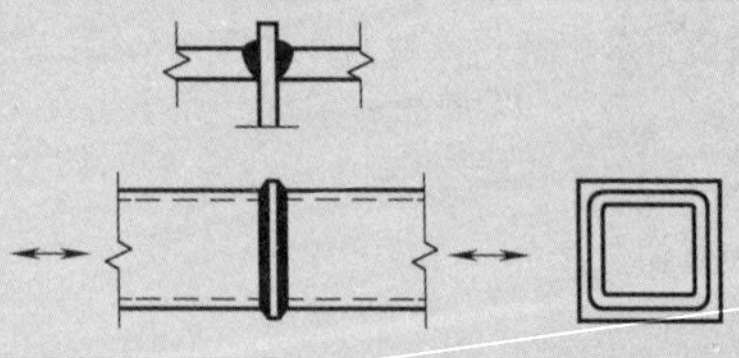 | ·通过端板采用对接焊缝拼接的矩形管母材，焊缝符合一级质量标准<br>（1）方管壁厚 8mm<$t$≤12.5mm<br>（2）方管壁厚 $t$≤8mm | Z11<br>Z12 |

（续）

| 项次 | 构造细节 | 说　明 | 类别 |
|---|---|---|---|
| 32 | 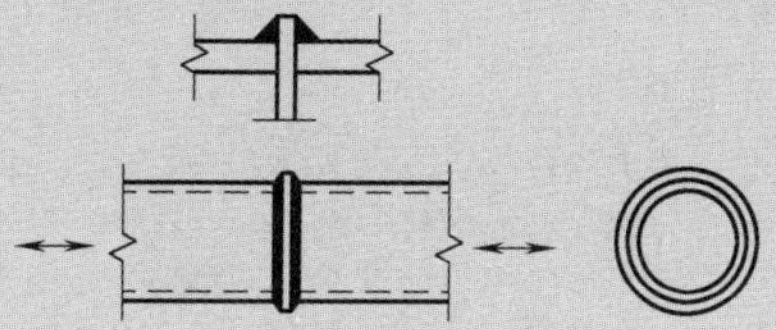 | ·通过端板采用角焊缝拼接的圆管母材，焊缝外观质量标准符合二级，管壁厚度 $t \leqslant 8\mathrm{mm}$ | Z13 |
| 33 | 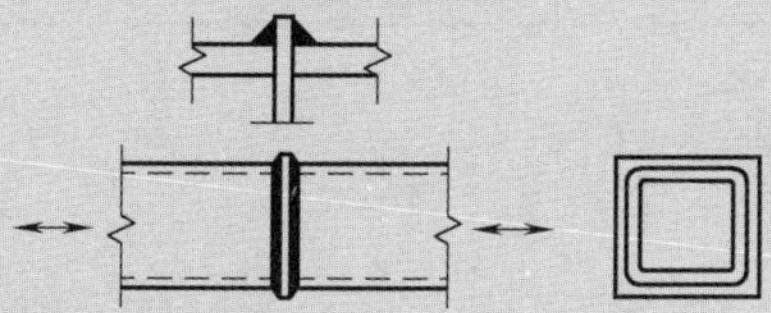 | ·通过端板采用角焊缝拼接的矩形管母材，焊缝外观质量标准符合二级，管壁厚度 $t \leqslant 8\mathrm{mm}$ | Z14 |
| 34 | 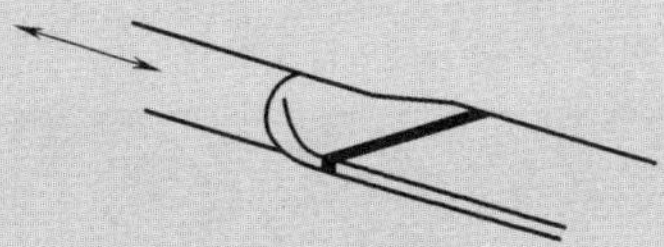 | ·钢管端部压扁与钢板对接焊缝连接（仅适用于直径小于 200mm 的钢管），计算时采用钢管的应力幅 | Z8 |
| 35 | 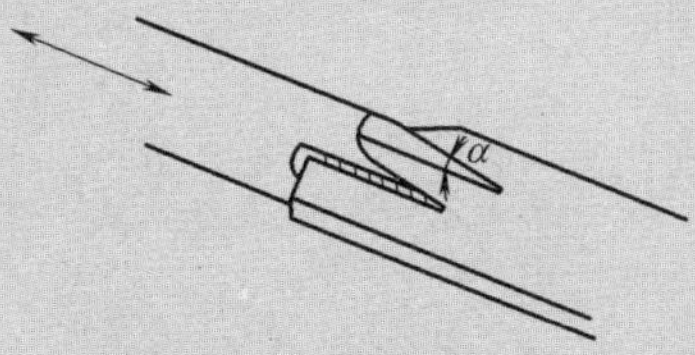 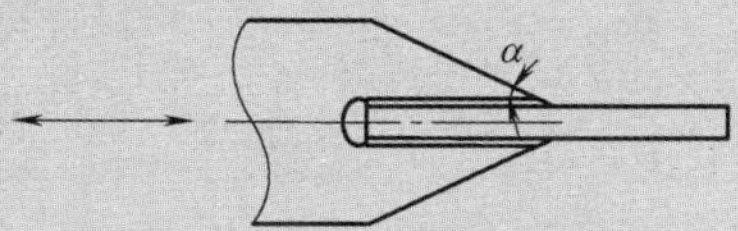 | ·钢管端部开设槽口与钢板角焊缝连接，槽口端部为圆弧，计算时采用钢管的应力幅<br>（1）倾斜角 $\alpha \leqslant 45°$<br>（2）倾斜角 $\alpha > 45°$ | Z8<br>Z9 |

注：箭头表示计算应力幅的位置和方向。

表 G-6　剪应力作用下的构件和连接分类

| 项次 | 构造细节 | 说　明 | 类别 |
|---|---|---|---|
| 36 | 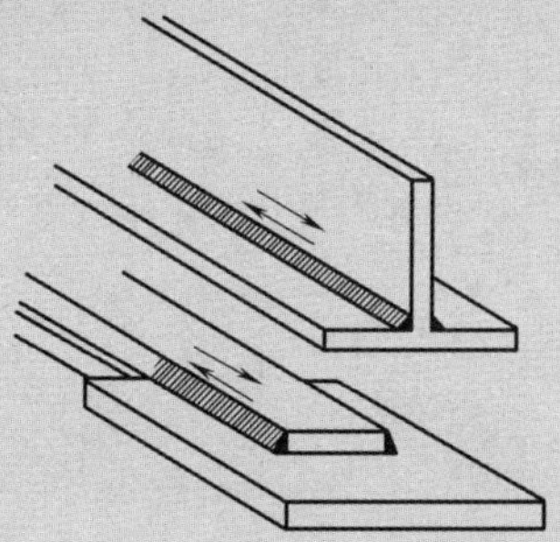 | ·各类受剪角焊缝<br>剪应力按有效截面计算 | J1 |
| 37 | 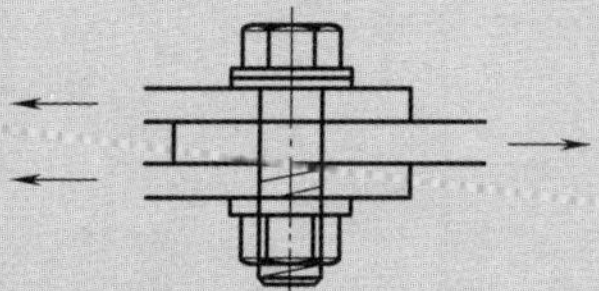 | ·受剪力的普通螺栓<br>采用螺杆截面的剪应力 | J2 |

（续）

| 项次 | 构造细节 | 说 明 | 类别 |
|---|---|---|---|
| 38 | | ·焊接剪力栓钉<br>采用栓钉名义截面的剪应力 | J3 |

注：箭头表示计算应力幅的位置和方向。

## 附录 H 型钢表

### 表 H-1 普通工字钢

符号 $h$—高度；
$b$—翼缘宽度；
$t_w$—腹板厚；
$t$—翼缘平均厚；
$I$—惯性矩；
$W$—截面模量；
$R$—圆角半径；

$i$—回转半径；
$S$—半截面的静力矩。
长度：型号 10~18，
长 5~19m；
型号 20~63，
长 6~19m

| 型号 | 尺 寸 | | | | | 截面积 /cm² | 质量 /(kg/m) | $x$—$x$ 轴 | | | | $y$—$y$ 轴 | | |
|---|---|---|---|---|---|---|---|---|---|---|---|---|---|---|
| | $h$ | $b$ | $t_w$ | $t$ | $R$ | | | $I_x$ | $W_x$ | $i_x$ | $I_x/S_x$ | $I_y$ | $W_y$ | $i_y$ |
| | mm | | | | | | | cm⁴ | cm³ | cm | cm | cm⁴ | cm³ | cm |
| 10 | 100 | 68 | 4.5 | 7.6 | 6.5 | 14.3 | 11.2 | 245 | 49 | 4.14 | 8.69 | 33 | 9.6 | 1.51 |
| 12.6 | 126 | 74 | 5.0 | 8.4 | 7.0 | 18.1 | 14.2 | 488 | 77 | 5.19 | 11.0 | 47 | 12.7 | 1.61 |
| 14 | 140 | 80 | 5.5 | 9.1 | 7.5 | 21.5 | 16.9 | 712 | 102 | 5.75 | 12.2 | 64 | 16.1 | 1.73 |
| 16 | 160 | 88 | 6.0 | 9.9 | 8.0 | 26.1 | 20.5 | 1127 | 141 | 6.57 | 13.9 | 93 | 21.1 | 1.89 |
| 18 | 180 | 94 | 6.5 | 10.7 | 8.5 | 30.7 | 24.1 | 1699 | 185 | 7.37 | 15.4 | 123 | 26.2 | 2.00 |
| 20 a | 200 | 100 | 7.0 | 11.4 | 9.0 | 35.5 | 27.9 | 2369 | 237 | 8.16 | 17.4 | 158 | 31.6 | 2.11 |
| b | | 102 | 9.0 | | | 39.5 | 31.1 | 2502 | 250 | 7.95 | 17.1 | 169 | 33.1 | 2.07 |
| 22 a | 220 | 110 | 7.5 | 12.3 | 9.5 | 42.1 | 33.0 | 3406 | 310 | 8.99 | 19.2 | 226 | 41.1 | 2.32 |
| b | | 112 | 9.5 | | | 46.5 | 36.5 | 3583 | 326 | 8.78 | 18.9 | 240 | 42.9 | 2.27 |
| 25 a | 250 | 116 | 8.0 | 13.0 | 10.0 | 48.5 | 38.1 | 5017 | 401 | 10.2 | 21.7 | 280 | 48.4 | 2.40 |
| b | | 118 | 10.0 | | | 53.5 | 42.0 | 5278 | 422 | 9.93 | 21.4 | 297 | 50.4 | 2.36 |
| 28 a | 280 | 122 | 8.5 | 13.7 | 10.5 | 55.4 | 43.5 | 7115 | 508 | 11.3 | 24.3 | 344 | 56.4 | 2.49 |
| b | | 124 | 10.5 | | | 61.0 | 47.9 | 7481 | 534 | 11.1 | 24.0 | 364 | 58.7 | 2.44 |
| a | | 130 | 9.5 | | | 67.1 | 52.7 | 11080 | 692 | 12.8 | 27.7 | 459 | 70.6 | 2.62 |
| 32 b | 320 | 132 | 11.5 | 15.0 | 11.5 | 73.5 | 57.7 | 11626 | 727 | 12.6 | 27.3 | 484 | 73.3 | 2.57 |
| c | | 134 | 13.5 | | | 79.9 | 62.7 | 12173 | 761 | 12.3 | 26.9 | 510 | 76.1 | 2.53 |
| a | | 136 | 10.0 | | | 76.4 | 60.0 | 15796 | 878 | 14.4 | 31.0 | 555 | 81.6 | 2.69 |
| 36 b | 360 | 138 | 12.0 | 15.8 | 12.0 | 83.6 | 65.6 | 16574 | 921 | 14.1 | 30.6 | 584 | 84.6 | 2.64 |
| c | | 140 | 14.0 | | | 90.8 | 71.3 | 17351 | 964 | 13.8 | 30.2 | 614 | 87.7 | 2.60 |

(续)

| 型号 | | 尺寸 | | | | 截面积 /cm² | 质量 /(kg/m) | x—x轴 | | | | y—y轴 | | |
|---|---|---|---|---|---|---|---|---|---|---|---|---|---|---|
| | h | b | $t_w$ | t | R | | | $I_x$ | $W_x$ | $i_x$ | $I_x/S_x$ | $I_y$ | $W_y$ | $i_y$ |
| | | | mm | | | | | cm⁴ | cm³ | cm | cm | cm⁴ | cm³ | cm |
| 40a | 400 | 142 | 10.5 | 16.5 | 12.5 | 86.1 | 67.6 | 21714 | 1086 | 15.9 | 34.4 | 660 | 92.9 | 2.77 |
| 40b | | 144 | 12.5 | | | 94.1 | 73.8 | 22781 | 1139 | 15.6 | 33.9 | 693 | 96.2 | 2.71 |
| 40c | | 146 | 14.5 | | | 102 | 80.1 | 23847 | 1192 | 15.3 | 33.5 | 727 | 99.7 | 2.67 |
| 45a | 450 | 150 | 11.5 | 18.0 | 13.5 | 102 | 80.4 | 32241 | 1433 | 17.7 | 38.5 | 855 | 114 | 2.89 |
| 45b | | 152 | 13.5 | | | 111 | 87.4 | 33759 | 1500 | 17.4 | 38.1 | 895 | 118 | 2.84 |
| 45c | | 154 | 15.5 | | | 120 | 94.5 | 35278 | 1568 | 17.1 | 37.6 | 938 | 122 | 2.79 |
| 50a | 500 | 158 | 12.0 | 20 | 14 | 119 | 93.6 | 46472 | 1859 | 19.7 | 42.9 | 1122 | 142 | 3.07 |
| 50b | | 160 | 14.0 | | | 129 | 101 | 48556 | 1942 | 19.4 | 42.3 | 1171 | 146 | 3.01 |
| 50c | | 162 | 16.0 | | | 139 | 109 | 50639 | 2026 | 19.1 | 41.9 | 1224 | 151 | 2.96 |
| 56a | 560 | 166 | 12.5 | 21 | 14.5 | 135 | 106 | 65576 | 2342 | 22.0 | 47.9 | 1366 | 165 | 3.18 |
| 56b | | 168 | 14.5 | | | 147 | 115 | 68503 | 2447 | 21.6 | 47.3 | 1424 | 170 | 3.12 |
| 56c | | 170 | 16.5 | | | 158 | 124 | 71430 | 2551 | 21.3 | 46.8 | 1485 | 175 | 3.07 |
| 63a | 630 | 176 | 13.0 | 22 | 15 | 155 | 122 | 94004 | 2984 | 24.7 | 53.2 | 1702 | 194 | 3.32 |
| 63b | | 178 | 15.0 | | | 167 | 131 | 98171 | 3117 | 24.2 | 53.2 | 1771 | 199 | 3.25 |
| 63c | | 180 | 17.0 | | | 180 | 141 | 102339 | 3249 | 23.9 | 52.6 | 1842 | 205 | 3.20 |

表 H-2 热轧 H 型钢

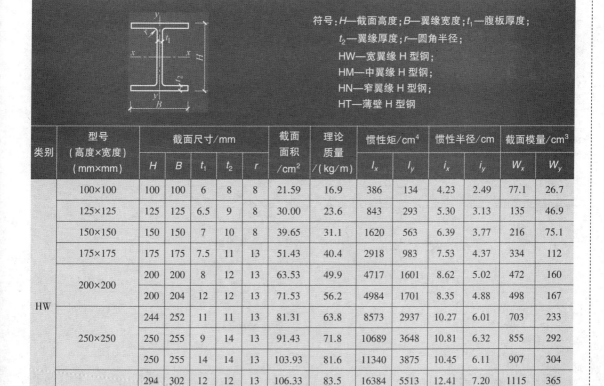

符号：H—截面高度；B—翼缘宽度；$t_1$—腹板厚度；
$t_2$—翼缘厚度；r—圆角半径；
HW—宽翼缘 H 型钢；
HM—中翼缘 H 型钢；
HN—窄翼缘 H 型钢；
HT—薄壁 H 型钢

| 类别 | 型号 (高度×宽度) (mm×mm) | 截面尺寸/mm | | | | | 截面面积 /cm² | 理论质量 /(kg/m) | 惯性矩/cm⁴ | | 惯性半径/cm | | 截面模量/cm³ | |
|---|---|---|---|---|---|---|---|---|---|---|---|---|---|---|
| | | H | B | $t_1$ | $t_2$ | r | | | $I_x$ | $I_y$ | $i_x$ | $i_y$ | $W_x$ | $W_y$ |
| HW | 100×100 | 100 | 100 | 6 | 8 | 8 | 21.59 | 16.9 | 386 | 134 | 4.23 | 2.49 | 77.1 | 26.7 |
| | 125×125 | 125 | 125 | 6.5 | 9 | 8 | 30.00 | 23.6 | 843 | 293 | 5.30 | 3.13 | 135 | 46.9 |
| | 150×150 | 150 | 150 | 7 | 10 | 8 | 39.65 | 31.1 | 1620 | 563 | 6.39 | 3.77 | 216 | 75.1 |
| | 175×175 | 175 | 175 | 7.5 | 11 | 13 | 51.43 | 40.4 | 2918 | 983 | 7.53 | 4.37 | 334 | 112 |
| | 200×200 | 200 | 200 | 8 | 12 | 13 | 63.53 | 49.9 | 4717 | 1601 | 8.62 | 5.02 | 472 | 160 |
| | | 200 | 204 | 12 | 12 | 13 | 71.53 | 56.2 | 4984 | 1701 | 8.35 | 4.88 | 498 | 167 |
| | 250×250 | 244 | 252 | 11 | 11 | 13 | 81.31 | 63.8 | 8573 | 2937 | 10.27 | 6.01 | 703 | 233 |
| | | 250 | 255 | 9 | 14 | 13 | 91.43 | 71.8 | 10689 | 3648 | 10.81 | 6.32 | 855 | 292 |
| | | 250 | 255 | 14 | 14 | 13 | 103.93 | 81.6 | 11340 | 3875 | 10.45 | 6.11 | 907 | 304 |
| | 300×300 | 294 | 302 | 12 | 12 | 13 | 106.33 | 83.5 | 16384 | 5513 | 12.41 | 7.20 | 1115 | 365 |
| | | 300 | 300 | 10 | 15 | 13 | 118.45 | 93.0 | 20010 | 6753 | 13.00 | 7.55 | 1334 | 450 |
| | | 300 | 305 | 15 | 15 | 13 | 133.45 | 104.8 | 21135 | 7102 | 12.58 | 7.29 | 1409 | 466 |

(续)

| 类别 | 型号<br>(高度×宽度)<br>(mm×mm) | 截面尺寸/mm | | | | | 截面面积/cm² | 理论质量/(kg/m) | 惯性矩/cm⁴ | | 惯性半径/cm | | 截面模量/cm³ | |
|---|---|---|---|---|---|---|---|---|---|---|---|---|---|---|
| | | $H$ | $B$ | $t_1$ | $t_2$ | $r$ | | | $I_x$ | $I_y$ | $i_x$ | $i_y$ | $W_x$ | $W_y$ |
| HW | 350×350 | 338 | 351 | 13 | 13 | 13 | 133.27 | 104.6 | 27352 | 9376 | 14.33 | 8.39 | 1618 | 534 |
| | | 344 | 348 | 10 | 16 | 13 | 144.01 | 113.0 | 32545 | 11242 | 15.03 | 8.84 | 1892 | 646 |
| | | 344 | 354 | 16 | 16 | 13 | 164.65 | 129.3 | 34581 | 11841 | 14.49 | 8.48 | 2011 | 669 |
| | | 350 | 350 | 12 | 19 | 13 | 171.89 | 134.9 | 39637 | 13582 | 15.19 | 8.89 | 2265 | 776 |
| | | 350 | 357 | 19 | 19 | 13 | 196.39 | 154.2 | 42138 | 14427 | 14.65 | 8.57 | 2408 | 808 |
| | 400×400 | 388 | 402 | 15 | 15 | 22 | 178.45 | 140.1 | 48040 | 16255 | 16.41 | 9.54 | 2476 | 809 |
| | | 394 | 398 | 11 | 18 | 22 | 186.81 | 146.6 | 55597 | 18920 | 17.25 | 10.06 | 2822 | 951 |
| | | 394 | 405 | 18 | 18 | 22 | 214.39 | 168.3 | 59165 | 19951 | 16.61 | 9.65 | 3003 | 985 |
| | | 400 | 400 | 13 | 21 | 22 | 218.69 | 171.7 | 66455 | 22410 | 17.43 | 10.12 | 3323 | 1120 |
| | | 400 | 408 | 21 | 21 | 22 | 250.69 | 196.8 | 70722 | 23804 | 16.80 | 9.74 | 3536 | 1167 |
| | | 414 | 405 | 18 | 28 | 22 | 295.39 | 231.9 | 93518 | 31022 | 17.79 | 10.25 | 4158 | 1532 |
| | | 428 | 407 | 20 | 35 | 22 | 360.65 | 283.1 | 120892 | 39357 | 18.31 | 10.45 | 5649 | 1934 |
| | | 458 | 417 | 30 | 50 | 22 | 528.55 | 414.9 | 190939 | 60516 | 19.01 | 10.70 | 8338 | 2902 |
| | | *498 | 432 | 45 | 70 | 22 | 770.05 | 604.5 | 304730 | 94346 | 19.89 | 11.07 | 12238 | 4368 |
| | *500×500 | 492 | 465 | 15 | 20 | 22 | 257.95 | 202.5 | 115559 | 33531 | 21.17 | 11.40 | 4698 | 1442 |
| | | 502 | 465 | 15 | 25 | 22 | 304.45 | 239.0 | 145012 | 41910 | 21.82 | 11.73 | 5777 | 1803 |
| | | 502 | 470 | 20 | 25 | 22 | 329.55 | 258.7 | 150283 | 43295 | 21.35 | 11.46 | 5987 | 1842 |
| HM | 150×100 | 148 | 100 | 6 | 9 | 8 | 26.35 | 20.7 | 995.3 | 150.3 | 6.15 | 2.39 | 134.5 | 30.1 |
| | 200×150 | 194 | 150 | 6 | 9 | 8 | 38.11 | 29.9 | 2586 | 506.6 | 8.24 | 3.65 | 266.6 | 67.6 |
| | 250×175 | 244 | 175 | 7 | 11 | 13 | 55.49 | 43.6 | 5908 | 983.5 | 10.32 | 4.21 | 484.3 | 112.4 |
| | 300×200 | 294 | 200 | 8 | 12 | 13 | 71.05 | 55.8 | 10858 | 1602 | 12.36 | 4.75 | 738.6 | 160.2 |
| | 350×250 | 340 | 250 | 9 | 14 | 13 | 99.53 | 78.1 | 20867 | 3648 | 14.48 | 6.05 | 1227 | 291.9 |
| | 400×300 | 390 | 300 | 10 | 16 | 13 | 133.25 | 104.6 | 37363 | 7203 | 16.75 | 7.35 | 1916 | 480.2 |
| | 450×300 | 440 | 300 | 11 | 18 | 13 | 153.89 | 120.8 | 54067 | 8105 | 18.74 | 7.26 | 2458 | 540.3 |
| | 500×300 | 482 | 300 | 11 | 15 | 13 | 141.17 | 110.8 | 57212 | 6756 | 20.13 | 6.92 | 2374 | 450.4 |
| | | 488 | 300 | 11 | 18 | 13 | 159.17 | 124.9 | 67916 | 8106 | 20.68 | 7.14 | 2783 | 540.4 |
| | 550×300 | 544 | 300 | 11 | 15 | 13 | 147.99 | 116.2 | 74874 | 6756 | 22.49 | 6.76 | 2753 | 450.4 |
| | | 550 | 300 | 11 | 18 | 13 | 165.99 | 130.3 | 88470 | 8106 | 23.09 | 6.99 | 3217 | 540.4 |
| | 600×300 | 582 | 300 | 12 | 17 | 13 | 169.21 | 132.8 | 97287 | 7659 | 23.98 | 6.73 | 3343 | 510.6 |
| | | 588 | 300 | 12 | 20 | 13 | 187.21 | 147.0 | 112827 | 9009 | 24.55 | 6.94 | 3838 | 600.6 |
| | | 594 | 302 | 14 | 23 | 13 | 217.09 | 170.4 | 132179 | 10572 | 24.68 | 6.98 | 4450 | 700.1 |
| HN | 100×50 | 100 | 50 | 5 | 7 | 8 | 11.85 | 9.3 | 191.0 | 14.7 | 4.02 | 1.11 | 38.2 | 5.9 |
| | 125×60 | 125 | 60 | 6 | 8 | 8 | 16.69 | 13.1 | 407.7 | 29.1 | 4.94 | 1.32 | 65.2 | 9.7 |
| | 150×75 | 150 | 75 | 5 | 7 | 8 | 17.85 | 14.0 | 645.7 | 49.4 | 6.01 | 1.66 | 86.1 | 13.2 |
| | 175×90 | 175 | 90 | 5 | 8 | 8 | 22.90 | 18.0 | 1174 | 97.4 | 7.16 | 2.06 | 134.2 | 21.6 |

(续)

| 类别 | 型号<br>(高度×宽度)<br>(mm×mm) | 截面尺寸/mm | | | | | 截面<br>面积<br>/cm² | 理论<br>质量<br>/(kg/m) | 惯性矩/cm⁴ | | 惯性半径/cm | | 截面模量/cm³ | |
|---|---|---|---|---|---|---|---|---|---|---|---|---|---|---|
| | | $H$ | $B$ | $t_1$ | $t_2$ | $r$ | | | $I_x$ | $I_y$ | $i_x$ | $i_y$ | $W_x$ | $W_y$ |
| HN | 200×100 | 198 | 99 | 4.5 | 7 | 8 | 22.69 | 17.8 | 1484 | 113.4 | 8.09 | 2.24 | 149.9 | 22.9 |
| | | 200 | 100 | 5.5 | 8 | 8 | 26.67 | 20.9 | 1753 | 133.7 | 8.11 | 2.24 | 175.3 | 26.7 |
| | 250×125 | 248 | 124 | 5 | 8 | 8 | 31.99 | 25.1 | 3346 | 254.5 | 10.23 | 2.82 | 269.8 | 41.1 |
| | | 250 | 125 | 6 | 9 | 8 | 36.97 | 29.0 | 3868 | 293.5 | 10.23 | 2.82 | 309.4 | 47.0 |
| | 300×150 | 298 | 149 | 5.5 | 8 | 13 | 40.80 | 32.0 | 5911 | 441.7 | 12.04 | 3.29 | 396.7 | 59.3 |
| | | 300 | 150 | 6.5 | 9 | 13 | 46.78 | 36.7 | 6829 | 507.2 | 12.08 | 3.29 | 455.3 | 67.6 |
| | 350×175 | 346 | 174 | 6 | 9 | 13 | 52.45 | 41.2 | 10456 | 791.1 | 14.12 | 3.88 | 604.4 | 90.9 |
| | | 350 | 175 | 7 | 11 | 13 | 62.91 | 49.4 | 12980 | 983.8 | 14.36 | 3.95 | 741.7 | 112.4 |
| | 400×150 | 400 | 150 | 8 | 13 | 13 | 70.37 | 55.2 | 17906 | 733.2 | 15.95 | 3.23 | 895.3 | 97.8 |
| | 400×200 | 396 | 199 | 7 | 11 | 13 | 71.41 | 56.1 | 19023 | 1446 | 16.32 | 4.50 | 960.8 | 145.3 |
| | | 400 | 200 | 8 | 13 | 13 | 83.37 | 65.4 | 22775 | 1735 | 16.53 | 4.56 | 1139 | 173.5 |
| | 450×200 | 446 | 199 | 8 | 12 | 13 | 82.97 | 65.1 | 27146 | 1578 | 18.09 | 4.36 | 1217 | 158.6 |
| | | 450 | 200 | 9 | 14 | 13 | 95.43 | 74.9 | 31973 | 1870 | 18.30 | 4.43 | 1421 | 187.0 |
| | 500×200 | 496 | 199 | 9 | 14 | 13 | 99.29 | 77.9 | 39628 | 1842 | 19.98 | 4.31 | 1598 | 185.1 |
| | | 500 | 200 | 10 | 16 | 13 | 112.25 | 88.1 | 45685 | 2138 | 20.17 | 4.36 | 1827 | 213.8 |
| | | 506 | 201 | 11 | 19 | 13 | 129.31 | 101.5 | 544878 | 2577 | 20.53 | 4.46 | 2153 | 256.4 |
| | 550×200 | 546 | 199 | 9 | 14 | 13 | 103.79 | 81.5 | 49245 | 1842 | 21.78 | 4.21 | 1804 | 185.2 |
| | | 550 | 200 | 10 | 16 | 13 | 117.25 | 92.0 | 56695 | 2138 | 21.99 | 4.27 | 2062 | 213.8 |
| | 600×200 | 596 | 199 | 10 | 15 | 13 | 117.75 | 92.4 | 64739 | 1975 | 23.45 | 4.10 | 2172 | 198.5 |
| | | 600 | 200 | 11 | 17 | 13 | 131.71 | 103.4 | 73749 | 2273 | 23.66 | 4.15 | 2458 | 227.3 |
| | | 606 | 201 | 12 | 20 | 13 | 149.77 | 117.6 | 86656 | 2716 | 24.05 | 4.26 | 2860 | 270.2 |
| | 650×300 | 646 | 299 | 10 | 15 | 13 | 152.75 | 119.9 | 107794 | 6688 | 26.56 | 6.62 | 3337 | 447.4 |
| | | 650 | 300 | 11 | 17 | 13 | 171.21 | 134.4 | 122739 | 7657 | 26.77 | 6.69 | 3777 | 510.5 |
| | | 656 | 301 | 12 | 20 | 13 | 195.77 | 153.7 | 144433 | 9100 | 27.16 | 6.82 | 4403 | 604.6 |
| | 700×300 | 692 | 300 | 13 | 20 | 18 | 207.54 | 162.9 | 164101 | 9014 | 28.12 | 6.59 | 4743 | 600.9 |
| | | 700 | 300 | 13 | 24 | 18 | 231.54 | 181.8 | 193622 | 10814 | 28.92 | 6.83 | 5532 | 720.9 |
| | 750×300 | 734 | 299 | 12 | 16 | 18 | 182.70 | 143.4 | 155539 | 7140 | 29.18 | 6.25 | 4238 | 477.6 |
| | | 742 | 300 | 13 | 20 | 18 | 214.04 | 168.0 | 191989 | 9015 | 29.95 | 6.49 | 5175 | 601.0 |
| | | 750 | 300 | 13 | 24 | 18 | 238.04 | 186.9 | 225863 | 10815 | 30.80 | 6.74 | 6023 | 721.0 |
| | | 758 | 303 | 16 | 28 | 18 | 284.78 | 223.6 | 271350 | 13008 | 30.87 | 6.76 | 7160 | 858.6 |
| | 800×300 | 792 | 300 | 14 | 22 | 18 | 239.50 | 188.0 | 242399 | 9919 | 31.81 | 6.44 | 6121 | 661.3 |
| | | 800 | 300 | 14 | 26 | 18 | 263.50 | 206.8 | 280925 | 11719 | 32.65 | 6.67 | 7023 | 781.3 |
| | 850×300 | 834 | 298 | 14 | 19 | 18 | 227.46 | 178.6 | 243858 | 8400 | 32.74 | 6.08 | 5848 | 563.8 |
| | | 842 | 299 | 15 | 23 | 18 | 259.72 | 203.9 | 291216 | 10271 | 33.49 | 6.29 | 6917 | 687.0 |
| | | 850 | 300 | 16 | 27 | 18 | 292.14 | 229.3 | 339670 | 12179 | 34.10 | 6.46 | 7992 | 812.0 |

(续)

| 类别 | 型号<br>(高度×宽度)<br>(mm×mm) | 截面尺寸/mm | | | | | 截面<br>面积<br>/cm² | 理论<br>质量<br>/(kg/m) | 惯性矩/cm⁴ | | 惯性半径/cm | | 截面模量/cm³ | |
|---|---|---|---|---|---|---|---|---|---|---|---|---|---|---|
| | | $H$ | $B$ | $t_1$ | $t_2$ | $r$ | | | $I_x$ | $I_y$ | $i_x$ | $i_y$ | $W_x$ | $W_y$ |
| HN | 850×300 | 858 | 301 | 17 | 31 | 18 | 324.72 | 254.9 | 389234 | 14125 | 34.62 | 6.60 | 9073 | 938.5 |
| | 900×300 | 890 | 299 | 15 | 23 | 18 | 266.92 | 209.5 | 330588 | 10273 | 35.19 | 6.20 | 7429 | 687.1 |
| | | 900 | 300 | 16 | 28 | 18 | 305.82 | 240.1 | 397241 | 12631 | 36.04 | 6.43 | 8828 | 842.1 |
| | | 912 | 302 | 18 | 34 | 18 | 360.06 | 282.6 | 484615 | 15652 | 36.69 | 6.59 | 10628 | 1037 |
| | 1000×300 | 970 | 297 | 16 | 21 | 18 | 276.00 | 216.7 | 382977 | 9203 | 37.25 | 5.77 | 7896 | 619.7 |
| | | 980 | 298 | 17 | 26 | 18 | 315.50 | 247.7 | 462157 | 11508 | 38.27 | 6.04 | 9432 | 772.3 |
| | | 990 | 298 | 17 | 31 | 18 | 345.30 | 271.1 | 535201 | 13713 | 39.37 | 6.30 | 10812 | 920.3 |
| | | 1000 | 300 | 19 | 36 | 18 | 395.10 | 310.2 | 626396 | 16256 | 39.82 | 6.41 | 12528 | 1084 |
| | | 1008 | 302 | 21 | 40 | 18 | 439.26 | 344.8 | 704572 | 18437 | 40.05 | 6.48 | 13980 | 1221 |
| HT | 100×50 | 95 | 48 | 3.2 | 4.5 | 8 | 7.62 | 6.0 | 109.7 | 8.4 | 3.79 | 1.05 | 23.1 | 3.5 |
| | | 97 | 49 | 4 | 5.5 | 8 | 9.38 | 7.4 | 141.8 | 10.9 | 3.89 | 1.08 | 29.2 | 4.4 |
| | 100×100 | 96 | 99 | 4.5 | 6 | 8 | 16.21 | 12.7 | 272.7 | 97.1 | 4.10 | 2.45 | 56.8 | 19.6 |
| | 125×60 | 118 | 58 | 3.2 | 4.5 | 8 | 9.26 | 7.3 | 202.4 | 14.7 | 4.68 | 1.26 | 34.3 | 5.1 |
| | | 120 | 59 | 4 | 5.5 | 8 | 11.40 | 8.9 | 259.7 | 18.9 | 4.77 | 1.29 | 43.3 | 6.4 |
| | 125×125 | 119 | 123 | 4.5 | 6 | 8 | 20.12 | 15.8 | 523.6 | 186.2 | 5.10 | 3.04 | 88.0 | 30.3 |
| | 150×75 | 145 | 73 | 3.2 | 4.5 | 8 | 11.47 | 9.0 | 383.2 | 29.3 | 5.78 | 1.60 | 52.9 | 8.0 |
| | | 147 | 74 | 4 | 5.5 | 8 | 14.13 | 11.1 | 488.0 | 37.3 | 5.88 | 1.62 | 66.4 | 10.1 |
| | 150×100 | 139 | 97 | 3.2 | 4.5 | 8 | 13.44 | 10.5 | 447.3 | 68.5 | 5.77 | 2.26 | 64.4 | 14.1 |
| | | 142 | 99 | 4.5 | 6 | 8 | 18.28 | 14.3 | 632.7 | 97.2 | 5.88 | 2.31 | 89.1 | 19.6 |
| | 150×150 | 144 | 148 | 5 | 7 | 8 | 27.77 | 21.8 | 1070 | 378.4 | 6.21 | 3.69 | 148.6 | 51.1 |
| | | 147 | 149 | 6 | 8.5 | 8 | 33.68 | 26.4 | 1338 | 468.9 | 6.30 | 3.73 | 182.1 | 62.9 |
| | 175×90 | 168 | 88 | 3.2 | 4.5 | 8 | 13.56 | 10.6 | 619.6 | 51.2 | 6.76 | 1.94 | 73.8 | 11.6 |
| | | 171 | 89 | 4 | 6 | 8 | 17.59 | 13.8 | 852.1 | 70.6 | 6.96 | 2.00 | 99.7 | 15.9 |
| | 175×175 | 167 | 173 | 5 | 7 | 13 | 33.32 | 26.2 | 1731 | 604.5 | 7.21 | 4.26 | 207.2 | 69.9 |
| | | 172 | 175 | 6.5 | 9.5 | 13 | 44.65 | 35.0 | 2466 | 849.2 | 7.43 | 4.36 | 286.8 | 97.1 |
| | 200×100 | 193 | 98 | 3.2 | 4.5 | 8 | 15.26 | 12.0 | 921.0 | 70.7 | 7.77 | 2.15 | 95.4 | 14.4 |
| | | 196 | 99 | 4 | 6 | 8 | 19.79 | 15.5 | 1260 | 97.2 | 7.98 | 2.22 | 128.6 | 19.6 |
| | 200×150 | 188 | 149 | 4.5 | 6 | 8 | 26.35 | 20.7 | 1669 | 331.0 | 7.96 | 3.54 | 177.6 | 44.4 |
| | 200×200 | 192 | 198 | 6 | 8 | 13 | 43.69 | 34.3 | 2984 | 1036 | 8.26 | 4.87 | 310.8 | 104.6 |
| | 250×125 | 244 | 124 | 4.5 | 6 | 8 | 25.87 | 20.3 | 2529 | 190.9 | 9.89 | 2.72 | 207.3 | 30.8 |
| | 250×175 | 238 | 173 | 4.5 | 8 | 13 | 39.12 | 30.7 | 4045 | 690.8 | 10.17 | 4.20 | 339.9 | 79.9 |
| | 300×150 | 294 | 148 | 4.5 | 6 | 13 | 31.90 | 25.0 | 4342 | 324.6 | 11.67 | 3.19 | 295.4 | 43.9 |
| | 300×200 | 286 | 198 | 6 | 8 | 13 | 49.33 | 38.7 | 7000 | 1036 | 11.91 | 4.58 | 489.5 | 104.6 |
| | 350×175 | 340 | 173 | 4.5 | 6 | 13 | 36.97 | 29.0 | 6823 | 518.3 | 13.58 | 3.74 | 401.3 | 59.9 |

(续)

| 类别 | 型号<br>(高度×宽度)<br>(mm×mm) | 截面尺寸/mm | | | | | 截面<br>面积<br>/cm² | 理论<br>质量<br>/(kg/m) | 惯性矩/cm⁴ | | 惯性半径/cm | | 截面模量/cm³ | |
|---|---|---|---|---|---|---|---|---|---|---|---|---|---|---|
| | | $H$ | $B$ | $t_1$ | $t_2$ | $r$ | | | $I_x$ | $I_y$ | $i_x$ | $i_y$ | $W_x$ | $W_y$ |
| HT | 400×150 | 390 | 148 | 6 | 8 | 13 | 47.57 | 37.3 | 10900 | 433.2 | 15.14 | 3.02 | 559.0 | 58.5 |
| | 400×200 | 390 | 198 | 6 | 8 | 13 | 55.57 | 43.6 | 13819 | 1036 | 15.77 | 4.32 | 708.7 | 104.6 |

注：1. 同一型号的产品，其内侧尺寸高度一致。

2. 截面面积计算公式：$t_1(H-2t_2)+2Bt_2+0.858r^2$。

3. "*"所示规格表示国内暂不能生产。

表 H-3　部分 T 型钢

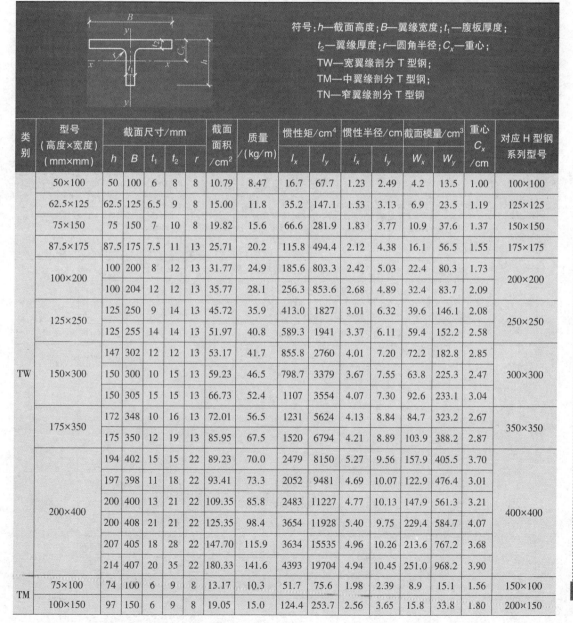

符号：$h$—截面高度；$B$—翼缘宽度；$t_1$—腹板厚度；
$t_2$—翼缘厚度；$r$—圆角半径；$C_x$—重心；
TW—宽翼缘剖分 T 型钢；
TM—中翼缘剖分 T 型钢；
TN—窄翼缘剖分 T 型钢

| 类别 | 型号<br>(高度×宽度)<br>(mm×mm) | 截面尺寸/mm | | | | | 截面<br>面积<br>/cm² | 质量<br>/(kg/m) | 惯性矩/cm⁴ | | 惯性半径/cm | | 截面模量/cm³ | | 重心<br>$C_x$<br>/cm | 对应 H 型钢<br>系列型号 |
|---|---|---|---|---|---|---|---|---|---|---|---|---|---|---|---|---|
| | | $h$ | $B$ | $t_1$ | $t_2$ | $r$ | | | $I_x$ | $I_y$ | $i_x$ | $i_y$ | $W_x$ | $W_y$ | | |
| TW | 50×100 | 50 | 100 | 6 | 8 | 8 | 10.79 | 8.47 | 16.7 | 67.7 | 1.23 | 2.49 | 4.2 | 13.5 | 1.00 | 100×100 |
| | 62.5×125 | 62.5 | 125 | 6.5 | 9 | 8 | 15.00 | 11.8 | 35.2 | 147.1 | 1.53 | 3.13 | 6.9 | 23.5 | 1.19 | 125×125 |
| | 75×150 | 75 | 150 | 7 | 10 | 8 | 19.82 | 15.6 | 66.6 | 281.9 | 1.83 | 3.77 | 10.9 | 37.5 | 1.37 | 150×150 |
| | 87.5×175 | 87.5 | 175 | 7.5 | 11 | 13 | 25.71 | 20.2 | 115.8 | 494.4 | 2.12 | 4.38 | 16.1 | 56.5 | 1.55 | 175×175 |
| | 100×200 | 100 | 200 | 8 | 12 | 13 | 31.77 | 24.9 | 185.0 | 803.3 | 2.42 | 5.03 | 22.4 | 80.3 | 1.73 | 200×200 |
| | | 100 | 204 | 12 | 12 | 13 | 35.77 | 28.1 | 256.3 | 853.6 | 2.68 | 4.89 | 32.4 | 83.7 | 2.09 | |
| | 125×250 | 125 | 250 | 9 | 14 | 13 | 45.72 | 35.9 | 413.0 | 1827 | 3.01 | 6.32 | 39.6 | 146.1 | 2.08 | 250×250 |
| | | 125 | 255 | 14 | 14 | 13 | 51.97 | 40.8 | 589.3 | 1941 | 3.37 | 6.11 | 59.4 | 152.2 | 2.58 | |
| | 150×300 | 147 | 302 | 12 | 12 | 13 | 53.17 | 41.7 | 855.8 | 2760 | 4.01 | 7.20 | 72.2 | 182.8 | 2.85 | 300×300 |
| | | 150 | 300 | 10 | 15 | 13 | 59.23 | 46.5 | 798.7 | 3379 | 3.67 | 7.55 | 63.8 | 225.3 | 2.47 | |
| | | 150 | 305 | 15 | 15 | 13 | 66.73 | 52.4 | 1107 | 3554 | 4.07 | 7.30 | 92.6 | 233.1 | 3.04 | |
| | 175×350 | 172 | 348 | 10 | 16 | 13 | 72.01 | 56.5 | 1231 | 5624 | 4.13 | 8.84 | 84.7 | 323.2 | 2.67 | 350×350 |
| | | 175 | 350 | 12 | 19 | 13 | 85.95 | 67.5 | 1520 | 6794 | 4.21 | 8.89 | 103.9 | 388.2 | 2.87 | |
| | 200×400 | 194 | 402 | 15 | 15 | 22 | 89.23 | 70.0 | 2479 | 8150 | 5.27 | 9.56 | 157.9 | 405.5 | 3.70 | 400×400 |
| | | 197 | 398 | 11 | 18 | 22 | 93.41 | 73.3 | 2052 | 9681 | 4.69 | 10.07 | 122.9 | 476.4 | 3.01 | |
| | | 200 | 400 | 13 | 21 | 22 | 109.35 | 85.8 | 2483 | 11227 | 4.77 | 10.13 | 147.9 | 561.3 | 3.21 | |
| | | 200 | 408 | 21 | 21 | 22 | 125.35 | 98.4 | 3654 | 11928 | 5.40 | 9.75 | 229.4 | 584.7 | 4.07 | |
| | | 207 | 405 | 18 | 28 | 22 | 147.70 | 115.9 | 3634 | 15535 | 4.96 | 10.26 | 213.6 | 767.2 | 3.68 | |
| | | 214 | 407 | 20 | 35 | 22 | 180.33 | 141.6 | 4393 | 19704 | 4.94 | 10.45 | 251.0 | 968.2 | 3.90 | |
| TM | 75×100 | 74 | 100 | 6 | 9 | 8 | 13.17 | 10.3 | 51.7 | 75.6 | 1.98 | 2.39 | 8.9 | 15.1 | 1.56 | 150×100 |
| | 100×150 | 97 | 150 | 6 | 9 | 8 | 19.05 | 15.0 | 124.4 | 253.7 | 2.56 | 3.65 | 15.8 | 33.8 | 1.80 | 200×150 |

（续）

| 类别 | 型号<br>(高度×宽度)<br>(mm×mm) | 截面尺寸/mm | | | | | 截面面积/cm² | 质量/(kg/m) | 惯性矩/cm⁴ | | 惯性半径/cm | | 截面模量/cm³ | | 重心 $C_x$/cm | 对应 H 型钢系列型号 |
|---|---|---|---|---|---|---|---|---|---|---|---|---|---|---|---|---|
| | | h | B | $t_1$ | $t_2$ | r | | | $I_x$ | $I_y$ | $i_x$ | $i_y$ | $W_x$ | $W_y$ | | |
| TM | 125×175 | 122 | 175 | 7 | 11 | 13 | 27.75 | 21.8 | 288.3 | 494.4 | 3.22 | 4.22 | 29.1 | 56.5 | 2.28 | 250×175 |
| | 150×200 | 147 | 200 | 8 | 12 | 13 | 35.53 | 27.9 | 570.0 | 803.5 | 4.01 | 4.76 | 48.1 | 80.3 | 2.85 | 300×200 |
| | 175×250 | 170 | 250 | 9 | 14 | 13 | 49.77 | 39.1 | 1016 | 1827 | 4.52 | 6.06 | 73.1 | 146.1 | 3.11 | 350×250 |
| | 200×300 | 195 | 300 | 10 | 16 | 13 | 66.63 | 52.3 | 1730 | 3605 | 5.10 | 7.36 | 107.7 | 240.3 | 3.43 | 400×300 |
| | 225×300 | 220 | 300 | 11 | 18 | 13 | 76.95 | 60.4 | 2680 | 4056 | 5.90 | 7.26 | 149.6 | 270.4 | 4.09 | 450×300 |
| | 250×300 | 241 | 300 | 11 | 15 | 13 | 70.59 | 55.4 | 3399 | 3381 | 6.94 | 6.92 | 178.0 | 225.4 | 5.00 | 500×300 |
| | | 244 | 300 | 11 | 18 | 13 | 79.59 | 62.5 | 3615 | 4056 | 6.74 | 7.14 | 183.7 | 270.4 | 4.72 | |
| | 275×300 | 272 | 300 | 11 | 15 | 13 | 74.00 | 58.1 | 4789 | 3381 | 8.04 | 6.76 | 225.4 | 225.4 | 5.96 | 550×300 |
| | | 275 | 300 | 11 | 18 | 13 | 83.00 | 65.2 | 5093 | 4056 | 7.83 | 6.99 | 232.5 | 270.4 | 5.59 | |
| | 300×300 | 291 | 300 | 12 | 17 | 13 | 84.61 | 66.4 | 6324 | 3832 | 8.65 | 6.73 | 280.0 | 255.5 | 6.51 | 600×300 |
| | | 294 | 300 | 12 | 20 | 13 | 93.61 | 73.5 | 6691 | 4507 | 8.45 | 6.94 | 288.1 | 300.5 | 6.17 | |
| | | 297 | 302 | 14 | 23 | 13 | 108.55 | 85.2 | 7917 | 5289 | 8.54 | 6.98 | 339.9 | 350.3 | 6.41 | |
| TN | 50×50 | 50 | 50 | 5 | 7 | 8 | 5.92 | 4.7 | 11.9 | 7.8 | 1.42 | 1.14 | 3.2 | 3.1 | 1.28 | 100×50 |
| | 62.5×60 | 62.5 | 60 | 6 | 8 | 8 | 8.34 | 6.6 | 27.5 | 14.9 | 1.81 | 1.34 | 6.0 | 5.0 | 1.64 | 125×60 |
| | 75×75 | 75 | 75 | 5 | 7 | 8 | 8.92 | 7.0 | 42.4 | 25.1 | 2.18 | 1.68 | 7.4 | 6.7 | 1.79 | 150×75 |
| | 87.5×90 | 87.5 | 90 | 5 | 8 | 8 | 11.45 | 9.0 | 70.5 | 49.1 | 2.48 | 2.07 | 10.3 | 10.9 | 1.93 | 175×90 |
| | 100×100 | 99 | 99 | 4.5 | 7 | 8 | 11.34 | 8.9 | 93.1 | 57.1 | 2.87 | 2.24 | 12.0 | 11.5 | 2.17 | 200×100 |
| | | 100 | 100 | 5.5 | 8 | 8 | 13.33 | 10.5 | 113.9 | 67.2 | 2.92 | 2.25 | 14.8 | 13.4 | 2.31 | |
| | 125×125 | 124 | 124 | 5 | 8 | 8 | 15.99 | 12.6 | 206.7 | 127.6 | 3.59 | 2.82 | 21.2 | 20.6 | 2.66 | 250×125 |
| | | 125 | 125 | 6 | 9 | 8 | 18.48 | 14.5 | 247.5 | 147.1 | 3.66 | 2.82 | 25.5 | 23.5 | 2.81 | |
| | 150×150 | 149 | 149 | 5.5 | 8 | 13 | 20.40 | 16.0 | 390.4 | 223.3 | 4.37 | 3.31 | 33.5 | 30.0 | 3.26 | 300×150 |
| | | 150 | 150 | 6.5 | 9 | 13 | 23.39 | 18.4 | 460.4 | 256.1 | 4.44 | 3.31 | 39.7 | 34.2 | 3.41 | |
| | 175×175 | 173 | 174 | 6 | 9 | 13 | 26.23 | 20.6 | 674.7 | 398.0 | 5.07 | 3.90 | 49.7 | 45.8 | 3.72 | 350×175 |
| | | 175 | 175 | 7 | 11 | 13 | 31.46 | 24.7 | 811.1 | 494.5 | 5.08 | 3.96 | 59.0 | 56.5 | 3.76 | |
| | 200×200 | 198 | 199 | 7 | 11 | 13 | 35.71 | 28.0 | 1188 | 725.7 | 5.77 | 4.51 | 76.2 | 72.9 | 4.20 | 400×200 |
| | | 200 | 200 | 8 | 13 | 13 | 41.69 | 32.7 | 1392 | 870.3 | 5.78 | 4.57 | 88.4 | 87.0 | 4.26 | |
| | 225×200 | 223 | 199 | 8 | 12 | 13 | 41.49 | 32.6 | 1863 | 791.8 | 6.70 | 4.37 | 108.7 | 79.6 | 5.15 | 450×200 |
| | | 225 | 200 | 9 | 14 | 13 | 47.72 | 37.5 | 2148 | 937.6 | 6.71 | 4.43 | 124.1 | 93.8 | 5.19 | |
| | 250×200 | 248 | 199 | 9 | 14 | 13 | 49.65 | 39.0 | 2820 | 923.8 | 7.54 | 4.31 | 149.8 | 92.8 | 5.97 | 500×200 |
| | | 250 | 200 | 10 | 16 | 13 | 56.13 | 44.1 | 3201 | 1072 | 7.55 | 4.37 | 168.7 | 107.2 | 6.03 | |
| | | 253 | 201 | 11 | 19 | 13 | 64.66 | 50.8 | 3666 | 1292 | 7.53 | 4.47 | 189.9 | 128.5 | 6.00 | |
| | 275×200 | 273 | 199 | 9 | 14 | 13 | 51.90 | 40.7 | 3689 | 924.0 | 8.43 | 4.22 | 180.3 | 92.9 | 6.85 | 550×200 |
| | | 275 | 200 | 10 | 16 | 13 | 58.63 | 46.0 | 4182 | 1072 | 8.45 | 4.28 | 202.9 | 107.2 | 6.89 | |
| | 300×200 | 298 | 199 | 10 | 15 | 13 | 58.88 | 46.2 | 5148 | 990.6 | 9.35 | 4.10 | 235.3 | 99.6 | 7.92 | 600×200 |
| | | 300 | 200 | 11 | 17 | 13 | 65.86 | 51.7 | 5779 | 1140 | 9.37 | 4.16 | 262.1 | 114.0 | 7.95 | |

(续)

| 类别 | 型号(高度×宽度)(mm×mm) | 截面尺寸/mm | | | | | 截面面积/cm² | 质量/(kg/m) | 惯性矩/cm⁴ | | 惯性半径/cm | | 截面模量/cm³ | | 重心$C_x$/cm | 对应H型钢系列型号 |
|---|---|---|---|---|---|---|---|---|---|---|---|---|---|---|---|---|
| | | h | B | $t_1$ | $t_2$ | r | | | $I_x$ | $I_y$ | $i_x$ | $i_y$ | $W_x$ | $W_y$ | | |
| TN | 300×200 | 303 | 201 | 12 | 20 | 13 | 74.89 | 58.8 | 6554 | 1361 | 9.36 | 4.26 | 292.4 | 135.4 | 7.88 | 600×200 |
| | 325×300 | 323 | 299 | 10 | 15 | 12 | 76.27 | 59.9 | 7230 | 3346 | 9.74 | 6.62 | 289.0 | 223.8 | 7.28 | 650×300 |
| | | 325 | 300 | 11 | 17 | 13 | 85.61 | 67.2 | 8095 | 3832 | 9.72 | 6.69 | 321.1 | 255.4 | 7.29 | |
| | | 328 | 301 | 12 | 20 | 13 | 97.89 | 76.8 | 9139 | 4553 | 9.66 | 6.82 | 357.0 | 302.5 | 7.20 | |
| | 350×300 | 346 | 300 | 13 | 20 | 13 | 103.11 | 80.9 | 11263 | 4510 | 10.45 | 6.61 | 425.3 | 300.6 | 8.12 | 700×300 |
| | | 350 | 300 | 13 | 24 | 13 | 115.11 | 90.4 | 12018 | 5410 | 10.22 | 6.86 | 439.5 | 360.6 | 7.65 | |
| | 400×300 | 396 | 300 | 14 | 22 | 18 | 119.75 | 94.0 | 17660 | 4970 | 12.14 | 6.44 | 592.1 | 331.3 | 9.77 | 800×300 |
| | | 400 | 300 | 14 | 26 | 18 | 131.75 | 103.4 | 18771 | 5870 | 11.94 | 6.67 | 610.8 | 391.3 | 9.27 | |
| | 450×300 | 445 | 299 | 15 | 23 | 18 | 133.46 | 104.8 | 25897 | 5147 | 13.93 | 6.21 | 790.0 | 344.3 | 11.72 | 900×300 |
| | | 450 | 300 | 16 | 28 | 18 | 152.91 | 120.0 | 29223 | 6327 | 13.82 | 6.43 | 868.5 | 421.8 | 11.35 | |
| | | 456 | 302 | 18 | 34 | 18 | 180.03 | 141.3 | 34345 | 7838 | 13.81 | 6.60 | 1002 | 519.0 | 11.34 | |

表 H-4 普通槽钢

符号:同普通工字型钢,但 $W_y$ 为对应于翼缘肢尖的截面模量

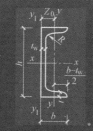

长度:型号 5~8,长 5~12m;
型号 10~18,长 5~19m;
型号 20~40,长 6~19m

| 型号 | 尺寸 | | | | | 截面积/cm² | 质量/(kg/m) | x—x轴 | | | y—y轴 | | | $y_1$—$y_1$轴 | $Z_0$ |
|---|---|---|---|---|---|---|---|---|---|---|---|---|---|---|---|
| | h | b | $t_w$ | t | R | | | $I_x$ | $W_x$ | $i_x$ | $I_y$ | $W_y$ | $i_y$ | $I_{y1}$ | |
| | mm | | | | | | | cm⁴ | cm³ | cm | cm⁴ | cm³ | cm | cm⁴ | cm |
| 5 | 50 | 37 | 4.5 | 7.0 | 7.0 | 6.92 | 5.44 | 26 | 10.4 | 1.94 | 8.3 | 3.5 | 1.10 | 20.9 | 1.35 |
| 6.3 | 63 | 40 | 4.8 | 7.5 | 7.5 | 8.45 | 6.63 | 51 | 16.3 | 2.46 | 11.9 | 4.6 | 1.19 | 28.3 | 1.39 |
| 8 | 80 | 43 | 5.0 | 8.0 | 8.0 | 10.24 | 8.04 | 101 | 25.3 | 3.14 | 16.6 | 5.8 | 1.27 | 37.4 | 1.42 |
| 10 | 100 | 48 | 5.3 | 8.5 | 8.5 | 12.74 | 10.00 | 198 | 39.7 | 3.94 | 25.6 | 7.8 | 1.42 | 54.9 | 1.52 |
| 12.6 | 126 | 53 | 5.5 | 9.0 | 9.0 | 15.69 | 12.31 | 389 | 61.7 | 4.98 | 38.0 | 10.3 | 1.56 | 77.8 | 1.59 |
| 14a | 140 | 58 | 6.0 | 9.5 | 9.5 | 18.51 | 14.53 | 564 | 80.5 | 5.52 | 53.2 | 13.0 | 1.70 | 107.2 | 1.71 |
| 14b | 140 | 60 | 8.0 | 9.5 | 9.5 | 21.31 | 16.73 | 609 | 87.1 | 5.35 | 61.2 | 14.1 | 1.69 | 120.6 | 1.67 |
| 16a | 160 | 63 | 6.5 | 10.0 | 10.0 | 21.95 | 17.23 | 866 | 108.3 | 6.28 | 73.4 | 16.3 | 1.83 | 144.1 | 1.79 |
| 16b | 160 | 65 | 8.5 | 10.0 | 10.0 | 25.15 | 19.75 | 935 | 116.8 | 6.10 | 83.4 | 17.6 | 1.82 | 160.8 | 1.75 |
| 18a | 180 | 68 | 7.0 | 10.5 | 10.5 | 25.69 | 20.17 | 1273 | 141.4 | 7.04 | 98.6 | 20.0 | 1.96 | 189.7 | 1.88 |
| 18b | 180 | 70 | 9.0 | 10.5 | 10.5 | 29.29 | 22.99 | 1370 | 152.2 | 6.84 | 111.0 | 21.5 | 1.95 | 210.1 | 1.84 |
| 20a | 200 | 73 | 7.0 | 11.0 | 11.0 | 28.83 | 22.63 | 1780 | 178.0 | 7.86 | 128.0 | 24.2 | 2.11 | 244.0 | 2.01 |
| 20b | 200 | 75 | 9.0 | 11.0 | 11.0 | 32.83 | 25.77 | 1914 | 191.4 | 7.64 | 143.6 | 25.9 | 2.09 | 268.4 | 1.95 |
| 22a | 220 | 77 | 7.0 | 11.5 | 11.5 | 31.84 | 24.99 | 2394 | 217.6 | 8.67 | 157.8 | 28.2 | 2.23 | 298.2 | 2.10 |
| 22b | 220 | 79 | 9.0 | 11.5 | 11.5 | 36.24 | 28.45 | 2571 | 233.8 | 8.42 | 176.5 | 30.1 | 2.21 | 326.3 | 2.03 |

(续)

| 型号 | 尺寸 | | | | | 截面积 /cm² | 质量 /(kg/m) | x—x 轴 | | | y—y 轴 | | | $y_1$—$y_1$ 轴 | $Z_0$ |
|---|---|---|---|---|---|---|---|---|---|---|---|---|---|---|---|
| | $h$ | $b$ | $t_w$ | $t$ | $R$ | | | $I_x$ | $W_x$ | $i_x$ | $I_y$ | $W_y$ | $i_y$ | $I_{y1}$ | |
| | mm | | | | | | | cm⁴ | cm³ | cm | cm⁴ | cm³ | cm | cm⁴ | cm |
| a | 250 | 78 | 7.0 | 12.0 | 12.0 | 34.91 | 27.40 | 3359 | 268.7 | 9.81 | 175.9 | 30.7 | 2.24 | 324.8 | 2.07 |
| 25b | | 80 | 9.0 | 12.0 | 12.0 | 39.91 | 31.33 | 3619 | 289.6 | 9.52 | 196.4 | 32.7 | 2.22 | 355.1 | 1.99 |
| c | | 82 | 11.0 | 12.0 | 12.0 | 44.91 | 35.25 | 3880 | 310.4 | 9.30 | 215.9 | 34.6 | 2.19 | 388.6 | 1.96 |
| a | 280 | 82 | 7.5 | 12.5 | 12.5 | 40.02 | 31.42 | 4753 | 339.5 | 10.90 | 217.9 | 35.7 | 2.33 | 393.3 | 2.09 |
| 28b | | 84 | 9.5 | 12.5 | 12.5 | 45.62 | 35.81 | 5118 | 365.6 | 10.59 | 241.5 | 37.9 | 2.30 | 428.5 | 2.02 |
| c | | 86 | 11.5 | 12.5 | 12.5 | 51.22 | 40.21 | 5484 | 391.7 | 10.35 | 264.1 | 40.0 | 2.27 | 467.3 | 1.99 |
| a | 320 | 88 | 8.0 | 14.0 | 14.0 | 48.50 | 38.07 | 7511 | 469.4 | 12.44 | 304.7 | 46.4 | 2.51 | 547.5 | 2.24 |
| 32b | | 90 | 10.0 | 14.0 | 14.0 | 54.90 | 43.10 | 8057 | 503.5 | 12.11 | 335.6 | 49.1 | 2.47 | 592.9 | 2.16 |
| c | | 92 | 12.0 | 14.0 | 14.0 | 61.30 | 48.12 | 8603 | 537.7 | 11.85 | 365.0 | 51.6 | 2.44 | 642.7 | 2.13 |
| a | 360 | 96 | 9.0 | 16.0 | 16.0 | 60.89 | 47.80 | 11874 | 659.7 | 13.96 | 455.0 | 63.6 | 2.73 | 818.5 | 2.44 |
| 36b | | 98 | 11.0 | 16.0 | 16.0 | 68.09 | 53.45 | 12652 | 702.9 | 13.63 | 496.7 | 66.9 | 2.70 | 880.5 | 2.37 |
| c | | 100 | 13.0 | 16.0 | 16.0 | 75.29 | 59.10 | 13429 | 746.1 | 13.36 | 536.6 | 70.0 | 2.67 | 948.0 | 2.34 |
| a | 400 | 100 | 10.5 | 18.0 | 18.0 | 75.04 | 58.91 | 17578 | 878.9 | 15.30 | 592.0 | 78.8 | 2.81 | 1057.9 | 2.49 |
| 40b | | 102 | 12.5 | 18.0 | 18.0 | 83.04 | 65.19 | 18644 | 932.2 | 14.98 | 640.6 | 82.6 | 2.78 | 1135.8 | 2.44 |
| c | | 104 | 14.5 | 18.0 | 18.0 | 91.04 | 71.47 | 19711 | 985.6 | 14.71 | 687.8 | 86.2 | 2.75 | 1220.3 | 2.42 |

表 H-5 等边角钢

| 角钢型号 | 圆角 $R$ | 重心距 $Z_0$ | 截面积 $A$ | 质量 | 惯性矩 $I_x$ | 截面模量 | | 回转半径 | | | $i_y$, 当 $a$ 为下列数值 | | | | |
|---|---|---|---|---|---|---|---|---|---|---|---|---|---|---|---|
| | | | | | | $W_x^{max}$ | $W_x^{min}$ | $i_x$ | $i_{x0}$ | $i_{y0}$ | 6mm | 8mm | 10mm | 12mm | 14mm |
| | mm | | cm² | kg/m | cm⁴ | cm³ | | cm | | | cm | | | | |
| L20×3 | 3.5 | 6.0 | 1.13 | 0.89 | 0.40 | 0.66 | 0.29 | 0.59 | 0.75 | 0.39 | 1.08 | 1.17 | 1.25 | 1.34 | 1.43 |
| L20×4 | | 6.4 | 1.46 | 1.15 | 0.50 | 0.78 | 0.36 | 0.58 | 0.73 | 0.38 | 1.11 | 1.19 | 1.28 | 1.37 | 1.46 |
| L25×3 | 3.5 | 7.3 | 1.43 | 1.12 | 0.82 | 1.12 | 0.46 | 0.76 | 0.95 | 0.49 | 1.27 | 1.36 | 1.44 | 1.53 | 1.61 |
| L25×4 | | 7.6 | 1.86 | 1.46 | 1.03 | 1.34 | 0.59 | 0.74 | 0.93 | 0.48 | 1.30 | 1.38 | 1.47 | 1.55 | 1.64 |
| L30×3 | 4.5 | 8.5 | 1.75 | 1.37 | 1.46 | 1.72 | 0.68 | 0.91 | 1.15 | 0.59 | 1.47 | 1.55 | 1.63 | 1.71 | 1.80 |
| L30×4 | | 8.9 | 2.28 | 1.79 | 1.84 | 2.08 | 0.87 | 0.90 | 1.13 | 0.58 | 1.49 | 1.57 | 1.65 | 1.74 | 1.82 |
| L36×3 | 4.5 | 10.0 | 2.11 | 1.66 | 2.58 | 2.59 | 0.99 | 1.11 | 1.39 | 0.71 | 1.70 | 1.78 | 1.86 | 1.94 | 2.03 |
| L36×4 | | 10.4 | 2.76 | 2.16 | 3.29 | 3.18 | 1.28 | 1.09 | 1.38 | 0.70 | 1.73 | 1.80 | 1.89 | 1.97 | 2.05 |
| L36×5 | | 10.7 | 3.38 | 2.65 | 3.95 | 3.68 | 1.56 | 1.08 | 1.36 | 0.70 | 1.75 | 1.83 | 1.91 | 1.99 | 2.08 |
| L40×3 | 5 | 10.9 | 2.36 | 1.85 | 3.59 | 3.28 | 1.23 | 1.23 | 1.55 | 0.79 | 1.86 | 1.94 | 2.01 | 2.09 | 2.18 |
| L40×4 | | 11.3 | 3.09 | 2.42 | 4.60 | 4.05 | 1.60 | 1.22 | 1.54 | 0.79 | 1.88 | 1.96 | 2.04 | 2.12 | 2.20 |
| L40×5 | | 11.7 | 3.79 | 2.98 | 5.53 | 4.72 | 1.96 | 1.21 | 1.52 | 0.78 | 1.90 | 1.98 | 2.06 | 2.14 | 2.23 |
| L45×3 | 5 | 12.2 | 2.66 | 2.09 | 5.17 | 4.25 | 1.58 | 1.39 | 1.76 | 0.90 | 2.06 | 2.14 | 2.21 | 2.29 | 2.37 |
| L45×4 | | 12.6 | 3.49 | 2.74 | 6.65 | 5.29 | 2.05 | 1.38 | 1.74 | 0.89 | 2.08 | 2.16 | 2.24 | 2.32 | 2.40 |
| L45×5 | | 13.0 | 4.29 | 3.37 | 8.04 | 6.20 | 2.51 | 1.37 | 1.72 | 0.88 | 2.10 | 2.18 | 2.26 | 2.34 | 2.42 |
| L45×6 | | 13.3 | 5.08 | 3.99 | 9.33 | 6.99 | 2.95 | 1.36 | 1.71 | 0.88 | 2.12 | 2.20 | 2.28 | 2.36 | 2.44 |

(续)

| 角钢型号 | | 圆角 $R$ | 重心距 $Z_0$ | 截面积 $A$ | 质量 | 惯性矩 $I_x$ | 截面模量 | | 回转半径 | | | $i_y$，当 $a$ 为下列数值 | | | | |
|---|---|---|---|---|---|---|---|---|---|---|---|---|---|---|---|---|
| | | | | | | | $W_x^{max}$ | $W_x^{min}$ | $i_x$ | $i_{x0}$ | $i_{y0}$ | 6mm | 8mm | 10mm | 12mm | 14mm |
| | | mm | | cm² | kg/m | cm⁴ | cm³ | | cm | | | cm | | | | |
| L50× | 3 | 5.5 | 13.4 | 2.97 | 2.33 | 7.18 | 5.36 | 1.96 | 1.55 | 1.96 | 1.00 | 2.26 | 2.33 | 2.41 | 2.48 | 2.56 |
| | 4 | | 13.8 | 3.90 | 3.06 | 9.26 | 6.70 | 2.56 | 1.54 | 1.94 | 0.99 | 2.28 | 2.36 | 2.43 | 2.51 | 2.59 |
| | 5 | | 14.2 | 4.80 | 3.77 | 11.21 | 7.90 | 3.13 | 1.53 | 1.92 | 0.98 | 2.30 | 2.38 | 2.46 | 2.53 | 2.61 |
| | 6 | | 14.6 | 5.69 | 4.46 | 13.05 | 8.95 | 3.68 | 1.51 | 1.91 | 0.98 | 2.32 | 2.40 | 2.48 | 2.56 | 2.64 |
| L56× | 3 | 6 | 14.8 | 3.34 | 2.62 | 10.19 | 6.86 | 2.48 | 1.75 | 2.20 | 1.13 | 2.50 | 2.57 | 2.64 | 2.72 | 2.80 |
| | 4 | | 15.3 | 4.39 | 3.45 | 13.18 | 8.63 | 3.24 | 1.73 | 2.18 | 1.11 | 2.52 | 2.59 | 2.67 | 2.74 | 2.82 |
| | 5 | | 15.7 | 5.42 | 4.25 | 16.02 | 10.22 | 3.97 | 1.72 | 2.17 | 1.10 | 2.54 | 2.61 | 2.69 | 2.77 | 2.85 |
| | 8 | | 16.8 | 8.37 | 6.57 | 23.63 | 14.06 | 6.03 | 1.68 | 2.11 | 1.09 | 2.60 | 2.67 | 2.75 | 2.83 | 2.91 |
| L63×6 | 4 | 7 | 17.0 | 4.98 | 3.91 | 19.03 | 11.22 | 4.13 | 1.96 | 2.46 | 1.26 | 2.79 | 2.87 | 2.94 | 3.02 | 3.09 |
| | 5 | | 17.4 | 6.14 | 4.82 | 23.17 | 13.33 | 5.08 | 1.94 | 2.45 | 1.25 | 2.82 | 2.89 | 2.96 | 3.04 | 3.12 |
| | 6 | | 17.8 | 7.29 | 5.72 | 27.12 | 15.26 | 6.00 | 1.93 | 2.43 | 1.24 | 2.83 | 2.91 | 2.98 | 3.06 | 3.14 |
| | 8 | | 18.5 | 9.51 | 7.47 | 34.45 | 18.59 | 7.75 | 1.90 | 2.39 | 1.23 | 2.87 | 2.95 | 3.03 | 3.10 | 3.18 |
| | 10 | | 19.3 | 11.66 | 9.15 | 41.09 | 21.34 | 9.39 | 1.88 | 2.36 | 1.22 | 2.91 | 2.99 | 3.07 | 3.15 | 3.23 |
| L70×6 | 4 | 8 | 18.6 | 5.57 | 4.37 | 26.39 | 14.16 | 5.14 | 2.18 | 2.74 | 1.40 | 3.07 | 3.14 | 3.21 | 3.29 | 3.36 |
| | 5 | | 19.1 | 6.88 | 5.40 | 32.21 | 16.89 | 6.32 | 2.16 | 2.73 | 1.39 | 3.09 | 3.16 | 3.24 | 3.31 | 3.39 |
| | 6 | | 19.5 | 8.16 | 6.41 | 37.77 | 19.39 | 7.48 | 2.15 | 2.71 | 1.38 | 3.11 | 3.18 | 3.26 | 3.33 | 3.41 |
| | 7 | | 19.9 | 9.42 | 7.40 | 43.09 | 21.68 | 8.59 | 2.14 | 2.69 | 1.38 | 3.13 | 3.20 | 3.28 | 3.36 | 3.43 |
| | 8 | | 20.3 | 10.67 | 8.37 | 48.17 | 23.79 | 9.68 | 2.13 | 2.68 | 1.37 | 3.15 | 3.22 | 3.30 | 3.38 | 3.46 |
| L75×7 | 5 | 9 | 20.3 | 7.41 | 5.82 | 39.96 | 19.73 | 7.30 | 2.32 | 2.92 | 1.50 | 3.29 | 3.36 | 3.43 | 3.50 | 3.58 |
| | 6 | | 20.7 | 8.80 | 6.91 | 46.91 | 22.69 | 8.63 | 2.31 | 2.91 | 1.49 | 3.31 | 3.38 | 3.45 | 3.53 | 3.60 |
| | 7 | | 21.1 | 10.16 | 7.98 | 53.57 | 25.42 | 9.93 | 2.30 | 2.89 | 1.48 | 3.33 | 3.40 | 3.47 | 3.55 | 3.63 |
| | 8 | | 21.5 | 11.50 | 9.03 | 59.96 | 27.93 | 11.20 | 2.28 | 2.87 | 1.47 | 3.35 | 3.42 | 3.50 | 3.57 | 3.65 |
| | 10 | | 22.2 | 14.13 | 11.09 | 71.98 | 32.40 | 13.64 | 2.26 | 2.84 | 1.46 | 3.38 | 3.46 | 3.54 | 3.61 | 3.69 |
| L80×7 | 5 | 9 | 21.5 | 7.91 | 6.21 | 48.79 | 22.70 | 8.34 | 2.48 | 3.13 | 1.60 | 3.49 | 3.56 | 3.63 | 3.71 | 3.78 |
| | 6 | | 21.9 | 9.40 | 7.38 | 57.35 | 26.16 | 9.87 | 2.47 | 3.11 | 1.59 | 3.51 | 3.58 | 3.65 | 3.73 | 3.80 |
| | 7 | | 22.3 | 10.86 | 8.53 | 65.58 | 29.38 | 11.37 | 2.46 | 3.10 | 1.58 | 3.53 | 3.60 | 3.67 | 3.75 | 3.83 |
| | 8 | | 22.7 | 12.30 | 9.66 | 73.50 | 32.36 | 12.83 | 2.44 | 3.08 | 1.57 | 3.55 | 3.62 | 3.70 | 3.77 | 3.85 |
| | 10 | | 23.5 | 15.13 | 11.87 | 88.43 | 37.68 | 15.64 | 2.42 | 3.04 | 1.56 | 3.58 | 3.66 | 3.74 | 3.81 | 3.89 |
| L90×8 | 6 | 10 | 24.4 | 10.64 | 8.35 | 82.77 | 33.99 | 12.61 | 2.79 | 3.51 | 1.80 | 3.91 | 3.98 | 4.05 | 4.12 | 4.20 |
| | 7 | | 24.8 | 12.30 | 9.66 | 94.83 | 38.28 | 14.54 | 2.78 | 3.50 | 1.78 | 3.93 | 4.00 | 4.07 | 4.14 | 4.22 |
| | 8 | | 25.2 | 13.94 | 10.95 | 106.5 | 42.30 | 16.42 | 2.76 | 3.48 | 1.78 | 3.95 | 4.02 | 4.09 | 4.17 | 4.24 |
| | 10 | | 25.9 | 17.17 | 13.48 | 128.6 | 49.57 | 20.07 | 2.74 | 3.45 | 1.76 | 3.98 | 4.06 | 4.13 | 4.21 | 4.28 |
| | 12 | | 26.7 | 20.31 | 15.94 | 149.2 | 55.93 | 23.57 | 2.71 | 3.41 | 1.75 | 4.02 | 4.09 | 4.17 | 4.25 | 4.32 |
| L100×10 | 6 | 12 | 26.7 | 11.93 | 9.37 | 115.0 | 43.04 | 15.68 | 3.10 | 3.91 | 2.00 | 4.30 | 4.37 | 4.44 | 4.51 | 4.58 |
| | 7 | | 27.1 | 13.80 | 10.83 | 131.9 | 48.57 | 18.10 | 3.09 | 3.89 | 1.99 | 4.32 | 4.39 | 4.46 | 4.53 | 4.61 |
| | 8 | | 27.6 | 15.64 | 12.28 | 148.2 | 53.78 | 20.47 | 3.08 | 3.88 | 1.98 | 4.34 | 4.41 | 4.48 | 4.55 | 4.63 |
| | 10 | | 28.4 | 19.26 | 15.12 | 179.5 | 63.29 | 25.06 | 3.05 | 3.84 | 1.96 | 4.38 | 4.45 | 4.52 | 4.60 | 4.67 |
| | 12 | | 29.1 | 22.80 | 17.90 | 208.9 | 71.72 | 29.47 | 3.03 | 3.81 | 1.95 | 4.41 | 4.49 | 4.56 | 4.64 | 4.71 |
| | 14 | | 29.9 | 26.26 | 20.61 | 236.5 | 79.19 | 33.73 | 3.00 | 3.77 | 1.94 | 4.45 | 4.53 | 4.60 | 4.68 | 4.75 |
| | 16 | | 30.6 | 29.63 | 23.26 | 262.5 | 85.81 | 37.82 | 2.98 | 3.74 | 1.93 | 4.49 | 4.56 | 4.64 | 4.72 | 4.80 |

（续）

| 角钢型号 | 圆角 R | 重心距 $Z_0$ | 截面积 A | 质量 | 惯性矩 $I_x$ | 截面模量 $W_x^{max}$ | 截面模量 $W_x^{min}$ | 回转半径 $i_x$ | 回转半径 $i_{x0}$ | 回转半径 $i_{y0}$ | $i_y$，当 a 为下列数值 6mm | 8mm | 10mm | 12mm | 14mm |
|---|---|---|---|---|---|---|---|---|---|---|---|---|---|---|---|
| | mm | cm | cm² | kg/m | cm⁴ | cm³ | cm³ | cm | cm | cm | cm | | | | |
| 7 | | 29.6 | 15.20 | 11.93 | 177.2 | 59.78 | 22.05 | 3.41 | 4.30 | 2.20 | 4.72 | 4.79 | 4.86 | 4.94 | 5.01 |
| 8 | | 30.1 | 17.24 | 13.53 | 199.5 | 66.36 | 24.95 | 3.40 | 4.28 | 2.19 | 4.74 | 4.81 | 4.88 | 4.96 | 5.03 |
| L110×10 | 12 | 30.9 | 21.26 | 16.69 | 242.2 | 78.48 | 30.60 | 3.38 | 4.25 | 2.17 | 4.78 | 4.85 | 4.92 | 5.00 | 5.07 |
| 12 | | 31.6 | 25.20 | 19.78 | 282.6 | 89.34 | 36.05 | 3.35 | 4.22 | 2.15 | 4.82 | 4.89 | 4.96 | 5.04 | 5.11 |
| 14 | | 32.4 | 29.06 | 22.81 | 320.7 | 99.07 | 41.31 | 3.32 | 4.18 | 2.14 | 4.85 | 4.93 | 5.00 | 5.08 | 5.15 |
| 8 | | 33.7 | 19.75 | 15.50 | 297.0 | 88.20 | 32.52 | 3.88 | 4.88 | 2.50 | 5.34 | 5.41 | 5.48 | 5.55 | 5.62 |
| L125× 10 | 14 | 34.5 | 24.37 | 19.13 | 361.7 | 104.8 | 39.97 | 3.85 | 4.85 | 2.48 | 5.38 | 5.45 | 5.52 | 5.59 | 5.66 |
| 12 | | 35.3 | 28.91 | 22.70 | 423.2 | 119.9 | 47.17 | 3.83 | 4.82 | 2.46 | 5.41 | 5.48 | 5.56 | 5.63 | 5.70 |
| 14 | | 36.1 | 33.37 | 26.19 | 481.7 | 133.6 | 54.16 | 3.80 | 4.78 | 2.45 | 5.45 | 5.52 | 5.59 | 5.67 | 5.74 |
| 10 | | 38.2 | 27.37 | 21.49 | 514.7 | 134.6 | 50.58 | 4.34 | 5.46 | 2.78 | 5.98 | 6.05 | 6.12 | 6.20 | 6.27 |
| L140× 12 | 14 | 39.0 | 32.51 | 25.52 | 603.7 | 154.6 | 59.80 | 4.31 | 5.43 | 2.77 | 6.02 | 6.09 | 6.16 | 6.23 | 6.31 |
| 14 | | 39.8 | 37.57 | 29.49 | 688.8 | 173.0 | 68.75 | 4.28 | 5.40 | 2.75 | 6.06 | 6.13 | 6.20 | 6.27 | 6.34 |
| 16 | | 40.6 | 42.54 | 33.39 | 770.2 | 189.9 | 77.46 | 4.26 | 5.36 | 2.74 | 6.09 | 6.16 | 6.23 | 6.31 | 6.38 |
| 10 | | 43.1 | 31.50 | 24.73 | 779.5 | 180.8 | 66.70 | 4.97 | 6.27 | 3.20 | 6.78 | 6.85 | 6.92 | 6.99 | 7.06 |
| L160× 12 | 16 | 43.9 | 37.44 | 29.39 | 916.6 | 208.6 | 78.98 | 4.95 | 6.24 | 3.18 | 6.82 | 6.89 | 6.96 | 7.03 | 7.10 |
| 14 | | 44.7 | 43.30 | 33.99 | 1048 | 234.4 | 90.95 | 4.92 | 6.20 | 3.16 | 6.86 | 6.93 | 7.00 | 7.07 | 7.14 |
| 16 | | 45.5 | 49.07 | 38.52 | 1175 | 258.3 | 102.6 | 4.89 | 6.17 | 3.14 | 6.89 | 6.96 | 7.03 | 7.10 | 7.18 |
| 12 | | 48.9 | 42.24 | 33.16 | 1321 | 270.0 | 100.8 | 5.59 | 7.05 | 3.58 | 7.63 | 7.70 | 7.77 | 7.84 | 7.91 |
| L180× 14 | 16 | 49.7 | 48.90 | 38.38 | 1514 | 304.6 | 116.3 | 5.57 | 7.02 | 3.57 | 7.67 | 7.74 | 7.81 | 7.88 | 7.95 |
| 16 | | 50.5 | 55.47 | 43.54 | 1701 | 336.9 | 131.4 | 5.54 | 6.98 | 3.55 | 7.70 | 7.77 | 7.84 | 7.91 | 7.98 |
| 18 | | 51.3 | 61.95 | 48.63 | 1881 | 367.1 | 146.1 | 5.51 | 6.94 | 3.53 | 7.73 | 7.80 | 7.87 | 7.95 | 8.02 |
| 14 | | 54.6 | 54.64 | 42.89 | 2104 | 385.1 | 144.7 | 6.20 | 7.82 | 3.98 | 8.47 | 8.54 | 8.61 | 8.67 | 8.75 |
| 16 | | 55.4 | 62.01 | 48.68 | 2366 | 427.0 | 163.7 | 6.18 | 7.79 | 3.96 | 8.50 | 8.57 | 8.64 | 8.71 | 8.78 |
| L200×18 | 18 | 56.2 | 69.30 | 54.40 | 2621 | 466.5 | 182.2 | 6.15 | 7.75 | 3.94 | 8.53 | 8.60 | 8.67 | 8.75 | 8.82 |
| 20 | | 56.9 | 76.50 | 60.06 | 2867 | 503.6 | 200.4 | 6.12 | 7.72 | 3.93 | 8.57 | 8.64 | 8.71 | 8.78 | 8.85 |
| 24 | | 58.4 | 90.66 | 71.17 | 3338 | 571.5 | 235.8 | 6.07 | 7.64 | 3.90 | 8.63 | 8.71 | 8.78 | 8.85 | 8.92 |

表 H-6  不等边角钢

| 角钢型号 B×b×t | 圆角 R | 重心距 $Z_x$ | 重心距 $Z_y$ | 截面积 A | 质量 | 回转半径 $i_x$ | 回转半径 $i_y$ | 回转半径 $i_{y0}$ | $i_{y1}$，当 a 为下列数 6mm | 8mm | 10mm | 12mm | $i_{y2}$，当 a 为下列数 6mm | 8mm | 10mm | 12mm |
|---|---|---|---|---|---|---|---|---|---|---|---|---|---|---|---|---|
| | mm | mm | | cm² | kg/m | cm | cm | cm | cm | | | | cm | | | |
| L25×16× 3 | 3.5 | 4.2 | 8.6 | 1.16 | 0.91 | 0.44 | 0.78 | 0.34 | 0.84 | 0.93 | 1.02 | 1.11 | 1.40 | 1.48 | 1.57 | 1.66 |
| 4 | | 4.6 | 9.0 | 1.50 | 1.18 | 0.43 | 0.77 | 0.34 | 0.87 | 0.96 | 1.05 | 1.14 | 1.42 | 1.51 | 1.60 | 1.68 |

(续)

| 角钢型号 $B \times b \times t$ | 圆角 $R$ | 重心距 $Z_x$ | 重心距 $Z_y$ | 截面积 $A$ | 质量 | 回转半径 $i_x$ | 回转半径 $i_y$ | 回转半径 $i_{y0}$ | $i_{y1}$,当 $a$ 为下列数 6mm | 8mm | 10mm | 12mm | $i_{y2}$,当 $a$ 为下列数 6mm | 8mm | 10mm | 12mm |
|---|---|---|---|---|---|---|---|---|---|---|---|---|---|---|---|---|
| | | mm | mm | cm² | kg/m | cm | cm | cm | cm | | | | cm | | | |
| L32×20× 3 | 3.5 | 4.9 | 10.8 | 1.49 | 1.17 | 0.55 | 1.01 | 0.43 | 0.97 | 1.05 | 1.14 | 1.23 | 1.71 | 1.79 | 1.88 | 1.96 |
| L32×20× 4 | 3.5 | 5.3 | 11.2 | 1.94 | 1.52 | 0.54 | 1.00 | 0.43 | 0.99 | 1.08 | 1.16 | 1.25 | 1.74 | 1.82 | 1.90 | 1.99 |
| L40×25× 3 | 4 | 5.9 | 13.2 | 1.89 | 1.48 | 0.70 | 1.28 | 0.54 | 1.13 | 1.21 | 1.30 | 1.38 | 2.07 | 2.14 | 2.23 | 2.31 |
| L40×25× 4 | 4 | 6.3 | 13.7 | 2.47 | 1.94 | 0.69 | 1.26 | 0.54 | 1.16 | 1.24 | 1.32 | 1.41 | 2.09 | 2.17 | 2.25 | 2.34 |
| L45×28× 3 | 5 | 6.4 | 14.7 | 2.15 | 1.69 | 0.79 | 1.44 | 0.61 | 1.23 | 1.31 | 1.39 | 1.47 | 2.28 | 2.36 | 2.44 | 2.52 |
| L45×28× 4 | 5 | 6.8 | 15.1 | 2.81 | 2.20 | 0.78 | 1.43 | 0.60 | 1.25 | 1.33 | 1.41 | 1.50 | 2.31 | 2.39 | 2.47 | 2.55 |
| L50×32× 3 | 5.5 | 7.3 | 16.0 | 2.43 | 1.91 | 0.91 | 1.60 | 0.70 | 1.38 | 1.45 | 1.53 | 1.61 | 2.49 | 2.56 | 2.64 | 2.72 |
| L50×32× 4 | 5.5 | 7.7 | 16.5 | 3.18 | 2.49 | 0.90 | 1.59 | 0.69 | 1.40 | 1.47 | 1.55 | 1.64 | 2.51 | 2.59 | 2.67 | 2.75 |
| L56×36×3 | 6 | 8.0 | 17.8 | 2.74 | 2.15 | 1.03 | 1.80 | 0.79 | 1.51 | 1.59 | 1.66 | 1.74 | 2.75 | 2.82 | 2.90 | 2.98 |
| L56×36×4 | 6 | 8.5 | 18.2 | 3.59 | 2.82 | 1.02 | 1.79 | 0.78 | 1.53 | 1.61 | 1.69 | 1.77 | 2.77 | 2.85 | 2.93 | 3.01 |
| L56×36×5 | 6 | 8.8 | 18.7 | 4.42 | 3.47 | 1.01 | 1.77 | 0.78 | 1.56 | 1.63 | 1.71 | 1.79 | 2.80 | 2.88 | 2.96 | 3.04 |
| L63×40×4 | 7 | 9.2 | 20.4 | 4.06 | 3.19 | 1.14 | 2.02 | 0.88 | 1.66 | 1.74 | 1.81 | 1.89 | 3.09 | 3.16 | 3.24 | 3.32 |
| L63×40×5 | 7 | 9.5 | 20.8 | 4.99 | 3.92 | 1.12 | 2.00 | 0.87 | 1.68 | 1.76 | 1.84 | 1.92 | 3.11 | 3.19 | 3.27 | 3.35 |
| L63×40×6 | 7 | 9.9 | 21.2 | 5.91 | 4.64 | 1.11 | 1.99 | 0.86 | 1.71 | 1.78 | 1.86 | 1.94 | 3.13 | 3.21 | 3.29 | 3.37 |
| L63×40×7 | 7 | 10.3 | 21.6 | 6.80 | 5.34 | 1.10 | 1.97 | 0.86 | 1.73 | 1.81 | 1.89 | 1.97 | 3.16 | 3.24 | 3.32 | 3.40 |
| L70×45×4 | 7.5 | 10.2 | 22.3 | 4.55 | 3.57 | 1.29 | 2.25 | 0.99 | 1.84 | 1.91 | 1.99 | 2.07 | 3.39 | 3.46 | 3.54 | 3.62 |
| L70×45×5 | 7.5 | 10.6 | 22.8 | 5.61 | 4.40 | 1.28 | 2.23 | 0.98 | 1.86 | 1.94 | 2.01 | 2.09 | 3.41 | 3.49 | 3.57 | 3.64 |
| L70×45×6 | 7.5 | 11.0 | 23.2 | 6.64 | 5.22 | 1.26 | 2.22 | 0.97 | 1.88 | 1.96 | 2.04 | 2.11 | 3.44 | 3.51 | 3.59 | 3.67 |
| L70×45×7 | 7.5 | 11.3 | 23.6 | 7.66 | 6.01 | 1.25 | 2.20 | 0.97 | 1.90 | 1.98 | 2.06 | 2.14 | 3.46 | 3.54 | 3.61 | 3.69 |
| L75×50×5 | 8 | 11.7 | 24.0 | 6.13 | 4.81 | 1.43 | 2.39 | 1.09 | 2.06 | 2.13 | 2.20 | 2.28 | 3.60 | 3.68 | 3.76 | 3.83 |
| L75×50×6 | 8 | 12.1 | 24.4 | 7.26 | 5.70 | 1.42 | 2.38 | 1.08 | 2.08 | 2.15 | 2.23 | 2.30 | 3.63 | 3.70 | 3.78 | 3.86 |
| L75×50×8 | 8 | 12.9 | 25.2 | 9.47 | 7.43 | 1.40 | 2.35 | 1.07 | 2.12 | 2.19 | 2.27 | 2.35 | 3.67 | 3.75 | 3.83 | 3.91 |
| L75×50×10 | 8 | 13.6 | 26.0 | 11.6 | 9.10 | 1.38 | 2.33 | 1.06 | 2.16 | 2.24 | 2.31 | 2.40 | 3.71 | 3.79 | 3.87 | 3.95 |
| L80×50×5 | 8 | 11.4 | 26.0 | 6.38 | 5.00 | 1.42 | 2.57 | 1.10 | 2.02 | 2.09 | 2.17 | 2.24 | 3.88 | 3.95 | 4.03 | 4.10 |
| L80×50×6 | 8 | 11.8 | 26.5 | 7.56 | 5.93 | 1.41 | 2.55 | 1.09 | 2.04 | 2.11 | 2.19 | 2.27 | 3.90 | 3.98 | 4.05 | 4.13 |
| L80×50×7 | 8 | 12.1 | 26.9 | 8.72 | 6.85 | 1.39 | 2.54 | 1.08 | 2.06 | 2.13 | 2.21 | 2.29 | 3.92 | 4.00 | 4.08 | 4.16 |
| L80×50×8 | 8 | 12.5 | 27.3 | 9.87 | 7.75 | 1.38 | 2.52 | 1.07 | 2.08 | 2.15 | 2.23 | 2.31 | 3.94 | 4.02 | 4.10 | 4.18 |
| L90×56×5 | 9 | 12.5 | 29.1 | 7.21 | 5.66 | 1.59 | 2.90 | 1.23 | 2.22 | 2.29 | 2.36 | 2.44 | 4.32 | 4.39 | 4.47 | 4.55 |
| L90×56×6 | 9 | 12.9 | 29.5 | 8.56 | 6.72 | 1.58 | 2.88 | 1.22 | 2.24 | 2.31 | 2.39 | 2.46 | 4.34 | 4.42 | 4.50 | 4.57 |
| L90×56×7 | 9 | 13.3 | 30.0 | 9.88 | 7.76 | 1.57 | 2.87 | 1.22 | 2.26 | 2.33 | 2.41 | 2.49 | 4.37 | 4.44 | 4.52 | 4.60 |
| L90×56×8 | 9 | 13.6 | 30.4 | 11.2 | 8.78 | 1.56 | 2.85 | 1.21 | 2.28 | 2.35 | 2.43 | 2.51 | 4.39 | 4.47 | 4.54 | 4.62 |

(续)

| 角钢型号 $B×b×t$ | 圆角 $R$ | 重心距 | | 截面积 $A$ | 质量 | 回转半径 | | | $i_{y1}$,当 $a$ 为下列数 | | | | $i_{y2}$,当 $a$ 为下列数 | | | |
|---|---|---|---|---|---|---|---|---|---|---|---|---|---|---|---|---|
| | | $Z_x$ | $Z_y$ | | | $i_x$ | $i_y$ | $i_{y0}$ | 6mm | 8mm | 10mm | 12mm | 6mm | 8mm | 10mm | 12mm |
| | | mm | | cm² | kg/m | cm | | | cm | | | | cm | | | |
| L100×63× 6 | | 14.3 | 32.4 | 9.62 | 7.55 | 1.79 | 3.21 | 1.38 | 2.49 | 2.56 | 2.63 | 2.71 | 4.77 | 4.85 | 4.92 | 5.00 |
| 7 | | 14.7 | 32.8 | 11.1 | 8.72 | 1.78 | 3.20 | 1.37 | 2.51 | 2.58 | 2.65 | 2.73 | 4.80 | 4.87 | 4.95 | 5.03 |
| 8 | | 15.0 | 33.2 | 12.6 | 9.88 | 1.77 | 3.18 | 1.37 | 2.53 | 2.60 | 2.67 | 2.75 | 4.82 | 4.90 | 4.97 | 5.05 |
| 10 | | 15.8 | 34.0 | 15.5 | 12.1 | 1.75 | 3.15 | 1.35 | 2.57 | 2.64 | 2.72 | 2.79 | 4.86 | 4.94 | 5.02 | 5.10 |
| L100×80× 6 | 10 | 19.7 | 29.5 | 10.6 | 8.35 | 2.40 | 3.17 | 1.73 | 3.31 | 3.38 | 3.45 | 3.52 | 4.54 | 4.62 | 4.69 | 4.76 |
| 7 | | 20.1 | 30.0 | 12.3 | 9.66 | 2.39 | 3.16 | 1.71 | 3.32 | 3.39 | 3.47 | 3.54 | 4.57 | 4.64 | 4.71 | 4.79 |
| 8 | | 20.5 | 30.4 | 13.9 | 10.9 | 2.37 | 3.15 | 1.71 | 3.34 | 3.41 | 3.49 | 3.56 | 4.59 | 4.66 | 4.73 | 4.81 |
| 10 | | 21.3 | 31.2 | 17.2 | 13.5 | 2.35 | 3.12 | 1.69 | 3.38 | 3.45 | 3.53 | 3.60 | 4.63 | 4.70 | 4.78 | 4.85 |
| L110×70× 6 | | 15.7 | 35.3 | 10.6 | 8.35 | 2.01 | 3.54 | 1.54 | 2.74 | 2.81 | 2.88 | 2.96 | 5.21 | 5.29 | 5.36 | 5.44 |
| 7 | | 16.1 | 35.7 | 12.3 | 9.66 | 2.00 | 3.53 | 1.53 | 2.76 | 2.83 | 2.90 | 2.98 | 5.24 | 5.31 | 5.39 | 5.46 |
| 8 | | 16.5 | 36.2 | 13.9 | 10.9 | 1.98 | 3.51 | 1.53 | 2.78 | 2.85 | 2.92 | 3.00 | 5.26 | 5.34 | 5.41 | 5.49 |
| 10 | | 17.2 | 37.0 | 17.2 | 13.5 | 1.96 | 3.48 | 1.51 | 2.82 | 2.89 | 2.96 | 3.04 | 5.30 | 5.38 | 5.46 | 5.53 |
| L125×80× 7 | 11 | 18.0 | 40.1 | 14.1 | 11.1 | 2.30 | 4.02 | 1.76 | 3.13 | 3.18 | 3.25 | 3.33 | 5.90 | 5.97 | 6.04 | 6.12 |
| 8 | | 18.4 | 40.6 | 16.0 | 12.6 | 2.29 | 4.01 | 1.75 | 3.13 | 3.20 | 3.27 | 3.35 | 5.92 | 5.99 | 6.07 | 6.14 |
| 10 | | 19.2 | 41.4 | 19.7 | 15.5 | 2.26 | 3.98 | 1.74 | 3.17 | 3.24 | 3.31 | 3.39 | 5.96 | 6.04 | 6.11 | 6.19 |
| 12 | | 20.0 | 42.2 | 23.4 | 18.3 | 2.24 | 3.95 | 1.72 | 3.20 | 3.28 | 3.35 | 3.43 | 6.00 | 6.08 | 6.16 | 6.23 |
| L140×90× 8 | 12 | 20.4 | 45.0 | 18.0 | 14.2 | 2.59 | 4.50 | 1.98 | 3.49 | 3.56 | 3.63 | 3.70 | 6.58 | 6.65 | 6.73 | 6.80 |
| 10 | | 21.2 | 45.8 | 22.3 | 17.5 | 2.56 | 4.47 | 1.96 | 3.52 | 3.59 | 3.66 | 3.73 | 6.62 | 6.70 | 6.77 | 6.85 |
| 12 | | 21.9 | 46.6 | 26.4 | 20.7 | 2.54 | 4.44 | 1.95 | 3.56 | 3.63 | 3.70 | 3.77 | 6.66 | 6.74 | 6.81 | 6.89 |
| 14 | | 22.7 | 47.4 | 30.5 | 23.9 | 2.51 | 4.42 | 1.94 | 3.59 | 3.66 | 3.74 | 3.81 | 6.70 | 6.78 | 6.86 | 6.93 |
| L160×100× 10 | 13 | 22.8 | 52.4 | 25.3 | 19.9 | 2.85 | 5.14 | 2.19 | 3.84 | 3.91 | 3.98 | 4.05 | 7.55 | 7.63 | 7.70 | 7.78 |
| 12 | | 23.6 | 53.2 | 30.1 | 23.6 | 2.82 | 5.11 | 2.18 | 3.87 | 3.94 | 4.01 | 4.09 | 7.60 | 7.67 | 7.75 | 7.82 |
| 14 | | 24.3 | 54.0 | 34.7 | 27.2 | 2.80 | 5.08 | 2.16 | 3.91 | 3.98 | 4.05 | 4.12 | 7.64 | 7.71 | 7.79 | 7.86 |
| 16 | | 25.1 | 54.8 | 39.3 | 30.8 | 2.77 | 5.05 | 2.15 | 3.94 | 4.02 | 4.09 | 4.16 | 7.68 | 7.75 | 7.83 | 7.90 |
| L180×110× 10 | | 24.4 | 58.9 | 28.4 | 22.3 | 3.13 | 5.81 | 2.42 | 4.16 | 4.23 | 4.30 | 4.36 | 8.49 | 8.56 | 8.63 | 8.71 |
| 12 | | 25.2 | 59.8 | 33.7 | 26.5 | 3.10 | 5.78 | 2.40 | 4.19 | 4.26 | 4.33 | 4.40 | 8.53 | 8.60 | 8.68 | 8.75 |
| 14 | | 25.9 | 60.6 | 39.0 | 30.6 | 3.08 | 5.75 | 2.39 | 4.23 | 4.30 | 4.37 | 4.44 | 8.57 | 8.64 | 8.72 | 8.79 |
| 16 | | 26.7 | 61.4 | 44.1 | 34.6 | 3.05 | 5.72 | 2.37 | 4.26 | 4.33 | 4.40 | 4.47 | 8.61 | 8.68 | 8.76 | 8.84 |
| L200×125× 12 | 14 | 28.3 | 65.4 | 37.9 | 29.8 | 3.57 | 6.44 | 2.75 | 4.75 | 4.82 | 4.88 | 4.95 | 9.39 | 9.47 | 9.54 | 9.62 |
| 14 | | 29.1 | 66.2 | 43.9 | 34.4 | 3.54 | 6.41 | 2.73 | 4.78 | 4.85 | 4.92 | 4.99 | 9.43 | 9.51 | 9.58 | 9.66 |
| 16 | | 29.9 | 67.0 | 49.7 | 39.0 | 3.52 | 6.38 | 2.71 | 4.81 | 4.88 | 4.95 | 5.02 | 9.47 | 9.55 | 9.62 | 9.70 |
| 18 | | 30.6 | 67.8 | 55.5 | 43.6 | 3.49 | 6.35 | 2.70 | 4.85 | 4.92 | 4.99 | 5.06 | 9.51 | 9.59 | 9.66 | 9.74 |

注:一个角钢的惯性矩 $I_x = Ai_x^2$,$I_y = Ai_y^2$;一个角钢的截面模量 $W_x^{max} = I_x/Z_x$,$W_x^{min} = I_x/(b-Z_x)$;$W_y^{max} = I_y/Z_y$,$W_y^{min} = I_y/(B-Z_y)$。

表 H-7　热轧无缝钢管

I—截面惯性矩；
W—截面模量；
i—截面回转半径

| 尺寸/mm | | 截面面积 A | 每米质量 | 截面特性 | | | 尺寸/mm | | 截面面积 A | 每米质量 | 截面特性 | | |
|---|---|---|---|---|---|---|---|---|---|---|---|---|---|
| d | t | cm² | kg/m | I cm⁴ | W cm³ | i cm | d | t | cm² | kg/m | I cm⁴ | W cm³ | i cm |
| 32 | 2.5 | 2.32 | 1.82 | 2.54 | 1.59 | 1.05 | 60 | 3.0 | 5.37 | 4.22 | 21.88 | 7.29 | 2.02 |
|  | 3.0 | 2.73 | 2.15 | 2.90 | 1.82 | 1.03 |  | 3.5 | 6.21 | 4.88 | 24.88 | 8.29 | 2.00 |
|  | 3.5 | 3.13 | 2.46 | 3.23 | 2.02 | 1.02 |  | 4.0 | 7.04 | 5.52 | 27.73 | 9.24 | 1.98 |
|  | 4.0 | 3.52 | 2.76 | 3.52 | 2.20 | 1.00 |  | 4.5 | 7.85 | 6.16 | 30.41 | 10.14 | 1.97 |
| 38 | 2.5 | 2.79 | 2.19 | 4.41 | 2.32 | 1.26 |  | 5.0 | 8.64 | 6.78 | 32.94 | 10.98 | 1.95 |
|  | 3.0 | 3.30 | 2.59 | 5.09 | 2.68 | 1.24 |  | 5.5 | 9.42 | 7.39 | 35.32 | 11.77 | 1.94 |
|  | 3.5 | 3.79 | 2.98 | 5.70 | 3.00 | 1.23 |  | 6.0 | 10.18 | 7.99 | 37.56 | 12.52 | 1.92 |
|  | 4.0 | 4.27 | 3.35 | 6.26 | 3.29 | 1.21 | 63.5 | 3.0 | 5.70 | 4.48 | 26.15 | 8.24 | 2.14 |
| 42 | 2.5 | 3.10 | 2.44 | 6.07 | 2.89 | 1.40 |  | 3.5 | 6.60 | 5.18 | 29.79 | 9.38 | 2.12 |
|  | 3.0 | 3.68 | 2.89 | 7.03 | 3.35 | 1.38 |  | 4.0 | 7.48 | 5.87 | 33.24 | 10.47 | 2.11 |
|  | 3.5 | 4.23 | 3.32 | 7.91 | 3.77 | 1.37 |  | 4.5 | 8.34 | 6.55 | 36.50 | 11.50 | 2.09 |
|  | 4.0 | 4.78 | 3.75 | 8.71 | 4.15 | 1.35 |  | 5.0 | 9.19 | 7.21 | 39.60 | 12.47 | 2.08 |
| 45 | 2.5 | 3.34 | 2.62 | 7.56 | 3.36 | 1.51 |  | 5.5 | 10.02 | 7.87 | 42.52 | 13.39 | 2.06 |
|  | 3.0 | 3.96 | 3.11 | 8.77 | 3.90 | 1.49 |  | 6.0 | 10.84 | 8.51 | 45.28 | 14.26 | 2.04 |
|  | 3.5 | 4.56 | 3.58 | 9.89 | 4.40 | 1.47 | 68 | 3.0 | 6.13 | 4.81 | 32.42 | 9.54 | 2.30 |
|  | 4.0 | 5.15 | 4.04 | 10.93 | 4.86 | 1.46 |  | 3.5 | 7.09 | 5.57 | 36.99 | 10.88 | 2.28 |
| 50 | 2.5 | 3.73 | 2.93 | 10.55 | 4.22 | 1.68 |  | 4.0 | 8.04 | 6.31 | 41.34 | 12.16 | 2.27 |
|  | 3.0 | 4.43 | 3.48 | 12.28 | 4.91 | 1.67 |  | 4.5 | 8.98 | 7.05 | 45.47 | 13.37 | 2.25 |
|  | 3.5 | 5.11 | 4.01 | 13.90 | 5.56 | 1.65 |  | 5.0 | 9.90 | 7.77 | 49.41 | 14.53 | 2.23 |
|  | 4.0 | 5.78 | 4.54 | 15.41 | 6.16 | 1.63 |  | 5.5 | 10.80 | 8.48 | 53.14 | 15.63 | 2.22 |
|  | 4.5 | 6.43 | 5.05 | 16.81 | 6.72 | 1.62 |  | 6.0 | 11.69 | 9.17 | 56.68 | 16.67 | 2.20 |
|  | 5.0 | 7.07 | 5.55 | 18.11 | 7.25 | 1.60 | 70 | 3.0 | 6.31 | 4.96 | 35.50 | 10.14 | 2.37 |
| 54 | 3.0 | 4.81 | 3.77 | 15.68 | 5.81 | 1.81 |  | 3.5 | 7.31 | 5.74 | 40.53 | 11.58 | 2.35 |
|  | 3.5 | 5.55 | 4.36 | 17.79 | 6.59 | 1.79 |  | 4.0 | 8.29 | 6.51 | 45.33 | 12.95 | 2.34 |
|  | 4.0 | 6.28 | 4.93 | 19.76 | 7.32 | 1.77 |  | 4.5 | 9.26 | 7.27 | 49.89 | 14.26 | 2.32 |
|  | 4.5 | 7.00 | 5.49 | 21.61 | 8.00 | 1.76 |  | 5.0 | 10.21 | 8.01 | 54.24 | 15.50 | 2.30 |
|  | 5.0 | 7.70 | 6.04 | 23.34 | 8.64 | 1.74 |  | 5.5 | 11.14 | 8.75 | 58.38 | 16.68 | 2.29 |
|  | 5.5 | 8.38 | 6.58 | 24.96 | 9.24 | 1.73 |  | 6.0 | 12.06 | 9.47 | 62.31 | 17.80 | 2.27 |
|  | 6.0 | 9.05 | 7.10 | 26.46 | 9.80 | 1.71 | 73 | 3.0 | 6.60 | 5.18 | 40.48 | 11.09 | 2.48 |
| 57 | 3.0 | 5.09 | 4.00 | 18.61 | 6.53 | 1.91 |  | 3.5 | 7.64 | 6.00 | 46.26 | 12.67 | 2.46 |
|  | 3.5 | 5.88 | 4.62 | 21.14 | 7.42 | 1.90 |  | 4.0 | 8.67 | 6.81 | 51.78 | 14.19 | 2.44 |
|  | 4.0 | 6.66 | 5.23 | 23.52 | 8.25 | 1.88 |  | 4.5 | 9.68 | 7.60 | 57.04 | 15.63 | 2.43 |
|  | 4.5 | 7.42 | 5.83 | 25.76 | 9.04 | 1.86 |  | 5.0 | 10.68 | 8.38 | 62.07 | 17.01 | 2.41 |
|  | 5.0 | 8.17 | 6.41 | 27.86 | 9.78 | 1.85 |  | 5.5 | 11.66 | 9.16 | 66.87 | 18.32 | 2.39 |
|  | 5.5 | 8.90 | 6.99 | 29.84 | 10.47 | 1.83 |  | 6.0 | 12.63 | 9.91 | 71.43 | 19.57 | 2.38 |
|  | 6.0 | 9.61 | 7.55 | 31.69 | 11.12 | 1.82 |  |  |  |  |  |  |  |

(续)

| 尺寸/mm | | 截面面积 A | 每米质量 | 截面特性 | | | 尺寸/mm | | 截面面积 A | 每米质量 | 截面特性 | | |
|---|---|---|---|---|---|---|---|---|---|---|---|---|---|
| | | | | $I$ | $W$ | $i$ | | | | | $I$ | $W$ | $i$ |
| $d$ | $t$ | cm² | kg/m | cm⁴ | cm³ | cm | $d$ | $t$ | cm² | kg/m | cm⁴ | cm³ | cm |
| 76 | 3.0 | 6.88 | 5.40 | 45.91 | 12.08 | 2.58 | 114 | 4.0 | 13.82 | 10.85 | 209.35 | 36.73 | 3.89 |
| | 3.5 | 7.97 | 6.26 | 52.50 | 13.82 | 2.57 | | 4.5 | 15.48 | 12.15 | 232.41 | 40.77 | 3.87 |
| | 4.0 | 9.05 | 7.10 | 58.81 | 15.48 | 2.55 | | 5.0 | 17.12 | 13.44 | 254.81 | 44.70 | 3.86 |
| | 4.5 | 10.11 | 7.93 | 64.85 | 17.07 | 2.53 | | 5.5 | 18.75 | 14.72 | 276.58 | 48.52 | 3.84 |
| | 5.0 | 11.15 | 8.75 | 70.62 | 18.59 | 2.52 | | 6.0 | 20.36 | 15.98 | 297.73 | 52.23 | 3.82 |
| | 5.5 | 12.18 | 9.56 | 76.14 | 20.04 | 2.50 | | 6.5 | 21.95 | 17.23 | 318.26 | 55.84 | 3.81 |
| | 6.0 | 13.19 | 10.36 | 81.41 | 21.42 | 2.48 | | 7.0 | 23.53 | 18.47 | 338.19 | 59.33 | 3.79 |
| | | | | | | | | 7.5 | 25.09 | 19.70 | 357.58 | 62.73 | 3.77 |
| | | | | | | | | 8.0 | 26.64 | 20.91 | 376.30 | 66.02 | 3.76 |
| 83 | 3.5 | 8.74 | 6.86 | 69.19 | 16.67 | 2.81 | 121 | 4.0 | 14.70 | 11.54 | 251.87 | 41.63 | 4.14 |
| | 4.0 | 9.93 | 7.79 | 77.64 | 18.71 | 2.80 | | 4.5 | 16.47 | 12.93 | 279.83 | 46.25 | 4.12 |
| | 4.5 | 11.10 | 8.71 | 85.76 | 20.67 | 2.78 | | 5.0 | 18.22 | 14.30 | 307.05 | 50.75 | 4.11 |
| | 5.0 | 12.25 | 9.62 | 93.56 | 22.54 | 2.76 | | 5.5 | 19.96 | 15.67 | 333.54 | 55.13 | 4.09 |
| | 5.5 | 13.39 | 10.51 | 101.04 | 24.35 | 2.75 | | 6.0 | 21.68 | 17.02 | 359.32 | 59.39 | 4.07 |
| | 6.0 | 14.51 | 11.39 | 108.22 | 26.08 | 2.73 | | 6.5 | 23.38 | 18.35 | 384.40 | 63.54 | 4.05 |
| | 6.5 | 15.62 | 12.26 | 115.10 | 27.74 | 2.71 | | 7.0 | 25.07 | 19.68 | 408.80 | 67.57 | 4.04 |
| | 7.0 | 16.71 | 13.12 | 121.69 | 29.32 | 2.70 | | 7.5 | 26.74 | 20.99 | 432.51 | 71.49 | 4.02 |
| | | | | | | | | 8.0 | 28.40 | 22.29 | 455.57 | 75.30 | 4.01 |
| 89 | 3.5 | 9.40 | 7.38 | 86.05 | 19.34 | 3.03 | 127 | 4.0 | 15.46 | 12.13 | 292.61 | 46.08 | 4.35 |
| | 4.0 | 10.68 | 8.38 | 96.68 | 21.73 | 3.01 | | 4.5 | 17.32 | 13.59 | 325.29 | 51.23 | 4.33 |
| | 4.5 | 11.95 | 9.38 | 106.92 | 24.03 | 2.99 | | 5.0 | 19.16 | 15.04 | 357.14 | 56.24 | 4.32 |
| | 5.0 | 13.19 | 10.36 | 116.79 | 26.24 | 2.98 | | 5.5 | 20.99 | 16.48 | 388.19 | 61.13 | 4.30 |
| | 5.5 | 14.43 | 11.33 | 126.29 | 28.38 | 2.96 | | 6.0 | 22.81 | 17.90 | 418.44 | 65.90 | 4.28 |
| | 6.0 | 15.65 | 12.28 | 135.43 | 30.43 | 2.94 | | 6.5 | 24.61 | 19.32 | 447.92 | 70.54 | 4.27 |
| | 6.5 | 16.85 | 13.22 | 144.22 | 32.41 | 2.93 | | 7.0 | 26.39 | 20.72 | 476.63 | 75.06 | 4.25 |
| | 7.0 | 18.03 | 14.16 | 152.67 | 34.31 | 2.91 | | 7.5 | 28.16 | 22.10 | 504.58 | 79.46 | 4.23 |
| | | | | | | | | 8.0 | 29.91 | 23.48 | 531.80 | 83.75 | 4.22 |
| 95 | 3.5 | 10.06 | 7.90 | 105.45 | 22.20 | 3.24 | 133 | 4.0 | 16.21 | 12.73 | 337.53 | 50.76 | 4.56 |
| | 4.0 | 11.44 | 8.98 | 118.60 | 24.97 | 3.22 | | 4.5 | 18.17 | 14.26 | 375.42 | 56.45 | 4.55 |
| | 4.5 | 12.79 | 10.04 | 131.31 | 27.64 | 3.20 | | 5.0 | 20.11 | 15.78 | 412.40 | 62.02 | 4.53 |
| | 5.0 | 14.14 | 11.10 | 143.58 | 30.23 | 3.19 | | 5.5 | 22.03 | 17.29 | 448.50 | 67.44 | 4.51 |
| | 5.5 | 15.46 | 12.14 | 155.42 | 32.72 | 3.17 | | 6.0 | 23.94 | 18.79 | 483.72 | 72.74 | 4.50 |
| | 6.0 | 16.78 | 13.17 | 166.86 | 35.13 | 3.15 | | 6.5 | 25.83 | 20.28 | 518.07 | 77.91 | 4.48 |
| | 6.5 | 18.07 | 14.19 | 177.89 | 37.45 | 3.14 | | 7.0 | 27.71 | 21.75 | 551.58 | 82.94 | 4.46 |
| | 7.0 | 19.35 | 15.19 | 188.51 | 39.69 | 3.12 | | 7.5 | 29.57 | 23.21 | 584.25 | 87.86 | 4.45 |
| | | | | | | | | 8.0 | 31.42 | 24.66 | 616.11 | 92.65 | 4.43 |
| 102 | 3.5 | 10.83 | 8.50 | 131.52 | 25.79 | 3.48 | 140 | 4.5 | 19.16 | 15.04 | 440.12 | 62.87 | 4.79 |
| | 4.0 | 12.32 | 9.67 | 148.09 | 29.04 | 3.47 | | 5.0 | 21.21 | 16.65 | 483.76 | 69.11 | 4.78 |
| | 4.5 | 13.78 | 10.82 | 164.14 | 32.18 | 3.45 | | 5.5 | 23.24 | 18.24 | 526.40 | 75.20 | 4.76 |
| | 5.0 | 15.24 | 11.96 | 179.68 | 35.23 | 3.43 | | 6.0 | 25.26 | 19.83 | 568.06 | 81.15 | 4.74 |
| | 5.5 | 16.67 | 13.09 | 194.72 | 38.18 | 3.42 | | 6.5 | 27.26 | 21.40 | 608.76 | 86.97 | 4.73 |
| | 6.0 | 18.10 | 14.21 | 209.28 | 41.03 | 3.40 | | 7.0 | 29.25 | 22.96 | 648.51 | 92.64 | 4.71 |
| | 6.5 | 19.50 | 15.31 | 223.35 | 43.79 | 3.38 | | 7.5 | 31.22 | 24.51 | 687.32 | 98.19 | 4.69 |
| | 7.0 | 20.89 | 16.40 | 236.96 | 46.46 | 3.37 | | 8.0 | 33.18 | 26.04 | 725.21 | 103.60 | 4.68 |
| | | | | | | | | 9.0 | 37.04 | 29.08 | 798.29 | 114.04 | 4.64 |
| | | | | | | | | 10 | 40.84 | 32.06 | 867.86 | 123.98 | 4.61 |

(续)

| 尺寸/mm | | 截面面积 A | 每米质量 | 截面特性 | | | 尺寸/mm | | 截面面积 A | 每米质量 | 截面特性 | | |
|---|---|---|---|---|---|---|---|---|---|---|---|---|---|
| $d$ | $t$ | | | $I$ | $W$ | $i$ | $d$ | $t$ | | | $I$ | $W$ | $i$ |
| | | cm² | kg/m | cm⁴ | cm³ | cm | | | cm² | kg/m | cm⁴ | cm³ | cm |
| 146 | 4.5 | 20.00 | 15.70 | 501.16 | 68.65 | 5.01 | 180 | 5.0 | 27.49 | 21.58 | 1053.17 | 117.02 | 6.19 |
| | 5.0 | 22.15 | 17.39 | 551.10 | 75.49 | 4.99 | | 5.5 | 30.15 | 23.67 | 1148.79 | 127.64 | 6.17 |
| | 5.5 | 24.28 | 19.06 | 599.95 | 82.19 | 4.97 | | 6.0 | 32.80 | 25.75 | 1242.72 | 138.08 | 6.16 |
| | 6.0 | 26.39 | 20.72 | 647.73 | 88.73 | 4.95 | | 6.5 | 35.43 | 27.81 | 1335.00 | 148.33 | 6.14 |
| | 6.5 | 28.49 | 22.36 | 694.44 | 95.13 | 4.94 | | 7.0 | 38.04 | 29.87 | 1425.63 | 158.40 | 6.12 |
| | 7.0 | 30.57 | 24.00 | 740.12 | 101.39 | 4.92 | | 7.5 | 40.64 | 31.91 | 1514.64 | 168.29 | 6.10 |
| | 7.5 | 32.63 | 25.62 | 784.77 | 107.50 | 4.90 | | 8.0 | 43.23 | 33.93 | 1602.04 | 178.00 | 6.09 |
| | 8.0 | 34.68 | 27.23 | 828.41 | 113.48 | 4.89 | | 9.0 | 48.35 | 37.95 | 1772.12 | 196.90 | 6.05 |
| | 9.0 | 38.74 | 30.41 | 912.71 | 125.03 | 4.85 | | 10 | 53.41 | 41.92 | 1936.01 | 215.11 | 6.02 |
| | 10 | 42.73 | 33.54 | 993.16 | 136.05 | 4.82 | | 12 | 63.33 | 49.72 | 2245.84 | 249.54 | 5.95 |
| 152 | 4.5 | 20.85 | 16.37 | 567.61 | 74.69 | 5.22 | 194 | 5.0 | 29.69 | 23.31 | 1326.54 | 136.76 | 6.68 |
| | 5.0 | 23.09 | 18.13 | 624.43 | 82.16 | 5.20 | | 5.5 | 32.57 | 25.57 | 1447.86 | 149.26 | 6.67 |
| | 5.5 | 25.31 | 19.87 | 680.06 | 89.48 | 5.18 | | 6.0 | 35.44 | 27.82 | 1567.21 | 161.57 | 6.65 |
| | 6.0 | 27.52 | 21.60 | 734.52 | 96.65 | 5.17 | | 6.5 | 38.29 | 30.06 | 1684.61 | 173.67 | 6.63 |
| | 6.5 | 29.71 | 23.32 | 787.82 | 103.66 | 5.15 | | 7.0 | 41.12 | 32.28 | 1800.08 | 185.57 | 6.62 |
| | 7.0 | 31.89 | 25.03 | 839.99 | 110.52 | 5.13 | | 7.5 | 43.94 | 34.50 | 1913.64 | 197.28 | 6.60 |
| | 7.5 | 34.05 | 26.73 | 891.03 | 117.24 | 5.12 | | 8.0 | 46.75 | 36.70 | 2025.31 | 208.79 | 6.58 |
| | 8.0 | 36.19 | 28.41 | 940.97 | 123.81 | 5.10 | | 9.0 | 52.31 | 41.06 | 2243.08 | 231.25 | 6.55 |
| | 9.0 | 40.43 | 31.74 | 1037.59 | 136.53 | 5.07 | | 10 | 57.81 | 45.38 | 2453.55 | 252.94 | 6.51 |
| | 10 | 44.61 | 35.02 | 1129.99 | 148.68 | 5.03 | | 12 | 68.61 | 53.86 | 2853.25 | 294.15 | 6.45 |
| 159 | 4.5 | 21.84 | 17.15 | 652.27 | 82.05 | 5.46 | 203 | 6.0 | 37.13 | 29.15 | 1803.07 | 177.64 | 6.97 |
| | 5.0 | 24.19 | 18.99 | 717.88 | 90.30 | 5.45 | | 6.5 | 40.13 | 31.50 | 1938.81 | 191.02 | 6.95 |
| | 5.5 | 26.52 | 20.82 | 782.18 | 98.39 | 5.43 | | 7.0 | 43.10 | 33.83 | 2072.43 | 204.18 | 6.93 |
| | 6.0 | 28.84 | 22.64 | 845.19 | 106.31 | 5.41 | | 7.5 | 46.06 | 36.16 | 2203.94 | 217.14 | 6.92 |
| | 6.5 | 31.14 | 24.45 | 906.92 | 114.08 | 5.40 | | 8.0 | 49.01 | 38.47 | 2333.37 | 229.89 | 6.90 |
| | 7.0 | 33.43 | 26.24 | 967.41 | 121.69 | 5.38 | | 9.0 | 54.85 | 43.06 | 2586.08 | 254.79 | 6.87 |
| | 7.5 | 35.70 | 28.02 | 1026.65 | 129.14 | 5.36 | | 10 | 60.63 | 47.60 | 2830.72 | 278.89 | 6.83 |
| | 8.0 | 37.95 | 29.79 | 1084.67 | 136.44 | 5.35 | | 12 | 72.01 | 56.52 | 3296.49 | 324.78 | 6.77 |
| | 9.0 | 42.41 | 33.29 | 1197.12 | 150.58 | 5.31 | | 14 | 83.13 | 65.25 | 3732.07 | 367.69 | 6.70 |
| | 10 | 46.81 | 36.75 | 1304.88 | 164.14 | 5.28 | | 16 | 94.00 | 73.79 | 4138.78 | 407.76 | 6.64 |
| 168 | 4.5 | 23.11 | 18.14 | 772.96 | 92.02 | 5.78 | 219 | 6.0 | 40.15 | 31.52 | 2278.74 | 208.10 | 7.53 |
| | 5.0 | 25.60 | 20.10 | 851.14 | 101.33 | 5.77 | | 6.5 | 43.39 | 34.06 | 2451.64 | 223.89 | 7.52 |
| | 5.5 | 28.08 | 22.04 | 927.85 | 110.46 | 5.75 | | 7.0 | 46.62 | 36.60 | 2622.04 | 239.46 | 7.50 |
| | 6.0 | 30.54 | 23.97 | 1003.12 | 119.42 | 5.73 | | 7.5 | 49.83 | 39.12 | 2789.96 | 254.79 | 7.48 |
| | 6.5 | 32.98 | 25.89 | 1076.95 | 128.21 | 5.71 | | 8.0 | 53.03 | 41.63 | 2955.43 | 269.90 | 7.47 |
| | 7.0 | 35.41 | 27.79 | 1149.36 | 136.83 | 5.70 | | 9.0 | 59.38 | 46.61 | 3279.12 | 299.46 | 7.43 |
| | 7.5 | 37.82 | 29.69 | 1220.38 | 145.28 | 5.68 | | 10 | 65.66 | 51.54 | 3593.29 | 328.15 | 7.40 |
| | 8.0 | 40.21 | 31.57 | 1290.01 | 153.57 | 5.66 | | 12 | 78.04 | 61.26 | 4193.81 | 383.00 | 7.33 |
| | 9.0 | 44.96 | 35.29 | 1425.22 | 169.67 | 5.63 | | 14 | 90.16 | 70.78 | 4758.50 | 434.57 | 7.26 |
| | 10 | 49.64 | 38.97 | 1555.13 | 185.13 | 5.60 | | 16 | 102.04 | 80.10 | 5288.81 | 483.00 | 7.20 |

（续）

| 尺寸/mm | | 截面面积 A | 每米质量 | 截面特性 | | | 尺寸/mm | | 截面面积 A | 每米质量 | 截面特性 | | |
|---|---|---|---|---|---|---|---|---|---|---|---|---|---|
| d | t | cm² | kg/m | I cm⁴ | W cm³ | i cm | d | t | cm² | kg/m | I cm⁴ | W cm³ | i cm |
| 245 | 6.5 | 48.70 | 38.23 | 3465.46 | 282.89 | 8.44 | 299 | 7.5 | 68.68 | 53.92 | 7300.02 | 488.30 | 10.31 |
| | 7.0 | 52.34 | 41.08 | 3709.06 | 302.78 | 8.42 | | 8.0 | 73.14 | 57.41 | 7747.42 | 518.22 | 10.29 |
| | 7.5 | 55.96 | 43.93 | 3949.52 | 322.41 | 8.40 | | 9.0 | 82.00 | 64.37 | 8628.09 | 577.13 | 10.26 |
| | 8.0 | 59.56 | 46.76 | 4186.87 | 341.79 | 8.38 | | 10 | 90.79 | 71.27 | 9490.15 | 634.79 | 10.22 |
| | 9.0 | 66.73 | 52.38 | 4652.32 | 379.78 | 8.35 | | 12 | 108.20 | 84.93 | 11159.52 | 746.46 | 10.16 |
| | 10 | 73.83 | 57.95 | 5105.63 | 416.79 | 8.32 | | 14 | 125.35 | 98.40 | 12757.61 | 853.35 | 10.09 |
| | 12 | 87.84 | 68.95 | 5976.67 | 487.89 | 8.25 | | 16 | 142.25 | 111.67 | 14286.48 | 955.62 | 10.02 |
| | 14 | 101.60 | 79.76 | 6801.68 | 555.24 | 8.18 | 325 | 7.5 | 74.81 | 58.73 | 9431.80 | 580.42 | 11.23 |
| | 16 | 115.11 | 90.36 | 7582.30 | 618.96 | 8.12 | | 8.0 | 79.67 | 62.54 | 10013.92 | 616.24 | 11.21 |
| 273 | 6.5 | 54.42 | 42.72 | 4834.18 | 354.15 | 9.42 | | 9.0 | 89.35 | 70.14 | 11161.33 | 686.85 | 11.18 |
| | 7.0 | 58.50 | 45.92 | 5177.30 | 379.29 | 9.41 | | 10 | 98.96 | 77.68 | 12286.52 | 756.09 | 11.14 |
| | 7.5 | 62.56 | 49.11 | 5516.47 | 404.14 | 9.39 | | 12 | 118.00 | 92.63 | 14471.45 | 890.55 | 11.07 |
| | 8.0 | 66.60 | 52.28 | 5851.71 | 428.70 | 9.37 | | 14 | 136.78 | 107.38 | 16570.98 | 1019.75 | 11.01 |
| | 9.0 | 74.64 | 58.60 | 6510.56 | 476.96 | 9.34 | | 16 | 155.32 | 121.93 | 18587.38 | 1143.84 | 10.94 |
| | 10 | 82.62 | 64.86 | 7154.09 | 524.11 | 9.31 | 351 | 8.0 | 86.21 | 67.67 | 12684.36 | 722.76 | 12.13 |
| | 12 | 98.39 | 77.24 | 8396.14 | 615.10 | 9.24 | | 9.0 | 96.70 | 75.91 | 14147.55 | 806.13 | 12.10 |
| | 14 | 113.91 | 89.42 | 9579.75 | 701.81 | 9.17 | | 10 | 107.13 | 84.10 | 15584.62 | 888.01 | 12.06 |
| | 16 | 129.18 | 101.41 | 10706.79 | 784.38 | 9.10 | | 12 | 127.80 | 100.32 | 18381.63 | 1047.39 | 11.99 |
| | | | | | | | | 14 | 148.22 | 116.35 | 21077.86 | 1201.02 | 11.93 |
| | | | | | | | | 16 | 168.39 | 132.19 | 23675.75 | 1349.05 | 11.96 |

表 H-8 电焊钢管

$I$—截面惯性矩；
$W$—截面模量；
$i$—截面回转半径

| 尺寸/mm | | 截面面积 A /cm² | 每米质量 /(kg/m) | 截面特性 | | | 尺寸/mm | | 截面面积 A /cm² | 每米质量 /(kg/m) | 截面特性 | | |
|---|---|---|---|---|---|---|---|---|---|---|---|---|---|
| d | t | | | I cm⁴ | W cm³ | i cm | d | t | | | I cm⁴ | W cm³ | i cm |
| 32 | 2.0 | 1.88 | 1.48 | 2.13 | 1.33 | 1.06 | 51 | 2.0 | 3.08 | 2.42 | 9.26 | 3.63 | 1.73 |
| | 2.5 | 2.32 | 1.82 | 2.54 | 1.59 | 1.05 | | 2.5 | 3.81 | 2.99 | 11.23 | 4.40 | 1.72 |
| 38 | 2.0 | 2.26 | 1.78 | 3.68 | 1.93 | 1.27 | | 3.0 | 4.52 | 3.55 | 13.08 | 5.13 | 1.70 |
| | 2.5 | 2.79 | 2.19 | 4.41 | 2.32 | 1.26 | | 3.5 | 5.22 | 4.10 | 14.81 | 5.81 | 1.68 |
| 40 | 2.0 | 2.39 | 1.87 | 4.32 | 2.16 | 1.35 | 53 | 2.0 | 3.20 | 2.52 | 10.43 | 3.94 | 1.80 |
| | 2.5 | 2.95 | 2.31 | 5.20 | 2.60 | 1.33 | | 2.5 | 3.97 | 3.11 | 12.67 | 4.78 | 1.79 |
| 42 | 2.0 | 2.51 | 1.97 | 5.04 | 2.40 | 1.42 | | 3.0 | 4.71 | 3.70 | 14.78 | 5.58 | 1.77 |
| | 2.5 | 3.10 | 2.44 | 6.07 | 2.89 | 1.40 | | 3.5 | 5.44 | 4.27 | 16.75 | 6.32 | 1.75 |
| 45 | 2.0 | 2.70 | 2.12 | 6.26 | 2.78 | 1.52 | 57 | 2.0 | 3.46 | 2.71 | 13.08 | 4.59 | 1.95 |
| | 2.5 | 3.34 | 2.62 | 7.56 | 3.36 | 1.51 | | 2.5 | 4.28 | 3.36 | 15.93 | 5.59 | 1.93 |
| | 3.0 | 3.96 | 3.11 | 8.77 | 3.90 | 1.49 | | 3.0 | 5.09 | 4.00 | 18.61 | 6.53 | 1.91 |
| | | | | | | | | 3.5 | 5.88 | 4.62 | 21.14 | 7.42 | 1.90 |

（续）

| 尺寸/mm | | 截面面积 $A$ /cm² | 每米质量 /(kg/m) | 截面特性 | | | 尺寸/mm | | 截面面积 $A$ /cm² | 每米质量 /(kg/m) | 截面特性 | | |
|---|---|---|---|---|---|---|---|---|---|---|---|---|---|
| $d$ | $t$ | | | $I$ cm⁴ | $W$ cm³ | $i$ cm | $d$ | $t$ | | | $I$ cm⁴ | $W$ cm³ | $i$ cm |
| 60 | 2.0 | 3.64 | 2.86 | 15.34 | 5.11 | 2.05 | 102 | 2.0 | 6.28 | 4.93 | 78.57 | 15.41 | 3.54 |
| | 2.5 | 4.52 | 3.55 | 18.70 | 6.23 | 2.03 | | 2.5 | 7.81 | 6.13 | 96.77 | 18.97 | 3.52 |
| | 3.0 | 5.37 | 4.22 | 21.88 | 7.29 | 2.02 | | 3.0 | 9.33 | 7.32 | 114.42 | 22.43 | 3.50 |
| | 3.5 | 6.21 | 4.88 | 24.88 | 8.29 | 2.00 | | 3.5 | 10.83 | 8.50 | 131.52 | 25.79 | 3.48 |
| 63.5 | 2.0 | 3.86 | 3.03 | 18.29 | 5.76 | 2.18 | | 4.0 | 12.32 | 9.67 | 148.09 | 29.04 | 3.47 |
| | 2.5 | 4.79 | 3.76 | 22.32 | 7.03 | 2.16 | | 4.5 | 13.78 | 10.82 | 164.14 | 32.18 | 3.45 |
| | 3.0 | 5.70 | 4.48 | 26.15 | 8.24 | 2.14 | | 5.0 | 15.24 | 11.96 | 179.68 | 35.23 | 3.43 |
| | 3.5 | 6.60 | 5.18 | 29.79 | 9.38 | 2.12 | 108 | 3.0 | 9.90 | 7.77 | 136.49 | 25.28 | 3.71 |
| 70 | 2.0 | 4.27 | 3.35 | 24.72 | 7.06 | 2.41 | | 3.5 | 11.49 | 9.02 | 157.02 | 29.08 | 3.70 |
| | 2.5 | 5.30 | 4.16 | 30.23 | 8.64 | 2.39 | | 4.0 | 13.07 | 10.26 | 176.95 | 32.77 | 3.68 |
| | 3.0 | 6.31 | 4.96 | 35.50 | 10.14 | 2.37 | 114 | 3.0 | 10.46 | 8.21 | 161.24 | 28.29 | 3.93 |
| | 3.5 | 7.31 | 5.74 | 40.53 | 11.58 | 2.35 | | 3.5 | 12.15 | 9.54 | 185.63 | 32.57 | 3.91 |
| | 4.5 | 9.26 | 7.27 | 49.89 | 14.26 | 2.32 | | 4.0 | 13.82 | 10.85 | 209.35 | 36.73 | 3.89 |
| 76 | 2.0 | 4.65 | 3.65 | 31.85 | 8.38 | 2.62 | | 4.5 | 15.48 | 12.15 | 232.41 | 40.77 | 3.87 |
| | 2.5 | 5.77 | 4.53 | 39.03 | 10.27 | 2.60 | | 5.0 | 17.12 | 13.44 | 254.81 | 44.70 | 3.86 |
| | 3.0 | 6.88 | 5.40 | 45.91 | 12.08 | 2.58 | 121 | 3.0 | 11.12 | 8.73 | 193.69 | 32.01 | 4.17 |
| | 3.5 | 7.97 | 6.26 | 52.50 | 13.82 | 2.57 | | 3.5 | 12.92 | 10.14 | 223.17 | 36.89 | 4.16 |
| | 4.0 | 9.05 | 7.10 | 58.81 | 15.48 | 2.55 | | 4.0 | 14.70 | 11.54 | 251.87 | 41.63 | 4.14 |
| | 4.5 | 10.11 | 7.93 | 64.85 | 17.07 | 2.53 | 127 | 3.0 | 11.69 | 9.17 | 224.75 | 35.39 | 4.39 |
| 83 | 2.0 | 5.09 | 4.00 | 41.76 | 10.06 | 2.86 | | 3.5 | 13.58 | 10.66 | 259.11 | 40.80 | 4.37 |
| | 2.5 | 6.32 | 4.96 | 51.26 | 12.35 | 2.85 | | 4.0 | 15.46 | 12.13 | 292.61 | 46.08 | 4.35 |
| | 3.0 | 7.54 | 5.92 | 60.40 | 14.56 | 2.83 | | 4.5 | 17.32 | 13.59 | 325.29 | 51.23 | 4.33 |
| | 3.5 | 8.74 | 6.86 | 69.19 | 16.67 | 2.81 | | 5.0 | 19.16 | 15.04 | 357.14 | 56.24 | 4.32 |
| | 4.0 | 9.93 | 7.79 | 77.64 | 18.71 | 2.80 | 133 | 3.5 | 14.24 | 11.18 | 298.71 | 44.92 | 4.58 |
| | 4.5 | 11.10 | 8.71 | 85.76 | 20.67 | 2.78 | | 4.0 | 16.21 | 12.73 | 337.53 | 50.76 | 4.56 |
| 89 | 2.0 | 5.47 | 4.29 | 51.75 | 11.63 | 3.08 | | 4.5 | 18.17 | 14.26 | 375.42 | 56.45 | 4.55 |
| | 2.5 | 6.79 | 5.33 | 63.59 | 14.29 | 3.06 | | 5.0 | 20.11 | 15.78 | 412.40 | 62.02 | 4.53 |
| | 3.0 | 8.11 | 6.36 | 75.02 | 16.86 | 3.04 | 140 | 3.5 | 15.01 | 11.78 | 349.79 | 49.97 | 4.83 |
| | 3.5 | 9.40 | 7.38 | 86.05 | 19.34 | 3.03 | | 4.0 | 17.09 | 13.42 | 395.47 | 56.50 | 4.81 |
| | 4.0 | 10.68 | 8.38 | 96.68 | 21.73 | 3.01 | | 4.5 | 19.16 | 15.04 | 440.12 | 62.87 | 4.79 |
| | 4.5 | 11.95 | 9.38 | 106.92 | 24.03 | 2.99 | | 5.0 | 21.21 | 16.65 | 483.76 | 69.11 | 4.78 |
| 93 | 2.0 | 5.84 | 4.59 | 63.20 | 13.31 | 3.29 | | 5.5 | 23.24 | 18.24 | 526.40 | 75.20 | 4.76 |
| | 2.5 | 7.26 | 5.70 | 77.76 | 16.37 | 3.27 | 152 | 3.5 | 16.33 | 12.82 | 450.35 | 59.26 | 5.25 |
| | 3.0 | 8.67 | 6.81 | 91.83 | 19.33 | 3.25 | | 4.0 | 18.60 | 14.60 | 509.59 | 67.05 | 5.23 |
| | 3.5 | 10.06 | 7.90 | 105.45 | 22.20 | 3.24 | | 4.5 | 20.85 | 16.37 | 567.61 | 74.69 | 5.22 |
| | | | | | | | | 5.0 | 23.09 | 18.13 | 624.43 | 82.16 | 5.20 |
| | | | | | | | | 5.5 | 25.31 | 19.87 | 680.06 | 89.48 | 5.18 |

# 附录 I 螺栓和锚栓规格

表 I-1 螺栓螺纹处的有效面积

| 公称直径/mm | 12 | 14 | 16 | 18 | 20 | 22 | 24 | 27 | 30 |
|---|---|---|---|---|---|---|---|---|---|
| 螺栓有效截面积 $A_e$/cm² | 0.84 | 1.15 | 1.57 | 1.92 | 2.45 | 3.03 | 3.53 | 4.59 | 5.61 |
| 公称直径/mm | 33 | 36 | 39 | 42 | 45 | 48 | 52 | 56 | 60 |
| 螺栓有效截面积 $A_e$/cm² | 6.94 | 8.17 | 9.76 | 11.2 | 13.1 | 14.7 | 17.6 | 20.3 | 23.6 |
| 公称直径/mm | 64 | 68 | 72 | 76 | 80 | 85 | 90 | 95 | 100 |
| 螺栓有效截面积 $A_e$/cm² | 26.8 | 30.6 | 34.6 | 38.9 | 43.4 | 49.5 | 55.9 | 62.7 | 70.0 |

表 I-2 锚栓规格

| 型式 | I | | | | II | | | | III | | |
|---|---|---|---|---|---|---|---|---|---|---|---|
| 锚栓直径 d/mm | 20 | 24 | 30 | 36 | 42 | 48 | 56 | 64 | 72 | 80 | 90 |
| 锚栓有效截面积/cm² | 2.45 | 3.53 | 5.61 | 8.17 | 11.2 | 14.7 | 20.3 | 26.8 | 34.6 | 43.4 | 55.9 |
| 锚栓设计拉力/kN（Q235 钢） | 34.3 | 49.4 | 78.5 | 114.1 | 156.9 | 206.2 | 284.2 | 375.2 | 484.4 | 608.2 | 782.7 |
| III型锚栓 锚板宽度 c/mm | | | | | 140 | 200 | 200 | 240 | 280 | 350 | 400 |
| III型锚栓 锚板厚度 t/mm | | | | | 20 | 20 | 20 | 25 | 30 | 40 | 40 |

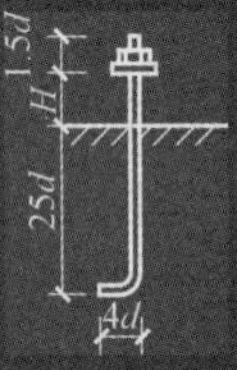

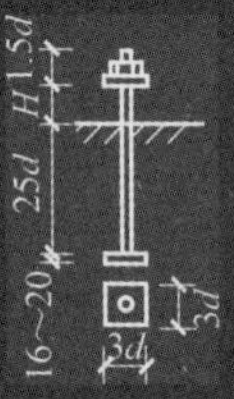

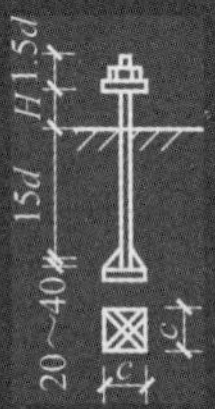

## 参 考 文 献

[1] 中华人民共和国住房和城乡建设部. 钢结构设计标准：GB 50017—2017［S］. 北京：中国建筑工业出版社，2018.
[2] 中华人民共和国建设部. 建筑结构可靠度设计统一标准：GB 50068—2001［S］. 北京：中国建筑工业出版社，2001.
[3] 中华人民共和国住房和城乡建设部. 建筑结构荷载规范：GB 50009—2012［S］. 北京：中国建筑工业出版社，2012.
[4] 中华人民共和国建设部. 钢结构工程施工质量验收规范：GB 50205—2001［S］. 北京：中国计划出版社，2001.
[5] 湖北省发展计划委员会. 冷弯薄壁型钢结构技术规范：GB 50018—2002［S］. 北京：中国计划出版社，2002.
[6] 中华人民共和国住房和城乡建设部. 工程结构设计基本术语标准：GB/T 50083—2014［S］. 北京：中国建筑工业出版社，2015.
[7] 中国建筑标准设计研究院有限公司. 门式刚架轻型房屋钢结构技术规范：GB 51022—2015［S］. 北京：中国建筑工业出版社，2016.
[8] 中国建筑技术研究院. 高层民用建筑钢结构技术规程：JGJ 99—2015［S］. 北京：中国建筑工业出版社，2016.
[9] 钢结构设计手册编辑委员会. 钢结构设计手册［M］. 3 版. 北京：中国建筑工业出版社，2004.
[10] 轻型钢结构设计指南（实例与图集）编委会. 轻型钢结构设计指南（实例与图集）［M］. 北京：中国建筑工业出版社，2001.
[11] 建设部工程质量安全监督与行业发展司，中国建筑标准设计研究所. 全国民用建筑工程设计技术措施-结构［M］. 北京：中国计划出版社，2003.
[12] 陈绍蕃. 钢结构设计原理［M］. 4 版. 北京：科学出版社，2016.
[13] 陈绍蕃，顾强. 钢结构（上册）：钢结构基础［M］. 北京：中国建筑工业出版社，2003.
[14] 陈绍蕃，顾强. 钢结构（下册）：房屋建筑钢结构设计［M］. 北京：中国建筑工业出版社，2007.
[15] 张耀春. 钢结构设计原理［M］. 北京：高等教育出版社，2004.
[16] 夏志斌，姚谏. 钢结构设计方法与例题［M］. 北京：中国建筑工业出版社，2005.
[17] 周果行. 房屋结构毕业设计指南［M］. 北京：中国建筑工业出版社，2004.
[18] 浙江大学建筑工程学院，浙江大学建筑设计研究院. 空间结构［M］. 北京：中国计划出版社，2003.
[19] 戴国欣. 钢结构［M］. 武汉：武汉理工大学出版社，2012.
[20] 牛秀艳，刘伟. 钢结构原理与设计［M］. 武汉：武汉理工大学出版社，2010.
[21] 何延宏，陈树华，张春玉，钢结构基本原理［M］. 上海：同济大学出版社，2010.
[22] 王用纯，张连. 钢结构试题解答与分析［M］. 武汉：武汉理工大学出版社，2001.

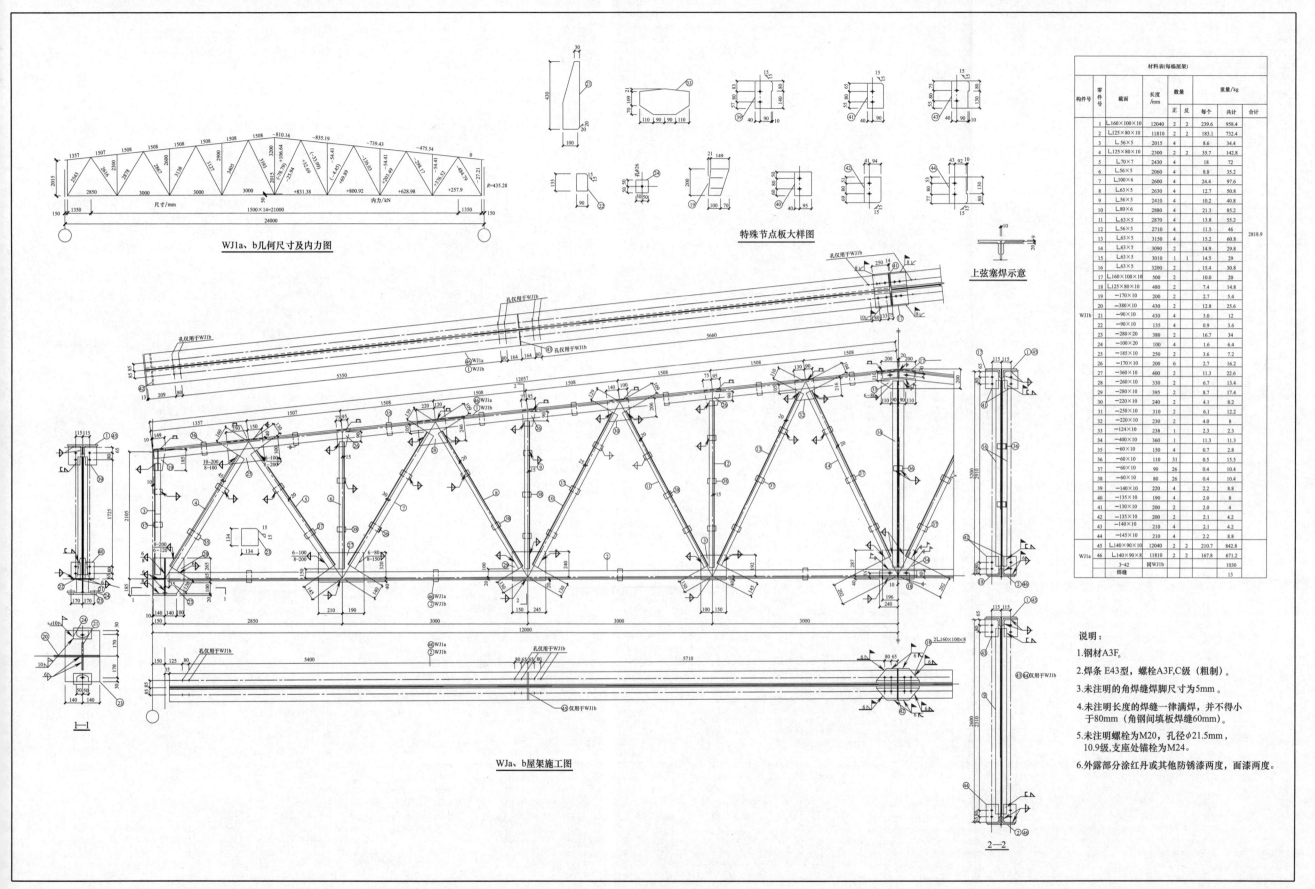

图 7-41 屋架施工详图